钢结构工程系列丛书

钢结构材料检测与管理

朱　超　曹洪吉　主编

中国建筑工业出版社

图书在版编目(CIP)数据

钢结构材料检测与管理/朱超，曹洪吉主编. —北京：中国建筑工业出版社，2011.6（2026.1重印）
（钢结构工程系列丛书）
ISBN 978-7-112-13145-7

Ⅰ. ①钢… Ⅱ. ①朱…②曹… Ⅲ. ①建筑结构：钢结构—结构材料—检测②建筑结构：钢结构—结构材料—管理 Ⅳ. ①TU391

中国版本图书馆 CIP 数据核字(2011)第 062115 号

本书按照建筑钢结构工程技术专业的职业要求，根据建筑工程类施工一线技术与管理人员所必需的应用知识，从实用性、职业性、可塑性及一专多能性相结合的出发点，以施工现场必需的知识、技能为基础，介绍了常用的建筑材料和常用钢材、连接材料、焊接材料的基本组成、性质、应用，以及质量标准和检验方法等。内容包括建筑材料质量标准、基本性质、胶凝材料、混凝土、建筑钢材、钢结构连接材料、钢结构焊接材料、钢结构无损检测等相关知识、选择与应用、性能检测及质量评定共 7 章。为方便教学及扩大知识面，提高实际应用能力，各章后均附有实用习题和课业实训。

本书可作为高职高专建筑钢结构工程技术专业教材，同时可供土建类工程技术人员学习参考。

责任编辑：赵晓菲　张　磊
责任设计：李志立
责任校对：陈晶晶　赵　颖

本书配套素材，下载地址如下：
www. cabp. com. cn/td/cabp20582. rar

钢结构工程系列丛书
钢结构材料检测与管理
朱　超　曹洪吉　主编
*
中国建筑工业出版社出版、发行（北京西郊百万庄）
各地新华书店、建筑书店经销
北京鸿文瀚海文化传媒有限公司制版
建工社（河北）印刷有限公司印刷
*
开本：787×1092 毫米　1/16　印张：19¼　字数：478 千字
2011 年 11 月第一版　2026 年 1 月第三次印刷
定价：**58.00** 元　（附网络下载）
ISBN 978-7-112-13145-7
（44226）

前　言

由于钢结构具有抗震性能优越、减轻结构自重、降低工程造价、减少结构所占建筑面积和施工周期短的优点，所以钢材在大型的公共建筑、超高层建筑、桥梁及重型厂房建筑中得到了广泛的应用。本书对于专业技术人员了解各种钢材、连接材料及焊接材料的性能，合理选用钢材将会有很好的帮助。

本书按照建筑钢结构工程技术专业的执业要求，根据建筑工程类施工一线技术与管理人员所必需的应用知识，从实用性、职业性、可塑性及一专多能性相结合的出发点，以施工现场必需的知识、技能为基础，通过工学结合的方式，介绍了常用的建筑材料和常用钢材、连接材料、焊接材料的基本组成、性质、应用，以及质量标准和检验方法等。内容包括建筑材料质量标准、基本性质、胶凝材料、混凝土、建筑钢材、钢结构连接材料、钢结构焊接材料、钢结构无损检测等相关知识，选择与应用，性能检测及质量评定共7章。为方便教学及扩大知识面，提高实际应用能力，本书特别增加了网上增值服务的内容，各章的实用习题和课业实训都放在网上增值服务中。

本书定位于培养高等技术应用型人才，重在突出职业技术教育特点，培养学生从事与建筑材料有关的检测、使用及管理方面的能力，展现新理论、新技术、新方法、新工艺、新仪器和新材料，以体现应用性、推广性和实用性。

本书由徐州建筑职业技术学院朱超、曹洪吉主编。第1、2、4、5、7章由朱超编写；第3、6章由曹洪吉编写。

本书可作为高职高专建筑钢结构工程技术专业教材，同时可供土建类工程技术人员学习参考。

由于经验不足，能力有限，加之时间较紧，书中不妥之处，恳请读者批评指正。

目　录

第1章　建筑材料的性质

◆ 引言

建筑材料的性质是多方面的，某种建筑材料应具备何种性质，这要根据它在建筑物中的作用和所处的环境来决定。一般来说，建筑材料的性质包括物理性质、力学性能及耐久性。通过本章的学习达到熟知建筑材料的各种基本性质，从而能够正确选择、运用、分析和评价建筑材料。

◆ 本章要点

通过本章的学习你将能够：

掌握材料的基本物理性质

理解物性参数对材料的物理性质、力学性能、耐久性的影响

1.1　材料的物理性质

[本节要点]

材料与质量有关的性质；

材料与水有关的性质；

材料与热有关的性质。

[关键概念]

表观密度；

含水率；

耐水性。

1.1.1　与质量有关的性质

1.1.1.1　密度

指材料在绝对密实状态下，单位体积的质量。用下式表示。

$$\rho = \frac{m}{V} \tag{1-1}$$

式中　ρ——材料的密度，g/cm^3 或 kg/m^3；

m——材料的绝干质量，g 或 kg；

V——材料在绝对密实状态下的体积，简称绝对体积或实体积，cm^3 或 m^3。

材料的密度大小取决于组成物质的原子量大小和分子结构，原子量越大，分子结构越紧密，材料的密度则越大。

绝对密实状态下的体积是指不包括材料内部孔隙在内的体积。建筑材料中除少数材料（钢材、玻璃等）接近绝对密实外，绝大多数材料内部都包含有一些孔隙。在自然状态下，含孔块体的体积 V_0 是由固体物质的体积（即绝对密实状态下材料的体积）V 和孔隙体积 V_K 两部分组成的。在密度测定中，应把含有孔隙的材料破碎并磨成细粉，烘干后用李氏比重瓶测定其密实体积。材料粉磨得越细，测得的密度值越精确。对砖、石等材料常采用此种方法测定其密度。

1.1.1.2 表观密度

材料单位表观体积所具有的质量称为表观密度或视密度。表观体积包括两个部分：一部分是绝对密实的固体体积；另一部分则是指封闭孔隙体积。用下式表示：

$$\rho' = \frac{m}{V'} \tag{1-2}$$

式中 ρ'——材料的表观密度，g/cm^3 或 kg/m^3；

m——材料的质量，g 或 kg；

V'——材料的表观体积，cm^3 或 m^3。

1.1.1.3 体积密度

材料的体积密度是材料在自然状态下，单位体积的质量，用下式表示：

$$\rho_0 = \frac{m}{V_0} \tag{1-3}$$

式中 ρ_0——材料的表观密度，g/cm^3 或 kg/m^3；

m——材料的质量，g 或 kg；

V_0——材料在自然状态下的体积，简称自然体积，cm^3 或 m^3。

1.1.1.4 堆积密度

堆积密度是指散粒材料或粉状材料，在自然堆积状态下单位体积的质量。用下式表示：

$$\rho_0' = \frac{m}{V_0'} \tag{1-4}$$

式中 ρ_0'——材料的堆积密度，g/cm^3 或 kg/m^3；

m——材料的质量，g 或 kg;

V'_0——材料的自然（松散）堆积体积，包括颗粒体积及颗粒之间空隙的体积，（见图 1-1），cm^3 或 m^3。

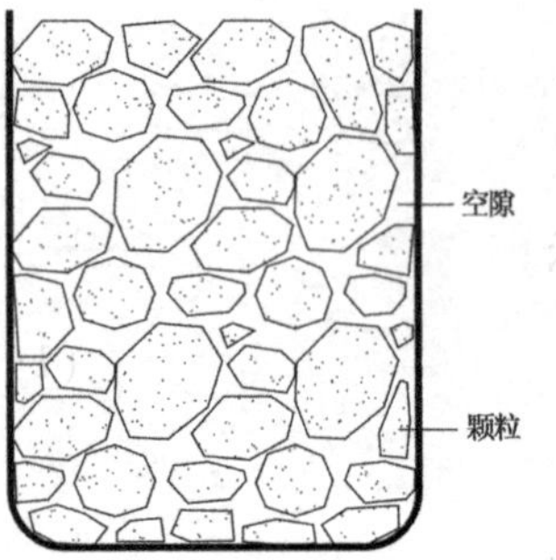

图 1-1 堆积体积示意图（堆积体积 = 颗粒体积 + 空隙体积）

测定材料的堆积密度时，材料的质量是指填充在一定容器内的材料质量，而堆积体积则是指堆积容器的容积而言。所以，材料的堆积体积既包含颗粒的体积，又包含颗粒之间的空隙体积。

1.1.1.5 孔隙率和密实度

1. 孔隙率

孔隙率是指材料内部孔隙体积占材料在自然状态下总体积的百分率。用下式表示：

$$P = \frac{V_0 - V}{V_0} \times 100\% = \left(1 - \frac{V}{V_0}\right) \times 100\% = \left(1 - \frac{\rho_0}{\rho}\right) \times 100\% \tag{1-5}$$

式中 P——材料的孔隙率,%;

V_0——材料的自然体积，cm^3 或 m^3；

V——材料的绝对密实体积，cm^3 或 m^3。

孔隙率的大小反映了材料的致密程度。材料的许多工程性质如强度、吸水性、抗渗性、抗冻性、导热性、吸声性等都与材料的孔隙有关。这些性质不仅取决于孔隙率的大小，还与孔隙的大小、形状、分布、连通与否等构造特征密切相关。

孔隙的构造特征，主要是指孔隙的形状和大小，根据孔隙形状将孔隙分为开口孔隙和闭口孔隙，开口孔隙与外界相连通，闭口孔隙则与外界隔绝。材料内部开口孔隙增多会使材料的吸水性、吸湿性、透水性、吸声性提高，抗冻性和抗渗性变差。材料内部闭口孔隙的增多会提高材料的保温隔热性能。根据孔隙的大小，分为粗孔和微孔。一般均匀分布的小孔，要比开口或相连通的孔隙好。不均匀分布的孔隙，对材料性质影响较大。

2. 密实度

密实度是指材料体积内被固体物质所充实的程度，也就是固体物质的体积占总体积的比例，以 D 表示，密实度的计算式如下：

$$D=\frac{V}{V_0}\times 100\%=\frac{\rho_0}{\rho}\times 100\% \tag{1-6}$$

式中 D——材料的密实度,%。

材料的 ρ_0 与 ρ 愈接近，即 $\frac{\rho_0}{\rho}$ 愈接近于1，材料就愈密实。密实度、孔隙率是从不同角度反映材料的致密程度，一般工程上常用孔隙率。密实度和孔隙率的关系为：$P+D=1$。

1.1.1.6 空隙率

空隙率是指散粒或粉状材料颗粒之间的空隙体积占其自然堆积体积的百分率。用下式表示：

$$P'=\frac{V_0'-V_0}{V_0'}\times 100\%=\left(1-\frac{\rho_0'}{\rho_0}\right)\times 100\% \tag{1-7}$$

式中 P'——材料的空隙率,%;

V_0'——材料的自然堆积体积，cm^3 或 m^3；

V_0——材料的颗粒体积，cm^3 或 m^3。

空隙率的大小表征着散粒材料颗粒间相互填充的致密程度。

常用建筑材料的密度、表观密度、堆积密度和孔隙率如表 1-1 所示。

常用建筑材料的密度、表观密度、堆积密度和孔隙率 **表 1-1**

项目 材料名称	密度 ρ g/cm^3	表观密度 ρ_0 kg/m^3	堆积密度 ρ_0' kg/m^3	孔隙率 P 或空隙率 P'/%
钢	7.85	7850	—	0
花岗岩	2.70~3.00	2500~2900	—	0.5~1.0
石灰岩	2.40~2.60	1800~2600	—	0.6~3.0
砂	2.60~2.80	2500~2600	1400~1700	35~40

续表

项 目 材料名称	密度 ρ g/ cm³	表观密度 ρ_0 kg/ m³	堆积密度 ρ_0' kg/ m³	孔隙率 P 或空隙率 P'/%
水 泥	2.80～3.10	—	1200～1300	50～55
普通黏土砖	2.50～2.70	1600～1900	—	20～40
黏土空心砖	2.50～2.70	1000～1400	—	50～60
普通混凝土	2.60～2.80	2200～2600	—	5～20
松 木	1.55～1.60	400～800	—	55～75
泡沫塑料	0.95～2.60	20～50	—	98

1.1.2 与水有关的性质

1.1.2.1 亲水性与憎水性

与水接触时，有些材料能被水润湿，而有些材料则不能被水润湿，对这两种现象来说，前者为亲水性，后者为憎水性。材料具有亲水性或憎水性的根本原因在于材料的分子结构。亲水性材料与水分子之间的分子亲和力，大于水分子本身之间的内聚力；反之，憎水性材料与水分子之间的亲和力，小于水分子本身之间的内聚力。

工程实际中，材料是亲水性或憎水性，通常以润湿角的大小划分。润湿角为在材料、水和空气的交点处，沿水滴表面的切线与水和固体接触面所成的夹角。其中润湿角 θ 越小，表明材料越易被水润湿。当材料的润湿角 $\theta \leq 90°$ 时，为亲水性材料；当材料的润湿角 $\theta > 90°$ 时，为憎水性材料。水在亲水性材料表面可以铺展开，且能通过毛细管作用自动将水吸入材料内部；水在憎水性材料表面不仅不能铺展开，而且水分不能渗入材料的毛细管中，见图1-2。

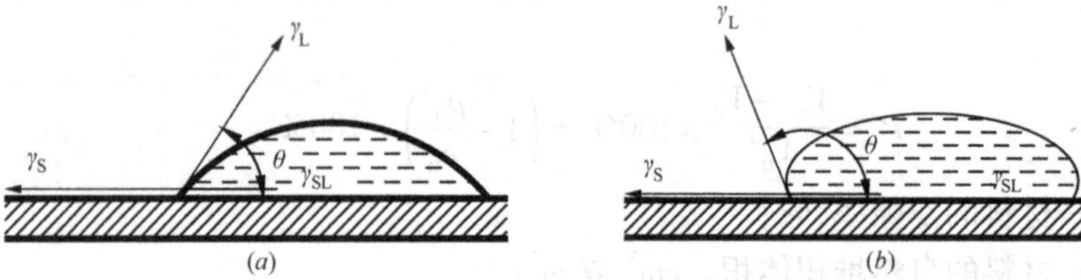

图1-2 材料润湿示意图

(*a*) 亲水性材料；(*b*) 憎水性材料

大多数建筑材料，如石料、砖、混凝土、木材等都属于亲水性材料，表面都能被水润湿。沥青、石蜡等属于憎水性材料，表面不能被水润湿。该类材料一般能阻止水分渗入毛细管中，因而能降低材料的吸水性。憎水性材料不仅可用作防水材料，而且还可用于亲水性材料的表面处理，以降低其吸水性。

1.1.2.2 吸水性

材料在水中吸收水分的能力称为吸水性。吸水性的大小常以吸水率表示，有以下两种表示方法：

1. 质量吸水率

指材料吸水饱和时，吸水量占材料绝干质量的百分率。用公式表示如下：

$$W_m=\frac{m_{sw}}{m}\times100\%=\frac{m_1-m}{m}\times100\% \tag{1-8}$$

式中 W_m——材料的质量吸水率，%；

m_{sw}——材料吸饱水时所吸入的水量，g 或 kg；

m_1——材料吸饱水时的质量，g 或 kg；

m——材料的绝干质量，g 或 kg。

2. 体积吸水率

指材料吸水饱和时，吸收水分的体积占绝干材料自然体积的百分率。用公式表示为：

$$W_v=\frac{V_{sw}}{V_0}\times100\%=\frac{m_1-m}{V_0}\times\frac{1}{\rho_w}\times100\% \tag{1-9}$$

式中 W_v——材料的体积吸水率，%；

V_{sw}——材料吸饱水时所吸入的水的体积，cm^3 或 m^3；

V_0——绝干材料在自然状态下的体积，cm^3 或 m^3；

ρ_w——水的密度，g/cm^3，常温下取 $\rho_w=1g/cm^3$。

质量吸水率与体积吸水率的关系为：

$$W_v=W_m\times\rho_0 \tag{1-10}$$

式中 ρ_0——材料的干表观密度，g/cm^3。

由于材料的亲水性以及开口孔隙的存在，大多数材料都具有吸水性，所以材料中通常均含有水分。

材料的吸水性不仅与其亲水性及憎水性有关，也与其孔隙率的大小及孔隙特征有关。一般孔隙率越高，其吸水性越强。封闭孔隙水分不易进入；粗大开口孔隙，不易吸满水分；具有细微开口孔隙的材料，其吸水能力特别强。各种材料因其化学成分和结构构造不同，其吸水能力差异极大，如致密岩石的吸水率只有 0.50% ~0.70%；普通混凝土为 2.00% ~3.00%；普通黏土砖为 8.00% ~20.00%；木材及其他多孔轻质材料的吸水率则常超过100%。

材料吸水后，对材料性质将产生一系列不良影响，它会使材料的表观密度增大、体积膨胀、强度下降、保温性下降、抗冻性变差等，所以吸水率大对材料性质是不利的。

1.1.2.3 吸湿性

材料在潮湿空气中吸收水分的性质称为吸湿性。材料的吸湿性常以含水率表示。可用以下公式表示：

$$W=\frac{m_k-m}{m}\times100\% \tag{1-11}$$

式中 W——材料的含水率，%；

m_k——材料含水时的质量，g 或 kg；

m——材料的绝干质量，g 或 kg。

材料的吸湿性随空气湿度大小而变化。干燥材料在潮湿环境中能吸收水分，而潮湿材料在干燥的环境中也能放出（又称蒸发）水分，这种性质称为还水性，最终与一定温度下的空气湿度达到平衡。多数材料在常温常压下均含有一部分水分，这部分水的质量占材料干燥质量的百分率称为材料的含水率。与空气湿度达到平衡时的含水率称为平衡含水率。

木材具有较大的吸湿性，吸湿后木材制品的尺寸将发生变化，强度也将降低；保温隔热材料吸湿后，其保温隔热性能将大大降低；承重材料吸湿后，其强度和变形也将发生变化。因此，在选用材料时，必须考虑吸湿性对其性能的影响，并采取相应的防护措施。

1.1.2.4 耐水性

材料长期在饱和水作用下不破坏，其强度也不显著降低的性质称为耐水性。材料的耐水性用软化系数表示。可按下式计算：

$$K_p = \frac{f_w}{f} \tag{1-12}$$

式中 K_p——材料的软化系数；

f_w——材料在吸水饱和状态下的抗压强度，MPa；

f——材料在干燥状态下的抗压强度，MPa。

软化系数 K_p 的大小表明材料在浸水饱和后强度降低的程度。一般材料在水的作用下，其强度均有所下降。这是由于水分进入材料内部后，削弱了材料微粒间的结合力所致。如果材料中含有某些易于被软化的物质如黏土等，这将更为严重。软化系数值一般在 0～1 之间。软化系数越小，表明材料的耐水性越差。根据 K_p 大小可以判断各种材料的使用场合，所以 K_p 值常成为处于水中或潮湿环境中选择材料的依据。

工程上，通常将 $K_p \geqslant 0.85$ 的材料称为耐水性材料。长期处于水中或潮湿环境中的重要结构，必须选用 $K_p \geqslant 0.85$ 的材料。对于处于受潮较轻或次要结构的材料，其 K_p 不应小于 0.75。

1.1.2.5 抗渗性

材料抵抗压力水或其他液体渗透的性质称为抗渗性（不透水性）。

由于材料具有不同程度的渗透性，当材料两侧存在不同水压时，一切破坏因素（如腐蚀性介质等）都可通过水或气体进入材料内部，然后把所分解的产物带出材料，使材料逐渐破坏，如地下建筑、基础、压力管道、容器、水工建筑等经常受到压力水或水头差的作用，故所用材料应具有一定的抗渗性。对于各种防水材料，则要求具有更高的抗渗性。

材料的抗渗性可用以下两种指标表示：

1. 渗透系数

$$K = \frac{Qd}{AtH} \tag{1-13}$$

式中 K——渗透系数，cm/h；

Q——渗水总量，cm^3；

d——试件厚度，cm；

A——渗水面积，cm^2；

t——渗水时间，h；

H——静水压力水头，cm。

渗透系数越小的材料其抗渗性越好。材料抗渗性的高低与材料的孔隙率和孔隙特征有关。绝对密实的材料或具有封闭孔隙的材料，水分难以透过。对于地下建筑及桥涵等结构物，由于经常受到压力水的作用，要求材料应具有一定的抗渗性。对用于防水的材料，其抗渗性的要求更高。

2. 抗渗等级

建筑工程中大量使用的砂浆、混凝土等材料，其抗渗性能常用抗渗等级来表示。

抗渗等级是指材料在标准试验方法下进行透水试验，以规定的试件在透水前所能承受的最大水压力来确定的，用符号“P”和材料透水前所能承受的最大水压力的兆帕（MPa）数值表示。如P4、P6、P8等分别表示材料能承受0.4MPa、0.6MPa、0.8 MPa的水压而不渗水。所以，抗渗等级愈高，材料的抗渗性能愈好。

实际上，材料抗渗性不仅与其亲水性有关，更取决于材料的孔隙率及孔隙特征。孔隙率小而且孔隙封闭的材料具有较高的抗渗性。

1.1.2.6 抗冻性

材料吸水后，在负温作用条件下，水在材料毛细孔内冻结成冰，体积膨胀所产生的冻胀压力造成材料的内应力，会使材料遭到局部破坏。随着冻融循环的反复，材料的破坏作用逐步加剧，这种破坏称为冻融破坏。

抗冻性是指材料在吸水饱和状态下，能经受反复冻融循环作用而不破坏，强度也不显著降低的性能。

抗冻性以试件按规定方法进行冻融循环试验，以质量损失不超过5%，强度下降不超过25%，所能经受的最大冻融循环次数来表示，或称为抗冻等级。材料的抗冻等级可分为F15、F25、F50、F100、F200等，分别表示此材料可承受15次、25次、50次、100次、200次的冻融循环。

材料在冻融循环作用下产生破坏，一方面是由于材料内部孔隙中的水在受冻结冰时产生的体积膨胀（约9%）对材料孔壁造成巨大的冰晶压力，当由此产生的拉应力超过材料的抗拉极限强度时，材料内部即产生微裂纹，引起强度下降；另一方面是在冻结和融化过程中，材料内外的温差引起的温度应力会导致内部微裂纹的产生或加速原来微裂纹的扩展，而最终使材料破坏。显然，这种破坏作用随冻融作用的增多而加强。材料的抗冻等级越高，其抗冻性越好，材料可以经受的冻融循环越多。

实际应用中，抗冻性的好坏不但取决于材料的孔隙率及孔隙特征，并且还与材料受冻前的吸水饱和程度、材料本身的强度以及冻结条件（如冻结温度、速度、冻融循环作用的频繁程度）等有关。

1.1.3 材料与热有关的性质

建筑物的功能除了实用、安全、经济外，还要为人们创造舒适的生产、工作、学习和生活环境。因此，在选用材料时，需要考虑材料的热工性质。

1.1.3.1 导热性

当材料两侧存在温度差时，热量从温度高的一侧向温度低的一侧传导的性质称为导热性，材料的导热性常用导热系数“λ”表示，计算公式为：

$$\lambda = \frac{Q \cdot d}{(T_1 - T_2) \cdot A \cdot t} \tag{1-14}$$

式中 λ——材料的导热系数，W/（m·K）；

Q——总传热量，J；

d——材料厚度，m；

T_1-T_2——材料两侧绝对温度之差，K；

A——传热面积，m^2；

t——传热时间，s。

导热系数的物理意义是：单位厚度的材料，当两侧温度差为1K时，在单位时间内通过单位面积的热量。

显然，热导率越小，材料的隔热性能越好。各种建筑材料的热导率差别很大，大致在0.035W/（m·K）（泡沫塑料）至3.500W/（m·K）（大理石）之间。通常将$\lambda\leq$ 0.15W/（m·K）的材料称为绝热材料。

影响建筑材料导热系数的主要因素有：

（1）材料的组成与结构。一般地说，金属材料、无机材料、晶体材料的导热系数分别大于非金属材料、有机材料、非晶体材料。

（2）孔隙率大，含空气多，则材料表观密度小，其导热系数也就小。因为，空气的导热系数只有0.025W/（m·K），所以，表观密度小的材料，主要是空气的导热系数起着重要的作用。

（3）细小孔隙、闭口孔隙组成的材料比粗大孔隙、开口孔隙的材料导热系数小，因为避免了对流传热。

（4）材料含水或含冰时，会使导热系数急剧增加。

（5）导热时的温度越高，导热系数越大（金属材料除外）。

1.1.3.2 热容量

材料在加热时吸收热量、冷却时放出热量的性质称为热容量。墙体、屋面或其他部位采用高热容量材料时，可以长时间保持室内温度的稳定。热容量大小用比热容（也称热容量系数）表示。

比热容表示单位质量的材料温度升高1K时所吸收的热量（J）或降低1K时所放出的热量（J）。

材料在加热（或冷却）时，吸收（或放出）的热量与质量、温度差成正比，可用下式表示：

$$Q=c\cdot m\,(T_1-T_2) \tag{1-15}$$

式中 Q——材料的热量，J；

c——材料的比热容，J/（g·K）；

m——材料的质量，g；

T_1-T_2——材料受热或冷却前后的绝对温度差，K。

由上式可得比热容为：

$$c=\frac{Q}{m\,(T_1-T_2)} \tag{1-16}$$

比热容是反映材料吸热或放热能力大小的物理量。不同材料的比热容不同，即使是同一材料，由于所处物态不同，比热容也不同。例如水的比热容是4.19J/（g·K），而结冰后的比热容是2.05J/（g·K）。

材料的导热系数和比热容是设计建筑物围护结构（墙体、屋盖）、进行热工计算时的重要参数，设计时应选用导热系数较小而热容量较大的建筑材料，以使建筑物保持室内温度的稳定性。同时，导热系数也是工业窑炉热工计算和确定冷藏库绝热层厚度时的重要数据。常用建筑材料的导热系数和比热容指标见表 1-2。

常用建筑材料的导热系数和比热容指标 表 1-2

项目 材料名称	导热系数 [W/(m·K)]	比热容 [J/(g·K)]
建筑钢材	58	0.48
花岗岩	3.49	0.92
普通混凝土	1.51	0.84
水泥砂浆	0.93	0.84
白灰砂浆	0.81	0.84
普通黏土砖	0.80	0.88
黏土空心砖	0.64	0.92
松木	0.17~0.35	2.51
泡沫塑料	0.035	1.30
冰	2.33	2.05
水	0.58	4.19
密闭空气	0.023	1.00

1.1.3.3 耐燃性

在发生火灾时，材料抵抗或延缓燃烧的性质称为耐燃性（或称防火性）。材料的耐燃性是影响建筑物防火和耐火等级的重要因素。建筑材料按其燃烧性质分为四级：

（1）不燃性材料（A）。即在空气中受高温作用不起火、不微燃烧、不炭化的材料。

（2）难燃性材料（B_1）。即在空气中受高温作用难起火、难微燃、难碳化，当火源移开后燃烧会立即停止的材料。

（3）可燃性材料（B_2）。在空气中受高温作用会自行起火或微燃，当火源移开后仍能继续燃烧或微燃的材料。

（4）易燃性材料（B_3）。在空气中容易起火燃烧的材料。

在建筑物不同部位，根据其使用特点和重要性可选择不同耐燃性的材料。

常用材料的极限耐火温度见表 1-3。

常用材料的热性能 表 1-3

材料	温度/℃	注解	材料	温度/℃	注解
普通黏土砖砌体	500	最高使用温度	预应力混凝土	400	火灾时最高允许温度
普通钢筋混凝土	200	最高使用温度	钢材	350	火灾时最高允许温度
普通混凝土	200	最高使用温度	木材	260	火灾危险温度
页岩陶粒混凝土	400	最高使用温度	花岗石(含石英)	575	相变发生急剧膨胀温度
普通钢筋混凝土	500	火灾时最高允许温度	石灰岩、大理石	750	开始分解温度

1.2 材料的力学性质

[本节要点]
材料的强度;
弹性和塑性;
脆性和韧性。
[关键概念]
抗拉强度;
抗压强度;
韧性。

1.2.1 材料的强度

材料的强度是材料在应力作用下抵抗破坏的能力。通常情况下，材料内部的应力多由外力（或荷载）作用而引起，随着外力增加，应力也随之增大，直至应力超过材料内部质点所能抵抗的极限，即强度极限，材料发生破坏。

材料的实际强度，常通过对标准试件在规定的实验条件下的破坏试验来测定。根据受力方式不同，可分为抗压强度、抗拉强度、抗剪强度、抗弯（折）强度等。受力状态见图1-3。

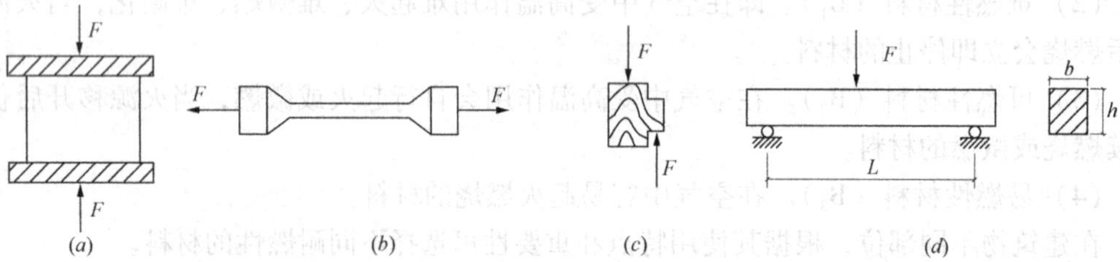

图1-3 材料承受各种外力示意图
（a）抗压；（b）抗拉；（c）抗剪；（d）抗弯

抗压强度、抗拉强度、抗剪强度的计算公式如下：

$$f=\frac{F}{A} \tag{1-17}$$

式中 f——材料的强度，MPa；
F——破坏时的最大荷载，N；
A——材料的受力面积，mm^2。

材料的抗弯强度与材料受力情况、截面形状及支承条件等有关。对矩形截面的条形试件（或小梁），在两端支承，中间作用集中荷载的情况下，抗弯强度按下式计算：

$$f=\frac{3Fl}{2bh^2} \tag{1-18}$$

式中 f——抗弯强度，MPa；

F——受弯时破坏荷载，N；

l——两支点间的距离，mm；

b、h——材料截面宽度、高度，mm。

材料强度的大小理论上取决于材料内部质点间结合力的强弱，实际上与材料中存在的结构缺陷有直接关系。组成相同的材料其强度取决于其孔隙率的大小。不仅如此，材料的强度还与测试强度时的测试条件和方法等外部因素有关。为使测试结果准确，可靠且具有可比性，对于强度为主要性质的材料，必须严格按照标准试验方法进行静力强度的测试。

为便于合理使用材料，对于以强度为主要指标的材料，通常按材料强度值的高低划分为若干个等级，称为材料的强度等级。脆性材料主要以抗压强度来划分，塑性材料和韧性材料主要以抗拉强度来划分。

比强度是材料强度与表观密度的比值。比强度是衡量材料轻质高强性能的一项重要指标。比强度越大，则材料的轻质高强性能越好。

1.2.2 弹性与塑性

1. 弹性

材料在外力作用下产生变形，当外力取消后能完全恢复到原来状态的性质称为材料的弹性。这种能够完全恢复的变形称为弹性变形。明显具备这种特性的材料称为弹性材料。受力后材料应力与应变的比值称为材料的弹性模量。其值愈大，材料受外力作用时越不易产生变形。

2. 塑性

材料在外力作用下产生变形，当外力取消后，材料仍保持变形后的形状且不产生破裂的性质称为材料的塑性。这种不能恢复的变形称为塑性变形（永久变形）。具备较高塑性变形的材料称为塑性材料。

实际上，单纯的弹性或塑性材料都是不存在的，各种材料在不同应力下，表现出不同的变形性质。

1.2.3 脆性与韧性

1. 脆性

脆性是材料受外力作用，在无明显塑性变形的情况下即突然破裂的性质。具有这种性质的材料称为脆性材料，如天然石材、混凝土、普通砖等。脆性材料的抗压能力很强，抗拉强度则比抗压强度小很多倍。脆性材料抗振动、冲击荷载的能力差，因而脆性材料常用于承受静压力作用的建筑部位，如基础、墙体、柱子、墩座等。

2. 韧性

材料在冲击、振动荷载作用下，能承受很大的变形而不致发生突发性破坏的性质称为韧性（或冲击韧性）。具有这种性质的材料称为韧性材料，如建筑钢材、沥青混凝土等。韧性材料的特点是变形大，特别是塑性变形大，抗拉强度接近或高于抗压强度。路面、桥梁、吊车梁以及有抗震要求的结构都要考虑材料的韧性。材料的韧性用冲击试验来检验。

1.3 材料的耐久性

材料的耐久性是泛指材料在使用条件下，受各种内在或外来自然因素及有害介质的作用，能长久地保持其使用性能的性质。耐久性是材料的一项综合性质，它包括材料的抗渗性、抗冻性、耐腐蚀性、抗老化性、抗碳化性、耐热性、耐磨性等。

材料在建筑物之中，除要受到各种外力的作用之外，还经常要受到环境中许多自然因素的破坏作用。这些破坏作用包括物理、化学、机械及生物的作用。

物理作用有干湿变化、温度变化及冻融变化等。这些作用将使材料发生体积的胀缩，或导致内部裂缝的扩展。时间长久之后即会使材料逐渐破坏。在寒冷地区，冻融变化对材料起着显著的破坏作用。在高温环境下，经常处于高温状态的建筑物或构筑物，所选用的建筑材料要具有耐热性能。在民用和公共建筑中，考虑安全防火要求，须选用具有抗火性能的难燃或不燃的材料。

化学作用包括大气、环境水以及使用条件下酸、碱、盐等液体或有害气体对材料的侵蚀作用。

机械作用包括使用荷载的持续作用，交变荷载引起材料疲劳，冲击、磨损、磨耗等。

生物作用包括菌类、昆虫等的作用而使材料腐朽、蛀蚀而破坏。

砖、石料、混凝土等矿物材料，多是由于物理作用而破坏，也可能同时会受到化学作用的破坏。金属材料主要是由于化学作用引起的腐蚀。木材等有机质材料常因生物作用而破坏。沥青材料、高分子材料在阳光、空气和热的作用下，会逐渐老化而使材料变脆或开裂。

材料的耐久性指标是根据工程所处的环境条件来决定的。例如处于冻融环境的工程，所用材料的耐久性以抗冻性指标来表示。处于暴露环境的有机材料，其耐久性以抗老化能力来表示。

本章小结

建筑材料在正常使用状态下，总是要承受一定的外力和自重，同时还会受到周围各种介质的作用以及各种物理作用。为保证建筑物的正常使用功能和耐久性，要求在工程设计和施工中正确合理地使用材料。因此本章是学习建筑材料与检测的基础。通过本章的学习，应能熟悉和掌握材料的基本性能，即材料共同具有的性能。常用材料各自的具体性能将在后面的相关内容中学习。

第2章 胶凝材料检测与应用

◆ 引言

胶凝材料是指经过一系列物理化学变化后，能够产生凝结硬化，将散粒状材料（如砂、石等）或块状材料（如砖、石块、混凝土砌块等）粘结成为整体的材料。

胶凝材料按其化学成分可分为无机胶凝材料和有机胶凝材料两大类，无机胶凝材料按其硬化条件的不同，可分为气硬性胶凝材料和水硬性胶凝材料，主要有石灰、石膏、水泥等。这类胶凝材料在建筑工程中的应用最广泛；有机胶凝材料有沥青、树脂等。

气硬性胶凝材料是指只能在空气中凝结硬化的胶凝材料，如石灰、石膏、水玻璃和菱苦土等。水硬性胶凝材料是指不仅能在空气中凝结硬化，而且能更好地在水中硬化，保持和发展其强度的胶凝材料，如各种水泥。因此，气硬性胶凝材料只适用于干燥环境中的工程部位；水硬性胶凝材料既适用于干燥环境，又适用于潮湿环境及水中的工程部位。

本章主要介绍胶凝材料的知识、检测与应用。

◆ 本章要点

通过本章的学习你将能够：

具有气硬性胶凝材料性能特点、应用、评价的一般能力

具有水硬性胶凝材料的性能特点、应用、检测和评价的一般能力

具有选购、保存、管理胶凝材料的能力

2.1 气硬性胶凝材料

［本节要点］

石灰性能；

石膏性能；

水玻璃性能。

［关键概念］

性能；

应用。

2.1.1 石灰

石灰是最早使用的矿物胶凝材料之一。石灰是以泥质石灰石为原料，经高温煅烧后所得的产品。生石灰系轻质的块状物质，颜色白至灰或黄绿色。由于原材料资源丰富，生产

工艺简单，成本低廉，石灰在建筑工程中的应用很广。石灰的分类：

（1）按石灰成品加工方法分类

1）块状石灰。由原料煅烧而得的产品，主要成分为 CaO。

2）磨细石灰。由块状生石灰磨细而得的细粉，主要成分仍为 CaO。

3）消石灰（熟石灰）。将石灰用适量的水消化而得的粉末，主要成分 $Ca(OH)_2$。

4）石灰浆（石灰膏）。将生石灰用多量水（为石灰体积的 3～4 倍）消化而得的可塑性浆体，主要成分为 $Ca(OH)_2$。

5）石灰乳。生石灰加较多的水消化而得的白色悬浮液，主要成分为 $Ca(OH)_2$ 和水。

（2）按 MgO 含量分类

1）钙质石灰。MgO 含量不大于 5%。

2）镁质石灰。MgO 含量为 5%～20%。

3）白云质石灰。MgO 含量为 20%～40%。建筑用石灰有：生石灰（块灰），生石灰粉，熟石灰粉（又称消解石灰粉、水化石灰）和石灰膏等几种形态。

2.1.1.1 石灰的生产

石灰的生产原理是将石灰岩受热分解为生石灰与二氧化碳，其反应式如下：

$$CaCO_3 \xrightarrow{900 \sim 1100^\circ C} CaO + CO_2 \uparrow$$

煅烧温度应高于 900℃，一般常在 1000～1200℃，当煅烧温度达到 700℃时，石灰岩中的次要成分碳酸镁开始分解为氧化镁，反应式如下：

$$MgCO_3 \xrightarrow{>700^\circ C} MgO + CO_2 \uparrow$$

石灰在烧制过程中，往往由于石灰石原料的尺寸过大或窑中温度不匀等原因，使得石灰中含有未烧透的内核，这种石灰称为“欠火石灰”。欠火石灰的未消化残渣含量高，有效氧化钙和氧化镁含量低，使用时缺乏粘结力。另一种情况是由于烧制的温度过高或时间过长，使得石灰表面出现裂缝或玻璃状的外壳，体积收缩明显，颜色呈灰黑色，块体密度大，消化缓慢，这种石灰称为“过火石灰”。过火石灰用于建筑结构物中，仍能继续水化，以致引起体积膨胀，导致产生裂缝等破坏现象，故危害极大。

根据《建筑生石灰》（JC/T 479—1992）的规定，将钙质生石灰和镁质生石灰各划分为优等品、一等品和合格品三个等级，各等级的技术性能指标见表 2-1。

建筑生石灰各等级的技术指标（JC/T 479—1992） **表 2-1**

项　目	钙质生石灰			镁质生石灰		
	优等品	一等品	合格品	优等品	一等品	合格品
CaO + MgO 含量/%，≥	90	85	80	85	80	75
未消化残渣含量（5mm 圆孔筛余）/%，≤	5	10	15	5	10	15
CO_2 含量/%，≤	5	7	9	6	8	10
产浆量/L/kg，≥	2.8	2.3	2.0	2.8	2.3	2.0

2.1.1.2 石灰的熟化

生石灰的熟化（又称消化或消解）是指生石灰与水发生化学反应生成熟石灰的过程。其反应式如下：

$$CaO + H_2O = Ca(OH)_2 + 64.9kJ$$

$$MgO + H_2O = Mg(OH)_2$$

生石灰遇水反应剧烈，同时放出大量的热。生石灰的熟化反应为放热反应，在最初1h所放出的热量几乎是硅酸盐水泥1d放热量的9倍。

生石灰熟化后体积膨胀1~2.5倍。块状生石灰熟化后体积膨胀，产生的膨胀压力会致使石灰块自动分散成为粉末，应用此法可将块状生石灰加工成为消石灰粉。

熟化后的石灰在使用前必须进行“陈伏”。这是因为生石灰中存在着过火石灰。过火石灰结构密实，熟化极其缓慢，当这种未充分熟化的石灰抹灰后，会吸收空气中大量的水蒸气，继续熟化，体积膨胀，致使墙面砂浆隆起、开裂，严重影响工程质量。为了消除过火石灰的危害，生石灰在使用前应提前化灰，使石灰浆在灰坑中储存两周以上，以使生石灰得到充分熟化，这一过程称为“陈伏”。陈伏期间，为了防止石灰碳化，应在其表面保留一定厚度的水层，用以隔绝空气。

熟化石灰粉的品质与有效物质和水分的相对含量及细度有关，熟石灰粉颗粒愈细，有效成分愈多，其品质愈好。熟石灰粉按《建筑消石灰粉》（JC/T 481—1992）标准规定也可分为优等品、一等品和合格品三个等级（见表2-2）。

建筑熟石灰粉的技术指标（JC/T 481—1992） **表2-2**

项目		钙质消石灰粉			镁质消石灰粉			白云石消石灰粉		
		优等品	一等品	合格品	优等品	一等品	合格品	优等品	一等品	合格品
Cao + MgO 含量/%，≥		70	65	60	65	60	55	65	60	55
游离水/%		0.4~2	0.4~2	0.4~2	0.4~2	0.4~2	0.4~2	0.4~2	0.4~2	0.4~2
体积安定性		合格	合格	—	合格	合格	—	合格	合格	—
细度	0.9mm筛筛余/%，≤	0	0	0.5	0	0	0.5	0	0	0.5
	0.125mm筛筛余/%，≤	3	10	15	3	10	15	3	10	15

2.1.1.3 石灰的硬化

石灰浆体在空气中逐渐硬化，是由下面两个过程同时进行完成的。

（1）结晶作用：石灰浆体中的游离水分逐渐蒸发，$Ca(OH)_2$逐渐从饱和溶液中结晶析出，形成结晶结构网，从而获得一定的强度。

（2）碳化作用：$Ca(OH)_2$与空气中的CO_2化合生成$CaCO_3$结晶，释放出水分并被蒸发：

$$Ca(OH)_2+CO_2+H_2O \rightarrow CaCO_3+2H_2O$$

碳化作用实际是 CO_2 与水形成 H_2CO_3，然后与 $Ca(OH)_2$ 反应生成 $CaCO_3$。所以这个作用不能在没有水分的全干状态下进行。而且，碳化作用在长时间内只限于表面，$Ca(OH)_2$ 两种不同的晶体作用则主要在内部发生。所以，石灰浆硬化后，是由 $CaCO_3$ 和 $Ca(OH)_2$ 两种不同的晶体组成。

一般纯石灰浆，在较长时间内经常处于湿润状态，不易硬化，强度、硬度不高，收缩得很慢，同时表面的石灰一旦碳化以后，所生成的 $CaCO_3$ 的坚硬外壳，又阻碍了 CO_2 的进一步透入，而且内部水分不易析出，结晶作用无法较快进行，所以纯石灰浆不能单独使用，必须掺填充材料，如掺入砂子配成石灰浆使用。掺入砂子减少收缩，更主要的是掺入砂子能在石灰浆内形成连通的毛细孔道使内部水分蒸发并进一步碳化，以加速硬化。为了避免收缩裂缝，常加纤维材料，制成石灰麻刀灰，石灰纸筋灰等。

2.1.1.4 石灰的特性、应用与保管

1. 石灰的特性

(1) 凝结硬化缓慢，强度低。石灰浆在空气中的碳化过程很缓慢，且结晶速度主要依赖于浆体中水分蒸发的速度，因此，石灰的凝结硬化速度是很缓慢的。生石灰熟化时的理论需水量较小，为了使石灰浆具有良好的可塑性，实际熟化的水量是很大的，多余水分在硬化后蒸发，会留下大量孔隙，使硬化石灰的密实度较小，强度低。

(2) 可塑性好，保水性好。生石灰熟化为石灰浆时，能形成颗粒极细（粒径为0.001mm）呈胶体分散状态的 $Ca(OH)_2$ 粒子，表面吸附一层厚厚的水膜，使颗粒间的摩擦力减小，因而具有良好的可塑性。

(3) 硬化后体积收缩较大。石灰浆中存在大量的游离水，硬化后大量水分蒸发，导致石灰内部毛细管失水收缩，引起显著的体积收缩变形。这种收缩变形使得硬化石灰体产生开裂，因此，石灰浆不宜单独使用，通常工程施工中要掺入一定量的骨料（砂子）或纤维材料（麻刀、纸筋等）。

(4) 吸湿性强，耐水性差。生石灰具有很强的吸湿性，传统的干燥剂常采用这类材料。生石灰水化后的产物其主要成分 $Ca(OH)_2$ 能溶解在水中，若长期受潮或被水侵蚀，会使硬化的石灰溃散，因此它是一种气硬性胶凝材料，不宜用于潮湿的环境中，更不能用于水中。

2. 石灰的应用

石灰是建筑工程中量大面广的建筑材料之一，其常见的用途如下：

(1) 广泛用于建筑室内粉刷。石灰乳是一种廉价的涂料，且施工方便，颜色洁白，能为室内增白添亮，因此在建筑中应用十分广泛。

(2) 用于配制建筑砂浆。石灰和砂或麻刀、纸筋配制成石灰砂浆、麻刀灰、纸筋灰，主要用于内墙、顶棚的抹面砂浆。石灰与水泥和砂可配制成混合砂浆，主要用于墙体砌筑或抹面之用。

(3) 配制三合土和灰土。三合土是采用生石灰粉(或消石灰粉)、黏土和砂子按1∶2∶3的比例，再加水拌合，经夯实后而成。灰土是用生石灰粉和黏土按1∶2～1∶4的比例加水拌合，经夯实后而成。经夯实后的三合土和灰土广泛应用于建筑物的基础、路面或地面垫层。

三合土和灰土经强力夯打之后，其密实度大大提高，且黏土颗粒表面少量的活性 SiO_2 和 Al_2O_3 与石灰发生化学反应，生成水化硅酸钙和水化铝酸钙等不溶于水的水化产物，因而具有一定的抗压强度、耐水性和相当高的抗渗能力。

(4) 制作碳化石灰板。碳化石灰板是将磨细生石灰、纤维状填料（如玻璃纤维等）或轻质骨料（如矿渣等）经搅拌、成型，然后人工碳化而成的一种轻质板材。这种板材能锯、刨、钉，适宜作非承重内墙板、顶棚等。

(5) 生产硅酸盐制品。以石灰和硅质材料（如石英砂、粉煤灰等）为原料，加水拌合，经成型，蒸养或蒸压处理等工序而制成的建筑材料，统称为硅酸盐制品。如粉煤灰砖、灰砂砖、加气混凝土砌块等。

(6) 配制无熟料水泥。将具有一定活性的混合材料，按适当比例与石灰配合，经共同磨细，可得到水硬性的胶凝材料，即为无熟料水泥。

3. 石灰的储存

生石灰具有很强的吸湿性，在空气中放置太久，会吸收空气中的水分而消化成消石灰粉而失去胶凝能力。因此储存生石灰时，一定要注意防潮防水，而且存期不宜过长。另外，生石灰熟化时会释放大量的热，且体积膨胀，故在储存和运输生石灰时，还应注意将生石灰与易燃易爆物品分开保管，以免引起火灾和爆炸。

2.1.2 石膏

石膏是一种使用历史悠久的气硬性胶凝材料，其制品具有质量轻、绝热、隔声、耐火等许多优点。我国石膏资源极其丰富，储量大、分布广，在建材工业中用来生产各种建筑制品，如石膏板、建筑装饰制品等。另外，石膏作为重要的外加剂，还广泛应用于水泥、水泥制品及硅酸盐制品中。因此，石膏是一种很有发展前途的新型建筑材料。

2.1.2.1 建筑石膏的原料及生产

生产石膏的原料主要是天然二水石膏，又称软石膏或生石膏，是含有两个结晶水的硫酸钙（$CaSO_4 \cdot 2H_2O$）。天然二水石膏经低温煅烧、脱水、磨细，可制得各种不同的石膏产品。

天然无水石膏（$CaSO_4$），又称天然硬石膏，其结晶紧密，质地较硬，只可用于生产无水石膏水泥。

除天然原料外，也可用一些含有 $CaSO_4$ 的混合物的化工副产品及废渣（称为化工石膏），作为生产石膏产品的原料，如磷石膏、氟石膏等。

建筑石膏的原料主要是天然二水石膏又称生石膏，也可采用各种工业副产品（化工石膏）。目前世界上约90%的建筑石膏原料采用天然石膏。由于环境与成本因素，工业副产品石膏的用量也正日益增加。

2.1.2.2 石膏的品种

(1) 建筑石膏。在常压下加热温度达到107~170℃时，二水石膏脱水变成 β 型半水石膏（即建筑石膏又称熟石膏），其反应式为：

$$CaSO_4 \cdot 2H_2O \xrightarrow{107\sim170^\circ C} \beta\text{-}CaSO_4 \cdot \frac{1}{2}H_2O + 1\frac{1}{2}H_2O$$

(2) 高强石膏。将二水石膏在压蒸条件下（0.13MPa、125℃）加热，则生成 α 型半水石膏（即高强石膏），其反应式为：

$$CaSO_4 \cdot 2H_2O \xrightarrow{125℃\ (0.13MPa)} \alpha-CaSO_4 \cdot \frac{1}{2}H_2O + 1\frac{1}{2}H_2O$$

α型和β型半水石膏，虽然化学成分相同，但宏观性能上相差很大，由于α型半水石膏的标准稠度用水量比β型小很多，因此强度大得多。两种石膏在宏观上的差别主要源于亚微观上即晶粒的形态、大小以及聚集状态等方面的差别。

α型半水石膏结晶完整，常是短柱状，晶粒较粗大，聚集体的内比表面积较小。β型半水石膏结晶较差，常为细小的纤维状或片状聚集体，内比表面积较大。因此，前者的水化速率慢，水化热低，需水量小，硬化体的强度高，而后者则与之相反。

（3）可溶性硬石膏。当加热温度升高到170～200℃时，半水石膏继续脱水，生成可溶性硬石膏，与水调和后仍能很快凝结硬化。当温度升高到200～250℃时，石膏中仅残留很少的水，凝结硬化非常缓慢，但遇水后还能逐渐生成半水石膏直至二水石膏。

（4）不溶性硬石膏。当温度加热至400～750℃时，石膏完全失去水分，成为不溶性硬石膏，失去凝结硬化能力，成为死烧石膏，但加入某些激发剂（如各种硫酸盐、石灰、煅烧白云石、粒化高炉矿渣等）混合磨细后，则重新具有水化硬化能力，成为无水石膏水泥，也称硬石膏水泥。

（5）高温煅烧石膏。当温度高于800℃时，部分石膏分解出CaO，经磨细后的石膏称为高温煅烧石膏。由于CaO的催化作用，所得产品又重新具有凝结硬化性能，硬化后有较高的强度和耐磨性，抗水性也较好，所以也称为地板石膏。

2.1.2.3 建筑石膏的凝结硬化

建筑石膏与适量的水相混合，最初形成具有良好可塑性的浆体，但很快就失去可塑性而发展成为具有一定强度的固体，这个过程就称为石膏的凝结硬化。其原因是由于浆体内部发生了一系列的物理化学变化，主要的化学反应式如下：

$$CaSO_4 \cdot \frac{1}{2}H_2O + \frac{3}{2}H_2O \longrightarrow CaSO_4 \cdot 2H_2O$$

首先是β型的半水石膏溶解于水中，很快形成饱和溶液，溶液中的β型半水石膏与水反应生成了二水石膏，由于二水石膏在水中的溶解度比β型半水石膏小得多，因此β型半水石膏的饱和溶液对于二水石膏就成为过饱和溶液，二水石膏逐渐的结晶析出，致使液相中原有的平衡浓度被破坏，β型半水石膏进一步溶解、水化，如此循环进行，直至完全变成二水石膏为止。随着水化反应不断进行，且水分不断蒸发，浆体失去可塑性，这一过程称为凝结。其后，晶体颗粒逐渐长大、连生、相互交错，使得强度不断增长，直到剩余水分完全蒸发，这一过程称为硬化。

建筑石膏在凝结硬化过程中，将其从加水开始拌合一直到浆体刚开始失去可塑性的过程称为浆体的初凝，对应的这段时间称为初凝时间；将其从加水拌合一直到浆体完全失去可塑性，并开始产生强度的过程称为浆体的硬化，对应的这段时间称为浆体的终凝时间。

2.1.2.4 建筑石膏的技术性质及特点

建筑石膏色白、密度2.6～2.75g/cm^3、堆积密度为800～1000kg/m^3。建筑石膏按其凝结时间、细度及强度指标分为三级，见表2-3。

建筑石膏的技术指标《建筑石膏》(GB 9776—2008) 表 2-3

技术指标		产品等级		
		3.0	2.0	1.6
强度/MPa	抗折强度≥	3.0	2.0	1.6
	抗压强度≥	6.0	4.0	3.0
细度/%	0.2mm 方孔筛筛≤	10	10	10
凝结时间/min	初凝时间≥	3		
	终凝时间≤	30		

注：表中强度以 2h 强度为标准。

2.1.2.5 建筑石膏特性

（1）凝结硬化很快，强度较低。掺水 3～5min 内即可凝结，终凝不超过 30min。根据施工需要凝结时间可作调整：若需加速凝固可掺入少量磨细的未经煅烧的石膏；需缓凝可掺入水重 0.1%～0.2%的动物胶或亚硫酸盐纸浆废液、硼砂等。

（2）硬化时体积略微膨胀。建筑石膏在凝结硬化时具有微膨胀性，其体积一般膨胀 0.05%～0.15%。这种特性可使硬化成型的石膏制品表面光滑饱满，干燥时不开裂，且能使制品造型棱角清晰，尺寸准确，有利于制造复杂花纹图案的石膏装饰制品。

（3）孔隙率大，体积密度小，保温隔热性能好，吸声性能好等。建筑石膏水化时的理论需水量仅为其质量的 18.6%，但施工中为了保证浆体具有足够的流动性，其实际加水量常常达 60%～80%左右，大量的水分会逐渐蒸发出来，而在硬化体内留下大量的孔隙，其孔隙率可达 50%～60%。由于孔隙率大，因此石膏制品的体积密度小，属于轻质材料，而且具有良好的保温隔热性能和吸声性能。

（4）耐水性差，抗冻性差。石膏是气硬性胶凝材料，水会削弱其晶体粒子间的结合力，从而导致破坏，因此在使用时应注意所处环境的条件。

（5）防火性能良好。建筑石膏硬化后的主要成分是二水石膏，当其遇火时，二水石膏释放出部分结晶水，而水的热容量很大，蒸发时会吸收大量的热，并在制品表面形成蒸汽幕，可有效地防止火势的蔓延。

（6）具有一定的调温调湿性能。由于石膏制品具有多孔结构，且其热容量较大，吸湿性强，当室内温度、湿度发生变化时，石膏制品能吸入水分或呼出水分，吸收热量或放出热量，可使环境的温度和湿度得到一定的调节。

（7）石膏制品具有良好的可加工性，且装饰性能好。石膏制品可锯、可钉、可刨，便于施工操作，并且其表面细腻平整，色泽洁白，具有典雅的装饰效果。

2.1.2.6 建筑石膏的应用

石膏具有上述诸多优良性能，主要用于室内抹灰、粉刷、制造建筑装饰制品、石膏板等。

1. 室内抹灰及粉刷

将建筑石膏加水及缓凝剂拌合成浆体，可用作室内粉刷材料。石膏浆中还可以掺入部分石灰，或将建筑石膏加水、砂拌合成石膏砂浆，用于室内抹灰，抹灰后的表面光滑、细腻、洁白美观。石膏砂浆也可作为油漆等的打底层。

2. 建筑装饰制品

由于石膏凝结快和体积稳定的特点，常用于制造建筑雕塑和花样、形状不同的装饰制品。鉴于石膏制品具有良好的装饰功能，而且具有不污染、不老化、对人体健康无害等优点，近年来备受青睐。

3. 石膏板

石膏板材具有轻质、隔热保温、吸声、不燃以及施工方便等性能，其应用日渐广泛。但石膏板具有长期徐变的性质，在潮湿的环境中更为严重，且建筑石膏自身强度较低，又因其显微酸性，不能配加强钢筋，故不宜用于承重结构。常用的石膏板主要有纸面石膏板、纤维石膏板、装饰石膏板和空心石膏板等。另外，还有穿孔石膏板、嵌装式装饰石膏板等，各种新型石膏板材也在不断涌现。

2.1.3 水玻璃

2.1.3.1 水玻璃的组成和生产

水玻璃，又名泡花碱，可溶于水，由碱金属氧化物和二氧化硅结合而成的硅酸盐材料。建筑上常用钠水玻璃（$Na_2O \cdot nSiO_2$）。

水玻璃的主要原料是石英砂、纯碱。将原料磨细，按比例配合，在玻璃熔炉内加热至1300～1400℃，熔融而生成硅酸钠，冷却后即成固态水玻璃：

$$Na_2CO_3 + nSiO_2 \xrightarrow{1300\sim1400℃} Na_2O \cdot nSiO_2 + CO_2\uparrow$$

固态水玻璃在0.3～0.8MPa的蒸压锅内加水加热，溶解为无色、淡黄或青灰色透明或半透明黏稠液体，即成为液态水玻璃。

水玻璃与普通玻璃不同，它能溶解于水中，并能在空气中凝结、硬化。在水中溶解的难易随水玻璃模数 n（二氧化硅与氧化钠摩尔数之比，称为水玻璃模数）的大小而异。n 值大，水玻璃黏度大，较难溶于水，但较易分解、硬化。建筑上常用水玻璃的 n，一般为2.5～2.8。

水玻璃的浓度，（即水玻璃在其水溶液中的含量）用密度（D）或波美度（°B′e）表示。建筑中常用的液体水玻璃的密度为1.36～1.50g/cm^3（波美度为38.4～48.3°B′e）。一般情况下，密度大，表明溶液中水玻璃含量高，其黏度大，水玻璃的模数也大。

2.1.3.2 水玻璃的硬化

水玻璃在空气中吸收CO_2，析出二氧化硅凝胶，凝胶因干燥而逐渐硬化：

$$Na_2O \cdot nSiO_2 + CO_2 + mH_2O \longrightarrow Na_2CO_3 + nSiO_2 \cdot mH_2O$$

上述硬化过程很慢，为加速硬化，可掺入适量的固化剂，如氟硅酸钠（Na_2SiF_6），以加速二氧化硅凝胶的析出和硬化。氟硅酸钠的适宜掺量为水玻璃质量的12%～15%。

2.1.3.3 水玻璃的性质及应用

水玻璃的粘结强度，抗拉和抗压强度较高。耐热性好，耐酸性强，它能经受大多数无机酸与有机酸的作用。

水玻璃在建筑中常用于：

配制耐热砂浆、耐热混凝土；涂刷于混凝土结构表面，可提高混凝土不透水性和抗风化性；可用来加固地基土，提高基础承载力和增强不透水性。

以水玻璃为胶结料，加入氟硅酸钠固化剂和一定级配的耐酸粉料和耐酸粗细骨料配制成的耐酸胶泥、砂浆、混凝土和水磨石可用于耐腐蚀工程。如铺砌耐酸块材、抹耐酸整体面层、浇筑地面整体面层、设备基础、耐酸楼（地）面、墙裙、踏脚板等。

这类水玻璃耐酸材料，在凝固后，应进行酸化处理（酸洗）。即用中浓度的酸，如40%的硝酸或15%~25%的盐酸，或30%~35%的硫酸等涂刷（耐酸水磨石宜用盐酸）。涂刷一般不少于4次，每遍间隔不应少于8h。每次涂刷前，应把表面析出的结晶物清刷干净。酸化处理的目的是使水玻璃在酸的作用下分解出氧化硅凝胶，促进水玻璃耐酸材料的硬化。析出的硅胶堵塞内部孔隙，增大密实度，从而提高了其表面的抗渗、抗稀酸和耐水性能。

除此而外，水玻璃还可用于配制防水剂等。目前市场上低模数硅酸钾新型水玻璃已面市。木材、织物浸过水玻璃后，具有防腐性能且不易着火。以水泥、水玻璃、沥青、树脂等作胶结剂，可以制成绝热制品板管。

水玻璃是一种建筑胶凝材料，常用来配制水玻璃胶泥和水玻璃砂浆、水玻璃混凝土，以及单独使用水玻璃为主要原料配制涂料。水玻璃在防酸工程和耐热工程中的应用甚为广泛。

2.2 水硬性胶凝材料

[本节要点]

硅酸盐水泥的矿物组成；

硅酸盐水泥的水化及特性；

硅酸盐水泥的性质及应用；

通用硅酸盐水泥的性能。

[关键概念]

矿物组成；

水化；

硬化。

水硬性胶凝材料的代表物质是水泥。水泥泛指加水拌合成塑性浆体，能胶结砂、石等适当材料并能在空气和水中硬化的粉状水硬性胶凝材料。

水泥是建筑工程中最重要的建筑材料之一。随着我国现代化建设的高速发展，水泥的应用越来越广泛。不仅大量应用于工业与民用建筑，而且广泛应用于公路、铁路、水利电力、海港和国防等工程中。

水泥的分类：

1. 按照性能和用途：

(1) 通用水泥：硅酸盐水泥、普通硅酸盐水泥、矿渣硅酸盐水泥、火山灰质硅酸盐水泥、粉煤灰硅酸盐水泥等品种。

(2) 专用水泥：油井水泥、道路水泥、砌筑水泥等。

(3) 特性水泥：快硬硅酸盐水泥、膨胀水泥、抗硫酸盐硅酸水泥。

2. 按照水硬性物质的名称分类：

(1) 硅酸盐水泥。

(2) 铝酸盐水泥。

(3) 硫铝酸盐水泥。

(4) 铁铝酸盐水泥。

(5) 氟铝酸盐水泥。

2.2.1 硅酸盐水泥

2.2.1.1 硅酸盐水泥的定义

《通用硅酸盐水泥》(GB 175-2007) 规定：凡是由硅酸盐水泥熟料，0~5%的石灰石或粒化高炉矿渣、适量的石膏磨细制成的水硬性胶凝材料，称为硅酸盐水泥。

硅酸盐水泥可分为两种类型：

Ⅰ型硅酸盐水泥，是不掺混合材料的水泥，其代号为P·Ⅰ。

Ⅱ型硅酸盐水泥，是在硅酸盐水泥熟料粉磨时掺加不超过水泥质量5%的石灰石或粒化高炉矿渣混合材料的水泥，其代号为P·Ⅱ。

2.2.1.2 硅酸盐水泥生产

硅酸盐水泥的原料主要是石灰质原料和黏土质原料。石灰质原料主要提供CaO，它可以采用石灰石、白垩、石灰质凝灰岩等。黏土质原料主要提供SiO_2、Al_2O_3及少量Fe_2O_3，它可以采用黏土、黄土、页岩、泥岩及河泥等。为了弥补黏土中Fe_2O_3含量之不足，需加入铁矿粉、黄铁矿渣等。

硅酸盐水泥生产工艺可概括为“两磨一烧”。即：原材料按比例混合磨细而得到生料；生料煅烧成为熟料；熟料加石膏、混合材料经磨细而制成的。生料在煅烧过程中，首先是石灰石和黏土分别分解成CaO、SiO_2、Al_2O_3和Fe_2O_3，然后在一定的温度范围内相互反应，经过一系列的中间过程后，生成硅酸三钙（$3CaO \cdot SiO_2$）、硅酸二钙（$2CaO \cdot SiO_2$）、铝酸三钙（$3CaO \cdot Al_2O_3$）和铁铝酸四钙（$4CaO \cdot Al_2O_3 \cdot Fe_2O_3$），称为水泥的熟料矿物。

2.2.1.3 硅酸盐水泥熟料的矿物组成

硅酸盐水泥熟料主要有四种矿物组成，其名称、分子式、简写代号和含量范围如下：

硅酸三钙$3CaO \cdot SiO_2$，简写为C_3S，含量37%~60%；

硅酸二钙$2CaO \cdot SiO_2$，简写为C_2S，含量15%~37%；

铝酸三钙$3CaO \cdot Al_2O_3$，简写为C_3A，含量7%~15%；

铁铝酸四钙$4CaO \cdot Al_2O_3 \cdot Fe_2O_3$，简写为$C_4AF$，含量10%~18%。

水泥具有许多优良的建筑技术性能，这些性能取决于水泥熟料的矿物成分及其含量，各种矿物单独与水作用时，表现出不同的性能。详见表2-4。

C_3S支配水泥的早期强度，而C_2S对水泥后期强度影响明显。C_3A本身强度不高，对硅酸盐水泥的整体强度影响不大，但其凝结硬化快。如果水泥中C_3A含量过高，会使水泥形成急凝，来不及施工，而且具有破坏性。由于C_3A的水化热大，易引起干燥收缩，硅酸盐水泥中C_3A含量不能过高。C_4AF的强度和硬化速度一般，其主要特性是干缩小，耐磨性强，抗折性能较好，并有一定的耐化学腐蚀性。在水泥熟料煅烧时，C_4AF和C_3A的形成能降低烧成温度，有利于熟料的煅烧，在硅酸盐水泥中是不可缺少的矿物成分。因此，改变熟料矿物的相对含量，水泥的性质即发生相应的变化。如提高 C_3S 的含量，可制得早强硅酸盐水泥；提高 C_2S 和 C_4AF 的含量，降低 C_3A 和 C_3S 的含量，可制得水化热低的水泥，如大坝水泥；由于 C_3A 能与硫酸盐发生化学作用，产生结晶，体积膨胀，易产生裂缝破坏，因此在抗硫酸盐水泥中，C_3A 含量应小于5%。

水泥熟料矿物的组成、含量及特性　　表 2-4

特　性	硅酸三钙（C_3S）	硅酸二钙（C_2S）	铝酸三钙（C_3A）	铁铝酸四钙（C_4AF）
含量/%	37～60	15～37	7～15	10～18
水化速度	快	慢	最快	快
水化热	高	低	最高	中
强　度	高	早期低，后期高	中	中（对抗折有利）
耐化学侵蚀	差	良	最差	中
干缩性	中	小	大	小

2.2.1.4　硅酸盐水泥的凝结与硬化

水泥用适量的水调和后，最初形成具有可塑性的浆体，由于水泥的水化作用，随着时间的增长，水泥浆逐渐变稠失去流动性和可塑性（但尚无强度），这一过程称为凝结；随后产生强度逐渐发展成为坚硬的水泥石的过程称之为硬化。水泥的凝结和硬化是人为划分的两个阶段，实际上是一个连续而复杂的物理化学变化过程，这些变化决定了水泥石的某些性质，对水泥的应用有着重要意义。

1. 硅酸盐水泥的水化作用

水泥加水后，水泥颗粒被水包围，其熟料矿物颗粒表面立即与水发生化学反应，生成了一系列新的化合物，并放出一定的热量。其反应如下：

$$\underset{\text{硅酸三钙}}{2(3CaO \cdot SiO_2)} + 6H_2O = \underset{\text{水化硅酸钙}}{3CaO \cdot 2SiO_2 \cdot 3H_2O} + \underset{\text{氢氧化钙}}{3Ca(OH)_2}$$

$$\underset{\text{硅酸二钙}}{2(2CaO \cdot SiO_2)} + 4H_2O = \underset{\text{水化硅酸钙}}{3CaO \cdot 2SiO_2 \cdot 3H_2O} + \underset{\text{氢氧化钙}}{Ca(OH)_2}$$

$$\underset{\text{铝酸三钙}}{3CaO \cdot Al_2O_3} + 6H_2O = \underset{\text{水化铝酸钙}}{3CaO \cdot Al_2O_3 \cdot 6H_2O}$$

$$\underset{\text{铁铝酸四钙}}{4CaO \cdot Al_2O_3 \cdot Fe_2O_3} + 7H_2O = \underset{\text{水化铝酸钙}}{3CaO \cdot Al_2O_3 \cdot 6H_2O} + \underset{\text{水化铁酸钙}}{CaO \cdot Fe_2O_3 \cdot H_2O}$$

为了调节水泥的凝结时间，在熟料磨细时应掺加适量（3%左右）石膏，这些石膏与部分水化铝酸钙反应，生成难溶的水化硫铝酸钙，呈针状晶体并伴有明显的体积膨胀。

$$\underset{\text{水化铝酸钙}}{3CaO \cdot Al_2O_3 \cdot 6H_2O} + \underset{\text{石膏}}{3(CaSO_4 \cdot 2H_2O)} + 19H_2O = \underset{\text{水化硫铝酸钙}}{3CaO \cdot Al_2O_3 \cdot 3CaSO_4 \cdot 31H_2O}$$

综上所述，硅酸盐水泥与水作用后，生成的主要水化产物有水化硅酸钙、水化铁酸钙凝胶体；氢氧化钙、水化铝酸钙和水化硫铝酸钙晶体。在完全水化的水泥石中，水化硅酸钙约占50%，氢氧化钙约占25%。

2. 硅酸盐水泥的凝结和硬化

水泥加水拌合后的剧烈水化反应，一方面使水泥浆中起润滑作用的自由水分逐渐减少；另一方面，水化产物在溶液中很快达饱和或过饱和状态而不断析出，水泥颗粒表面的新生物厚度逐渐增大，使水泥浆中固体颗粒间的间距逐渐减小，越来越多的颗粒相互连接形成了骨架结构。此时，水泥浆便开始慢慢失去可塑性，表现为水泥的初凝。由于铝酸三钙水化极快，会使水泥很快凝结，为使工程使用时有足够的操作时间，水泥中加入了适量的石膏。水泥加入石膏后，一旦铝酸三钙开始水化，石膏会与水化铝酸三钙反应生成针状的钙矾石。钙矾石很难溶解于水，可以形成一层保护膜覆盖在水泥颗粒的表面，从而阻碍了铝酸三钙的水化，阻止了水泥颗粒表面水化产物的向外扩散，降低了水泥的水化速度，使水泥的初凝时间得以延缓。当掺入水泥的石膏消耗殆尽时，水泥颗粒表面的钙矾石覆盖层一旦被水泥水化物的积聚物所胀破，铝酸三钙等矿物的再次快速水化得以继续进行，水泥颗粒间逐渐相互靠近，直至连接形成骨架。水泥浆的塑性逐渐消失，直到终凝。随着水化产物的不断增加，水泥颗粒之间的毛细孔不断被填实，加之水化产物中的氢氧化钙晶体、水化铝酸钙晶体不断贯穿于水化硅酸钙等凝胶体之中，逐渐形成了具有一定强度的水泥石，从而进入了硬化阶段。水化产物的进一步增加，水分的不断丧失，使水泥石的强度不断发展。

随着水泥水化的不断进行，水泥浆结构内部孔隙不断被新生水化物填充和加固的过程，称为水泥的“凝结”。随后产生明显的强度并逐渐变成坚硬的人造石——水泥石，这一过程称为水泥的“硬化”。

水泥的凝结硬化是从水泥颗粒表面逐渐深入到内层的，在最初的几天（1~3d）水分渗入速度快，所以强度增加率快，大致28d可完成这个过程基本部分。随后，水分渗入越来越难，所以水化作用就越来越慢。另外强度的增长还与温度、湿度有关。温、湿度越高，水化速度越快，则凝结硬化快；反之则慢。若水泥石处于完全干燥的情况下，水化就无法进行，硬化停止，强度不再增长。所以，混凝土构件浇注后应加强洒水养护；当温度低于0℃时，水化基本停止。因此冬期施工时，需要采取保温措施，保证水泥凝结硬化的正常进行。实践证明，若温度和湿度适宜，未水化的水泥颗粒仍将继续水化，水泥石的强度在几年甚至几十年后仍缓慢增长。硬化后的水泥石是由晶体、胶体、未完全水化颗粒、游离水及气孔等组成的不均质体。

3. 影响硅酸盐水泥凝结硬化的主要因素

(1) 水泥矿物组成

水泥的矿物组成及各组分的比例是影响水泥凝结硬化的最主要因素。不同矿物成分单独和水起反应时所表现出来的特点是不同的，其强度发展规律也必然不同。如在水泥中提高 C_3A 的含量，将使水泥的凝结硬化加快，同时水化热也大。一般来讲，若在水泥熟料中掺加混合材料，将使水泥的抗侵蚀性提高，水化热降低，早期强度降低。

(2) 水泥细度的影响

水泥颗粒的粗细直接影响水泥的水化、凝结硬化、强度及水化热等。水泥颗粒细，比表面积增加，与水反应的机会增多，水化加快，从而加速水泥的凝结、硬化，提高早期强度。

(3) 石膏掺量的影响

石膏称为水泥的缓凝剂，主要用于调节水泥的凝结时间，是水泥中不可缺少的组分。

未加石膏的水泥将很快形成凝聚结构，由于水化铝酸钙从过饱和溶液中很快结晶出来，使结构坚硬，导致水泥不正常急速凝结（即瞬凝）。加入石膏后，在水泥颗粒上形成难溶于水的硫铝酸钙覆盖膜阻碍了 C_3A 的水化，从而延长了凝聚过程。

石膏的掺量必须严格控制，掺量太少时缓凝作用小；掺量过多时会因在水泥浆硬化后继续生成水化硫铝酸钙产生体积膨胀，导致硬化的水泥石开裂而破坏，其掺量原则是保证在凝结硬化前（约加水后 24h 内）全部耗尽。适宜的掺量主要取决于水泥中 C_3A 含量和石膏中 SO_3 的含量。石膏掺量一般为水泥质量的 3% ~5%。

(4) 水灰比的影响

水泥浆的水灰比是指水泥浆中水与水泥的质量之比。当水泥浆中加水较多时，水灰比较大，此时水泥的初期水化反应得以充分进行；但是水泥颗粒间原来被水隔开的距离较远，颗粒间相互连接形成骨架结构所需的凝结时间长，所以水泥浆凝结较慢。

水泥浆的水灰比较大时，多余的水分蒸发后形成的孔隙较多，造成水泥石的强度较低，因此水泥浆的水灰比过大时，会明显降低水泥石的强度。

(5) 养护条件（温度、湿度）的影响

养护环境有足够的温度和湿度，有利于水泥的水化和凝结硬化过程，有利于水泥的早期强度发展。如果环境十分干燥时，水泥中的水分蒸发，导致水泥不能充分水化，同时硬化也将停止，严重时会使水泥石产生裂缝。

通常，养护时温度升高，水泥的水化加快，早期强度发展也快。若在较低的温度下硬化，虽强度发展较慢，但最终强度不受影响。当温度低于 5℃时，水泥的凝结硬化速度大大减慢；当温度低于 0℃时，水泥的水化将基本停止，强度不但不增长，甚至会因水结冰而导致水泥石结构破坏。实际工程中，常通过蒸汽养护、压蒸养护来加快水泥制品的凝结硬化过程。

(6) 养护龄期的影响

从水泥加水拌合之日起至实测性能之日止，所经历的养护时间称为龄期。硅酸盐水泥早期强度增长较快，后期逐渐减慢。水泥加水后，起初 3 ~7d 强度发展快，大约 4 周后显著减慢。但是，只要维持适当的温度和湿度，水泥强度在几个月、几年，甚至几十年后还会持续增长。

此外，水泥中外加剂的应用，水泥的储存条件等，对水泥的凝结硬化以及强度，都有一定的影响。

2.2.1.5 硅酸盐水泥的技术标准

1. 细度

细度是指水泥颗粒的粗细程度。细度对水泥性质影响很大。一般情况下，水泥颗粒越细，总表面积越大，与水接触的面积越大，则水化速度越快，凝结硬化越快，水化产物越多，早期强度也越高，在水泥生产过程中消耗的能量越多，机械损耗也越大，生产成本增加，且水泥在空气中硬化时收缩也增大，易产生裂缝，所以细度应适宜。国家标准规定：

硅酸盐水泥的细度采用比表面积测定仪检验，其比表面积应大于300 m^2/kg。

2. 凝结时间

水泥从加水开始到失去流动性，即从可塑状态发展到固体状态所需的时间叫凝结时间。凝结时间分为初凝时间和终凝时间。初凝时间是指从水泥全部加入水中开始至水泥净浆开始失去可塑性的时间；终凝时间是指从水泥全部加入水中开始至水泥净浆完全失去可塑性的时间。为使混凝土和砂浆有充分的时间进行搅拌、运输、浇捣和砌筑，水泥初凝时间不能过短。当施工完毕，则要求尽快硬化，具有强度，故终凝时间不能太长。水泥凝结时间是以标准稠度的水泥净浆，在规定温度及湿度环境下用水泥净浆凝结时间测定仪测定。国家标准规定：初凝不早于45min，终凝不迟于390 min。

需要注意的是水泥在使用中，有时会发生不正常的快凝现象，即假凝或瞬凝。

假凝：是指水泥与水调和几分钟后就发生凝固，并没有明显放热现象。出现假凝后无需加水，而将已凝固的水泥浆继续搅拌，便可恢复塑性，对强度无明显影响。

瞬凝：又称急凝，是水泥加水调和后立即出现的快凝现象。浆体很快凝结成为一种很粗糙且和易性差的拌合物，并在大量放热的情况下很快凝结，使施工不能进行。发生瞬凝的水泥用于混凝土和砂浆中会严重降低其强度。

3. 标准稠度用水量

水泥的物理性质中有体积安定性和凝结时间，为了使检验的这两种性质有可比性，国家标准规定了水泥浆的稠度，获得这一稠度时所需的水量称为标准稠度用水量，以水与水泥质量的比值来表示。常用水泥净浆标准稠度用水量为22%～32%。水泥熟料矿物成分、细度、混合材料的种类和掺量不同时，其标准稠度用水量亦有差别。

4. 体积安定性

水泥体积安定性是指水泥在凝结硬化过程中体积变化的均匀性。如果水泥硬化后产生不均匀的体积变化，即为体积安定性不良，安定性不良会使水泥制品或混凝土构件产生膨胀性裂缝，降低建筑物质量，甚至引起严重事故。

引起水泥体积安定性不良的原因有很多，主要有以下三种：熟料中所含的游离氧化钙过多、熟料中所含的游离氧化镁过多或掺入的石膏过多。熟料中所含的游离氧化钙或氧化镁都是过烧的，熟化很慢，在水泥硬化后才进行熟化，这是一个体积膨胀的化学反应，会引起不均匀的体积变化，使水泥石开裂。当石膏掺量过多时，在水泥硬化后，它还会继续与固态的水化铝酸钙反应生成高硫型水化硫铝酸钙，体积约增大1.5倍，也会引起水泥石开裂。

国家标准规定：水泥安定性经沸煮法检验（CaO）必须合格；水泥中氧化镁（MgO）含量不得超过5.0%，如果水泥经压蒸安定性试验合格，则水泥中氧化镁的含量允许放宽到6.0%；水泥中三氧化硫（SO_3）的含量不得超过3.5%。

安定性不合格的水泥应作废品处理，不能用于工程中。

5. 强度及强度等级

水泥的强度是评定水泥质量的重要指标，是划分强度等级的依据。

《水泥胶砂强度检验方法（ISO）法》（GB/T 17671-1999）规定：水泥、标准砂及水按1∶3∶0.5的比例混合，按规定的方法制成40mm×40mm×160mm的试件，在标准条件下（温度20±1℃，相对湿度在90%以上）进行养护，分别测其3d、28d的抗压强度和抗折强度，以确定水泥的强度等级。

根据 3d、28d 抗折强度和抗压强度划分硅酸盐水泥强度等级，并按照 3d 强度的大小分为普通型和早强型（用 R 表示）。

硅酸盐水泥分为 42.5、42.5R、52.5、52.5R、62.5、62.5R 六个强度等级。各强度等级水泥的各龄期强度值不得低于《通用硅酸盐水泥》(GB175—2007)规定(见表 2-5)，如有一项指标低于表中数值，则应降低强度等级。直至四个数值都满足表中规定为止。

硅酸盐水泥的强度指标（GB 175—2007） 表 2-5

强度等级	抗压强度/MPa		抗折强度/MPa	
	3d	28d	3d	28d
42.5	17.0	42.5	3.5	6.5
42.5R	22.0	42.5	4.0	6.5
52.5	23.0	52.5	4.0	7.0
52.5R	27.0	52.5	5.0	7.0
62.5	28.0	62.5	5.0	8.0
62.5R	32.0	62.5	5.5	8.0

除上述技术要求外，国家标准还对硅酸盐水泥的不溶物、烧失量等化学指标做了明确规定。

2.2.1.6 硅酸盐水泥石的腐蚀与防止

1. 水泥石的腐蚀

硅酸盐水泥硬化后，在通常的使用条件下，可以有较好的耐久性。但在某些腐蚀性介质的长期作用下，水泥石将会发生一系列物理、化学变化，使水泥石的结构遭到破坏，强度逐渐降低，甚至全部溃裂破坏，这种现象称为水泥石的腐蚀。引起水泥石腐蚀的主要原因有：

（1）软水腐蚀（溶出性侵蚀）

在水泥石的水化产物中，$Ca(OH)_2$ 的溶解度最大，当流水渗透混凝土时，首先就使氢氧化钙溶析，在静水无压的情况下，水中的 $Ca(OH)_2$ 浓度很快达到饱和浓度，溶出作用就停止。在流动水中，特别是有水压作用下，且混凝土渗透性又较大时，$Ca(OH)_2$ 就会被溶解流失。

这种溶析的破坏作用使水泥石孔隙率增大，水分更易渗入；保持水泥水化产物稳定性的氢氧化钙溶液浓度降低，即碱度降低，为保持稳定，其他水化产物中的钙盐将被分解，造成恶性循环。

（2）酸性腐蚀

当水中溶有无机酸或有机酸时，水泥石就会受到溶析和化学溶解的双重作用。酸类离解出来的 H^+ 离子和酸根 R^- 离子，分别与水泥石中 $Ca(OH)_2$ 的 OH^- 和 Ca^{2+} 结合成水和钙盐。各类酸中对水泥石腐蚀作用最快的是无机酸中的盐酸、氢氟酸、硝酸、硫酸和有机酸中的醋酸、蚁酸和乳酸。

例如，盐酸与水泥石中的 Ca（OH)$_2$ 作用：

$$2HCl + Ca(OH)_2 = CaCl_2 + 2H_2O$$

生成的氯化钙易溶于水，其破坏方式为溶解性化学腐蚀。

硫酸与水泥石中的氢氧化钙作用：

$$H_2SO_4 + Ca(OH)_2 = CaSO_4 \cdot 2H_2O$$

生成的二水石膏或者直接在水泥石孔隙中结晶产生膨胀，或者再与水泥石中的水化铝酸钙作用，生成高硫型水化硫铝酸钙，其破坏性更大。

在工业污水、地下水中常溶解有较多的 CO_2。水中的 CO_2 与水泥石中的 Ca（OH)$_2$ 反应生成不溶于水的 $CaCO_3$，如 $CaCO_3$ 继续与含碳酸的水作用，则变成易溶解于水的 Ca（HCO_3)$_2$，由于 Ca（OH)$_2$ 的溶失以及水泥石中其他产物的分解而使水泥石结构破坏。其化学反应如下：

$$Ca(OH)_2 + CO_2 + H_2O = CaCO_3 + 2H_2O$$

$$CaCO_3 + CO_2 + H_2O = Ca(HCO_3)_2$$

（3）盐类腐蚀

1）硫酸盐的腐蚀

绝大部分硫酸盐都有明显的侵蚀性，当环境水中含有钠、钾、铵等硫酸盐时，它们能与水泥石中的 Ca（OH)$_2$ 起置换作用，生成硫酸钙 $CaSO_4 \cdot 2H_2O$，并能结晶析出。且硫酸钙与水泥石中固态的水化铝酸钙作用，生成高硫型水化硫铝酸钙（即钙矾石），其反应式如下：

$$3CaO \cdot Al_2O_3 \cdot 6H_2O + 3(CaSO_4 \cdot 2H_2O) + 19H_2O = 3CaO \cdot Al_2O_3 \cdot 3CaSO_4 \cdot 31H_2O$$

高硫型水化硫铝酸钙呈针状晶体，比原体积增加1.5倍以上，俗称“水泥杆菌”，对水泥石起极大的破坏作用。

当水中硫酸盐浓度较高时，硫酸钙将在孔隙中直接结晶成二水石膏，使体积膨胀，导致水泥石破坏。

综上所述，硫酸盐的腐蚀实质上是膨胀性化学腐蚀。

2）镁盐的腐蚀

当环境水是海水及地下水时，常含有大量的镁盐，如硫酸镁和氯化镁等。它们与水泥石中的 Ca（OH)$_2$ 起如下反应：

$$MgSO_4 + Ca(OH)_2 + 2H_2O = CaSO_4 \cdot 2H_2O + Mg(OH)_2$$

$$MgCl_2 + Ca(OH)_2 = CaCl_2 + Mg(OH)_2$$

上式反应生成的 Mg（OH)$_2$ 松软而无胶凝能力，$CaCl_2$ 易溶于水，$CaSO_4 \cdot 2H_2O$ 则引起硫酸盐的破坏作用。因此，硫酸镁对水泥石起着镁盐和硫酸盐双重腐蚀作用。

（4）强碱腐蚀

碱类溶液如浓度不大时一般是无害的。但铝酸盐含量较高的硅酸盐水泥遇到强碱作用后也会被破坏。如 NaOH 可与水泥石中未水化的铝酸盐作用，生成易溶的铝酸钠：

$$3CaO \cdot Al_2O_3 + 6NaOH = 3Na_2O \cdot Al_2O_3 + 3Ca(OH)_2$$

当水泥石被 NaOH 液浸透后又在空气中干燥，会与空气中的 CO_2 作用生成 Na_2CO_3：

$$2NaOH + CO_2 = Na_2CO_3 + H_2O$$

碳酸钠在水泥石毛细孔中结晶沉积，而使水泥石胀裂。

除上述各种腐蚀类型外，还有一些如糖类、动物脂肪等，亦会对水泥石产生腐蚀。

实际上水泥石的腐蚀是一个极为复杂的物理化学作用过程，在它遭受的腐蚀环境中，很少是一种侵蚀作用，往往是几种同时存在，互相影响。产生水泥石腐蚀的根本原因是：

①水泥石中存在易被腐蚀的氢氧化钙和水化铝酸钙。

②水泥石本身不密实，存在很多毛细孔通道，使侵蚀性介质易于进入其内部。

③水泥石外部存在着侵蚀性介质。

硅酸盐水泥熟料硅酸三钙含量高，水化产物中氢氧化钙和水化铝酸钙的含量多，所以抗侵蚀性差，不宜在有腐蚀性介质的环境中使用。

2. 防止水泥石腐蚀的方法

综合以上的腐蚀机理可见，水泥石的腐蚀是一个极为复杂的过程，往往是几种腐蚀作用共同作用的结果。从物理和化学角度归纳分析，其主要原因有以下几种：

（1）水泥石的生成物中有易被腐蚀的成分，从以上各类腐蚀中不难看出主要的成分是氢氧化钙和水化铝酸钙。

（2）水泥石本身不密实，孔隙率大时，腐蚀介质容易侵入。

（3）腐蚀介质的存在以及水泥石所处的外界物理条件（如海水冲击、流动和有压力的水）也是一个重要原因。

针对以上原因，可以采取防止腐蚀的措施有以下几项：

（1）根据所处环境的侵蚀性介质的特点，合理选用水泥品种。对处于软水中的建筑部位，应选用水化产物中氢氧化钙含量较少的水泥，这样可提高其对软水等侵蚀作用的抵抗能力；而对处于有硫酸盐腐蚀的建筑部位，则应选用铝酸三钙含量低于5%的抗硫酸盐水泥。水泥中掺入活性混合材料，可大大提高其对多种腐蚀性介质的抵抗作用。

（2）提高水泥石的密实度。提高水泥石的密实程度，可大大减少侵蚀性介质渗入内部。在实际工程中，提高混凝土或砂浆密实度有各种措施，如合理设计混凝土配合比，降低水灰比，选择质量符合要求的骨料或掺入外加剂，以及改善施工方法等，另外在混凝土或砂浆表面进行碳化或氟硅酸处理，生成难溶的碳酸钙外壳，或氟化钙及硅胶薄膜，也可以起到减少腐蚀性介质渗入，提高水泥石抵抗腐蚀的能力。

（3）在混凝土的表面加覆盖层，以隔离侵蚀介质与水泥石的接触。当侵蚀作用较强时，可在混凝土及砂浆表面加做耐腐蚀性高且不透水的保护层，一般可用耐酸石料、耐酸陶瓷、玻璃、塑料、沥青等材料，以避免腐蚀性介质与水泥石直接接触。

2.2.1.7　硅酸盐水泥的性能与应用

1. 强度高

硅酸盐水泥具有凝结硬化快、早期强度高以及强度等级高的特性，因此可用于地上、地下和水中重要结构的高强及高性能混凝土工程中，也可用于有早强要求的混凝土工程中。

2. 抗冻性好

硅酸盐水泥水化放热量高，早期强度也高，因此可用于冬期施工及严寒地区遭受反复冻融的工程。

3. 抗碳化性能好

硅酸盐水泥水化后生成物中有20%～25%的$Ca(OH)_2$，因此水泥石中碱度不易降低，对钢筋有保护作用，抗碳化性能好。

4. 水化热高

因为硅酸盐水泥的水化热高，所以不宜用于大体积混凝土工程。

5. 耐腐性差

由于硅酸盐水泥石中含有较多的易受腐蚀的氢氧化钙和水化铝酸钙，因此其耐腐蚀性能差，不宜用于水利工程、海水作用和矿物水作用的工程。

6. 不耐高温

当水泥石受热温度到250～300℃时，水泥石中的水化物开始脱水，水泥石收缩，强度开始下降；当温度达700～800℃时，强度降低更多，甚至破坏。水泥石中的氢氧化钙在547℃以上开始脱水分解成氧化钙，当氧化钙遇水，则因熟化而发生膨胀导致水泥石破坏。因此，硅酸盐水泥不宜用于有耐热要求的混凝土工程以及高温环境。

2.2.2 掺混合材料的硅酸盐水泥

掺混合材料的硅酸盐水泥是指由硅酸盐水泥熟料，适量混合材料及石膏共同磨细所制成的水硬性胶凝材料，与硅酸盐水泥同属硅酸盐系列水泥。与硅酸盐水泥相比，掺混合材料的硅酸盐水泥由于利用了工业废料和地方材料，因此，节省了硅酸盐水泥熟料，降低了水泥的成本，扩大水泥强度等级范围，改善了硅酸盐水泥的性能。根据混合材料的种类和数量，掺混合材料的硅酸盐水泥分为：普通硅酸盐水泥、矿渣硅酸盐水泥、火山灰质硅酸盐水泥、粉煤灰硅酸盐水泥和复合硅酸盐水泥。

2.2.2.1 混合材料

用于水泥中的混合材料分为活性混合材料和非活性混合材料两大类。

1. 活性混合材料

磨成细粉掺入水泥后，能与水泥水化产物的矿物成分起化学反应，生成水硬性胶凝材料，凝结硬化后具有强度并能改善硅酸盐水泥的某些性质，称为活性混合材料。常用活性混合材料有：粒化高炉矿渣、火山灰质混合材料和粉煤灰。

（1）粒化高炉矿渣

炼铁高炉的熔融矿渣，经急速冷却而成的松软颗粒即为粒化高炉矿渣。急冷一般采用水淬的方法进行，故又称水淬高炉矿渣。颗粒直径一般为0.5～5mm。粒化高炉矿渣中的活性成分主要为CaO、Al_2O_3、SiO_2，通常约占总量的90%以上，另外还有少量的MgO、FeO和一些硫化物等，本身具有弱水硬性。

（2）火山灰质混合材料

这类材料是具有火山灰活性的天然的或人工的矿物质材料，火山灰、凝灰岩、硅藻石、烧黏土、煤渣、煤矸石渣等都属于火山灰质混合材料。这些材料都含有活性的Al_2O_3和SiO_2，经磨细后，在$Ca(OH)_2$的碱性作用下，可在空气中硬化，而后在水中继续硬化增加强度。

（3）粉煤灰

从主要的化学活性成分来看，粉煤灰属于火山灰质混合材料。粉煤灰是火力发电厂的废料。煤粉燃烧以后形成质量很轻的煤灰，如果煤灰随着尾气被排放到空气中，会造成严重污染，因此尾气在排放之前须经过一个水洗的过程，洗下来的煤灰就称为粉煤灰。粉煤灰经骤然冷却而成，它的颗粒直径一般为0.001~0.05mm，呈玻璃态实心或空心的球状颗粒。粉煤灰的主要化学成分是活性SiO_2、Al_2O_3。

掺混合材料的硅酸盐水泥水化时，水泥熟料首先水化产生氢氧化钙，氢氧化钙再与活性混合材料中的活性氧化硅和活性氧化铝反应，形成水化硅酸钙和水化铝酸钙。因而，这一反应也称为“二次反应”。

水泥熟料水化产生氢氧化钙，熟料中也含有石膏，因此具备了使活性混合材料发挥活性的条件，常将氢氧化钙、石膏称为活性混合材料的“激发剂”。激发剂浓度越高，激发作用越大，混合材料活性发挥越充分。有人认为，在饱和氢氧化钙溶液中，石膏甚至可与水泥中的铝酸三钙形成水化硫铝酸钙。

2. 非活性混合材料

非活性混合材料有磨细石英砂、石灰石、黏土、缓冷矿渣等。它们掺入水泥，不与水泥成分起化学反应或化学反应很弱，主要起填充作用，可调节水泥强度，降低水化热及增加水泥产量等。

2.2.2.2 普通硅酸盐水泥

凡由硅酸盐水泥熟料、5%~20%混合材料、适量石膏磨细制成的水硬性胶凝材料，称为普通硅酸盐水泥（简称普通水泥），代号P·O。

由于普通水泥混合料掺量很小，因此其性能与同等级的硅酸盐水泥相近。但由于掺入了少量的混合材料，与硅酸盐水泥相比，普通水泥硬化速度稍慢，其3d、28d的抗压强度稍低，这种水泥被广泛应用于各种强度等级的混凝土或钢筋混凝土工程，是我国水泥的主要品种之一。

普通水泥按照《通用硅酸盐水泥》（GB 175—2007）规定，其强度等级分为：42.5、42.5R、52.5、52.5R四个强度等级，各强度等级水泥的各龄期强度不得低于表2-6中的数值，其他技术性能的要求如表2-7所示。

普通硅酸盐水泥各龄期的强度要求（GB 175—2007） **表2-6**

强度等级	抗压强度/MPa		抗折强度/MPa	
	3d	28d	3d	28d
42.5	17.0	42.5	3.5	6.5
42.5R	22.0	42.5	4.0	6.5
52.5	23.0	52.5	4.0	7.0
52.5R	27.0	52.5	5.0	7.0

注：R—早强型。

2.2.2.3 矿渣硅酸盐水泥、火山灰质硅酸盐水泥和粉煤灰硅酸盐水泥

凡由硅酸盐水泥熟料和粒化高炉矿渣、适量石膏磨细制成的水硬性胶凝材料称为矿渣硅酸盐水泥（简称矿渣水泥），代号P·S（A或B）。水泥中粒化高炉矿渣掺量按质量百分比计为21%~50%者，代号为P·S·A；水泥中粒化高炉矿渣掺量按质量百分比计为

51%~70%者，代号为P·S·B。允许用石灰石、窑灰、粉煤灰和火山灰质混合材料中的一种材料代替矿渣，代替数量不得超过水泥质量的8%。

普通硅酸盐水泥的主要技术指标（GB 175—2007） **表2-7**

项目	细度比表面积/(m^2/kg)	凝结时间		安定性（沸煮法）	水泥中MgO/%	水泥中SO_3/%	烧失量/%	水泥中碱含量/%
		初凝/min	终凝/h					
指标	>300	≥45	≤10	必须合格	≤5.0	≤3.5	≤5.0	≤0.60
试验方法	GB/T 8074-2008	GB/T 1346-2001			GB/T 176-2008			

凡由硅酸盐水泥熟料和火山灰质混合材料、适量石膏磨细制成的水硬性胶凝材料称为火山灰质硅酸盐水泥（简称火山灰水泥），代号P·P。水泥中火山灰质混合材料掺量按质量百分比计为21%~40%。

凡由硅酸盐水泥熟料和粉煤灰、适量石膏磨细制成的水硬性胶凝材料称为粉煤灰硅酸盐水泥（简称粉煤灰水泥），代号P·F。水泥中粉煤灰掺量按质量百分比计为21%~40%。

1. 强度等级与技术要求

矿渣硅酸盐水泥、火山灰硅酸盐水泥、粉煤灰硅酸盐水泥按照《通用硅酸盐水泥》（GB 175—2007）规定，其强度等级分为：32.5、32.5R、42.5、42.5R、52.5、52.5R六个强度等级，各强度等级水泥的各龄期强度不得低于表2-8中的数值，其他技术性能的要求如表2-9所示。

矿渣水泥、火山灰水泥、粉煤灰水泥各龄期的强度要求（GB 175—2007） **表2-8**

强度等级	抗压强度/MPa		抗折强度/MPa	
	3d	28d	3d	28d
32.5	10.0	32.5	2.5	5.5
32.5R	15.0	32.5	3.5	5.5
42.5	15.0	42.5	3.5	6.5
42.5R	19.0	42.5	4.0	6.5
52.5	21.0	52.5	4.0	7.0
52.5R	23.0	52.5	4.5	7.0

注：R——早强型。

2. 矿渣水泥、火山灰水泥、粉煤灰水泥特性与应用

（1）三种水泥的共性

三种水泥均掺有较多的混合材料，所以这些水泥有以下共性：

矿渣水泥、火山灰水泥、粉煤灰水泥技术指标（GB 175—2007） 表 2-9

项　目	细度（80μm 方孔筛）的筛余量/%	凝结时间		安定性（沸煮法）	水泥中 MgO/%	水泥中 SO_3/%		碱含量按 $Na_2O+0.658K_2O$ 计/%
		初凝/min	终凝/h			矿渣水泥	火山灰、粉煤灰水泥	
指　标	≤10%	≥45	≤10	必须合格	≤6.0①	≤4.0	≤3.5	供需双方商定
试验方法	GB/T 1345—2005	GB/T 1346—2001			GB/T 176—2008			

注：①如果水泥中氧化镁的含量（质量分数）大于 6.0% 时，需进行水泥压蒸安定性试验并合格。
②若使用活性骨料需要限制水泥中碱含量时，由供需双方商定。

1）凝结硬化慢，早期强度低，后期强度增长较快

三种水泥的水化过程较硅酸盐水泥复杂。首先是水泥熟料矿物与水反应，所生成的氢氧化钙和掺入水泥中的石膏分别作为混合材料的碱性激发剂和硫酸盐激发剂；其次是与混合材料中的活性氧化硅、氧化铝进行二次化学反应。由于三种水泥中熟料矿物含量减少，而且水化分两步进行，所以凝结硬化速度减慢，不宜用于早期强度要求较高的工程。

2）水化热较低

由于水泥中熟料的减少，使水泥水化时发热量高的 C_3S 和 C_3A 含量相对减少，故水化热较低，可优先使用于大体积混凝土工程，不宜用于冬期施工。

3）耐腐蚀能力好，抗碳化能力较差

这类水泥水化产物中 $Ca(OH)_2$ 含量少，碱度低，故抗碳化能力较差，对防止钢筋锈蚀不利，不宜用于重要的钢筋混凝土结构和预应力混凝土。但抗溶出性侵蚀、抗盐酸类侵蚀及抗硫酸盐侵蚀的能力较强，宜用于有耐腐蚀要求的混凝土工程。

4）对温度敏感，蒸汽养护效果好

这三种水泥在低温条件下水化速度明显减慢，在蒸汽养护的高温高湿环境中，活性混合材料参与二次水化反应，强度增长比硅酸盐水泥快。

5）抗冻性、耐磨性差

与硅酸盐水泥相比较，由于加入较多的混合材料，用水量增大，水泥石中孔隙较多，故抗冻性、耐磨性较差，不适用于受反复冻融作用的工程及有耐磨要求的工程。

（2）三种水泥的特性

矿渣水泥、火山灰水泥、粉煤灰水泥除上述的共性外，各自的特点如下：

1）矿渣水泥

由于矿渣水泥硬化后氢氧化钙的含量低，矿渣又是水泥的耐火掺料，所以矿渣水泥具有较好的耐热性，可用于配制耐热混凝土。同时，由于矿渣为玻璃体结构，亲水性差，因此矿渣水泥保水性差，易生产泌水、干缩性较大，不适用于有抗渗要求的混凝土工程。

2）火山灰水泥

火山灰水泥需水量大，在硬化过程中的干缩比矿渣水泥更为显著，在干热环境中易产生干缩裂缝。因此，火山灰水泥不适用于干燥环境中的混凝土工程，使用时必须加强养

护，使其在较长时间内保持潮湿状态。

火山灰水泥颗粒较细，泌水性小，故具有较高的抗渗性，适用于有一般抗渗要求的混凝土工程。

3）粉煤灰水泥

粉煤灰水泥的主要特点是干缩性比较小，甚至比硅酸盐水泥及普通水泥还小，因而抗裂性较好；由于粉煤灰的颗粒多呈球形微粒，吸水率小，所以粉煤灰水泥的需水量小，配制的混凝土和易性较好。

2.2.2.4　复合硅酸盐水泥

凡由硅酸盐水泥熟料、两种或两种以上规定的混合材料、适量石膏磨细制成的水硬性胶凝材料，称为复合硅酸盐水泥（简称复合水泥），代号P·C。水泥中混合材料总掺加量按质量百分比计应大于20%，但不超过50%。允许用不超过8%的窑灰代替部分混合材料；掺矿渣时混合材料掺量不得与矿渣硅酸盐水泥重复。

复合硅酸盐水泥中掺入两种或两种以上的混合材料，可以明显地改善水泥的性能，克服了掺加单一混合材料水泥的弊端，有利于水泥的使用与施工。复合硅酸盐水泥的性能一般受所用混合材料的种类、掺量及比例等因素的影响，早期强度高于矿渣硅酸盐水泥、火山灰质硅酸盐水泥、粉煤灰硅酸盐水泥，大体上的性能与上述三种水泥相似，适用范围较广。

按照《通用硅酸盐水泥》（GB 175—2007）的规定，水泥熟料中氧化镁的含量、三氧化硫的含量、细度、安定性、凝结时间等指标与火山灰硅酸盐水泥、粉煤灰硅酸盐水泥相同。复合硅酸盐水泥分为32.5、32.5R、42.5、42.5R、52.5、52.5R六个强度等级，各强度等级水泥的各龄期强度不得低于表2-10数值。

复合硅酸盐水泥各龄期的强度要求（GB 175—2007）　　表2-10

强度等级	抗压强度/MPa		抗折强度/MPa	
	3d	28d	3d	28d
32.5	10.0	32.5	2.5	5.5
32.5R	15.0	32.5	3.5	5.5
42.5	15.0	42.5	3.5	6.5
42.5R	19.0	42.5	4.0	6.5
52.5	21.0	52.5	4.0	7.0
52.5R	23.0	52.5	4.5	7.0

2.2.3 水泥的应用、验收与保管

1. 六种常用水泥的特性与应用

硅酸盐水泥、普通水泥、矿渣水泥、火山灰水泥、粉煤灰水泥及复合水泥等水泥是在工程中应用最广的品种，六种水泥的特性和应用如表2-11、表2-12所示。

常用水泥的选用 表 2-11

混凝土工程特点及所处环境条件			优先选用	可以选用	不宜选用
普通混凝土	1	在一般气候环境中的混凝土	普通水泥	矿渣水泥、火山灰水泥、粉煤灰水泥和复合水泥	
	2	在干燥环境中的混凝土	普通水泥	矿渣水泥	火山灰水泥、粉煤灰水泥
	3	在高温环境中或长期处于水中的混凝土	矿渣水泥、火山灰水泥、粉煤灰水泥、复合水泥	普通水泥	
	4	厚大体积的混凝土	矿渣水泥、火山灰水泥、粉煤灰水泥、复合水泥	普通水泥	硅酸盐水泥
有特殊要求的混凝土	1	要求快硬、高强（>C60）的混凝土	硅酸盐水泥	普通水泥	矿渣水泥、火山灰水泥、粉煤灰水泥、复合水泥
	2	严寒地区的露天混凝土、寒冷地区处于水位升降范围的混凝土	普通水泥	矿渣水泥（强度等级>32.5）	火山灰水泥、粉煤灰水泥
	3	严寒地区处于水位升降范围的混凝土	普通水泥（强度等级>42.5）		矿渣水泥、火山灰水泥、粉煤灰水泥、复合水泥
	4	有抗渗要求的混凝土	普通水泥、火山灰水泥		矿渣水泥
	5	有耐磨性要求的混凝土	硅酸盐水泥、普通水泥	矿渣水泥（强度等级>32.5）	火山灰水泥、粉煤灰水泥
	6	受侵蚀性介质作用的混凝土	矿渣水泥、火山灰水泥、粉煤灰水泥、复合水泥		硅酸盐水泥

2. 水泥的验收

(1) 水泥的外观验收

水泥袋上应清楚标明下列内容：执行标准、水泥品种、代号、强度等级、生产者名称、生产许可证标志（QS）及编号、出厂编号、包装日期、净含量。包装袋两侧应根据水泥的品种采用不同的颜色印刷水泥名称和强度等级，硅酸盐水泥和普通硅酸盐水泥采用红色，矿渣硅酸盐水泥采用绿色；火山灰质硅酸盐水泥、粉煤灰硅酸盐水泥和复合硅酸盐水泥采用黑色或蓝色。

常用水泥的特性 **表 2-12**

<table>
<tr><th>性　质</th><th>硅酸盐水泥</th><th>普通水泥</th><th>矿渣水泥</th><th>火山灰水泥</th><th>粉煤灰水泥</th><th>复合水泥</th></tr>
<tr><td>凝结硬化</td><td>快</td><td>较快</td><td>慢</td><td>慢</td><td>慢</td><td rowspan="10">与所掺两种或两种以上混合材料的种类、掺量有关，其特性基本与矿渣水泥、火山灰水泥、粉煤灰水泥的特性相似</td></tr>
<tr><td>早期强度</td><td>高</td><td>较高</td><td>低</td><td>低</td><td>低</td></tr>
<tr><td>后期强度</td><td>高</td><td>高</td><td>增长较快</td><td>增长较快</td><td>增长较快</td></tr>
<tr><td>水化热</td><td>大</td><td>较大</td><td>较低</td><td>较低</td><td>较低</td></tr>
<tr><td>抗冻性</td><td>好</td><td>较好</td><td>差</td><td>差</td><td>差</td></tr>
<tr><td>干缩性</td><td>小</td><td>较小</td><td>大</td><td>大</td><td>较小</td></tr>
<tr><td>耐蚀性</td><td>差</td><td>较差</td><td>较好</td><td>较好</td><td>较好</td></tr>
<tr><td>耐热性</td><td>差</td><td>较差</td><td>好</td><td>较好</td><td>较好</td></tr>
<tr><td>泌水性</td><td></td><td></td><td>大</td><td>抗渗性较好</td><td></td></tr>
<tr><td>抗碳化能力</td><td></td><td></td><td>差</td><td></td><td></td></tr>
</table>

（2）水泥的数量验收

水泥可以采用袋装或者散装，袋装水泥每袋净含量 50kg，且不得少于标志质量的 99%，随机抽取 20 袋水泥，其总质量不得少于 1000kg。散装水泥发运时应提交与袋装水泥标志相同内容的卡片。

（3）水泥的质量验收

水泥的质量验收是抽取实物试样，检验水泥的各项技术性质是否与国家标准的具体规定相符合。所有项目均符合标准规定的水泥为合格品，若有某些技术性质与国家标准不相符合，则为不合格品或废品。具体规定如下：

1）不合格品：凡细度、终凝时间、不溶物、烧失量以及混合材料掺量中的任何一项不符合标准规定者，或强度低于该品种水泥强度等级规定者，均为不合格品。另外，水泥包装标志中水泥品种、强度等级、生产厂名称和地址、出厂编号不全者也为不合格品。

2）废品：凡氧化镁、三氧化硫含量、初凝时间、体积安定性中任何一项不符合标准规定者，或强度低于该品种水泥最低强度等级规定者，均为废品。

3. 水泥的保管

（1）不同生产厂家、不同品种、强度等级和不同出厂日期的水泥应分别堆放，不得混存混放，更不能混合使用。

（2）水泥的吸湿性大，在储存和保管时必须注意防潮防水。临时存放的水泥要做好上盖下垫：必要时盖上塑料薄膜或防雨布，要垫高存放，离地面或墙面至少 200mm 以上。

（3）存放袋装水泥，堆垛不宜太高，一般以 10 袋为宜，太高会使底层水泥过重而造成袋包装破裂，使水泥受潮结块。如果储存期较短或场地太狭窄，堆垛可以适当加高，但最多不宜超过15袋。

(4) 水泥储存时要合理安排库内出入通道和堆垛位置，以使水泥能够实行先进先出的发放原则。避免部分水泥因长期积压在不易运出的角落里，造成受潮而变质。

(5) 水泥储存期不宜过长，以免受潮变质或引起强度降低。储存期按出厂日期起算，一般水泥为三个月，铝酸盐水泥为两个月，快硬水泥和快凝快硬水泥为一个月。水泥超过储存期必须重新检验，根据检验的结果决定是否继续使用或降低强度等级使用。

2.2.4 其他品种的水泥

1. 白色及硅酸盐水泥

(1) 白色硅酸盐水泥

在氧化铁含量少的硅酸盐水泥熟料中加入适量的石膏，磨细制成的水硬性胶凝材料称为白色硅酸盐水泥简称白水泥，代号P·W。磨细水泥时，允许加入不超过水泥质量10%的石灰石或窑灰作为外加物，水泥粉磨时，允许加入不损害水泥性能的助磨剂，加入量不得超过水泥质量的1%。

白水泥与常用水泥的主要区别在于氧化铁含量少，因而色白。白水泥与常用水泥的生产制造方法基本相同，关键是严格控制水泥原料的铁含量，严防在生产过程中混入铁质。此外，锰、铬等的氧化物也会导致水泥白度的降低，必须控制其含量。

白水泥的性能与硅酸盐水泥基本相同。根据《白色硅酸盐水泥》(GB/T 2015—2005)的规定，白色硅酸盐水泥分为32.5、42.5和52.5三个强度等级，各强度等级水泥各规定龄期的强度不得低于表2-13的数值。

白色硅酸盐水泥强度等级要求（GB/T 2015—2005）　表2-13

强度等级	抗压强度/MPa		抗折强度/MPa	
	3d	28d	3d	28d
32.5	12.0	32.5	3.0	6.0
42.5	17.0	42.5	3.5	6.5
52.5	22.0	52.5	4.0	7.0

白水泥其他各项技术要求包括：细度要求为0.080mm方孔筛筛余量不超过10%；其初凝时间不得早于45min，终凝时间不迟于10h；体积安定性用沸煮法检验必须合格，同时熟料中氧化镁的含量不得超过5.0%，三氧化硫含量不得超过3.5%。

(2) 彩色硅酸盐水泥

彩色硅酸盐水泥根据其着色方法不同，有三种生产方式：一是直接烧成法，在水泥生料中加入着色原料而直接煅烧成彩色水泥熟料，再加入适量石膏共同磨细；二是染色法，将白色硅酸盐水泥熟料或硅酸盐水泥熟料、适量石膏和碱性着色物质共同磨细制得彩色水泥；三是将干燥状态的着色物质直接掺入白水泥或硅酸盐水泥中。当工程使用量较少时，常用第三种办法。

彩色硅酸盐水泥有红色、黄色、蓝色、绿色、棕色、黑色等。根据《彩色硅酸盐水泥》（JC/T 870—2000）的规定，彩色硅酸盐水泥强度等级分为27.5、32.5和42.5三个等级。各级彩色水泥各规定龄期的强度不得低于表2-14的数据。

彩色硅酸盐水泥的强度等级要求（JC/T 870—2000） **表2-14**

强度等级	抗压强度/MPa		抗折强度/MPa	
	3d	28d	3d	28d
27.5	7.5	27.5	2.0	5.0
32.5	10.0	32.5	2.5	5.5
42.5	15.0	42.5	3.5	6.5

白色和彩色硅酸盐水泥主要应用于建筑装饰工程中，常用于配制各类彩色水泥浆、水泥砂浆，用于饰面刷浆或陶瓷铺贴的勾缝，配制装饰混凝土、彩色水刷石、人造大理石及水磨石等制品，并以其特有的色彩装饰性，用于雕塑艺术和各种装饰部件。

2. 膨胀水泥

由胶凝物质和膨胀剂混合而成的胶凝材料称为膨胀水泥，在水化过程中能产生体积膨胀，在硬化过程中不仅不收缩，而且有不同程度的膨胀。使用膨胀水泥能克服和改善普通水泥混凝土的一些缺点（常用水泥在硬化过程中常产生一定收缩，造成水泥混凝土构件裂纹、透水和不适宜某些工程的使用），能提高水泥混凝土构件的密实性，能提高混凝土的整体性。

膨胀水泥水化硬化过程中体积膨胀，可以达到补偿收缩、增加结构密实度以及获得预加应力的目的。由于这种预加应力来自于水泥本身的水化，所以称为自应力，并以“自应力值”（MPa）来表示其大小。按自应力的大小，膨胀水泥可分为两类：当自应力值≥2.0MPa时，称为自应力水泥；当自应力值<2.0MPa时，则称为膨胀水泥。

膨胀水泥按主要成分划分为硅酸盐型、铝酸盐型、硫铝酸盐型和铁铝酸钙型，其膨胀机理都是水泥石中所形成的钙矾石的膨胀。其中硅酸盐膨胀水泥凝结硬化较慢；铝酸盐膨胀水泥凝结硬化较快。

（1）硅酸盐膨胀水泥

它是以硅酸盐水泥为主要成分，外加铝酸盐水泥和石膏为膨胀组分配制而成的膨胀水泥。其膨胀值的大小通过改变铝酸盐水泥和石膏的含量来调节。

（2）铝酸盐膨胀水泥

铝酸盐膨胀水泥由铝酸盐水泥熟料，二水石膏为膨胀组分混合磨细或分别磨细后混合而成，具有自应力值高以及抗渗、气密性好等优点。

（3）硫铝酸盐膨胀水泥

它是以无水硫铝酸钙和硅酸二钙为主要成分，以石膏为膨胀组分配制而成。

（4）铁铝酸钙膨胀水泥

它是以铁相、无水硫铝酸钙和硅酸二钙为主要成分，以石膏为膨胀组分配制而成。

以上四种膨胀水泥通过调整各种组成的配合比例，就可得到不同的膨胀值，制成不同类型的膨胀水泥。膨胀水泥的膨胀作用基于硬化初期，其膨胀源均来自于水泥水化形成的钙矾石，产生体积膨胀。由于这种膨胀作用发生在硬化初期，水泥浆体尚具备可塑性，因而不至于引起膨胀破坏。

膨胀水泥适用于配制补偿收缩混凝土，用于构件的接缝及管道接头、混凝土结构的加固和修补、防渗堵漏工程、机器底座及地脚螺栓的固定等。自应力水泥适用于制造自应力钢筋混凝土压力管及配件。

3. 中低热水泥

中低热水泥包括：中热硅酸盐水泥、低热硅酸盐水泥及低热矿渣硅酸盐水泥三个品种，在《中热硅酸盐水泥　低热硅酸盐水泥　低热矿渣硅酸盐水泥》（GB 200—2003）中，对这三种水泥做出了相应的规定。

（1）中热硅酸盐水泥

以适当成分的硅酸盐水泥熟料，加入适量石膏，磨细而成的具有中等水化热的水硬性胶凝材料，称为中热硅酸盐水泥（简称中热水泥），代号 P · MH。

（2）低热硅酸盐水泥

以适当成分的硅酸盐水泥熟料，加入适量石膏，磨细而成的具有低水化热的水硬性胶凝材料，称为低热硅酸盐水泥（简称低热水泥），代号 P · LH。

（3）低热矿渣硅酸盐水泥

以适当成分的硅酸盐水泥熟料，加入粒化高炉矿渣、适量石膏，磨细而成的具有低水化热的水硬性胶凝材料，称为低热矿渣硅酸盐水泥（简称低热矿渣水泥），代号 P · SLH。低热矿渣水泥中粒化高炉矿渣掺量按质量百分数计为 20% ~60%，允许用不超过混合材料总量 50% 的粒化电炉磷渣或粉煤灰代替部分粒化高炉矿渣。

中低热水泥主要用于要求水化热较低的大坝和大体积工程。中热水泥主要适用于大坝溢流面的面层和水位变动区等要求耐磨性和抗冻性的工程，低热水泥和低热矿渣水泥主要适用于大坝或大体积建筑物内部及水下工程。

4. 道路硅酸盐水泥

由道路硅酸盐水泥熟料，适量石膏，或加入规范规定的混合材料，磨细制成的水硬性胶凝材料，称为道路硅酸盐水泥（简称道路水泥），代号 P · R。

道路水泥是一种强度高，特别是抗折强度高，耐磨性好，干缩性小，抗冲击性好，抗冻性和抗硫酸性比较好的水泥。它适用于道路路面、机场跑道道面、城市广场等工程。

5. 砌筑水泥

凡由一种或一种以上的水泥混合材料，加入适量硅酸盐水泥熟料和石膏，共同磨细制成的工作性较好的水硬性胶凝材料，称为砌筑水泥，代号 M。水泥中混合材料掺加量按质量百分比计应大于 50%，允许掺入适量的石灰石或窑灰。

砌筑水泥主要用于砌筑和抹面砂浆、垫层混凝土等，不应用于结构混凝土。

6. 铝酸盐水泥

凡由铝酸钙为主的铝酸盐水泥熟料，磨细制成的水硬性胶凝材料称为铝酸盐水泥，代号 CA。

铝酸盐水泥的主要特性和应用：

(1) 快凝早强。早期强度很高，后期强度增长不显著。所以铝酸盐水泥主要用于工期紧急（如筑路、桥）的工程、抢修工程（如堵漏）等；也可用于冬期施工的工程。

(2) 水化热大。与一般高强度硅酸盐水泥大致相同，但其放热速度特别快，且放热量集中，1d 内即可放出水化热总量的 70% ~80%。铝酸盐水泥不宜用于大体积混凝土工程。

(3) 抗矿物水和硫酸盐作用的能力很强。

(4) 铝酸盐水泥抗碱性极差，不得用于接触碱性溶液的工程。

(5) 较高的耐热性。当采用耐火粗细骨料（如铬铁矿等）时，可制成使用温度达 1300 ~1400℃的耐热混凝土，且强度能保持 53%。

(6) 配制膨胀水泥、自应力水泥，也可以作为化学建材的添加料使用。

(7) 自然条件下，长期强度及其他性能略有降低的趋势。因此，铝酸盐水泥不宜用于长期承重的结构及处于高温高湿环境的工程中。

还应注意，铝酸盐水泥制品不能进行蒸汽养护；铝酸盐水泥不得与硅酸盐水泥或石灰相混，以免引起闪凝和强度下降；铝酸盐水泥也不得与尚未硬化的硅酸盐水泥混凝土接触使用。

此外，在运输和储存过程中要注意铝酸盐水泥的防潮，否则吸湿后强度下降快。

2.3 胶凝材料的技术性能检测

[本节要点]

通用硅酸盐水泥检验的一般规定；

通用硅酸盐水泥检验的检查项目；

通用硅酸盐水泥的见证送样。

[关键概念]

水泥取样；

水泥检测；

见证送样。

2.3.1 水泥检验的一般规定

1. 取样方法

散装水泥以同一水泥厂、同一强度等级、同一品种、同一编号、同期到达的水泥为一批，采用散装水泥取样器随机取样。取样应有代表性，可连续取，也可从 20 个以上不同部位分别抽取等量水泥，总数至少 12kg；袋装水泥取样于每一个编号内随机抽取不少于 20 袋水泥，采用袋装水泥取样器取样，每次抽取的单样量应尽量一致。水泥试样应充分拌匀，通过 0.9mm 方孔筛并记录筛余物情况，当试验水泥从取样至试验要保持 24h 以上时，应把它储存在基本装满和气密的容器里，这个容器应不与水泥起反应。试验用水应是洁净的淡水，仲裁试验或其他重要试验用蒸馏水，其他试验可用饮用水。仪器、用具和试模的温度与试验室一致。

2. 养护条件

试验室温度应为 (20±2)℃，相对湿度应大于50%。养护箱温度为 (20±1)℃，相对湿度应大于90%。

3. 对试验材料的要求

(1) 水泥试样应充分拌匀。

(2) 试验用水必须是洁净的淡水。

(3) 水泥试样、标准砂、拌合用水等温度应与试验室温度相同。

2.3.2 水泥细度试验

1. 试验目的

检验水泥颗粒的粗细程度，作为评定水泥质量的依据之一。

2. 主要仪器设备

试验筛：试验筛由圆形筛框和筛网组成（筛网孔边长为80m），其结构尺寸如图2-1、图2-2所示；负压筛析仪（装置示意图见图2-3）；水筛架和喷头：水筛架上筛座内径为140mm，喷头直径55mm，面上均匀分布90个孔，孔径0.5~0.7mm（水筛架和喷头见图2-4）；天平（最大称量为200g，感量0.05g）；搪瓷盘；毛刷等。

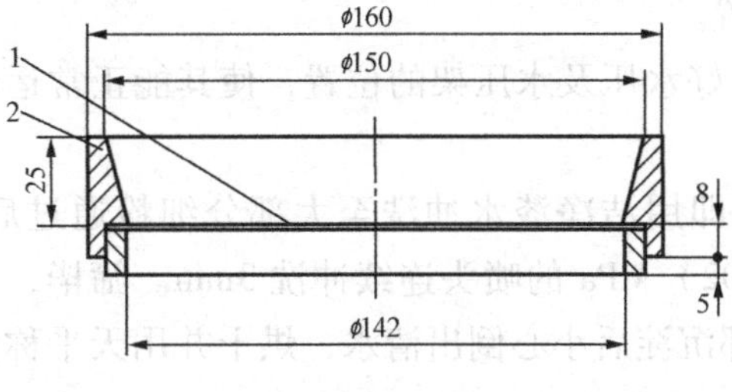

图2-1 负压筛（单位：mm）

1—筛网；2—筛框

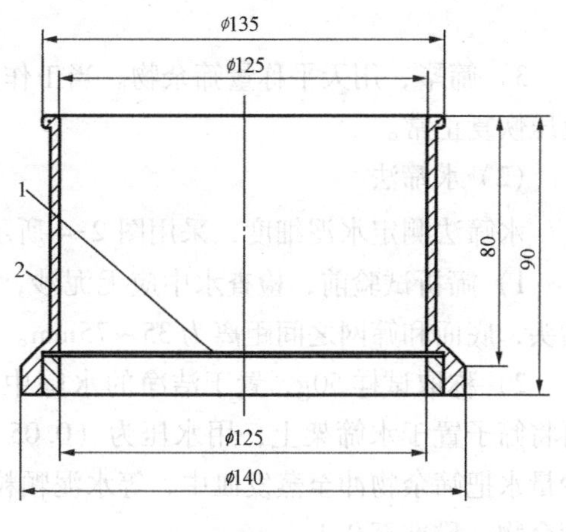

图2-2 水筛（单位：mm）

1—筛网；2—筛框

3. 试样准备

将用标准取样方法取出的水泥试样，取出约200g通过0.9mm方孔筛，盛在搪瓷盘中待用。

4. 试验方法与步骤

(1) 负压筛析法测定水泥细度（《水泥细度检验方法筛析法》GB/T 1345—2005）。

1) 筛析试验前，应把负压筛放在筛座上，盖上筛盖，接通电源，检查控制系统，调节负压至4000~6000Pa范围内。

2) 称取试样25g，置于洁净的负压筛中，盖上筛盖，放在筛座上，开动筛析仪连续筛析2min；在此期间如有试样附着在筛盖上，可轻轻地敲击，使试样落下。

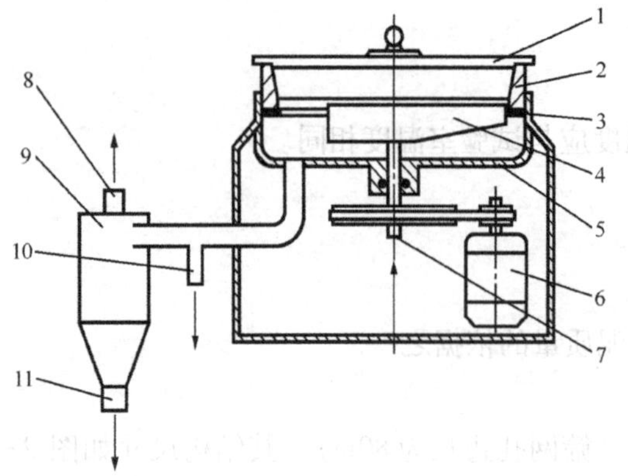

图 2-3 负压筛析仪示意图

1—有机玻璃盖；2—0.080mm 方孔筛；3—橡胶垫圈；4—喷气嘴；5—壳体；6—微电机；7—压缩空气进口；8—抽气口（接负压泵）；9—旋风收尘器；10—风门（调节负压）；11—细水泥出口

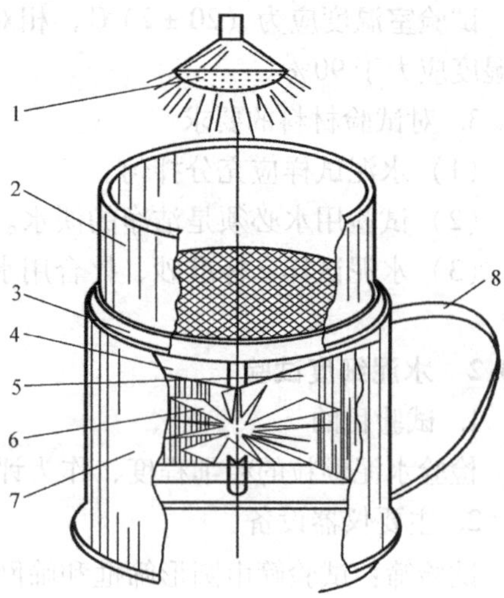

图 2-4 水筛法装置系统图

1—喷头；2—标准筛；3—旋转托架；4—集水斗；5—出水口；6—叶轮；7—外筒；8—把手

3）筛毕，用天平称量筛余物。当工作负压小于 4000Pa 时，应清理吸尘器内水泥，使负压恢复正常。

（2）水筛法

水筛法测定水泥细度，采用图 2-4 所示装置。

1）筛析试验前，检查水中应无泥沙，调整好水压及水压架的位置，使其能正常运转喷头，底面和筛网之间距离为 35 ~ 75mm。

2）称取试样 50g，置于洁净的水筛中，立即用洁净淡水冲洗至大部分细粉通过后，再将筛子置于水筛架上，用水压为（0.05 ± 0.02）MPa 的喷头连续冲洗 3min。筛毕，用少量水把筛余物冲至蒸发皿中，等水泥颗粒全部沉淀后小心倒出清水，烘干并用天平称量筛余物，称准至 0.1g。

（3）干筛法

在没有负压筛仪和水筛的情况下，允许用手工干筛法测定。

1）称取水泥试样 50g 倒入符合《水泥标准筛和筛析仪》（JC/T 728—2005）要求的干筛内。

2）用一只手执筛往复摇动，另一只手轻轻拍打，拍打速度每分钟约 120 次，每 40 次向同一方向转动 60°，使试样均匀分布在筛网上，直至每分钟通过的试样量不超过 0.05g 为止。用天平称量筛余物，称准至 0.1g。

5. 结果计算与数据处理

水泥试样筛余百分数用下式计算（精确至 0.1%）：

$$F = \frac{R_s}{m_c} \times 100\%$$

式中 F——水泥试样的筛余百分数,%;

R_s——水泥筛余的质量，g;

m_c——水泥试样的质量，g。

负压筛法、水筛法或干筛法均以一次检验测定值作为鉴定结果。在采用负压筛法与水筛法或手工干筛法测定的结果发生争议时，以负压筛法为准。

2.3.3 水泥标准稠度用水量测试

1. 试验目的

测定水泥净浆达到标准稠度时的用水量，以便为进行凝结时间和安定性试验做好准备。

2. 主要仪器设备

测定水泥标准稠度和凝结时间的维卡仪（见图 2-5）；试模：采用圆模（见图 2-6）；水泥净浆搅拌机（见图 2-7）；搪瓷盘；小插刀；量水器（最小可读为 0.1mL，精度 1%）；天平；玻璃板（150mm×150mm×5mm）等。

3. 主要仪器设备简介

（1）标准法维卡仪

标准稠度测定用试杆有效长度为（50±1）mm，由直径为（10±0.05）mm 的圆柱形耐腐蚀金属制成。测定凝结时间时取下试杆，用试针［见图 2-5（d）、（e）］代替试杆。试针由钢制成，其有效长度初凝针为（50±1）mm，终凝针为（30±1）mm，直径为（1.13±0.05）mm 的圆柱体。滑动部分的总质量为（300±1）g。与试杆、试针连接的滑动杆表面应光滑，能靠重力自由下落，不得有紧涩和摇动现象。

（2）盛装水泥净浆的试模（见图 2-6）应由耐腐蚀的，有足够硬度的金属制成。试模为深（40±0.2）mm，顶内径为（65±0.5）mm，底内径为（75±0.5）mm 的截顶圆锥体。每只试模应配备一个大于试模、厚度≥2.5mm 的平板玻璃底板。

（3）水泥净浆搅拌机

NJ—160B 型符合《水泥净浆搅拌机》（JC/T 729—2005）的要求。如图 2-7 所示。

NJ—160B 型水泥净浆搅拌机主要结构由底座 17、立柱 16、减速箱 19、滑板 15、搅拌叶片 14、搅拌锅 13、双速电机 1 组成。

4. 试样的制备

称取 500g 水泥，洁净自来水（有争议时应以蒸馏水为准）。

5. 试验方法与步骤

（1）标准法测定

1）试验前必须检查维卡仪器金属棒是否能自由滑动；当试杆降至接触玻璃板时，将指针应对准标尺零点；搅拌机应运转正常等。

2）水泥净浆的拌合

用水泥净浆搅拌机搅拌，搅拌锅和搅拌叶片先用湿布擦过，将拌合水倒入搅拌锅内，在 5～10s 内将称好的 500g 水泥全部加入水中，防止水和水泥溅出；拌合时，先将锅放在搅拌机的锅座上，升至搅拌位置，旋紧定位螺钉，连接好时间控制器，将净浆搅拌机右侧

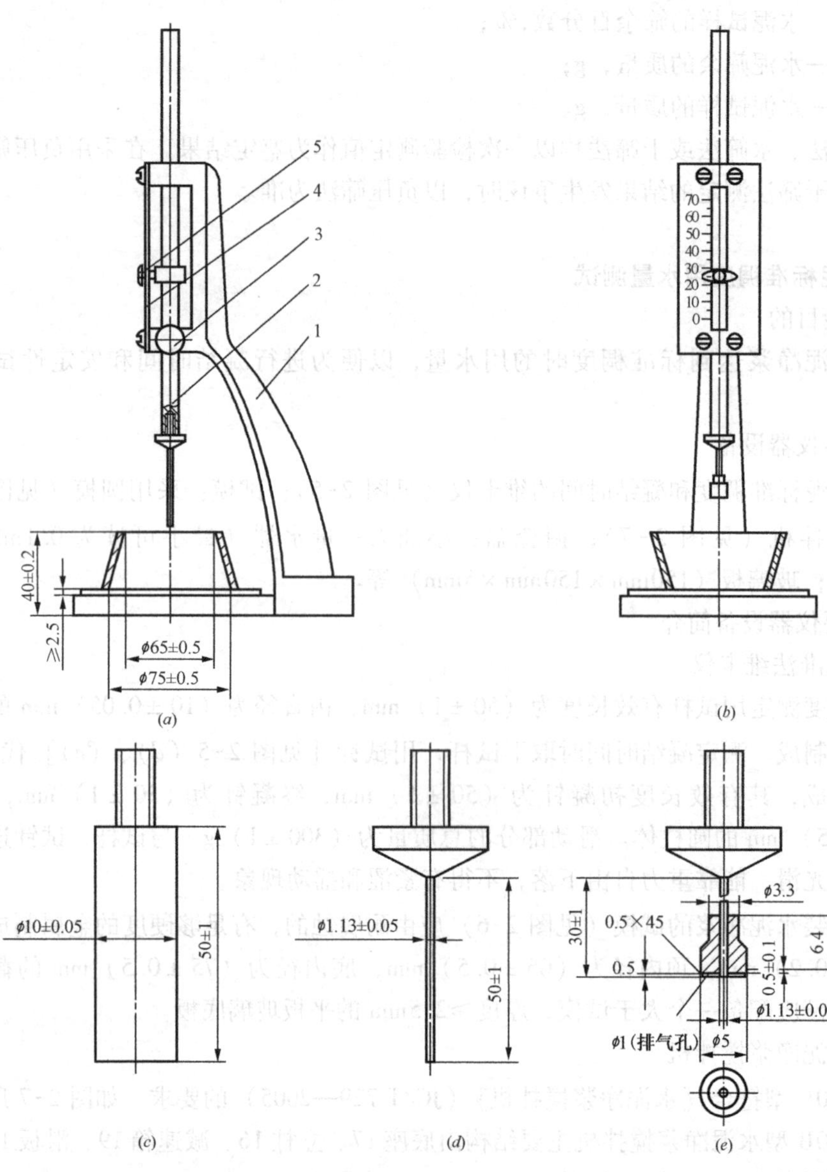

图 2-5 测定水泥标准稠度和凝结时间用的维卡仪（单位：mm）

（*a*）初凝时间测定用立式试模的侧视图；（*b*）终凝时间测定用反转试模的前视图；

（*c*）标准稠度试杆；（*d*）初凝用试针；（*d*）终凝用试针

1—铁座；2—金属滑竿；3—松紧螺栓旋钮；4—标尺；5—指针

的快→停→慢钮拨到“停”；手动→停→自动拨到“自动”一侧，启动控制器上的按钮，搅拌机将自动低速搅拌 120s，停 15s，接着高速搅拌 120s 停机。

拌合结束后，立即将拌制好的水泥净浆装入已置于玻璃底板上的试模中，用小刀插捣，轻轻振动数次，刮去多余的净浆；抹平后速将试模和底板移到维卡仪上，并将其中心定在标准稠度试杆下，降低试杆直至与水泥净浆表面接触，拧紧松紧螺栓旋钮 1～2s 后，突然放松，使标准稠度试杆垂直自由地沉入水泥净浆中。在试杆停止沉入或释放试杆 30s

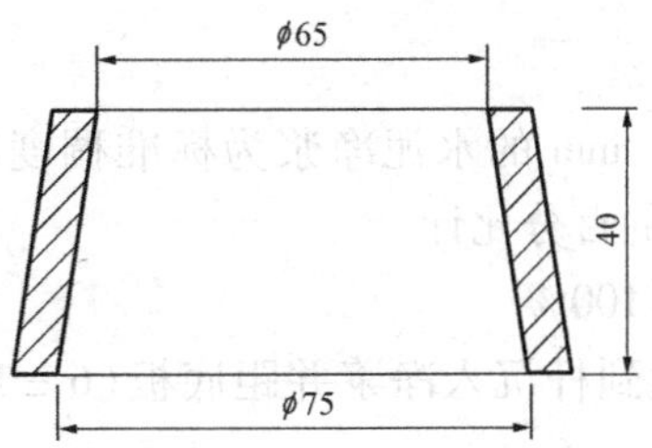

图2-6 圆模（单位：mm）

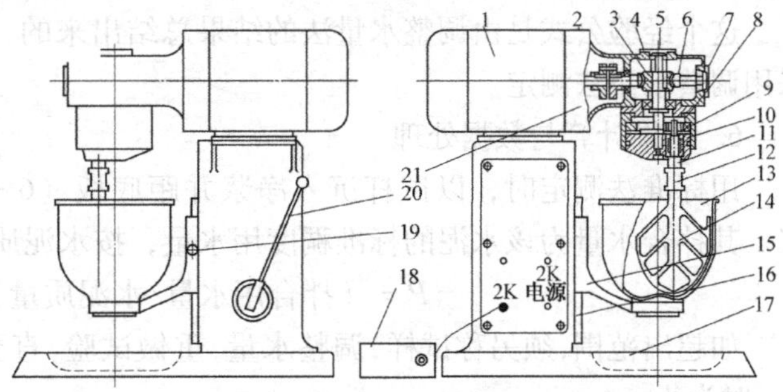

图2-7 水泥净浆搅拌机示意图

1—双速电机；2—连接法兰；3—涡轮；4—轴承盖；5—蜗杆轴；6—涡轮轴；7—轴承盖；8—行星齿轮；9—内齿圈；10—行星定位套；11—叶片轴；12—调节螺母；13—搅拌锅；14—搅拌叶片；15—滑板；16—立柱；17—底座；18—时间控制器；19—定位螺钉；20—升降手柄；21—减速器

时记录试杆距底板之间的距离，升起试杆后，立即擦净；整个操作应在搅拌后1.5min内完成，以试杆沉入净浆并距底板（6±1）mm的水泥净浆为标准稠度净浆。此时的拌合水量为该水泥的标准稠度用水量（P），按水泥质量的百分比计。

（2）代用法测定

1）标准稠度用水量可用调整水量和不变水量两种方法中的任一种测定。如有争议，以前者为准。

2）试验前必须检查维卡仪器金属棒应能自由滑动；当试锥接触锥模顶面时，将指针应对准标尺零点；搅拌机应运转正常等。

3）不变用水量法。

① 先用湿布擦摸水泥浆拌合用具。将142.5mL拌合用水倒入搅拌锅内，然后在5～10s内小心将称好的500g水泥试样倒入搅拌锅内。

② 将装有试样的锅放到搅拌机锅座上的搅拌位置，开动机器，慢速搅拌120s，停拌15s，接着快速搅拌120s后停机。

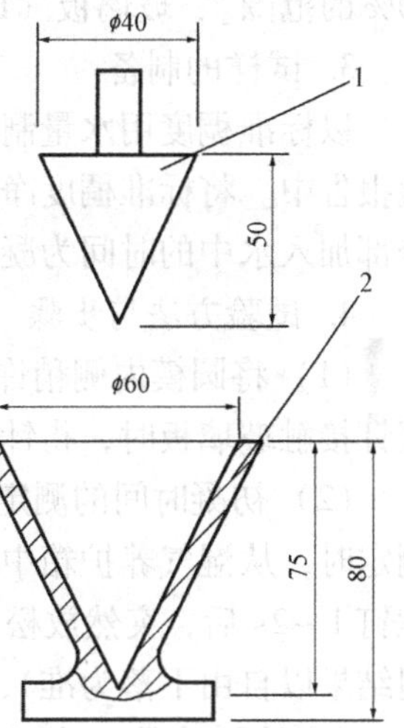

图2-8 试锥和锥模（单位：mm）

1—试锥；2—锥模

③ 拌合完毕，立即将净浆一次装入锥模中（见图2-8），用小刀插捣并振动数次，刮去多余的净浆，抹平后，迅速放到测定仪试锥下面的固定位置上。将试锥降至净浆表面，拧紧螺栓1～2s，然后突然放松螺丝，让试锥沉入净浆中，到停止下沉或释放试锥30s时记录下沉深度，整个操作应在1.5min内完成。

④ 记录试锥下沉深度S（mm）。以锥下沉深度S（mm）=（28±2）mm为标准稠度净浆。若试锥下沉深度S（mm）不在此范围内，则根据测得的下深S（mm），按以下经验式计算标准稠度用水量P（%）：

$$P = 33.4 - 0.185S$$

这个经验公式是由调整水量法的结果总结出来的，当试锥下沉深度小于13mm时，应采用调整水量法测定。

6. 结果计算与数据处理

用标准法测定时，以试杆沉入净浆并距底板（6±1）mm的水泥净浆为标准稠度净浆。其拌合水量为该水泥的标准稠度用水量，按水泥质量的百分比计。

$$P=（拌合用水量/水泥质量）\times 100\%$$

如超出范围，须另称试样，调整水量，重做试验，直至达到杆沉入净浆并距底板(6±1)mm时为止。

2.3.4 水泥净浆凝结时间检验

1. 试验目的

测定水泥加水后至开始凝结（初凝）以及凝结终了（终凝）所用的时间，用以评定水泥性质。

2. 主要仪器设备

测定仪与测定标准稠度用水量时所用的测定仪相同，只是将试杆换成试针［如图2-5（*d*）、（*e*）所示］，试模，湿气养护箱［养护箱应能将温度控制在（20±1）℃，湿度大于90%的范围］，玻璃板（150mm×150mm×5mm）。

3. 试样的制备

以标准稠度用水量制成标准稠度净浆，将自水泥全部加入水中的时刻（t_1）记录在试验报告中。将标准稠度净浆一次装满试模，振动数次刮平，立即放入湿气养护箱中。水泥全部加入水中的时间为凝结时刻的起始时间。

4. 试验方法与步骤

（1）将圆模内侧稍许涂上一层机油，放在玻璃板上，调整凝结时间测定仪的试针，当试针接触玻璃板时，指针应对准标尺零点。

（2）初凝时间的测定：试样在湿气养护箱中养护至加水后30min时进行第一次测定。测定时，从湿气养护箱中取出试模放到试针下，降低试针与水泥净浆表面接触。拧紧定位螺钉1~2s后，突然放松（最初测定时应轻轻扶持金属棒，使徐徐下降，以防试针撞弯，但结果以自由下落为准），试针垂直自由地沉入水泥净浆。观察试针停止下沉或释放试针30s时指针的读数，临近初凝时，每隔5min测定一次。当试针沉至距底板（4±1）mm时，为水泥达到初凝状态，到达初凝时应立即重复测一次，两次结论相同时才能定为到达初凝状态。将此时刻（t_2）记录在试验报告中。

（3）终凝时间的测定：为了准确观测试针沉入的状况，在终凝针上安装了一个环形附件。在完成初凝时间测定后，立即将试模连同浆体以平移的方式从玻璃板取下，翻转180°，直径大端向上，小端向下放在玻璃板上，再放入湿气养护箱中继续养护，临近终凝时间时每隔15min测定一次，当试针沉入试体0.5mm时，即环形附件开始不能在试体上留下痕迹时，为水泥达到终凝状态，到达终凝时应立即重复测一次，两次结论相同时才能定为到达终凝状态。将此时刻（t_3）记录在试验报告中。

（4）注意事项：每次测定不能让试针落入原针孔，每次测试完毕须将试针擦拭干净并将试模放回湿气养护箱内，在整个测试过程中试针贯入的位置至少要距圆模内壁10mm，且整个测试过程要防止试模受震。

5. 结果计算与数据处理

（1）计算时刻 t_1 至时刻 t_2 时所用时间，即初凝时间 $t_{初} = t_2 - t_1$（用 min 表示）。

（2）计算时刻 t_1 至时刻 t_3 时所用时间，即终凝时间 $t_{终} = t_3 - t_1$（用 min 表示）。

2.3.5 水泥安定性检验

1. 试验目的

检验水泥加水拌合后在硬化过程中体积变化是否均匀，是否因体积变化而引起膨胀、裂缝或翘曲。

水泥安定性用雷氏夹法（标准法）或试饼法（代用法）检验，有争议时以雷氏夹法为准。雷氏夹法是观测由两个试针的相对位移所指示的水泥标准稠度净浆体积膨胀的程度，即水泥净浆在雷氏夹中沸煮后的膨胀值。试饼法是观察水泥净浆试饼沸煮后的外形变化来检验水泥的体积安定性。

2. 主要仪器设备

（1）雷氏沸腾箱

雷氏沸腾箱的内层由不易锈蚀的金属材料制成。箱内能保证试验用水在 30min ±5min 由室温升到沸腾，并可始终保持沸腾状态 3h 以上。整个试验过程无需增添试验水量。箱体有效容积为 410mm×240mm×310mm，一次可放雷氏夹试样 36 件或试饼 30～40 个。篦板与电热管的距离大于 50mm。箱壁采用保温层以保证箱内各部位温度一致。

（2）雷氏夹

雷氏夹由铜质材料制成，其结构如图 2-9 所示。当一根指针的根部悬挂在一根金属丝或尼龙丝上，另一根指针的根部再挂上 300g 质量的砝码时，两根指针的针尖距离增加应在（17.5±2.5）mm 范围（图 2-10 的 $2x$）以内，当去掉砝码后针尖的距离能恢复到挂砝码前的状态。

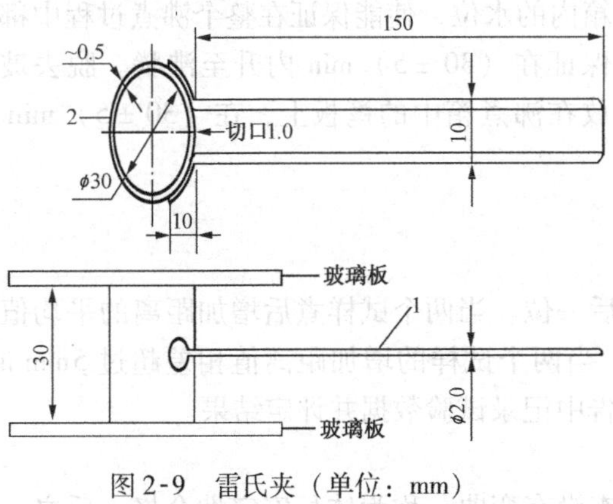

图 2-9 雷氏夹（单位：mm）

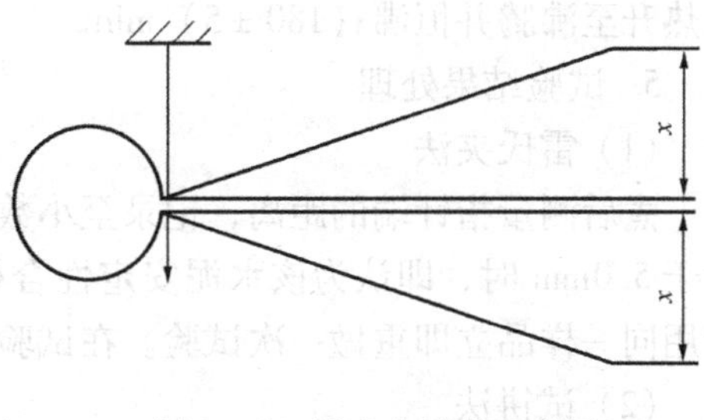

图 2-10 雷氏夹受力示意图

（3）雷氏夹膨胀测定仪

如图 2-11 所示，雷氏夹膨胀测定仪标尺最小刻度为 0.5mm。

(4) 玻璃板

每个雷氏夹需配备质量约75~80g的玻璃板两块。若采用试饼法（代用法）时，一个样品需准备两块约100mm×100mm×4mm的玻璃板。

(5) 水泥净浆搅拌机

水泥浆搅拌机如图2-7所示。

3. 试样的制备

(1) 雷氏夹试样（标准法）的制备

将雷氏夹放在已准备好的玻璃板上，并立即将已拌合好的标准稠度净浆装满试模。装模时一手扶持试模，另一手用宽约10mm的小刀插捣15次左右，然后抹平，盖上玻璃板，立刻将试模移至湿气养护箱内，养护(24±2)h。

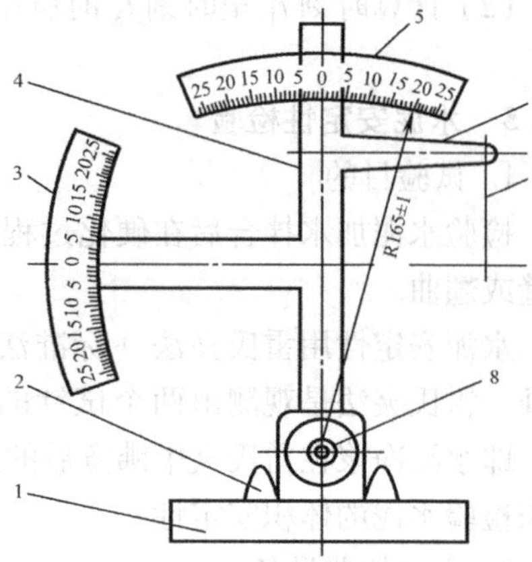

图2-11 雷氏夹膨胀测定仪

1—底座；2—模子座；3—测弹性标尺；4—立柱；5—测膨胀标尺；6—悬臂；7—悬丝；8—弹簧顶钮

(2) 试饼法试样（代用法）的制备

1）从拌好的净浆中取约150g,分成两份,放在预先准备好的涂抹少许机油的玻璃板上,呈球形,然后轻轻振动玻璃板,水泥净浆即扩展成试饼。

2）用湿布擦过的小刀，由试饼边缘向中心修抹，并随修抹随将试饼略作转动，中间切忌添加净浆，做成直径为70~80mm、中心厚约10mm边缘渐薄、表面光滑的试饼。接着将试饼放入湿气养护箱内。自成型时起，养护(24±2)h。

4. 试验方法与步骤

用雷氏夹法（标准法）时，先测量试样指针尖端间的距离，精确到0.5mm，然后将试样放入水中篦板上。注意指针朝上，试样之间互不交叉，在(30±5)min内加热试验用水至沸腾，并恒沸3h±5min。在沸腾过程中，应保证水面高出试样30mm以上。煮毕将水放出，打开箱盖，待箱内温度冷却到室温时，取出试样进行判别。

用试饼法（代用法）时，先调整好沸煮箱内的水位，使能保证在整个沸煮过程中都超过试件，不需中途添补试验用水，同时又能保证在(30±5) min内升至沸腾。脱去玻璃板取下试饼，在试饼无缺陷的情况下将试饼放在沸煮箱中的篦板上，在(30±5) min内加热升至沸腾并恒沸(180±5) min。

5. 试验结果处理

(1) 雷氏夹法

煮后测量指针端的距离，记录至小数点后一位。当两个试样煮后增加距离的平均值不大于5.0mm时，即认为该水泥安定性合格。当两个试样的增加距离值相差超过5mm时，应用同一样品立即重做一次试验。在试验报告中记录试验数据并评定结果。

(2) 试饼法

煮后经肉眼观察未发现裂纹，用直尺检查没有弯曲，称为体积安定性合格。反之，为不合格（图2-12）。当两个试饼判别结果有矛盾时，该水泥的体积安定性也为不合格。

安定性不合格的水泥禁止使用。在试验报告后记录试验情况并评定结果。

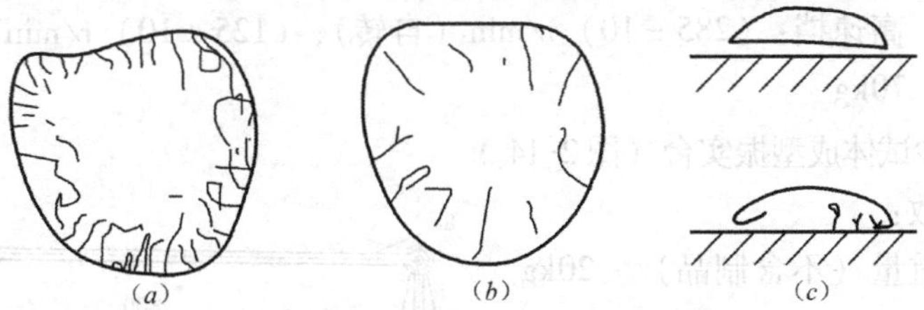

图2-12 安定性不合格的试饼

(a) 崩溃；(b) 放射性龟裂；(c) 弯曲

2.3.6 水泥胶砂强度检验

1. 试验目的

通过试验测定水泥的胶砂强度，评定水泥的强度等级或判定水泥的质量。

2. 主要仪器设备

水泥胶砂搅拌机、水泥胶砂试体成型振实台、水泥胶砂试模、抗折试验机、抗压夹具、金属直尺、抗压试验机、抗压夹具、量水器等。

(1) 水泥胶砂搅拌机

应符合《水泥胶砂强度检验方法（ISO法）》（GB/T 17671—1999）要求（图2-13）。工作时搅拌叶片既绕自身轴线转动，又沿搅拌锅周边公转，运动轨道似行星式的水泥胶砂搅拌机。

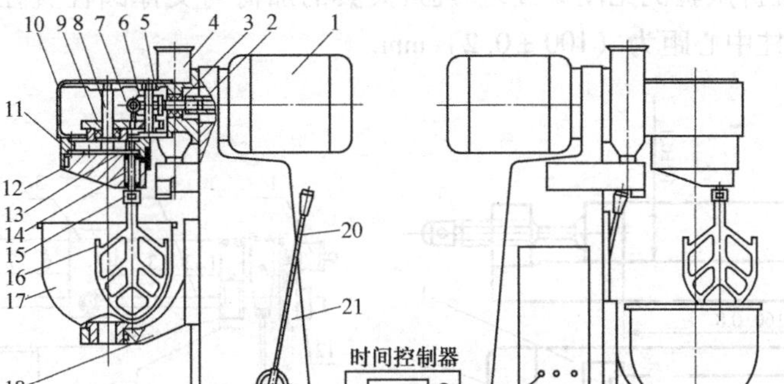

图2-13 胶砂搅拌机结构示意图

1—电机；2—联轴套；3—蜗杆；4—砂罐；5—传动箱盖；6—涡轮；7—齿轮Ⅰ；8—主轴；9—齿轮Ⅱ；10—传动箱；11—内齿轮；12—偏心座；13—行星齿轮；14—搅拌叶轴；15—调节螺母；16—搅拌叶；17—搅拌锅；18—支座；19—底座；20—手柄；21—立柱

主要技术参数：

搅拌叶宽度 135mm

搅拌锅容量 5L

搅拌叶转速 低速挡：(140±5) r/min（自转）；(62±5) r/min（公转）

高速挡：（285 ±10）r/min（自转）；（125 ±10）r/min（公转）

净重　　　70kg

（2）水泥胶砂试体成型振实台（图2-14）

主要技术参数：

振动部分总重量（不含制品）　20kg

振实台振幅　15mm

振动频率　60 次/min

台盘中心至臂杆轴中心距离　800mm

净重　50kg

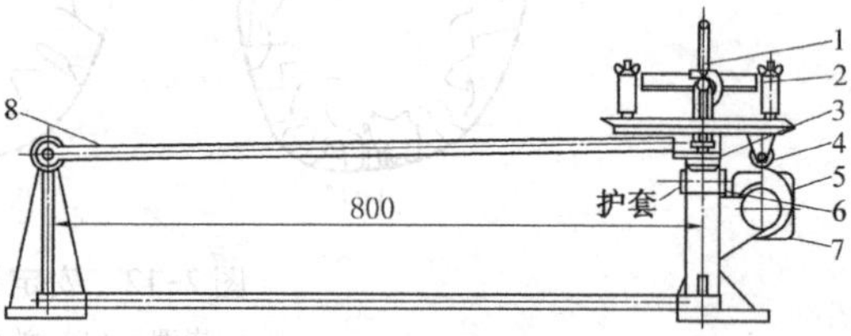

图2-14　胶砂振动台

1—卡具；2—模套；3—突头；4—随动轮；5—凸轮；6—止动器；7—同步电机；8—臂杆

振实台应安装在高度约400mm 的混凝土基座上。混凝土体积约为0.25m^3，重约600kg。需防外部振动影响振实效果时，可在整个混凝土基座下放一层厚约5mm 天然橡胶弹性衬垫。

（3）试模

试模为可装卸的三联模，由隔板、挡板、底板组成（图2-15），组装后内壁各接触面应互相垂直。试模可同时成型三条为40mm ×40mm ×160mm 的菱形试体，其材质和制造应符合《水泥胶砂试模》（JC/T 726—2005）的要求。

（4）抗折试验机

电动双杠杆抗折试验机见图2-16。抗折夹具的加荷与支撑圆柱直径均为（10 ±0.1）mm，两个支撑圆柱中心距为（100 ±0.2）mm。

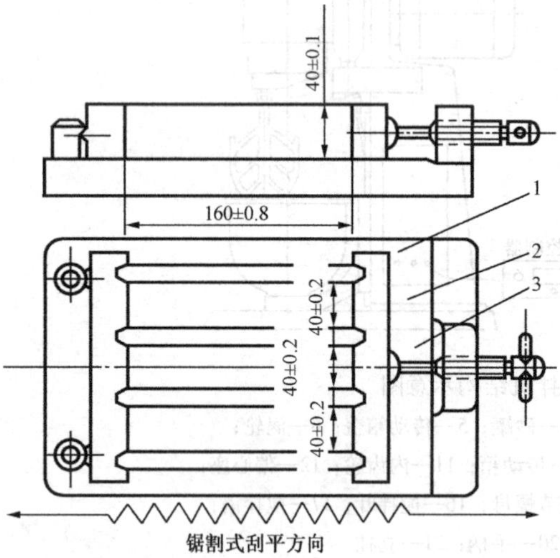

图2-15　水泥胶砂强度检验试模

1—隔板；2—端板；3—底板

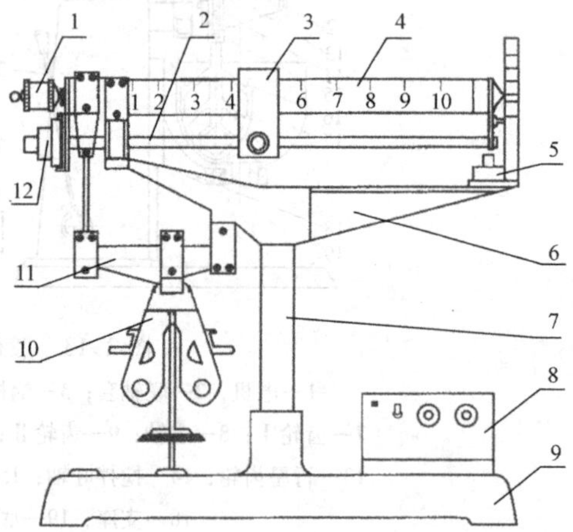

图2-16　电动抗折试验机

1—平衡锤；2—传动丝杠；3—游动砝码；4—上杠杆；5—启动开关；6—机架；7—立柱；8—电器控制箱；9—底座；10—抗折夹具；11—下杠杆；12—电动机

抗折强度试验机应符合《水泥胶砂电动抗折试验机》(JC/T 724—2005) 的要求。

通过三根圆柱轴的三个竖向平面应该平行，并在试验时继续保持平行和等距离垂直试体的方向，其中一根支撑圆柱和加荷圆柱能轻微地倾斜使圆柱与试体完全接触，以便荷载沿试体宽度方向均匀分布，同时不产生任何扭转应力。

(5) 抗压试验机

抗压试验机以100~300kN为宜，误差不得超过2%。

(6) 抗压夹具

抗压夹具由硬质钢材制成，加压板长为 (40±0.1) mm，宽不小于40mm，加压面必须磨平 (图2-17)。

3. 水凝胶砂试验用砂

ISO基准砂是由含量不低于98%的天然的圆形硅质砂组成，其颗粒分布见表2-15 ISO基准砂颗粒分布的规定。

ISO 基准砂颗粒分布　　表 2-15

方孔边长/mm	累计筛余/%	方孔边长/mm	累计筛余/%	方孔边长/mm	累计筛余/%
2.0	0	1.0	33±5	0.16	87±5
1.6	7±5	0.5	67±5	0.08	99±1

水泥胶砂强度用砂应使用中国ISO标准砂。ISO标准砂由1~2mm粗砂，0.5~1.0mm中砂，0.08~0.5mm细砂组成，各级砂质量为450g (即各占1/3)，通常以 (1350±5) g混合小包装供应。灰砂比为1:3，水灰比为0.5。

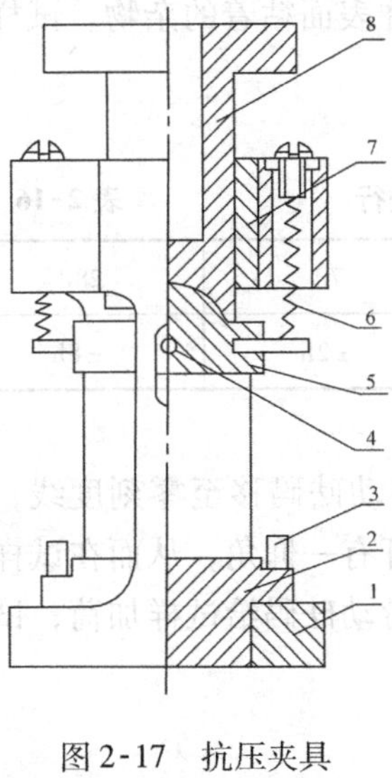

图2-17　抗压夹具

1—框架；2—下压板；3—定位销；4—定向销；5—上压板和球座；6—吊簧；7—铜套；8—传压柱

4. 试样成型步骤及养护

(1) 将试模擦净，四周模板与底板接触面上应涂黄油，紧密装配，防止漏浆。内壁均匀刷一薄层机油。

(2) 每成型三条试样材料用量为水泥 (450±2) g，ISO标准砂 (1350±5) g，水 (225±1) g。适用于硅酸盐水泥、普通硅酸盐水泥、矿渣硅酸盐水泥、粉煤灰硅酸盐水泥、复合硅酸盐水泥和火山灰质灰硅酸盐水泥。

(3) 用搅拌机搅拌砂浆的拌合程序为：先使搅拌机处于等待工作状态，然后按以下程序进行操作：先把水加入锅内，再加水泥，把锅安放在搅拌机固定架上，上升至上固定位置。然后立即开动机器，低速搅拌30s后，在第二个30s开始的同时，均匀地将砂子加入。把机器转至高速再拌30s。停拌90s，在第一个15s内用一胶皮刮具将叶片和锅壁上的胶砂刮入锅中间。在高速下继续搅拌60s。各个搅拌阶段，时间误差应在1s以内。停机后，将粘在叶片上的胶砂刮下，取下搅拌锅。

(4) 在搅拌砂的同时，将试模和模套固定在振实台上。

待胶砂搅拌完成后，取下搅拌锅，用一个适当的勺子直接从搅拌锅里将胶砂分两层装入试模，装第一层时，每个槽里约放300g胶砂，用大播料器垂直架在模套顶部，沿每个模槽来回一次将料层播平，接着振实60次。再装第二层胶砂，用小播料器播平，再振实60次。移开模套，从振实台上取下试模，用一金属直尺以近似90°的角度架在试模模顶的一端，沿试模长度方向以横向锯割动作慢慢向另一端移动，一次将超过试模部分的胶砂刮去，并用同一直尺在近乎水平的情况下将试体表面抹平。

(5) 在试模上做标记或加字条标明试样编号和试样相对于振实台的位置。

(6) 试样成型试验室的温度应保持在(20±2℃)，相对湿度不低于50%。

(7) 试样养护

1) 将做好标记的试模放入雾室或湿箱的水平架子上养护，湿空气[温度保持在(20±1)℃，相对湿度不低于90%]应能与试模各边接触。一直养护到规定的脱模时间(对于24h龄期的，应在破型试验前20min内脱模；对于24h以上龄期的应在成型后20~24h之间脱模)时取出脱模。脱模前用防水墨汁或颜色笔对试体进行编号和其他标记，两个龄期以上的试体，在编号时应将同一试模中的三条试体分在两个以上龄期内(表2-16)。

2) 将做好标记的试样立即水平或竖直放在(20±1)℃水中养护，水平放置时刮平面应朝上。养护期间试样之间间隔或试体上表面的水深不得小于5mm。

5. 强度检验

试样从养护箱或水中取出后，在强度试验前应用湿布覆盖。

(1) 抗折强度测试

1) 检验步骤

① 各龄期必须在规定的时间3d±2h、7d±3h、28d±3h内取出三条试样先做抗折强度测定。测定前须擦去试样表面的水分和砂粒，消除夹具上圆柱表面粘着的杂物。试样放入抗折夹具内，应使试样侧面与圆柱接触。

不同龄期的试样强度试验必须在下列时间内进行 **表2-16**

龄 期	24h	48h	3d	7d	28d
试验时间	±15min	±30min	±45min	±2h	±8h

② 采用杠杆式抗折试验机时，在试样放入之前，应先将游动砝码移至零刻度线，调整平衡砣使杠杆处于平衡状态。试样放入后，调整夹具，使杠杆有一仰角，从而在试样折断时尽可能地接近平衡位置。然后，启动电机，丝杆转动带动游动砝码给试样加荷；试样折断后从杠杆上可直接读出破坏荷载和抗折强度。

③ 抗折强度测定时的加荷速度为(50±10) N/s。

④ 抗折强度按下式计算，精确到0.1MPa。

2) 试验结果

① 抗折强度值，可在仪器的标尺上直接读出强度值。也可在标尺上读出破坏荷载值，按下式计算，精确至0.1N/mm^2。

$$f_V = \frac{3F_P L}{2bh^2} = 0.00234F$$

式中 f_V—— 抗折强度，MPa，计算精确至 0.1MPa；

F_P——折断时放加于棱柱体中部的荷载，N；

L——支撑圆柱中心距（mm），即 100mm；

b、h——试样正方形截面宽（mm），均为 40mm。

② 抗折强度测定结果取三块试样的平均值并取整数，当三个强度值中有超过平均值的 10%，应予剔除后再取平均值作为抗折强度试验结果。

（2）抗压强度测试

1）检验步骤

① 抗折试验后的两个断块应立即进行抗压试验。抗压试验须用抗压夹具进行。试样受压面为 40mm×40mm。试验前应清除试样的受压面与加压板间的砂粒或杂物，检验时以试样的侧面作为受压面，试样的底面靠紧夹具定位销，并使夹具对准压力机压板中心。

② 抗压强度试验在整个加荷过程中以（2400±200）N/s 的速率均匀地加荷直至破坏。

2）检验结果

① 抗压强度按下式计算，计算精确至 0.1MPa。

$$f_c = \frac{F_P}{A} = 0.000625F_P$$

式中 f_c——抗压强度，MPa；

F_P——破坏荷载，N；

A——受压面积（mm^2），即 40mm×40mm = 1600mm^2。

② 抗压强度以一组三个棱柱体上得到的六个抗压强度测定值的算术平均值为试验结果。如果六个测定值中有一个超出六个平均值的 ±10%，应剔除这个结果，剩下五个的平均数为结果。如果五个测定值中再有超过它们平均数 ±10% 的，则此组结果作废。

③ 将试验过程记录和计算结果填入试验报告。

本章小结

无机胶凝材料按硬化时的特点分为气硬性无机胶凝材料和水硬性无机胶凝材料两大类。由于硬化时的特点不同，其用途各不相同。气硬性无机胶凝材料主要有石灰、石膏、水玻璃。水硬性无机胶凝材料通称为水泥，按性能和用途分为通用水泥、专用水泥和特性水泥三大类。水泥是工程上应用最广泛的胶凝材料。

第3章　混凝土材料

◆ 引言

混凝土是现代建筑工程中用途最广、用量最大的建筑材料之一，也是重要的建筑结构材料。混凝土组成材料质量及配合比设计是影响混凝土强度和耐久性的主要因素。本章主要介绍了普通混凝土的组成材料基本知识、技术性质、配合比设计及砂浆技术性质、配合比设计等知识。

◆ 本章要点

通过本章学习，你将能够：

了解普通混凝土的组成材料及质量要求

掌握普通混凝土的技术性质

学会普通混凝土的配合比设计

了解建筑砂浆的基本知识及配合比设计

混凝土是现代建筑工程中用途最广、用量最大的建筑材料之一。目前全世界每年生产的混凝土材料超过100亿吨。混凝土作为建筑工程材料的历史其实很久远，用石灰、砂和卵石制成的砂浆和混凝土在公元前500年就已经在东欧使用，但最早使用水硬性胶凝材料制备混凝土的还是罗马人。这种用火山灰、石灰、砂、石制备的“天然混凝土”具有凝结力强、坚固耐久、不透水等特点，在古罗马得到广泛应用，万神殿和罗马圆形剧场就是其中杰出的代表。因此，可以说混凝土是古罗马最伟大的建筑遗产。

混凝土发展史中最重要的里程碑是约瑟夫·阿斯普丁发明了波特兰水泥，从此，水泥逐渐代替了火山灰、石灰用于制造混凝土，但主要用于墙体、屋瓦、铺地、栏杆等部位。直到1875年，威廉·拉塞尔斯（Willian. Lascelles）采用改良后的钢筋强化的混凝土技术获得专利，混凝土才真正成为最重要的现代建筑材料。1895~1900年间用混凝土成功地建造了第一批桥墩，至此，混凝土开始作为最主要的结构材料，影响和塑造现代建筑。

3.1　普通混凝土

［本节要点］

了解混凝土的分类及特点；

掌握普通混凝土组成材料及技术要求；

了解普通混凝土的外加剂种类及作用；

掌握普通混凝土的技术性质；

掌握普通混凝土的配合比设计；

了解普通混凝土的质量控制。

［关键概念］

普通混凝土、骨料、外加剂、混凝土技术性质、混凝土配合比。

3.1.1 混凝土的定义与分类

混凝土是由胶凝材料、粗细骨料（骨料）、水、外加剂及矿物掺合料按照适当的比例配合，经拌合成型和硬化而成的一种人造石材。在建筑工程中应用最多的是以水泥为胶凝材料，以砂、石为骨料，加水并掺入外加剂和掺合料拌制的混凝土，称为普通水泥混凝土，简称普通混凝土。

普通混凝土广泛应用于工业与民用建筑、水利工程、地下工程、公路、铁路、桥涵及国防建设中，是当今世界上应用最广、用量最大的人造建筑材料，而且也是重要的建筑结构材料。

普通混凝土的种类很多，其分类方法也各不相同，常见的有以下几种分类方法：

1. 按表观密度分类

（1）重混凝土。表观密度大于2800kg/m^3，常采用重晶石、铁矿石、钢屑等作骨料和锶水泥、钡水泥共同配制防辐射混凝土，作为核工程的屏蔽结构材料。

（2）普通混凝土。表观密度为2000～2800 kg/m^3 的混凝土，是建筑工程中应用最广泛的混凝土，主要用作各种建筑工程的承重结构材料。

（3）轻混凝土。表观密度小于2000 kg/m^3，采用陶粒、页岩等轻质多孔骨料或掺加引气剂、泡沫剂形成多孔结构的混凝土，具有保温隔热性能好、质量轻等优点，多用于保温材料或高层、大跨度建筑的结构材料。

2. 按所用胶凝材料分类

按照所用胶凝材料的种类，混凝土可以分为水泥混凝土、硅酸盐混凝土、石膏混凝土、水玻璃混凝土、沥青混凝土、聚合物水泥混凝土、树脂混凝土等。

3. 按流动性分类

按照新拌混凝土流动性大小，可分为干硬性混凝土（坍落度小于10mm且需用维勃稠度表示）、塑性混凝土（坍落度为10～90mm）、流动性混凝土（坍落度为100～150mm）及大流动性混凝土（坍落度大于或等于160mm）。

4. 按用途分类

按用途可分为结构混凝土、大体积混凝土、防水混凝土、耐热混凝土、膨胀混凝土、防辐射混凝土、道路混凝土等。

5. 按生产和施工方法分类

按照生产方式，混凝土可分为预拌混凝土和现场搅拌混凝土；按照施工方法可分为泵送混凝土、喷射混凝土、碾压混凝土、挤压混凝土、离心混凝土、压力灌浆混凝土等。

6. 按强度等级分类

（1）低强度混凝土。抗压强度小于30MPa。

（2）中强度混凝土。抗压强度为30～60MPa。

（3）高强度混凝土。抗压强度大于或等于60MPa。

（4）超高强混凝土。其抗压强度在100MPa以上。

混凝土的品种虽然繁多，但在实践工程中还是以普通水泥混凝土应用最为广泛，如果没有特殊说明，狭义上我们通常称其为混凝土，本章做重点讲述。

3.1.2 混凝土的性能特点与基本要求

混凝土作为建筑工程材料中使用最为广泛的一种材料，它的优点主要体现在以下几个方面：

(1) 易塑性。现代混凝土可以具备很好的可塑性，几乎可以通过设计和模板形成形态各异的建筑物及构件，可塑性强。

(2) 经济性。同其他材料相比，混凝土价格较低，容易就地取材，结构建成后的维护费用也较低。

(3) 安全性。硬化混凝土具有较高的力学强度，目前工程构件最高强度可达130MPa，与钢筋有牢固的粘结力，使结构安全性得到充分保证。

(4) 耐火性。混凝土一般而言可有1~2h的防火时效，比起钢铁来说，安全多了，不会像钢结构建筑物那样在高温下很快软化而造成坍塌。

(5) 多用性。混凝土在建筑工程中适用于多种结构形式，满足多种施工要求。可以根据不同要求配制不同的混凝土加以满足，所以我们称之为“万用之石”。

(6) 耐久性。混凝土本来就是一种耐久性很好的材料，古罗马建筑经过几千年的风雨仍然屹立不倒。

混凝土具有许多优点，当然相应的缺点也不容忽视，主要表现如下：

(1) 抗拉强度低。是混凝土抗压强度的1/10左右，是钢筋抗拉强度的1/100左右。

(2) 延展性不高。属于脆性材料，变形能力差，只能承受少量的张力变形，否则就会因无法承受而开裂；抗冲击能力差，在冲击荷载作用下容易产生脆断。

(3) 自重大，比强度低。高层、大跨度建筑物要求材料在保证力学性质的前提下，以减轻为宜。

(4) 体积不稳定性。尤其是当水泥浆量过大时，这一缺陷表现得更加突出，随着温度、湿度、环境介质的变化，容易引发体积变化，产生裂纹等内部缺陷，直接影响建筑物的使用寿命。

混凝土在建筑工程中使用，必须满足以下五项基本要求或准则：

(1) 满足与使用环境相适应的耐久性要求；(2) 满足设计的强度要求；(3) 满足施工规定所需的工作性要求；(4) 满足业主或施工单位渴望的经济性要求；(5) 满足可持续发展所必需的生态性要求。

3.1.3 混凝土的组成材料

水泥混凝土的基本组成材料是水泥、粗骨料、细骨料、水及外加剂。其中，水泥浆体占混凝土质量的20%~30%，砂石骨料占约70%。水泥浆在硬化前起润滑作用，使混凝土拌合物具有可塑性，在混凝土拌合物中，水泥浆填充砂子孔隙，包裹砂粒，形成砂浆，砂浆又填充石子孔隙，包裹石子颗粒，形成混凝土浆体；在混凝土硬化后，水泥浆则起胶结和填充作用。水泥浆多，混凝土拌合物流动性大，反之干稠；混凝土中水泥浆过多则混凝土水化温度升高，收缩大，抗侵蚀性不好，容易引起耐久性不良。粗细骨料主要起骨架作用，传递应力，给混凝土带来很大的技术优点，它比水泥浆具有更高的体积稳定性和更好的耐久性，可以有效减少收缩裂缝的产生和发展，降低水化热。

现代混凝土中除了以上组分外，还多加入化学外加剂与矿物细粉掺合料。化学外加剂的品种很多，可以改善、调节混凝土的各种性能，而矿物细粉掺合料则可以有效提高新拌混凝土的工作性和硬化混凝土的耐久性，同时降低成本。

在建筑工程中，应用最广的是以水泥为胶凝材料，普通砂、石为骨料，加水拌成拌合物，经凝结硬化而成的水泥混凝土，又称普通混凝土。实际上，随着混凝土技术的发展，现在混凝土中经常加入外加剂和矿物掺合料以改善混凝土的性能。

混凝土的技术性质是由原材料的性质、配合比、施工工艺（搅拌、成型、养护）等因素决定的。因此，了解原材料的性质、作用及其质量要求，合理选择和正确使用原材料，才能保证混凝土的质量。

3.1.3.1 水泥

水泥是普通混凝土的胶凝材料，其性能对混凝土的性质影响很大，在确定混凝土组成材料时，应正确选择水泥品种和水泥强度等级。

1. 水泥品种的选择

水泥品种应该根据混凝土工程特点、所处的环境条件和施工条件等进行选择。一般可以采用硅酸盐水泥、普通硅酸盐水泥、矿渣硅酸盐水泥、火山灰质硅酸盐水泥、粉煤灰硅酸盐水泥和复合水泥，必要时也可以采用膨胀水泥、自应力水泥或快硬硅酸盐水泥等其他水泥。所用水泥的性能必须符合现行国家有关标准的规定。在满足工程要求的前提下，应选用价格较低的水泥品种，以节约造价。例如：在大体积混凝土工程中，为了避免水泥水化热过大，通常选用矿渣硅酸盐水泥、火山灰硅酸盐水泥、粉煤灰硅酸盐水泥，但也可以使用硅酸盐水泥、普通硅酸盐水泥，这时应掺入掺合料和必要的外加剂。

2. 水泥强度等级的选择

水泥强度等级应与混凝土的设计强度等级相适应。原则上配制高强度等级的混凝土应选用强度等级高的水泥；配制低强度等级的混凝土，选用强度等级低的水泥。采用强度等级高的水泥配制低强度等级混凝土时，会使水泥用量偏少，影响和易性和耐久性，必须掺入一定数量的矿物掺合料。采用强度等级低的水泥配制高强度等级混凝土时，会使水泥用量过多，不经济，而且会影响混凝土的其他技术性质，如干缩等。通常，混凝土强度等级为 C30 以下时，可采用强度等级为 32.5 的水泥；混凝土强度等级大于 C30 时，可采用强度等级为 42.5 以上的水泥。

3.1.3.2 细骨料

普通混凝土用骨料按粒径分为细骨料和粗骨料。骨料在混凝土中所占的体积为 70% ~ 80%。由于骨料不参与水泥复杂的水化反应，因此，过去通常将它视为一种惰性填充料。随着混凝土技术的不断深入研究和发展，混凝土材料与工程界越来越意识到骨料对混凝土的许多重要性能，如和易性、强度、体积稳定性及耐久性等都会产生很大的影响。

粒径小于 4.75mm 的骨料为细骨料，它包括天然砂和人工砂。天然砂是由自然风化、水流搬运和分选、堆积形成且粒径小于 4.75mm 的岩石颗粒，包括河砂、淡化海砂、湖砂、山砂，但不包括软质岩、风化岩石的颗粒。人工砂是经除土处理的机制砂和混合砂的统称。机制砂是经除土处理，由机械破碎、筛分制成且粒径小于 4.75mm 的岩石颗粒，但不包括软质岩、风化岩石的颗粒；混合砂是由机制砂和天然砂混合制成的砂。

砂的表观密度大于2500kg/m³，松散堆积密度大于1350kg/m³，孔隙率小于47%。

1. 砂的粗细程度和颗粒级配

砂的粗细程度是指不同粒径的砂混合在一起后的总体平均粗细程度。砂的颗粒级配是指不同粒径的砂相互搭配的情况。根据砂的平均粗细程度，通常有粗砂、中砂、细砂之分。《建筑用砂》（GB/T 14684—2001）规定，砂的颗粒级配和粗细程度用筛分析的方法进行测定。用级配区表示砂的颗粒级配，用细度模数表示砂的粗细。砂的筛分析方法是用一套孔径为9.50mm、4.75mm、2.36mm、1.18mm及0.6mm、0.3 mm、0.15 mm的标准方孔筛，将质量为500g的干砂试样由粗到细依次过筛，然后称得余留在各个筛上的砂子质量（g），计算分计筛余百分率小（即各号筛的筛余量与试样总量之比）、累计筛余百分率 a_i（即该号筛的筛余百分率加上该号筛以上各筛余百分率之和）。分计筛余与累计筛余的关系见表3-1。

根据下列公式计算砂的细度模数（M_x）

$$M_x = \frac{(A_1 + A_3 + A_4 + A_5 + A_6) - 5A_1}{100 - A_1} \tag{3-1}$$

按照细度模数把砂分为粗砂、中砂、细砂。其中 M_x 在3.7~3.1之间为粗砂，M_x 在3.0~2.3之间为中砂，M_x 在2.2~1.6之间为细砂。

分计筛余与累计筛余的关系 **表3-1**

筛孔尺寸/mm	分计筛余量/g	分计筛余/%	累计筛余/%
4.75	M_1	a_1	$A_1 = a_1$
2.36	M_2	a_2	$A_2 = a_1 + a_2$
1.18	M_3	a_3	$A_3 = a_1 + a_2 + a_3$
0.60	M_4	a_4	$A_4 = a_1 + a_2 + a_3 + a_4$
0.30	M_5	a_5	$A_5 = a_1 + a_2 + a_3 + a_4 + a_5$
0.15	M_6	a_6	$A_6 = a_1 + a_2 + a_3 + a_4 + a_5 + a_6$
<0.15	M_7	+	—

良好的级配能使骨料的空隙率和总表面积均较小,从而使所需的水泥浆量较少,并且能够提高混凝土的密实度,并进一步改善混凝土的其他性能。在混凝土中砂粒之间的空隙是由水泥浆所填充,为达到节约水泥的目的,就应尽量减少砂粒之间的空隙,因此就必须有大小不同的颗粒搭配。从图3-1可以看出，如果是单一粒径的砂堆积，空隙最大［图3-1（*a*）］；两种不同粒径的砂搭配起来，空隙就减少了［图3-1（*b*）］；如果三种不同粒径的砂搭配起来，空隙就更小了［图3-1（*c*）］。

颗粒级配常以级配区和级配曲线表示，国家标准根据0.60mm方孔筛的累积筛余量分成三个级配区，如表3-2及图3-2所示。

筛分曲线超过3区往左上偏时，表示砂过细，拌制混凝土时需要的水泥浆量多，而且混凝土强度显著降低；适合配制水泥用量少的贫混凝土。在应用时应降低砂率以保证混凝土的强度；超过1区往右下偏时，表示砂过粗，配制的混凝土，其拌合物的和易性不易控制，而且内摩擦大，不易振捣成型。一般认为，处于2区级配的砂，其粗细适中，级配较好，是配制混凝土最理想的级配区。

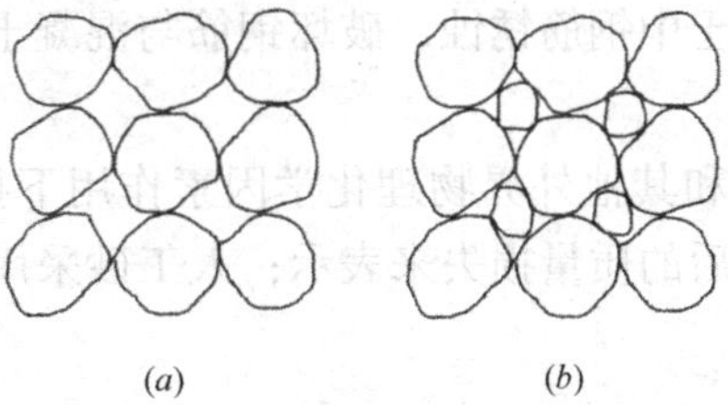

图 3-1 骨料的颗粒级配

砂的颗粒级配 **表 3-2**

累计筛余/% 方筛孔径/mm	级配区		
	1	2	3
9.50	0	0	0
4.75	10 ~ 0	10 ~ 0	10 ~ 0
2.36	35 ~ 5	25 ~ 0	15 ~ 0
1.18	65 ~ 35	50 ~ 10	20 ~ 0
0.60	85 ~ 71	70 ~ 41	40 ~ 16
0.30	95 ~ 80	92 ~ 70	85 ~ 55
0.15	100 ~ 90	100 ~ 90	100 ~ 90

注：1. 砂的实际颗粒级配与表中所列数字相比，除4.75mm和600μm筛挡外，可以略有超出，但超出总量应小于5%。

2. 1区人工砂中150μm筛孔的累计筛余可以放宽到100 ~ 85，2区人工砂中150μm筛孔的累计筛余可以放宽到100 ~ 80，3区人工砂中150μm筛孔的累计筛余可以放宽到100 ~ 75。

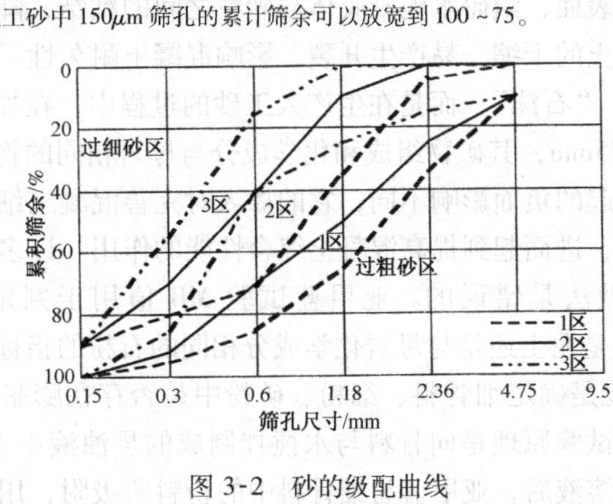

图 3-2 砂的级配曲线

2. 砂中有害物质的含量、坚固性

为保证混凝土的质量，混凝土用砂不应混有草根、树叶、树枝、塑料品、煤块、炉渣等杂物。砂中常含有如云母、有机物、硫化物及硫酸盐、氯盐、黏土、淤泥等杂质。云母呈薄片状，表面光滑，容易沿节理裂开，与水泥粘结不牢，会降低混凝土强度；黏土、淤泥多覆盖在砂的表面妨碍水泥与砂的粘结，降低混凝土的强度和耐久性。硫酸盐、硫化物将对硬化的水泥凝胶体产生腐蚀；有机物通常是植物的腐烂产物，妨碍、延缓水泥的正常水化，降低混凝土强度；氯盐引起混凝土中钢筋锈蚀，破坏钢筋与混凝土的粘结，使保护层混凝土开裂。

砂子的坚固性，是指砂在自然风化和其他外界物理化学因素作用下抵抗破裂的能力。通常天然砂以硫酸钠溶液干湿循环5次后的质量损失来表示；人工砂采用压碎指标法进行试验。各指标应符合表3-3的规定。

有害物质含量、坚固性指标、压碎指标 表3-3

项　目	Ⅰ 类	Ⅱ 类	Ⅲ 类
云母（按质量计）（<）/%	1.0	2.0	2.0
轻物质（按质量计）（<）/%	1.0	1.0	1.0
有机物（比色法）	合格	合格	合格
硫化物及硫酸盐（按 SO_3 质量计）（<）/%	0.5	0.5	0.5
氯化物（以氯离子质量计）（<）/%	0.01	0.02	0.06
质量损失（<）/%	8	8	10
单级最大压碎指标（<）/%	20	25	30

3. 含泥量、泥块含量和石粉含量

砂中的粒径小于0.075mm的尘屑、淤泥等颗粒的质量占砂子质量的百分率成为含泥量。砂中原粒径大于1.18mm，经水浸洗、手捏后小于600μm的颗粒含量称为泥块含量。砂中的泥土包裹在颗粒表面，阻碍水泥凝胶体与砂粒之间的粘结，降低界面强度，降低混凝土强度，并增加混凝土的干缩，易产生开裂，影响混凝土耐久性。石粉不是一般碎石生产企业所称的“石粉”、“石沫”，而是在生产人工砂的过程中，在加工前经除土处理，加工后形成粒径小于0.075mm，其矿物组成和化学成分与母岩相同的物质，与天然砂中的黏土成分、在混凝土中所起的负面影响不同，它的掺入对完善混凝土细骨料级配、提高混凝土密实性有很大的益处，进而起到提高混凝土综合性能的作用。许多用户和企业将人工砂中的石粉用水冲掉的做法是错误的。亚甲蓝试验MB值用于判定人工砂中粒径小于0.075mm颗粒含量主要是泥土还是与母岩化学成分相同的石粉的指标。

[提示] 亚甲蓝试验是确定细骨料、细粉、矿粉中是否存在膨胀性黏土矿物并确定其含量的整体指标。它的试验原理是向骨料与水搅拌制成的悬浊液中不断融入亚甲蓝溶液，每加入一定量的亚甲蓝溶液后，亚甲蓝为细骨料中的粉料所吸附，用玻璃棒蘸取少许悬浊液滴到滤纸上观察是否有游离的亚甲蓝放射出的浅蓝色色晕，判断骨料对染料溶液的吸附情况。通过色晕试验，确定添加亚甲蓝染料的终点，直到该染料停止表面吸附。当出现游离的亚甲蓝（以浅蓝色色晕宽度1mm左右作为标准）时，计算亚甲蓝值MB，计算结果表

示为每1000g试样吸收的亚甲蓝的克数。

天然砂的含泥量和泥块含量应符合表3-4的规定。人工砂的石粉含量和泥块含量应符合表3-5的规定。

天然砂的石粉含量和泥块含量　　表3-4

项　目	Ⅰ 类	Ⅱ 类	Ⅲ 类
含泥量（按质量计）/%	<1.0	<3.0	<5.0
泥块含量（按质量计）/%	0	<1.0	<2.0

人工砂的石粉含量和泥块含量　　表3-5

	项　目			Ⅰ 类	Ⅱ 类	Ⅲ 类
1	亚甲蓝试验	MB值<40或合格	石粉含量（按质量计）/%	<3.0	<5.0	<7.0[1)]
2			泥块含量（按质量计）/%	0	<1.0	<2.0
3		MB值≥1.40或不合格	石粉含量（按质量计）/%	<1.0	<3.0	<5.0
4			泥块含量（按质量计）/%	0	<1.0	<2.0

注：根据使用地区和用途，在试验验证的基础上，可由供需双方协商确定。

3.1.3.3　粗骨料

粒径在4.75~90mm的骨料称为粗骨料，混凝土常用的粗骨料有碎石和卵石。卵石是由自然风化、水流搬运和分选、堆积形成的且粒径大于4.75mm的岩石颗粒；碎石是天然岩石或卵石经机械破碎、筛分制成的且粒径大于4.75mm的岩石颗粒。

粗骨料表观密度大于2500kg/m^3，堆积密度大于1350kg/m^3，孔隙率小于47%。

为了保证混凝土质量，《建筑用卵石、碎石》（GB/T 14685—2001）按各项技术指标对混凝土用粗骨料划分为Ⅰ、Ⅱ、Ⅲ类骨料。其中Ⅰ类适用于C60以上的混凝土；Ⅱ类适用于C30~C60的混凝土；Ⅲ类适用于C30以下的混凝土，并且提出了具体的质量要求，主要有以下几个方面。

1. 有害杂质含量

粗骨料中的有害杂质主要有黏土、淤泥及细屑，硫酸盐及硫化物，有机物质，蛋白石及其他含有活性氧化硅的岩石颗粒等。它们的危害作用与在细骨料中相同。对各种有害杂质的含量都不应超出《建筑用卵石、碎石》（GB/T 14685—2001）标准的规定。其技术要求及其有害物质含量见表3-6。

2. 颗粒形状与表面特征

卵石表面光滑少棱角，孔隙率和表面积均较小，拌制混凝土时所需的水泥浆量较少，混凝土拌合物和易性较好。碎石表面粗糙，富有棱角，骨料的孔隙率和总表面积较大；与卵石混凝土比较，碎石具有棱角，表面粗糙，混凝土拌合物骨料间的摩擦力较大，对混凝土的流动阻滞性较强，因此所需包裹骨料表面和填充空隙的水泥浆较多。如果要求流动性相同，用卵石时用水量可少一些，所配制混凝土的强度不一定低。

粗骨料的有害物质含量及技术要求　　表3-6

项目	Ⅰ类	Ⅱ类	Ⅲ类
有机物（比色法）	合格	合格	合格
硫化物及硫酸盐（按 SO_3 质量计）（<）/%	0.5	1.0	1.0
含泥量（按质量计）/%	<0.5	<1.0	<1.5
泥块含量（按质量计）/%	0	<0.5	<0.7
针片状颗粒（按质量计）/%	<5	<15	<25

碎石或卵石的针状颗粒（即颗粒的长度大于该颗粒的平均粒径2.4倍）和片状颗粒（即颗粒的厚度小于该颗粒的平均粒径0.4倍）含量应符合要求。其含量过多既降低混凝土的泵送性能和强度，又影响混凝土的耐久性。

3. 最大粒径与颗粒级配

（1）最大粒径

粗骨料中公称粒级的上限称为该粒级的最大粒径。当骨料粒径增大时，其表面积随之减小，包裹骨料表面水泥浆或砂浆的数量也相应减少，就可以节约水泥。因此，最大粒径应在条件许可下，尽量选用得大一些。试验研究证明，在普通配合比的结构混凝土中，骨料粒径大于40mm后，由于减少用水量获得的强度提高被较少的粘结面积及大粒径骨料造成的不均匀性的不利影响所抵消，因此并没有什么好处。骨料最大粒径还受结构形式和配筋疏密限制，石子粒径过大，对运输和搅拌都不方便，因此，要综合考虑骨料最大粒径。根据《混凝土结构工程施工质量验收规范》（GB 50204—2002）的规定，混凝土用粗骨料的最大粒径不得超过结构截面最小尺寸的1/4，同时不得超过钢筋间最小净距的3/4。对于混凝土实心板，最大粒径不要超过板厚1/2，而且不得超过50mm。

对于泵送混凝土，为防止混凝土泵送时管道堵塞，保证泵送顺利进行，粗骨料的最大粒径与输送管的管径之比应符合表3-7要求。

（2）颗粒级配

粗骨料的级配试验也采用筛分法测定，即用2.36mm、4.75mm、9.50mm、16.0mm、19.0mm、26.5mm、31.5mm、37.5mm、53.0mm、63.0mm、75.0mm和90mm十二种孔径的方孔筛进行筛分，其原理与砂的基本相同。国家标准《建筑用卵石、碎石》（GB/T 14685—2001）对碎石和卵石的颗粒级配规定见表3-8。

石子的级配按粒径尺寸分为连续粒级和单粒粒级。连续粒级是石子颗粒由小到大连续分级，每级石子占一定比例。用连续粒级配制的混凝土混合料和易性较好，不易发生离析现象，易于保证混凝土的质量，便于大型混凝土搅拌站使用，适合泵送混凝土。单粒粒级是人为地剔除骨料中某些粒级颗粒，大骨料空隙由小许多的小粒径颗粒填充，降低石子的孔隙率，密实度增加，节约水泥，但是拌合物容易产生分层离析，施工困难，一般在工程中较少使用。如果混凝土拌合物为低流动性或干硬性的，同时采用机械强力振捣时，采用单粒级配是合适的。

粗骨料的最大粒径与输送管的管径之比　　表 3-7

石子品种	泵送高度/m	粗骨料的最大粒径与输送管的管径之比
碎　石	50	≤1:3
	50～100	≤1:4
	100	≤1:5
卵　石	50	≤1:2.5
	50～100	≤1:3
	100	≤1:4

碎石和卵石的颗粒级配　　表 3-8

公称粒径/mm		累计筛余/%											
		方孔筛孔径/mm											
		2.36	4.75	9.50	16.0	19.0	26.5	31.5	37.5	53.0	63.0	75.0	90
连续粒级	5～10	95～100	80～100	0～15	0	—	—	—	—	—	—	—	—
	5～16	95～100	85～100	30～60	0～10	0	—	—	—	—	—	—	—
	5～20	95～100	90～100	40～80	—	0～10	0	—	—	—	—	—	—
	5～25	95～100	90～100	—	30～70	—	0～5	0	—	—	—	—	—
	5～31.5	95～100	90～100	70～90	—	15～45	—	0～5	0	—	—	—	—
	5～40	—	95～100	70～90	—	30～65	—	—	0～5	0	—	—	—
单粒粒级	10～20	—	95～100	85～100	—	0～15	0	—	—	—	—	—	—
	16～31.5	—	95～100	—	85～100	—	—	0～10	0	—	—	—	—
	20～40	—	—	95～100	—	80～100	—	—	0～10	0	—	—	—
	31.5～63	—	—	—	95～100	—	—	75～100	45～75	—	0～10	0	—
	40～80	—	—	—	—	95～100	—	—	70～100	—	30～60	0～10	0

4. 坚固性和强度

混凝土中粗骨料起骨架作用必须具有足够的坚固性和强度。坚固性是指卵石、碎石在自然风化和其他外界物理化学因素作用下抵抗破裂的能力。采用硫酸钠溶液法进行试验，卵石和碎石经5次循环后，其质量损失应符合表3-9的规定。

强度可用岩石抗压强度和压碎指标表示。岩石抗压强度是将岩石制成50mm×50mm×50mm的立方体（或ϕ50mm×50mm圆柱体）试件，浸没于水中浸泡48h后，从水中取出，擦干表面，放在压力机上进行强度试验。其抗压强度火成岩应不小于80MPa，变质岩应不小于60MPa，水成岩应不小于30MPa。压碎指标是将一定量风干后筛除大于19.0mm及小于9.50mm的颗粒，并去除针片状颗粒的石子后装入一定规格的圆筒内，在压力机上施加荷载到200kN并稳定5s，卸荷后称取试样质量（G_1），再用孔径为2.36mm的筛筛除被压碎的细粒，称取出留在筛上的试样质量（G_2）。计算公式如下：

$$Q_e = \frac{G_1 - G_2}{G_1} \times 100\% \tag{3-2}$$

式中 Q_e——压碎指标值,%；

G_1——试样的质量，g；

G_2——压碎试验后筛余的试样质量，g。

压碎指标值越小，表明石子的强度越高。对不同强度等级的混凝土，所用石子的压碎指标应符合表3-9的规定。

坚固性指标和压碎指标 表3-9

项 目	Ⅰ 类	Ⅱ 类	Ⅲ 类
质量损失（<）/%	5	8	12
碎石压碎指标（<）/%	10	20	30
卵石压碎指标（<）/%	12	16	16

5. 碱活性

骨料中若含有活性氧化硅或含有活性碳酸盐，在一定条件下会与水泥的碱发生碱-骨料反应（碱-硅酸反应或碱-碳酸反应），生成凝胶，吸水产生膨胀，导致混凝土开裂。因此选用粗骨料时，应尽量不含有碱活性物质。

3.1.3.4 拌合与养护用水

饮用水、地下水、地表水、海水及经过处理达到要求的工业废水均可以用作混凝土拌合用水。混凝土拌合及养护用水的质量要求具体有：不得影响混凝土的和易性及凝结；不得有损于混凝土强度发展；不得降低混凝土的耐久性；不得加快钢筋腐蚀及导致预应力钢筋脆断；不得污染混凝土表面；各物质含量限量值应符合表3-10的要求。当对水质有怀疑时，应将该水与蒸馏水或饮用水进行水泥凝结时间、砂浆或混凝土强度对比试验。测得的初凝时间差及终凝时间差均不得大于30min，其初凝和终凝时间还应符合《通用硅酸盐水泥》（GB 175—2007）的规定。用该水制成的砂浆或混凝土28d抗压强度应不低于蒸馏水或饮用水制成的砂浆或混凝土抗压强度的90%。另外，海水中含有硫酸盐、镁盐和氯化物，对水泥石有侵蚀作用，也会造成钢筋锈蚀，因此不得用于拌制钢筋混凝土和预应力混凝土。

3.1.3.5 外加剂

外加剂是在拌制混凝土过程中掺入，用以改善混凝土性能的物质，掺量不大于水泥质量的5%（特殊情况除外）。它赋予新拌混凝土和硬化混凝土以优良的性能，如提高抗冻性、调节凝结时间和硬化时间、改善工作性、提高强度等，是生产各种高性能混凝土和特种混凝土必不可少的组分。

水中物质含量限量值　　表 3-10

项　　目	预应力混凝土	钢筋混凝土	素混凝土
pH	>4	>4	>4
不溶物/（mg/L）	<2000	<2000	<5000
可溶物/（mg/L）	<2000	<5000	<10000
氯化物（以 Cl^- 计）/（mg/L）	<500	<1200	<3500
硫酸盐（以 SO_4^{2-}/计）/（mg/L）	<600	<2700	<2700
硫化物（以 S^{2-} 计）/（mg/L）	<100		

注：使用钢丝或经热处理钢筋的预应力混凝土氯化物含量不得超过 350mg/L。

1. 外加剂的分类

根据《混凝土外加剂定义、分类、命名与术语》（GB /T 8075—2005）的规定，混凝土外加剂按其主要功能分为四类：

（1）改善混凝土拌合物流变性能的外加剂。包括各种减水剂、引气剂和泵送剂等。

（2）调节混凝土凝结时间、硬化性能的外加剂。包括缓凝剂、早强剂和速凝剂等。

（3）改善混凝土耐久性的外加剂。包括引气剂、防水剂和阻锈剂等。

（4）改善混凝土其他性能的外加剂。包括加气剂、膨胀剂、防冻剂、着色剂、防水剂等。

2. 混凝土常用的外加剂

（1）减水剂

减水剂是一种在混凝土拌合料坍落度相同条件下能减少拌合水量的外加剂。减水剂按其减水的程度分为普通减水剂和高效减水剂。减水率在 5% ~10% 的减水剂为普通减水剂，减水率大于 10% 的减水剂为高效减水剂。减水剂按其主要化学成分分为：木质素系、多环芳香族磺酸盐系、水溶性树脂磺酸盐系、糖钙以及腐殖酸盐等。

1）减水剂的作用机理。不掺减水剂的新拌混凝土之所以相比之下流动性不好，主要是因为水泥-水体系中由于界面能高、不稳定，水泥颗粒通过絮凝来降低界面能，达到体系稳定，把许多水包裹在絮凝结构中，不能发挥作用。减水剂是一种表面活性剂。表面活性剂分子由亲水基团和憎水基团两个部分组成，可以降低表面能。当水泥浆体中加入减水剂后，减水剂分子中的憎水基团定向吸附于水泥质点表面，亲水基团指向水溶液，在水泥颗粒表面形成单分子或多分子吸附膜，降低了水泥－水的界面能。同时使水泥颗粒表面带上相同的电荷，表现出斥力，将水泥加水后形成的絮凝结构打开并释放出被絮凝结构包裹的水，这是减水剂分子吸附产生的分散作用。

水泥加水后，水泥颗粒被水湿润，湿润越好，在具有同样和易性条件下所需的拌合水量也就越少，水泥水化速率加快。当有减水剂存在时，降低了水的表面张力和水与水泥颗粒间的界面张力，使水泥颗粒易于湿润，有利于水化。同时减水剂分子定向吸附于水泥颗粒表面，亲水基团指向水溶液，使水泥颗粒表面的溶剂化层增厚，增加了水泥颗粒间的滑动能力，起到润滑作用，如图 3-3 所示。

综上所述，减水剂在水泥颗粒表面的吸附，使水泥颗粒表面能较低且带有相同电荷而相互电斥，导致水泥颗粒在液相中分散，絮凝结构中被水泥颗粒包围的水被释放出来，以

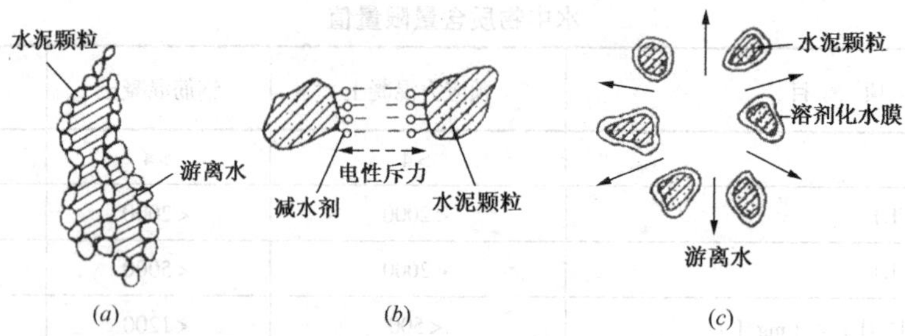

图 3-3 减水剂作用机理

此达到减水。

2）普通减水剂。普通减水剂是一种在混凝土拌合料坍落度相同的条件下能减少拌合用水量的外加剂。普通减水剂分为早强型、标准型、缓凝型。在不复合其他外加剂时，减水剂本身有一定的缓凝作用。

①木质素磺酸盐系减水剂。木质素磺酸盐系减水剂根据其所带的阳离子不同，分为木质素磺酸钙（木钙）、木质素磺酸钠（木钠）、木质素磺酸镁（木镁）。木钙是由亚硫酸法生产纸浆的废液，用石灰中和后浓缩的溶液经干燥所得产品，是以苯丙基为主体结构的复杂高分子，相对分子质量 2000 ~ 100 000。木钠是由碱法造纸的废液经浓缩、加硫将其中的碱木素磺化后，用苛性钠和石灰中和，将滤去沉淀的溶液干燥所得的干粉。

木质素磺酸盐系减水剂的减水效果和对混凝土性能的影响与很多因素有关：含固量、固体中木质素磺酸盐含量、相对分子质量、阳离子种类、木浆的树种、含糖量等。低相对分子质量的木钙引气量较大，高相对分子质量木钙缓凝作用强。木质素磺酸钠的减水作用比木质素磺酸钙明显。

②腐殖酸盐减水剂。腐殖酸盐减水剂又称胡敏酸钠，原料是泥煤和褐煤。该类减水剂有较大的引气性，性能逊于木质素磺酸盐类减水剂。其掺量一般为 0.2% ~0.35%，减水率为 6% ~8%。

一般正常型和早强型减水剂除含减水组分外还加入一定量的促凝剂或早强剂，以抵消减水组分的缓凝作用。国外掺入的促凝或早强剂组分一般为氯化钙、甲酸钙、三乙醇胺等，其典型配方为氯化钙或甲酸钙 0.3% 加三乙醇胺 0.01%（占水泥用量的百分数）。我国一般是加入 Na_2SO_4。

3）高效减水剂。在混凝土坍落度基本相同的条件下，能大幅度减少拌合水量的外加剂称为高效减水剂。高效减水剂是在 20 世纪 60 年代初开发出来的，由于性能较普通减水剂有明显的提高，因而又称超塑化剂。

高效减水剂的掺量比普通减水剂大得多，大致为普通减水剂的 3 倍以上。理论上，如果把普通减水剂的掺量提高到高效减水剂同样的水平，减水率也能达到 10% ~15%，但普通减水剂都有缓凝作用，木钙还能引入大量的气泡，因此限制了普通减水剂的掺量，除非采取特殊措施，如木钙的脱糖和消泡。高效减水剂没有明显的缓凝和引气作用。

①多环芳香族磺酸盐系减水剂。这类减水剂通常是由工业萘或煤焦油的萘、蒽、甲基萘等馏分，经磺化、水解、缩合、中合、过滤、干燥而制成。由于其主要成分为萘的同系

物的磺酸盐与甲醛的缩合物，故又称萘系减水剂。多环芳香族磺酸盐系减水剂的适宜掺量为水泥质量的0.5%~1.0%，减水率为10%~25%，混凝土的强度提高20%以上，混凝土的其他力学性能及抗渗性、耐久性等均得到改善，对钢筋的锈蚀作用较小。

②水溶性树脂系减水剂。水溶性树脂系减水剂是以一些水溶性树脂为主要原料的减水剂，如三氯氰胺树脂、古玛隆树脂等。此类减水剂的掺量为水泥质量的0.5%~2.0%，其减水率为15%~30%，混凝土的强度提高20%~30%，混凝土的其他力学性能和抗渗性、抗冻性也得到提高，对混凝土的蒸养适应性也优于其他外加剂。

4）减水剂的作用：①在不减少单位用水量的情况下，改善新拌混凝土的和易性，提高流动性；②在保持一定和易性时，减少用水量，提高混凝土的强度；③在保持一定强度情况下，减少单位水泥用量，节约水泥；④改善混凝土拌合物的可泵性以及混凝土的其他物理力学性能。

（2）早强剂

能加速混凝土早期强度并对后期强度无明显影响的外加剂，称为早强剂。早强剂的种类主要有无机物类（氯盐类、硫酸盐类、碳酸盐类等）、有机物类（有机胺类、羧酸盐类等）、矿物类（明矾石、氟铝酸钙、无水硫铝酸钙等）。

1）常用早强剂

①氯盐类早强剂。主要有氯化钙、氯化钠、氯化钾、氯化铵、氯化铁、氯化铝等，其中氯化钙早强效果好而成本低，应用最广。氯盐类早强剂均有良好的早强作用，它能加速水泥混凝土的凝结和硬化。氯化钙的用量为水泥用量的0.5%~2%时，能使水泥的初凝和终凝时间缩短，3d的强度可提高30%~100%，24h的水化热增加30%，混凝土的其他性能如泌水性、抗渗性等均提高。

②硫酸盐类早强剂。主要有硫酸钠、硫代硫酸钠、硫酸钙、硫酸铝、硫酸铝钾等。其中硫酸钠应用较多。一般掺量为水泥质量的0.5%~2.0%，硫酸钠对矿渣水泥混凝土的早强效果优于普通水泥混凝土。

③其他早强剂。甲酸钙已被公认是较好的$CaCl_2$替代物，但由于其价格较高，其用量还很少。

2）早强剂的作用机理

①氯盐类。氯化钙对水泥混凝土的作用机理有两种论点：其一是氯化钙对水泥水化起催化作用，促使氢氧化钙浓度降低，因而加速了C_3S的水化；其二是氯化钙的Ca^{2+}吸附在水化硅酸钙表面，生成复合水化硅酸盐（$C_3S \cdot CaCl_2 \cdot 12H_2O$）。同时，在石膏存在下与水泥石中$C_3A$作用生成水化氯铝酸盐（$C_3A \cdot CaCl_2 \cdot 10H_2O$和$C_3A \cdot CaCl_2 \cdot 30H_2O$）。此外，氯化钙还增强水化硅酸钙缩聚过程。

②硫酸盐类。以硫酸钠为例，在水泥硬化时，硫酸钠很快与氢氧化钙作用生成石膏和碱，新生成的细粒二水石膏比在水泥粉磨时加入的石膏更加迅速发生反应生成硫铝酸钙晶体。反应如下：

$$Na_2SO_4 + Ca(OH)_2 + 2H_2O \rightarrow CaSO_4 \cdot 2H_2O + 2NaOH$$

$$3(CaSO_4 \cdot 2H_2O) + 3CaO \cdot Al_2O_3 + 25H_2O_3 \rightarrow 3CaO \cdot Al_2O_3 \cdot 3CaSO_4 \cdot 31H_2O$$

同时上述反应的发生也能加快C_3S的水化。

（3）缓凝剂

缓凝剂是一种能延缓水泥水化反应，从而延长混凝土的凝结时间，使新拌混凝土较长时间保持塑性，方便浇注，提高施工效率，同时对混凝土后期各项性能不会造成不良影响的外加剂。缓凝剂按其缓凝时间可分为普通缓凝剂和超缓凝剂；按化学成分可分为无机缓凝剂和有机缓凝剂。无机缓凝剂包括磷酸盐、锌盐、硫酸铁、硫酸铜、氟硅酸盐等；有机缓凝剂包括羟基羧酸及其盐、多元醇及其衍生物、糖类等。

1）常用的缓凝剂

①无机缓凝剂

磷酸盐、偏磷酸盐类缓凝剂是近年来研究较多的无机缓凝剂。三聚磷酸钠为白色粒状粉末，无毒，不燃，易溶于水，一般掺量为水泥质量的0.1%~0.3%，能使混凝土的凝结时间延长50%~100%。磷酸钠为无色透明或白色结晶体，水溶液呈碱性，一般掺量为水泥质量的0.1%~1.0%，能使混凝土的凝结时间延长50%~100%。

硼砂为白色粉末状结晶物质，吸湿性强，易溶于水和甘油，其水溶液呈弱碱性，常用掺量为水泥质量的0.1%~0.2%。

氟硅酸钠为白色物质，有腐蚀性，常用掺量为水泥质量的0%~0.2%。

其他无机缓凝剂如氯化锌、碳酸锌以及锌、铁、铜、镉的硫酸盐也具有一定的缓凝作用，但是由于其缓凝作用不稳定，故不常使用。

②有机缓凝剂

羟基羧酸、氨基羧酸及其盐。这一类缓凝剂的分子结构含有羟基(—OH)、羧基(—COOH)或氨基($—NH_2$),常见的有柠檬酸、酒石酸、葡萄糖酸、水杨酸等及其盐。此类缓凝剂的缓凝效果较强,通常将凝结时间延长1倍,掺量一般在0.05%~0.2%之间。

多元醇及其衍生物。多元醇及其衍生物的缓凝作用较稳定，特别是在使用温度变化时仍有较好的稳定性。此类缓凝剂的掺量一般为水泥质量的0.05%~0.2%。

糖类。葡萄糖、蔗糖及其衍生物和糖蜜及其改性物，由于原料广泛，价格低廉，同时具有一定的缓凝功能，因此使用也较广泛，其掺量一般为水泥质量的0.1%~0.3%。

2）缓凝剂的作用机理

一般来讲，多数有机缓凝剂有表面活性，它们在固-液界面上产生吸附，改变固体粒子的表面性质，或是通过其分子中亲水基团吸附大量的水分子形成较厚的水膜层，使晶体间的相互接触受到屏蔽，改变了结构形成过程；或是通过其分子中的某些官能团与游离的Ca^{2+}生成难溶性的钙盐吸附于矿物颗粒表面，从而抑制水泥的水化过程，起到缓凝效果。大多数无机缓凝剂与水泥水化产物生成复盐，沉淀于水泥矿物颗粒表面，抑制水泥的水化。缓凝剂的机理较复杂，通常是以上多种缓凝机理综合作用的结果。

缓凝剂的掺量一般很小，使用时应严格控制，过量掺入会使混凝土强度下降。

缓凝剂可用于商品混凝土、泵送混凝土、夏季高温施工混凝土、大体积混凝土，不宜用于气温低于5℃施工的混凝土、有早强要求的混凝土、蒸养混凝土。缓凝剂一般具有减水的作用。

（4）速凝剂

速凝剂是能使混凝土迅速硬化的外加剂。速凝剂的主要种类有无机盐类和有机盐类。我国常用的速凝剂是无机盐类。

1）常用速凝剂

①铝氧熟料加碳酸盐系速凝剂。其主要速凝成分是铝氧熟料、碳酸钠以及生石灰，这种速凝剂含碱量较高，混凝土的后期强度降低较大，但加入无水石膏可以在一定程度上降低碱度并提高后期强度。

②铝酸盐系。它的主要成分是铝矾土、芒硝（$Na_2SO_4 \cdot 10H_2O$），此类产品碱量低，且由于加入了氧化锌而提高了混凝土的后期强度，但却延缓了早期强度的发展。

③水玻璃系。以水玻璃为主要成分。这种速凝剂凝结、硬化很快，早期强度高，抗渗性好，而且可在低温下施工。缺点是收缩较大，这类产品用量低于前两类，由于其抗渗性能好，常用于止水堵漏。

2）速凝剂的作用机理

①铝氧熟料加碳酸盐型速凝剂作用机理如下：

$$Na_2CO_3 + CaSO_4 = CaCO_3 \downarrow + Na_2SO_4$$

$$NaAlO_2 + 2H_2O = Al(OH)_3 + NaOH$$

$$2NaAlO_2 + 3Ca(OH)_2 + 3CaSO_4 + 30H_2O = 3CaO \cdot Al_2O_3 \cdot 3CaSO_4 \cdot 32H_2O + 2NaOH$$

碳酸钠与水泥浆中石膏反应，生成不溶的 $CaCO_3$ 沉淀，从而破坏了石膏的缓凝作用。铝酸钠在有 $Ca(OH)_2$ 存在的条件下与石膏反应生成水化硫铝酸钙和氢氧化钠，由于石膏消耗而使水泥中的 C_3A 成分迅速分解进入水化反应，C_3A 的水化又迅速生成钙矾石而加速了凝结硬化。另外，大量生成 NaOH、$Al(OH)_3$、Na_2SO_4，这些都具有促凝、早强作用。

②硫铝酸盐型速凝剂作用机理为：$Al_2(SO_4)_3$ 和石膏的迅速溶解使水化初期溶液中硫酸根离子浓度骤增，它与溶液中的 Al_2O_3、$Ca(OH)_2$ 发生反应，迅速生成微细针柱状钙矾石和中间产物次生石膏，这些新晶体的增长和发展在水泥颗粒之间交叉生成网络状结构而呈现速凝。

③水玻璃型速凝剂作用机理为：水泥中的 C_3S、C_2S 等矿物在水化过程中生成 $Ca(OH)_2$，而水玻璃溶液能与 $Ca(OH)_2$ 发生强烈反应，生成硅酸钙和二氧化硅胶体。其反应如下：

$$Na_2O \cdot nSiO_2 + Ca(OH)_2 = (n-1)SiO_2 + CaSiO_3 + 2NaOH$$

反应中生成大量 NaOH，将进一步促进水泥熟料矿物水化，从而使水泥迅速凝结硬化。

掺有速凝剂的混凝土早期强度明显提高，但后期强度均有所降低。速凝剂广泛应用于喷射混凝土、灌浆止水混凝土及抢修补强混凝土工程中，在矿山井巷、隧道涵洞、地下工程等用量很大。

（5）膨胀剂

膨胀剂是能使混凝土产生一定体积膨胀的外加剂。按化学成分可分为：硫铝酸盐系膨胀剂、石灰系膨胀剂、铁粉系膨胀剂、复合型膨胀剂。

1）常用膨胀剂

①硫铝酸盐系膨胀剂。此类膨胀剂包括硫铝酸钙膨胀剂（代号 CSA）、U 型膨胀剂（代号 UEA）、铝酸钙膨胀剂（代号 AEA）、复合型膨胀剂（代号 CEA）、明矾石膨胀剂（代号 EA—L）。其膨胀源为钙矾石。

②石灰系膨胀剂。此类膨胀剂是指与水泥、水拌合后经水化反应生成氢氧化钙的混凝土膨胀剂，其膨胀源为氢氧化钙。该膨胀剂比 CSA 膨胀剂的膨胀速率快，且原料丰富，成本低廉，膨胀稳定早，耐热性和对钢筋保护作用好。

③铁粉系膨胀剂。此类膨胀剂是利用机械加工产生的废料——铁屑作为主要原料，外加某些氧化剂、氯盐和减水剂混合制成。其膨胀源为 $Fe(OH)_2$。

④复合型膨胀剂。复合型膨胀剂是指膨胀剂与其他外加剂复合具有除膨胀性能外还兼有其他性能的复合外加剂。

2）膨胀剂的作用机理

上述各种膨胀剂的成分不同，其膨胀机理也各不相同。硫铝酸盐系膨胀剂加入水泥混凝土后，自身组成中的无水硫铝酸钙或参与水泥矿物的水化或与水泥水化产物反应，形成高硫型硫铝酸钙（钙矾石），钙矾石相的生成使固相体积增加，而引起表观体积的膨胀。石灰系膨胀剂的膨胀作用主要由氧化钙晶体水化生成氢氧化钙晶体，体积增加所致。铁粉系膨胀剂则是由于铁粉中的金属铁与氧化剂发生氧化作用，形成氧化铁，并在水泥水化的碱性环境中还会生成胶状的氢氧化铁而产生膨胀效应。

掺硫铝酸钙膨胀剂的膨胀混凝土，不能用于长期处于环境温度为80℃以上的工程中。掺硫铝酸钙类或石灰类膨胀剂的混凝土，不宜使用氯盐类外加剂。掺铁屑膨胀剂的填充用膨胀砂浆，不能用于有杂散电流的工程和与铝镁材料接触的部位。

（6）引气剂

在混凝土搅拌过程中引入大量均匀分布、稳定而封闭的微小气泡，起到改善混凝土和易性，提高混凝土抗冻性和耐久性的外加剂，称为引气剂。引气剂按化学成分可分为松香类引气剂、合成阴离子表面活性类引气剂、木质素磺酸盐类引气剂、石油磺酸盐类引气剂、蛋白质盐类引气剂、脂肪酸和树脂及其盐类引气剂、合成非离子表面活性引气剂。

1）常用引气剂

我国应用较多的引气剂有松香类引气剂、木质素磺酸盐类引气剂等。松香类引气剂包括松香热聚物、松香酸钠及松香皂等。松香热聚物是将松香与苯酚、硫酸按一定比例投入反应釜，在一定温度和合适条件下反应生成，其适宜掺量为水泥质量的0.005%~0.02%，混凝土含气量为3%~5%，减水率约为8%。松香酸钠是松香加入煮沸的氢氧化钠溶液中经搅拌溶解，然后再在膏状松香酸钠中加入水，即可配成松香酸钠溶液引气剂。松香皂是由松香、无水碳酸钠和水三种物质按一定比例熬制而成，掺量约为水泥质量的0.02%。

2）引气剂的作用机理

引气剂属于表面活性剂，其界面活性作用基本上与减水剂相似，区别在于减水剂的界面活性作用主要在液-固界面上，而引气剂的界面活性主要发生在气-液界面上。

3）引气剂对混凝土质量的影响

①混凝土中掺入引气剂可改善混凝土拌合物的和易性，可以显著降低混凝土黏性，使它们的可塑性增强，减少单位用水量。通常每提高含气量1%，能减少单位用水量3%。

②减少骨料离析和泌水量，提高抗渗性。

③提高抗腐蚀性和耐久性。

④含气量每提高1%，抗压强度下降3%~5%，抗折强度下降2%~3%。

⑤引入空气会使干缩增大，但若同时减少用水量，对干缩的影响不会太大。

⑥使混凝土对钢筋的粘结强度有所降低，一般含气量为4%时，对垂直方向的钢筋粘结强度降低10%~15%，对水平方向的钢筋粘结强度稍有下降。

（7）防水剂

防水剂是一种能降低砂浆、混凝土在静水压力下透水性的外加剂。防水剂按化学成分可分为无机质防水剂（氯化钙、水玻璃系、氯化铁、锆化合物、硅质粉末系等）、有机质防水剂（反应型高分子物质、憎水性的表面活性剂、天然或合成的聚合物乳液以及水溶性树脂等）。

1）无机质防水剂

①氯化钙。它可以促进水泥水化反应，获得早期的防水效果，但后期抗渗性会降低。另外，氯化钙对钢筋有锈蚀作用，可以与阻锈剂复合使用，但不适用于海洋混凝土。

②水玻璃系。硅酸钠与水泥水化反应生成的 $Ca(OH)_2$ 反应生成不溶性硅酸钙，可以提高水泥石的密实性，但效果不太明显。

③氯化铁。氯化铁防水剂的掺量3%，在混凝土中与 $Ca(OH)_2$ 反应生成氢氧化铁凝胶，使混凝土具有较高密实性和抗渗性，抗渗压力可达2.5~4.6MPa，适用于水下、深层防水工程或修补堵漏工程。

④氯化铝。它与水泥水化生成的 $Ca(OH)_2$ 作用，生成活性很高的氢氧化铝，然后进一步反应生成水化氯铝酸盐，使凝胶体数量增加，同时水化氯铝酸盐有一定的膨胀性，因此提高水泥石的密实性和抗性。三氯化铝还具有很强的促凝作用，因此用它配制的水泥浆主要用于防水堵漏。

⑤锆化合物。锆的化合性很强，不以金属离子状态存在，能与电负性强的元素化合，因此锆容易与胺和乙二醇等物质化合。利用这种性质可用于纤维类的防水剂，作为混凝土防水剂也有市售品，锆与水泥中的钙结合生成不溶性物，具有憎水效果。

无机质防水剂都是通过水泥凝结硬化过程中与水发生化学反应，生成物填充在混凝土与砂浆的空隙中，提高混凝土的密实性，从而起到防水抗渗作用。

2）有机质防水剂

此类防水剂分为憎水性表面活性剂和天然或合成聚合物乳液水溶性树脂。

①憎水性表面活性剂。金属皂类防水剂、环烷酸皂防水剂、有机硅憎水剂。这类防水剂是在建筑防水中占重要地位的一族，可以直接掺入混凝土和砂浆作防水剂，也可喷涂在表面作隔潮剂。

②天然或合成聚合物乳液水溶性树脂。包括聚合物乳液、橡胶乳液、热固性树脂乳液、乳化沥青等。

3.1.3.6 矿物掺合料

矿物掺合料是指在混凝土拌合物中，为了节约水泥，改善混凝土性能加入的具有一定细度的天然或人造的矿物粉体材料，也称为矿物外加剂，是混凝土的第六组分。常用的矿物掺合料有粉煤灰、硅灰、粒化高炉矿渣粉、沸石粉、燃烧煤矸石等。其中粉煤灰应用最普遍。

1. 粉煤灰

粉煤灰又称飞灰，是由燃烧煤粉的锅炉烟气中收集到的细粉末，其颗粒多呈球形，表面光滑，大部分由直径以 μm 计的实心和（或）中空玻璃微珠以及少量的莫来石、石英等结晶物质所组成。

（1）粉煤灰质量要求和等级。根据《用于水泥和混凝土中的粉煤灰》（GB/T 1596—

2005）的规定，粉煤灰分三个等级，其质量指标见表3-11。

粉煤灰有高钙粉煤灰和低钙粉煤灰之分，由褐煤燃烧形成的粉煤灰，其氧化钙含量较高（一般大于10%），呈褐黄色，称为高钙粉煤灰（C类粉煤灰），它具有一定的水硬性；由烟煤和无烟煤燃烧形成的粉煤灰，其氧化钙含量很低（一般小于10%），呈灰色或深灰色，称为低钙粉煤灰（F类粉煤灰），一般具有火山灰活性。

粉煤灰等级与质量指标 **表3-11**

序号	指标	级别		
		Ⅰ	Ⅱ	Ⅲ
1	细度（45μm方孔筛筛余）（≤）/%	12	25	45
2	需水量比（≤）/%	95	105	115
3	烧失量（≤）/%	5	8	15
4	含水量（≤）/%	1	1	1
5	三氧化硫（≤）/%	3	3	3
6	安定性（≤）/mm	5	5	5

注：表中需水量比是指掺30%粉煤灰的硅酸盐水泥与不掺粉煤灰的硅酸盐水泥，达到相同流动度（125～135mm）时所用的水量之比。

低钙粉煤灰来源比较广泛，是当前国内外用量最大、使用范围最广的混凝土掺合料，但是高钙粉煤灰其游离氧化钙含量较高，可能造成混凝土开裂，使用受到限制。

（2）粉煤灰掺合料在工程中的应用。《粉煤灰混凝土应用技术规范》（GBJ 146—1990）规定，粉煤灰用于混凝土工程，可根据等级，按下列规定应用：①Ⅰ级粉煤灰适用于钢筋混凝土和跨度小于6m的预应力钢筋混凝土；②Ⅱ级粉煤灰适用于钢筋混凝土和无筋混凝土；③Ⅲ级粉煤灰主要用于无筋混凝土。对强度等级要求等于或大于C30的无筋粉煤灰混凝土，宜采用Ⅰ、Ⅱ级粉煤灰。

（3）用于预应力钢筋混凝土、钢筋混凝土及强度等级要求等于或大于C30的无筋混凝土的粉煤灰等级，如经试验论证，可采用比上述规定低一级的粉煤灰。

粉煤灰加入混凝土的方法有等量取代法、超量取代法和外加法。

1）等量取代法是指以等质量粉煤灰取代混凝土中的水泥。可节约水泥并减少混凝土发热量，改善混凝土和易性，提高混凝土抗渗性，用于较高强度混凝土和大体积混凝土。

2）超量取代法是指掺入的粉煤灰量超过取代的水泥量，超出的粉煤灰取代同体积的砂，其超量系数按规定选用，见表3-12。目的是保持混凝土28d强度及和易性不变。

3）外加法是指在保持混凝土中水泥用量不变的情况下，外掺一定数量的粉煤灰。其目的只是为了改善混凝土拌合物的和易性。

（4）粉煤灰在混凝土中的作用：

1）活性行为和胶凝作用。粉煤灰的活性来源于它所含的玻璃体，它与水泥水化生成的 $Ca(OH)_2$ 发生二次水化反应，生成 C—S—H 和 C—A—H、水化硫铝酸钙，强化了混凝土界面过渡区，同时提高混凝土的后期强度。

粉煤灰的超量系数 **表 3-12**

粉煤灰等级	超量系数
Ⅰ	1.1～1.4
Ⅱ	1.3～1.7
Ⅲ	1.5～2.0

2）充填行为和致密作用。粉煤灰是高温煅烧的产物，其颗粒本身很小，且强度很高。粉煤灰颗粒分布于水泥浆体中水泥颗粒之间时，提高混凝土胶凝体系的密实性。

3）需水行为和减水作用。由于粉煤灰的颗粒大多是球形的玻璃珠，优质粉煤灰由于其“滚珠轴承”的作用，可以改善混凝土拌合物的和易性，减少混凝土单位体积用水量，硬化后水泥浆体干缩小，提高混凝土的抗裂性。

4）降低混凝土早期温升，抑制开裂。大掺量粉煤灰混凝土特别适合大体积混凝土。

5）二次水化和较低的水泥熟料量使最终混凝土中的 $Ca(OH)_2$ 大为减少，可以有效提高混凝土抵抗化学侵蚀的能力。

6）当掺加量足够大时，可以明显抑制混凝土碱骨料反应的发生。

7）降低氯离子渗透能力，提高混凝土的护筋性。

以上作用在水胶比低于0.42时，较突出。

2. 硅灰

硅灰又称硅粉或硅烟灰，是从生产硅铁合金或硅钢等所排放烟气中收集到的颗粒极细的烟尘，色呈浅灰到深灰。硅灰的颗粒是微细的玻璃球体，部分粒子凝聚成片或球状的粒子。其平均粒径为0.1～0.2μm，是水泥颗粒粒径的1/50～1/100，比表面积高达$2.0\times10^4 m^2/kg$。其主要成分是 SiO_2（占90%以上），它的活性要比水泥高1～3倍。以10%硅灰等量取代水泥，混凝土强度可提高25%以上。由于硅灰具有高比表面积，因而其需水量很大，将其作为混凝土掺和料，必须配以减水剂，方可保证混凝土的和易性。硅粉混凝土的特点是特别早强和耐磨，很容易获得早强，而且耐磨性优良。硅粉使用时掺量较少，一般为胶凝材料总重的5%～10%，且不高于15%，通常与其他矿物掺和料复合使用。在我国，因其产量低，目前价格很高，处于价格考虑，一般混凝土强度低于80MPa时，都不考虑掺加硅粉。

3. 粒化高炉矿渣粉

粒化高炉矿渣粉是指将粒化高炉矿渣经干燥、磨细达到相当细度且符合相应活性指数的粉状材料，细度大于$350m^2/kg$，一般为$400\sim600m^2/kg$。其活性比粉煤灰高，根据《用于水泥与混凝土中的粒化高炉矿渣粉》（GB/T 18046—2008）规定，矿渣粉技术要求要符合表3-13的规定。

矿渣粉技术要求　　表 3-13

项　目		级　别		
		S105	S95	S75
比表面积/(m^2/kg)		500	400	300
密　度/(g/cm^3)		≥2.8		
活性指数/%	7d	≥95	≥75	≥55
	28d	≥105	≥95	≥75
流动度比/%		≥95		
含 水 量/%		≤1.0		
三氧化硫/%		≤4.0		
氯 离 子/%		≤0.06		
烧 失 量/%		≤3.0		
玻璃体含量/%		≥85		
放 射 性		合　格		

粒化高炉矿渣在水淬时形成的大量玻璃体具有微弱的自身水硬性。用于高性能混凝土的矿渣粉磨至比表面积超过 400 m^2/kg，可以较充分地发挥其活性，减少泌水性。研究表明，矿渣磨得越细，其活性越高，掺入混凝土中后，早期产生的水化热越多，越不利于控制混凝土的温升，而且成本较高；当矿渣的比表面积超过 400 m^2/kg 后，用于很低水胶比的混凝土中时，混凝土早期的自收缩随掺量的增加而增大；矿渣粉磨得越细，掺量越大，则低水胶比的高性能混凝土拌合物越黏稠。因此，磨细矿渣的比表面积不宜过细。用于大体积混凝土时，矿渣的比表面积宜不超过 420 m^2/kg；超过 420 m^2/kg 的，宜用于水胶比不很低的非大体积混凝土，而且矿渣颗粒多为菱形，会使混凝土拌合物的需水量随掺入矿渣微粉细度的提高而增加，同时生产成本也大幅度提高，综合经济技术效果并不好。

磨细矿渣粉和粉煤灰复合掺入时，矿渣粉弥补了粉煤灰的先天“缺钙”的不足，而粉煤灰又可以起到辅助减水作用，同时自干燥收缩和干燥收缩都很小，上述问题可以得到缓解，而且复掺可以改善颗粒级配和混凝土的孔结构及孔级配，进一步提高混凝土的耐久性，是未来商品混凝土发展的趋势。

4. 沸石粉

沸石粉是天然的沸石岩磨细而成的，具有很大的内表面积。沸石岩是经天然煅烧后的火山灰质铝硅酸盐矿物，含有一定量活性 SiO_2 和 Al_2O_3，能与水泥水化析出的氢氧化钙作用，生成 C—S—H 和 C—A—H。

5. 燃烧煤矸石

煤矸石是煤矿开采或洗煤过程中所排除的夹杂物，主要成分是 SiO_2 和 Al_2O_3，其次是 Fe_2O_3 及少量的 CaO、MgO 等，经过高温煅烧后，使所含黏土矿物脱水分解，并去除碳分，烧掉有害物质，使其具有较好的活性。

掺合料在混凝土中的作用主要有：

(1) 掺合料可以代替部分水泥，成本低廉，经济效益显著。

(2) 增大混凝土的后期强度。矿物细掺料中含有活性的 SiO_2 和 Al_2O_3，与水泥中的石膏及水泥水化生成的 Ca（OH）$_2$ 反应，生成 C—S—H 和 C—A—H、水化硫铝酸钙。提高了混凝土的后期强度。但是值得提出的是，除硅灰外的矿物细掺料，混凝土的早期强度随掺量的增加而降低。

(3) 改善新拌混凝土的工作性。混凝土提高流动性后，很容易使混凝土产生离析和泌水，掺入矿物细掺料后，混凝土具有很好的粘聚性。像粉煤灰等需水量小的掺合料还可以降低混凝土的水胶比，提高混凝土的耐久性。

(4) 降低混凝土温升。水泥水化产生热量，而混凝土又是热的不良导体，在大体积混凝土施工中，混凝土内部温度可达到 50～70℃，比外部温度高，产生温度应力，混凝土内部体积膨胀，而外部混凝土随着气温降低而收缩。内部膨胀和外部收缩使得混凝土中产生很大的拉应力，导致混凝土产生裂缝。掺合料的加入，减少了水泥的用量，就进一步降低了水泥的水化热，降低混凝土温升。

(5) 提高混凝土的耐久性。混凝土的耐久性与水泥水化产生的 Ca（OH）$_2$ 密切相关，矿物细掺料和 Ca（OH）$_2$ 发生化学反应，降低了混凝土中的 Ca（OH）$_2$ 含量；同时减少混凝土中大的毛细孔，优化混凝土孔结构，降低混凝土最可几孔径，使混凝土结构更加致密，提高了混凝土的抗冻性、抗渗性、抗硫酸盐侵蚀等耐久性能。

(6) 抑制碱-骨料反应。试验证明，矿物掺合料掺量较大时，可以有效地抑制碱-骨料反应。内掺 30% 的低钙粉煤灰能有数地抑制碱硅反应的有害膨胀，利用矿渣抑制碱骨料反应，其掺量宜超过 40%。

(7) 不同矿物细掺料复合使用的“超叠效应”。不同矿物细掺料在混凝土中的作用有各自的特点。例如，矿渣火山灰活性较高，有利于提高混凝土强度，但自干燥收缩大；掺优质粉煤灰的混凝土需水量小，且自干燥收缩和干燥收缩都很小，在低水胶比下可以保证较好的抗碳化性能。硅灰可以提高混凝土的早期和后期强度，但自干燥收缩大，且不利于降低混凝土温升。因此，复掺时，可充分发挥它们的各自优点，取长补短。例如，可复掺粉煤灰和硅灰，用硅灰提高混凝土的早期强度，用优质粉煤灰降低混凝土需水量和自干燥收缩。

3.1.4　混凝土的技术性质

混凝土在未凝结硬化之前，称为混凝土拌合物。它必须具有良好的和易性，便于施工，以保证能获得均匀密实的浇注质量，同时应认识到仅保证混凝土正确地浇注还不够，混凝土浇筑后凝结前 6～10h 内，以及硬化最初几天里的特性与处理对其长期强度有显著影响，以保证建筑物能安全地承受设计荷载，并应具有必要的耐久性。

3.1.4.1　混凝土的和易性

1. 和易性的概念

和易性（又称工作性）是混凝土在凝结硬化前必须具备的性能，是指混凝土拌合物易于施工操作（拌合、运输、浇灌、捣实）并获得质量均匀、成型密实的混凝土性能。和易性是一项综合的技术性质，包括流动性、黏聚性和保水性三个方面的含义。

(1) 流动性是指混凝土拌合物在本身自重或施工机械振捣的作用下，克服内部阻力和与模板、钢筋之间的阻力，产生流动，并均匀密实地填满模板的能力。

（2）黏聚性是指混凝土拌合物具有一定的黏结力，在施工、运输及浇注过程中，不至于出现分层离析，使混凝土保持整体均匀性的能力。

（3）保水性是指混凝土拌合物具有一定的保水能力，在施工中不致产生严重的泌水现象。

混凝土拌合物的流动性、黏聚性和保水性三者之间既互相联系，又互相矛盾。如黏聚性好则保水性一般也较好，但流动性可能较差；当增大流动性时，黏聚性和保水性往往变差。因此，拌合物的工作性是三个方面性能的总和，直接影响混凝土施工的难易程度，同时对硬化后混凝土的强度、耐久性、外观完好性及内部结构都具有重要影响，是混凝土的重要性能之一。

2. 和易性测定方法及指标

到目前为止，混凝土拌合物的工作性还没有一个综合的定量指标来衡量。通常采用坍落度或维勃稠度来定量地测量流动性，黏聚性和保水性主要通过目测观察来判定。

（1）坍落度测定

目前世界各国普遍采用的是坍落度方法，它适用于测定最大骨料粒径不大于40mm，坍落度不小于10mm的混凝土拌合物的流动性。测定的具体方法为：将标准圆锥坍落度筒（无底）放在水平的、不吸水的刚性底板上并固定，混凝土拌合物按规定方法装入其中，装满刮平后，垂直向上将筒提起，移到一旁，筒内拌合物失去水平方向约束后，由于自重将会产生坍落现象。然后量出向下坍落的尺寸（mm）就叫做坍落度，作为流动性指标，如图3-4所示。坍落度越大表示混凝土拌合物的流动性越大。

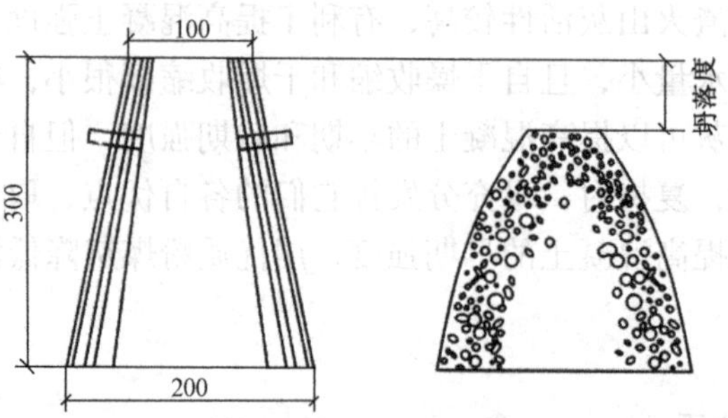

图3-4 混凝土拌合物坍落度的测定

根据坍落度的不同，可将混凝土拌合物分为4级：低塑性混凝土（坍落度值为10～40mm）、塑性混凝土（坍落度值为50～90mm）、流动性混凝土（坍落度值为100～150mm）及大流动性混凝土（坍落度值≥160mm）。

（2）维勃稠度测定

坍落度值小于10mm的混凝土叫做干硬性混凝土，通常采用维勃稠度仪测定其稠度（维勃稠度）。测定的具体方法为：在筒内按坍落度实验方法装料，提起坍落度筒，在拌合物试体顶面放一透明盘，启动振动台，测量从开始振动至混凝土拌合物与压板全面接触时的时间即为维勃稠度值（单位：s）。该方法适用于骨料最大粒径不超过40mm，维勃稠度在5~30s之间的混凝土拌合物的稠度测定。

3. 影响和易性的主要因素

(1) 水泥浆

水泥浆是由水泥和水拌合而成的浆体，具有流动性和可塑性，它是普通混凝土拌合物工作度最敏感的影响因素。混凝土拌合物的流动性是其在外力与自重作用下克服内摩擦阻力产生运动的反映。混凝土拌合物内摩擦阻力，一部分来自水泥浆颗粒间的内聚力与黏性；另一部分来自骨料颗粒间的摩擦力。前者主要取决于水灰比的大小；后者取决于骨料颗粒间的摩擦系数。骨料间水泥浆层越厚，摩擦力越小，因此原材料一定时，坍落度主要取决于水泥浆量多少和黏度大小。只增大用水量时，坍落度加大，而稳定性降低（即易于离析和泌水），也影响拌合物硬化后的性能，所以过去通常是维持水灰比不变，调整水泥浆量来满足工作度要求；现在因考虑到水泥浆多会影响耐久性，多以掺外加剂来调整和易性，满足施工需要。

(2) 骨料品种与品质的影响

碎石比河卵石粗糙、棱角多，内摩擦阻力大，因而在水泥浆量和水灰比相同的条件下，流动性与压实性要差一些；石子最大粒径较大时，需要包裹的水泥浆少，流动性要好一些，但稳定性较差，即容易离析；细砂的表面积大，拌制同样流动性的混凝土拌合物需要较多水泥浆或砂浆。所以，应采用最大粒径稍小、棱角少、片针状颗粒少、级配好的粗骨料；细度模数偏大的中粗砂，砂率也稍高，水泥浆体量较多的拌合物，其和易性的综合指标较好，这也是现代混凝土技术改变了以往尽量增大粗骨料最大粒径与减小砂率，配制高强混凝土拌合物的原因。

(3) 砂率

砂率是指混凝土拌合物砂用量与砂石总量比值的百分率。在混凝土拌合物中，是砂子填充石子（粗骨料）的空隙，而水泥浆则填充砂子的空隙，同时有一定富余量去包裹骨料的表面，润滑骨料，使拌合物具有流动性和易密实的性能。但砂率过大，细骨料含量相对增多，骨料的总表面积明显增大，包裹砂子颗粒表面的水泥浆层显得不足，砂粒之间的内摩阻力增大成为降低混凝土拌合物流动性的主要矛盾。这时，随着砂率的增大流动性将降低。所以，在用水量及水泥用量一定的条件下，存在着一个最佳砂率（或合理砂率值），使混凝土拌合物获得最大的流动性，且保持黏聚性及保水性良好，如图3-5所示。

在保持流动性一定的条件下，砂率还影响混凝土中水泥的用量，如图3-6所示。当砂率过小时，必须增大水泥用量，以保证有足够的砂浆量来包裹和润滑粗骨料；当砂率过大时，也要加大水泥用量，以保证有足够的水泥浆包裹和润滑细骨料。在最佳砂率时，水泥用量最少。

(4) 水泥与外加剂的影响

与普通硅酸盐水泥相比，采用矿渣水泥、火山灰水泥的混凝土拌合物流动性较小。但是矿渣水泥的保水性差，尤其气温低时泌水较大。

在拌制混凝土拌合物时加入适量外加剂，如减水剂、引气剂等，使混凝土在较低水灰比、较小用水量的条件下仍能获得很高的流动性。

(5) 矿物掺合料

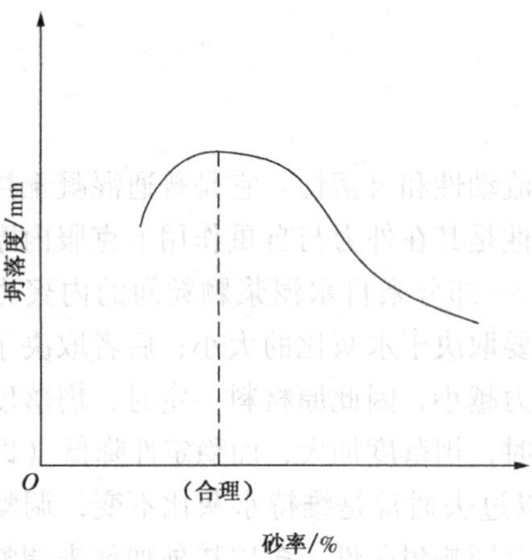

图 3-5 含砂率与坍落度的关系
（水与水泥用量一定）

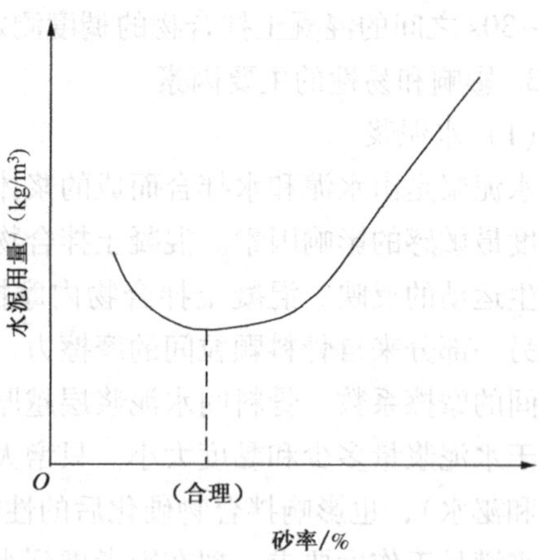

图 3-6 含砂率与水泥用量的关系
（达到相同坍落度）

矿物掺合料不仅自身水化缓慢，还减缓了水泥的水化速率，使混凝土的工作性更加流畅，并防止泌水及离析的发生。

（6）搅拌作用的影响

不同搅拌机械拌合出的混凝土拌合物，即使原材料条件相同，和易性仍可能出现明显的差别。特别是搅拌水泥用量大、水灰比小的混凝土拌合物，这种差别尤其显著。即使是同类搅拌机，如果使用维护不当，叶片被硬化的混凝土拌合物逐渐包裹，就减弱了搅拌效果，使拌合物越来越不均匀，和易性差。

（7）时间和温度

搅拌后的混凝土拌合物，随着时间的延长而逐渐变得干稠，坍落度降低，流动性下降，这种现象称为坍落度损失，从而使和易性变差。其原因是一部分水已与水泥硬化，一部分被水泥骨料吸收，一部分水蒸发，以及混凝土凝聚结构的逐渐形成，致使混凝土拌合物的流动性变差。

混凝土拌合物的和易性也受温度的影响，因为环境温度升高，水分蒸发及水化反应加快，相应使流动性降低。因此，施工中为保证一定的和易性，必须注意环境温度的变化，采取相应的措施。

4. 改善混凝土和易性的措施

针对如上影响混凝土和易性的因素，在实际施工中，可以采取如下措施来改善混凝土的和易性。

（1）采用合理砂率，有利于和易性的改善，同时可以节省水泥，提高混凝土的强度等质量。

（2）改善骨料粒形与级配，特别是粗骨料的级配，并尽量采用较粗的砂、石。

（3）掺加化学外加剂与活性矿物掺合料，改善、调整拌合物的工作性，以满足施工要求。

（4）当混凝土拌合物坍落度太小时，保持水胶比不变，适当增加水与胶凝材料用量；当坍落度太大时，保持砂率不变，适当增加砂、石骨料用量。

3.1.4.2 混凝土的力学性能

1. 混凝土的立方体抗压强度（f_{cu}）

根据《普通混凝土力学性能试验方法标准》（GB /T 50081—2002）制作边长150mm的立方体标准试件，在标准条件（温度20℃±2℃，相对湿度90%以上）下，养护28d龄期，测得的抗压强度值作为混凝土的立方体抗压强度值，用f_{cu}表示，即

$$f_{cu}=\frac{F}{A}$$

式中 f_{cu}——混凝土的立方体抗压强度，MPa；

F——破坏荷载，N；

A——试件承压面积，mm^2。

对于同一混凝土材料，采用不同的试验方法，如不同的养护温度、湿度，以及不同形状、尺寸的试件等其强度值将有所不同。

测定混凝土抗压强度时，也可以采用非标准试件，然后将测定结果乘以换算系数，换算成相当于标准试件的强度值，对于边长为100mm的立方体试件，应乘以强度换算系数0.95，边长为200mm的立方体试件，应乘以强度换算系数1.05。

2. 混凝土立方体抗压标准强度（$f_{cu,k}$）与强度等级

混凝土立方体抗压标准强度是指按标准方法制作和养护的边长为150mm的立方体试件，在28d龄期，用标准试验方法测得的强度总体分布中具有不低于95%保证率的抗压强度值，用$f_{cu,k}$表示。

混凝土强度等级是按照立方体抗压标准强度来划分的。混凝土强度等级用符号C与立方体抗压强度标准值（以MPa计）表示，普通混凝土划分为C15、C20、C25、C30、C35、C40、C45、C50、C55、C60、C65、C70、C75、C80十四个等级。

不同工程或用于不同部位的混凝土，其强度等级要求也不相同，一般是：C15——用于垫层、基础、地坪及受力不大的结构；C20~C25——用于梁、板、柱、楼梯、屋架等普通钢筋混凝土结构；C25~C30——用于大跨度结构、要求耐久性高的结构、预制构件等；C40~C45——用于预应力钢筋混凝土构件、吊车梁及特种结构等，用于25~30层；C50~C60——用于30层至60层以上高层建筑；C60~C80——用于高层建筑，采用高性能混凝土；C80~C120——采用超高强混凝土用于高层建筑。

3. 混凝土轴心抗压强度（f_{cp}）

混凝土强度等级是采用立方体试件确定的。在结构设计中，考虑到受压构件是棱柱体（或是圆柱体），而不是立方体，所以采用棱柱体试件比用立方体试件更能反映混凝土的实际受压情况。由棱柱体试件测得的抗压强度称为轴心抗压强度。《普通混凝土力学性能试验方法标准》（GB/T 50081—2002）规定采用150mm×150mm×300mm的标准棱柱体试件进行抗压强度试验，也可以采用非标准尺寸的棱柱体试件。当混凝土强度等级<C60时，用非标准试件测得的强度值均应乘以尺寸换算系数，其值为对200mm×200mm×400mm的试件为1.05；对100mm×100mm×300mm的试件为0.95。当混凝土强度等级>C60时宜采用标准试件；使用非标准试件时，尺寸换算系数应由试验确定。通过多组棱柱体和立方体试件的强度试验表明：在立方体抗压强度10~55MPa的范围内，轴心抗压强度（f_{cp}）和立方体抗压强度（f_{cu}）之比为0.70~0.80。

4. 影响混凝土强度的因素

(1) 水泥强度等级与水灰比

混凝土的强度主要取决于水泥石的强度及其与骨料间的粘结力，而水泥石的强度及其与骨料间的粘结力取决于水泥强度等级及水灰比的大小。因此，水泥强度等级与水灰比是影响混凝土强度的主要因素。实验证明，水泥强度等级愈高，胶结力愈强，混凝土的强度愈高。

为了获得必要的流动性，在拌制混凝土时，所需水量比水泥水化所需的化学结合水多得多，即需要较大的水灰比。一般常用的塑性混凝土，水灰比常在0.4～0.6之间。多余的水分存在，是混凝土产生微小裂缝的重要原因。水灰比大，泌水性多，水泥石的密实度小。在水泥强度等级相同的情况下，混凝土的强度随水灰比增大而有规律地降低（图3-7）。

根据工程经验，建立起来的常用混凝土强度公式即保罗米公式为

$$f_{cu,o}=\alpha_a\left(\frac{C}{W}-\alpha_b\right)$$

$$f_{ce}=\gamma_c f_{ce,g}$$

式中 $f_{cu,o}$——混凝土28d抗压强度，MPa；

f_{ce}——水泥的28d实际强度测定值，MPa；

C——每立方米混凝土中水泥用量，kg；

W——每立方米混凝土中用水量，kg；

α_a，α_b——回归系数（与骨料品种、水泥品种有关，《普通混凝土配合比设计规程》(JGJ 55—2000) 提供的数据如下：采用碎石 $\alpha_a=0.46$，$\alpha_b=0.07$；采用卵石 $\alpha_a=0.48$，$\alpha_b=0.33$)；

$f_{ce,g}$——水泥强度等级值，MPa；

γ_c——水泥强度等级富余系数（可按实际统计资料确定）。

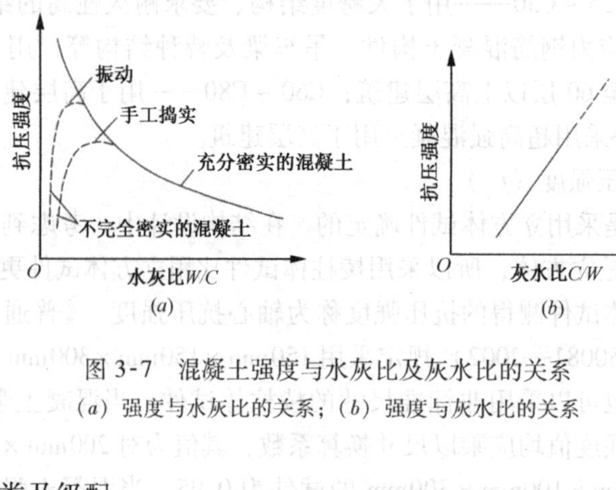

图3-7 混凝土强度与水灰比及灰水比的关系
(a) 强度与水灰比的关系；(b) 强度与灰水比的关系

(2) 骨料的种类及级配

表面粗糙并富有棱角的骨料，因与水泥石的粘结力较强，且骨料颗粒之间有嵌固作用，所以混凝土强度高。在相同条件下，一般碎石混凝土的强度比卵石混凝土的高。当骨料级配良好、砂率适宜时，由于组成了密实的骨架，亦能使混凝土获得较高的强度。

(3) 养护条件与龄期

混凝土的强度受养护条件及龄期的影响很大。在干燥的环境中，混凝土强度的发展会随水分的逐渐蒸发而减慢或停止。养护温度高时，硬化速度较快。所以在混凝土预制厂，常采用蒸汽养护的方法来加速预制构件的硬化。养护温度低时，硬化比较缓慢，当温度达0℃以下时，硬化停止，且有冰冻破坏的危险。因此，混凝土浇捣完毕后，必须加强养护，保持适当的温度与湿度，以保证硬化不断发展，强度不断增长。

在正常养护条件下，混凝土的强度在最初7 ~14 d内发展较快，以后便逐渐减慢，28 d以后更加缓慢。如果能长期保持适当的温度与湿度，强度的增长可延续数十年之久。发展趋势可以用下式的对数关系来描述：

$$f_n = f_{28} \cdot \frac{\lg n}{\lg 28} \tag{3-3}$$

式中 f_n——nd龄期混凝土的抗压强度，MPa；

f_{28}——28d龄期混凝土的抗压强度，MPa；

n——养护龄期（$n \geqslant 3$），d。

5. 提高混凝土强度的措施

(1) 选用高强度等级水泥

在混凝土配合比相同以及满足施工和易性和混凝土耐久性要求条件下，水泥强度等级越高，混凝土强度也越高。

(2) 降低水灰比

水灰比越低，混凝土硬化后留下的孔隙少，混凝土密实度高，强度可显著提高。

(3) 掺用混凝土外加剂、掺合料

在混凝土中掺入减水剂，可减少用水量，提高混凝土强度；一般来说，掺入矿物细掺料，能提高混凝土后期强度，但是掺加硅灰既能提高混凝土的早期强度，又能提高混凝土的后期强度。

(4) 采用湿热处理

1）蒸汽养护。将混凝土放在低于100℃的常压蒸汽中养护，经16~20h养护后，其强度可达正常条件下养护28d强度的70% ~80%。蒸汽养护最适合掺合混合材料的矿渣水泥、火山灰水泥、粉煤灰水泥，因为在湿热条件下，可加速活性混合材料与水泥水化析出的氢氧化钙的化学反应，使混凝土不仅提高早期强度，而且后期强度也得到提高，28d强度可提高10% ~40%。

2）蒸压养护。混凝土在100℃以上温度和几个大气压的蒸压釜中进行养护，主要适用于硅酸盐混凝土拌合物及其制品，如灰-砂砖、石灰-粉煤灰砌块、石灰-粉煤灰加气混凝土等。由于在高温高压条件下，砂及粉煤灰等材料中二氧化硅和三氧化二铝的溶解度和溶解速度大大提高，加速了与石灰的反应速率，因而制品强度增长较快。

(5) 采用机械搅拌合振捣混凝土

采用机械搅拌，不仅比人工搅拌工效高，而且也均匀，故能提高混凝土的强度；采用机械振捣，可使混凝土混合料的颗粒产生振动，暂时破坏水泥的凝聚结构，降低水泥浆的黏度和骨料的摩擦力，使混凝土拌合物转入液体状态，提高流动性。因此，在满足施工和易性要求的条件下，可减少拌合用水量，降低水灰比。同时，混凝土混合物被振捣后，它的颗粒互相靠近，并把空气排出，使混凝土内部孔隙大大减少，因此提高混凝土的密实度和强度。

3.1.4.3 混凝土的耐久性

混凝土的耐久性是一个综合性概念，它包括的内容很多，如抗渗性、抗冻性、抗侵蚀性、抗碳化性、抗碱骨料反应。这些性能决定着混凝土经久耐用的程度。

1. 混凝土的抗渗性

(1) 抗渗性的定义

混凝土材料抵抗压力水渗透的能力称为抗渗性，它是决定混凝土耐久性最基本的因素。钢筋锈蚀、冻融循环、硫酸盐侵蚀和碱骨料反映这些导致混凝土品质劣化的原因中，水能够渗透到混凝土内部都是破坏的前提。也就是说，水或者直接导致膨胀和开裂，或者作为侵蚀性介质扩散进入混凝土内部的载体。可见，渗透性对于混凝土耐久性的重要意义。

(2) 抗渗性的衡量

混凝土的抗渗性用抗渗等级表示，共有 P4、P6、P8、P10、P12 五个等级。混凝土的抗渗实验采用 185mm × 175mm × 150mm 的圆台形试件，每组 6 个试件。按照标准实验方法成型并养护至 28 ~ 60d 进行抗渗性试验。试验时将圆台性试件周围密封并装入模具，从圆台试件底部施加水压力，初始压力为 0.1MPa，每隔 8h 增加 0.1MPa，当 6 个试件中有 4 个试件未出现渗水时的最大水压力表示。

(3) 提高抗渗性的途径

影响混凝土抗渗性的根本因素是孔隙率和孔隙特征，混凝土孔隙率越低，连通孔越少，抗渗性越好。所以，提高混凝土抗渗性的主要措施是降低水灰比、选择好的骨料级配、充分振捣和养护、掺用引气剂和优质粉煤灰掺和料等方法来实现。试验表明，当 $W/C > 0.55$ 时，抗渗性很差，$W/C < 0.50$ 时，则抗渗性较好；掺用引气剂的抗渗混凝土，其含气量宜控制在 3% ~ 5%，引气剂的引入让微小气泡切断了许多毛细孔的通道，含气量超过 6% 时，会引起混凝土强度急剧下降；胶凝材料体系中掺用 30% 粉煤灰会有效减少混凝土的吸水性，主要原因是优质粉煤灰能发挥其形态效应、微骨料效应和活性效应，提高了混凝土的密实度，细化了孔隙。

2. 混凝土的抗冻性

(1) 抗冻性定义与冻融破坏机理

混凝土的抗冻性是指混凝土在水饱和状态下经受多次冻融循环作用，能保持强度和外观完整性的能力。

混凝土是多孔材料，若内部含有水分，则因为水在负温下结冰，体积膨胀约 9%，然而，此时水泥浆体及骨料在低温下收缩，以致水分接触位置将膨胀，而溶解时体积又将收缩，在这种冻融循环的作用下，混凝土结构受到结冰体积膨胀造成的静水压力和因冰水蒸气压的差异推动未冻结区向冻结区迁移所造成的渗透压力，当这两种压力所产生的内应力超过混凝土的抗拉强度，混凝土就会产生裂缝，多次冻融循环使裂缝不断扩展直到破坏。混凝土的密实度、孔隙构造和数量，以及孔隙的充水程度是决定抗冻性的重要因素。密实的混凝土和具有封闭孔隙的混凝土抗冻性较高。

(2) 抗冻性的表征

混凝土在寒冷地区，特别是在接触水又受冻的环境下，由于内部的孔隙和毛细管充分结冰膨胀（水结冰体积可膨胀约9%）时产生相当大的压力，作用于孔隙、毛细管内壁，使混凝土发生破坏。当气温升高时，冰又开始融化。如此反复冻融，混凝土内部的微细裂隙逐渐增加，混凝土强度逐渐降低，甚至遭到破坏。因此要求混凝土具有一定的抗冻性，以提高其耐久性，延长建筑物的使用寿命。

混凝土的抗冻性是指其在水饱和状态下，能经受多次冻融循环作用保持强度和外观完整性的能力。一般以龄期28d的试块在吸水饱和后，经标准养护或同条件养护后，所能承受的反复冻融循环次数表示，这时混凝土试块抗压强度下降不得超过25%，质量损失不超过5%。混凝土的抗冻等级分为：F10、F15、F25、F50、F100、F150、F200、F250及F300共9个等级，分别表示混凝土所能承受冻融循环的最大次数不小于10、15、25、50、100、150、200、250、300次。《普通混凝土配合比设计规程》（JGJ 55—2000）中规定，抗冻等级等于或大于F50级的混凝土称为抗冻混凝土。

影响混凝土抗冻性能的因素主要有孔隙的数量和构造、孔隙的充水程度、环境温度降低程度等。密实的混凝土和具有封闭孔隙的混凝土（如加气混凝土），其抗冻性都很高。选择适宜的水灰比，也是保证混凝土抗冻性的重要因素。

（3）提高混凝土抗冻性的措施：

1）降低混凝土水胶比，降低孔隙率。

2）掺加引气剂，保持含气量在4%～5%。

3）提高混凝土强度，在相同含气量的情况下，混凝土强度越高，抗冻性越好。

3. 混凝土的碳化

（1）碳化的定义

碳化是空气中的二氧化碳与水泥石中的水化产物在有水的条件下发生化学反应，生成碳酸钙和水。碳化过程是二氧化碳由表及里向混凝土内部逐渐扩散的过程。未经碳化的混凝土pH=12～13，碳化后pH=8.5～10，接近中性。混凝土碳化程度常用碳化深度表示。

（2）混凝土保护钢筋不生锈的原因

混凝土保护钢筋不生锈是因为混凝土孔隙的孔溶液通常含有较大量的Na^+、K^+、OH^-及少量Ca^{2+}等离子存在，为保持离子电中性OH^-浓度较高，即pH较大。在这样的强碱环境中，钢筋表面生成一层厚20～60Å的致密钝化膜，使钢材难以进行电化学反应，即电化学腐蚀难以进行。一旦这层钝化膜遭到破坏，钢筋的周围又有一定的水分和氧时，混凝土中的钢筋就会腐蚀。

（3）混凝土碳化的影响

混凝土碳化使混凝土的碱度降低，减弱了对钢筋的保护作用。引起混凝土收缩，容易使混凝土的表面产生微细裂纹，抗拉和抗折强度下降。混凝土碳化也导致水泥石中的水化产物分解。

（4）影响碳化的因素

影响混凝土碳化的外部环境有：①二氧化碳的浓度：二氧化碳浓度越高将加速碳化的进行。近年来，工业排放二氧化碳量持续上升，城市建筑混凝土碳化速度在加快。②环境湿度：水分是碳化反应进行的必需条件。相对湿度在50%～75%时，碳化速度最快。

影响混凝土碳化内部因素有：水泥品种与掺合料用量。在混凝土中随着胶凝材料体系中硅酸盐水泥熟料成分减少，掺合料用量的增加，碳化加快。混凝土的密实度。随着水胶比降低，孔隙率减少，二氧化碳气体和水不易扩散到混凝土内部，碳化速度减慢。

4. 混凝土的抗侵蚀性

当混凝土所处使用环境中有侵蚀性介质时，混凝土很可能遭受侵蚀，通常有软水侵蚀、硫酸盐侵蚀、镁盐侵蚀、碳酸侵蚀、一般酸侵蚀与强碱腐蚀等，其机理在水泥章节中已做讲解。随着混凝土在海洋、盐渍、高寒等环境中的大量使用，对混凝土的抗侵蚀性提出了更严格的要求。

混凝土的抗侵蚀性受胶凝材料的组成、混凝土的密实度、孔隙特征与强度等因素影响。

5. 碱-骨料反应

碱活性骨料是指能与水泥中的碱发生化学反应，引起混凝土膨胀、开裂，甚至破坏的骨料。这种化学反应称为碱-骨料反应。碱-骨料反应有三种类型：

（1）碱-氧化硅反应。碱与骨料中活性 SiO_2 发生反应，生成硅酸盐凝胶，吸水膨胀，引起混凝土膨胀、开裂。活性骨料有蛋白石、方石英、安山岩、凝灰岩等。

（2）碱-硅酸盐反应。碱与某些层状硅酸盐骨料，如千枚岩、粉砂岩和含蛭石的黏土岩类等加工成的骨料反应，产生膨胀性物质。其作用比上述碱-氧化硅反应缓慢，但是后果更为严重，造成混凝土膨胀、开裂。

（3）碱-碳酸盐反应。水泥中的碱（Na_2O、K_2O）与白云岩或白云岩质石灰岩加工成的骨料作用，生成膨胀物质而使混凝土开裂破坏。

碱—骨料反应首先决定于两种反应物的存在和含量：水泥中的碱含量高，骨料中含有一定的活性成分。当水泥中碱含量大于0.6%时（折算成 Na_2O 含量），就会与活性骨料发生碱—骨料反应，这种反应很缓慢，由此引起的膨胀破坏往往几年后才会发现，所以应予以足够的重视，其预防措施如下：

1）当水泥含碱量大于0.6%时，需检查骨料中活性物质的有害作用。

2）必须采用活性骨料时，应采用碱含量小于0.6%的水泥。

3）当无低碱水泥时，应掺入足够的活性混合材料，如粉煤灰不小于30%、矿渣不小于30%或硅灰不小于7%，以缓解破坏作用。

4）在混凝土中掺加某些能产生气体的外加剂，如铝粉、引气剂、塑化剂等，能降低膨胀。

5）保证混凝土的密实性，重视建筑物排水，以避免混凝土表面积水和接缝存水，达到阻止或减弱碱—骨料反应的目的。

6. 提高混凝土耐久性的主要措施

（1）减少拌合水及水泥浆的用量

将拌合水的最大用量作为控制混凝土耐久性质量要求的一种标志，要比用最大水胶比（或水灰比）更为适宜。依靠水胶比的控制尚不能解决混凝土中因浆体过多，而引起收缩和水化热增加的负面影响。在高性能混凝土中，减少浆体量，增大骨料所占的比例，又是提高混凝土抗渗性或抗氯离子扩散性的重要手段。如果控制拌合水用量，则可以同时控制浆体用量（浆骨比），就有可能从多个方面体现耐久性要求。对水胶比很低的混凝土一般不宜超过 150kg/m³。对水胶比在 0.42 以下的混凝土，用水量一般应控制在 170 kg/m³ 以下。

为达到减少拌合水与水泥浆量的目的，主要途径有：①选用良好级配和粒形的粗骨料；②添加高效减水剂；③添加低需水量比的矿物掺合料。

在胶凝材料体系中，降低混凝土的水泥用量，增大矿物细粉掺合料的用量，可以提高混凝土结构的化学稳定性和抵抗化学侵蚀的能力，降低内部缺陷，提高密实性。粉煤灰、磨细矿粉的添加，在过去曾被严重误解，以为对混凝土品质会有很大影响，但随着减水剂的应用，当水胶比较低时，大掺量矿物细粉掺合料配制的混凝土各方面品质优良，这一点已被近年的工程实践所证实，并已在 1995 年版的美国混凝土协会 ACI318《结构混凝土规范》中被认同，也算"平反"了粉煤灰、磨细矿渣在混凝土中的行为，2004 年出版的建筑工程学会标准《混凝土结构耐久性设计与施工指南》（CCES01—2004）中提出大掺量矿物掺合料混凝土水胶比不宜大于 0.42。

（2）增强界面的粘结性

混凝土中骨料与水泥浆界面是最薄弱的环节，强化界面是提高耐久性的重要措施，主要通过降低水胶比。降低水胶比可以提高长期强度，而且使界面强化。降低水泥浆量，增加矿物细粉掺和料都可达到增强界面的粘结性，有效降低界面水胶比，提高密实性，减少氢氧化钙富集现象。

（3）合理选择水泥品种

选用低水化热和含碱量偏低的水泥，尽可能避免使用早强水泥和高 C_3A 含量的水泥。

（4）掺用引气剂

掺用引气剂，引入微小封闭气泡，不仅可以有效提高混凝土抗渗性、抗冻性，而且可以明显提高混凝土抗化学侵蚀能力。这主要是由于这些微小气泡可以缓解部分内部应力，抑制裂纹生成和扩展。

（5）限制单方混凝土中胶凝材料的最高用量

减少单方混凝土中胶凝材料用量，有利于降低混凝土的渗透性，并减少收缩量，所以必须有最高用量的限制。我国对于低水胶比混凝土的胶凝材料用量，过去一直偏高，甚至有的高达 550kg/m³ 以上，其主要原因就是因为骨料不好，因此必须特别重视混凝土骨料的级配以及粗骨料的粒形要求。

3.1.5 普通混凝土配合比设计

混凝土配合比设计就是根据工程要求、结构形式和施工条件来确定各组成材料数量之间的比例关系。常用的表示方法有两种：一种是以每立方米混凝土中各项材料的质量表示；另外一种是以各项材料相互间的质量比来表示。

在某种意义上，混凝土是一门试验的科学，要想配制出品质优异的混凝土，必须具备先进的、科学的设计理念，加上丰富的工程实践经验，通过实验室试验完成。但对于初学者来说首先必须掌握混凝土的标准设计与配制方法。

3.1.5.1 混凝土配合比的设计原则

设计混凝土配合比的目的，就是要根据原材料的技术性能及施工条件，合理选择原材料，并确定出能满足工程所要求的技术经济指标的各项组成材料的用量。普通混凝土配合比设计，应根据工程特点、原材料的质量、施工方法等因素，通过理论计算和试配确定，使混凝土组成材料之间用量的比例关系符合设计要求的强度和耐久性，施工要求的和易性，同时还应符合合理使用材料、节约水泥等经济原则。

3.1.5.2 混凝土配合比设计的三个参数

普通混凝土四种主要组成材料的相对比例，通常由以下三个参数来控制。

1. 水灰比

混凝土中水与水泥的比例称为水灰比。如前所述，水灰比对混凝土和易性、强度和耐久性都具有重要的影响，因此，通常是根据强度和耐久性来确定水灰比的大小。一方面，水灰比较小时可以使强度更高且耐久性更好；另一方面，在保证混凝土和易性所要求用水量基本不变的情况下，只要满足强度和耐久性对水灰比的要求，选用较大水灰比时，可以节约水泥。

2. 砂率

砂子占砂石总质量的百分率称为砂率。砂率对混合料的和易性影响较大，若选择不恰当，还会对混凝土强度和耐久性产生影响。砂率的选用应该合理，在保证和易性要求的条件下，宜取较小值，以利于节约水泥。

3. 用水量

用水量是指 $1m^3$ 混凝土拌合物中水的用量（kg/m^3）。在水灰比确定后，混凝土中单位用水量也表示水泥浆与骨料之间的比例关系。为节约水泥和改善耐久性，在满足流动性条件下，应尽可能取较小的单位用水量。

3.1.5.3 混凝土配合比设计步骤

混凝土配合比设计步骤包括配合比计算、试配和调整、施工配合比的确定等过程。

1. 初步配合比计算

混凝土初步配合比计算应按下列步骤进行计算：①计算配制强度 $f_{cu,o}$，并求出相应的水灰比；②选取每立方米混凝土的用水量，并计算出每立方米混凝土的水泥用量；③选取砂率，计算粗骨料和细骨料的用量，并提出供试配用的初步配合比。

(1) 配制强度（$f_{cu,o}$）的确定

根据《混凝土配合比设计规程》（JGJ 55—2000）规定，试配强度按下式计算：

$$f_{cu,o} \geqslant f_{cu,k} + 1.645\sigma \tag{3-4}$$

式中 $f_{cu,o}$——混凝土配制强度，MPa；

$f_{cu,k}$——混凝土立方体抗压强度标准值，MPa；

σ——凝土强度标准差，MPa。

注意，当现场条件与试验室条件有显著差异时，或者配制 C30 级及其以上强度等级的混凝土，采用非统计方法评定时，应提高混凝土的配制强度。

混凝土强度标准差 σ 应根据同类混凝土统计资料计算确定，其计算公式如下：

$$\sigma = \sqrt{\frac{\sum_{i=1}^{n} f_{cu,i}^2 - n\bar{f}_{cu}^2}{n-1}} \tag{3-5}$$

式中 $f_{cu,i}$——统计周期内同一品种混凝土第 i 组试件的强度值，MPa；

$\bar{f}_{cu}$——统计周期内同一品种混凝土 n 组试件的强度平均值，MPa；

n——统计周期内同品种混凝土试件的总组数。

计算混凝土强度标准差 σ 时，强度试件组数不应少于25 组。当混凝土强度等级为C20~C25 级，其强度标准差计算值小于2.5MPa 时，计算配制强度用的标准差应取不小于2.5MPa；当混凝土强度等级等于或大于C30 级，其强度标准差小于3.0MPa，计算配制强度用的标准差应取不小于3.0MPa。

当无统计资料计算混凝土强度标准差时，其值应按现行国家标准《混凝土结构工程施工质量验收规范》（GB 50204—2002）（表3-14）取用。

σ 值（单位：MPa） 表3-14

混凝土强度等级	低于C20	C20~C35	高于C35
σ	4.0	5.0	6.0

（2）水灰比（W/C）的初步确定

混凝土强度等级小于C60 时，混凝土水灰比应按下式计算：

$$\frac{W}{C}=\frac{\alpha_a f_{ce}}{f_{cu,o}+\alpha_a\alpha_b f_{ce}} \tag{3-6}$$

式中 α_a、α_b——回归系数；

f_{ce}——水泥28d 抗压强度实测值，MPa。

在确定 f_{ce} 值时，f_{ce} 值可根据3d 强度或快测强度推定28d 强度关系式得出。当无水泥28d 抗压强度实测值时，其值可按下式确定：

$$f_{ce}=\gamma_c f_{ce,g} \tag{3-7}$$

式中 γ_c——水泥强度等级值的富余系数（可按实际统计资料确定）；

$f_{ce,g}$——水泥强度等级值，MPa。

回归系数 α_a 和 α_b 应根据工程所使用的水泥、骨料，通过试验由建立的水灰比与混凝土强度关系确定；当不具备上述试验统计资料时，其回归系数可由表3-15 采用。

回归系数 α_a 和 α_b 选用表 表3-15

系　数	碎　石	卵　石
α_a	0.46	0.48
α_b	0.07	0.33

为保证混凝土的耐久性,需要控制水灰比及水泥用量,水灰比不得大于表3-16 所规定的最大水灰比，如果计算所得的水灰比大于规定的最大水灰比时，应取规定的最大水灰比。

（3）每立方米混凝土用水量的确定

1）干硬性和塑性混凝土用水量的确定

水灰比在0.40~0.80 范围内时，根据粗骨料的品种、粒径及施工要求的混凝土拌合物稠度，其用水量可按表3-17、表3-18 选取。

混凝土的最大水灰比和最小水泥用量 **表 3-16**

环境条件		结构物类别	最大水灰比			最小水泥用量		
			素混凝土	钢筋混凝土	预应力混凝土	素混凝土	钢筋混凝土	预应力混凝土
干燥环境		正常的居住或办公用房屋内部件	不做规定	0.65	0.6	200	260	300
潮湿环境	无冻害	高湿度的室内部件 室外部件 在非侵蚀性土和水中的部件	0.7	0.60	0.60	225	280	300
潮湿环境	有冻害	经受冻害的室外部件 在非侵蚀性土和水中且经常受冻害的部件 高湿度且经受冻害的室内部件	0.55	0.55	0.55	250	280	300
有冻害和除冰剂的潮湿环境		经受冻害和除冰剂作用的室内和室外部件	0.50	0.50	0.50	300	300	300

注：1. 当用活性掺合料取代部分水泥时，表中的最大水灰比及最小水泥用量即为替代前的水灰比和水泥用量。
2. 配制 C15 级及其以下等级的混凝土，可不受本表限制。

水灰比小于 0.40 的混凝土以及采用特殊成型工艺的混凝土用水量通过试验确定。

2）流动性和大流动性混凝土的用水量计算步骤

①以坍落度 90mm 的用水量为基础，按坍落度每增大 20mm 用水量增加 5kg，计算出未掺外加剂时的混凝土用水量。

干硬性混凝土的用水量（单位：kg/m³） **表 3-17**

拌合物稠度		卵石最大粒径/mm			碎石最大粒径/mm		
项　目	指标	10	20	40	16	20	40
维勃稠度/s	16 ~ 20	175	160	145	180	170	165
维勃稠度/s	11 ~ 15	180	165	150	185	175	160
维勃稠度/s	5 ~ 10	185	170	155	190	180	165

②掺外加剂时的混凝土用水量可按下式计算：

$$m_{wa} = m_{wo}\ (1-\beta) \tag{3-8}$$

式中 m_{wa}——掺外加剂混凝土每立方米混凝土的用水量，kg；

m_{wo}——未掺外加剂混凝土每立方米混凝土的用水量，kg；

β——外加剂的减水率，%。

③外加剂的减水率应经试验确定。

另外，单位用水量也可以按下式计算：

塑性混凝土的用水量（单位：kg/m³） 表 3-18

拌合物稠度		卵石最大粒径/mm				碎石最大粒径/mm			
项目	指标	10	20	31.5	40	16	20	31.5	40
坍落度/mm	10～30	190	170	160	150	200	185	175	165
	35～50	200	180	170	160	210	195	185	175
	55～70	210	190	180	172	220	205	195	185
	75～90	215	195	185	175	230	215	205	195

注：1. 本表用水量是采用中砂时的平均值。采用细砂时，每立方米混凝土用水量可增加 5～10kg。采用粗砂时，则可减少 5～10kg。

2. 掺用各种外加剂或掺合料时，用水量相应调整。

$$m_{wo} = \frac{10}{3}(T + K) \tag{3-9}$$

式中 m_{wo}——每立方米混凝土用水量，kg；

T——混凝土拌合物的坍落度，mm；

K——系数（取决于粗骨料种类与最大粒径，可参考表 3-19 取用）。

（4）每立方米混凝土水泥用量的确定

根据已选定的混凝土用水量 m_{wo} 和水灰比（W/C）可求出水泥用量：

$$m_{co} = \frac{w_{wo}}{W/C} \tag{3-10}$$

为保证混凝土的耐久性，由上式计算得出的水泥用量还要满足表 3-16 中规定的最小水泥用量的要求，如算得的水泥用量少于规定的最小水泥用量，则应取规定的最小水泥用量值。

混凝土用水量计算公式中的 K 值 表 3-19

系数	碎石				卵石			
	最大粒径/mm							
	10	20	40	80	10	20	40	80
K	57.5	53.0	48.5	44.0	54.5	50.0	45.5	41.0

（5）砂率的确定

合理的砂率值主要根据混凝土拌合物的坍落度、黏聚性及保水性等特征来确定。一般应通过试验来确定合理的砂率。当无历史资料可参考时，混凝土砂率的确定应符合表 3-20 要求：

①坍落度为 10～60mm 的混凝土，其砂率应以试验确定，也可以根据粗骨料品种、粒径及水灰比按表 3-20 选取。

②坍落度大于 60mm 的混凝土砂率，可经试验确定，也可在表 3-20 的基础上，按坍

落度每增大20mm，砂率增大1%的幅度予以调整。

混凝土的砂率（单位:%）　　表3-20

水灰比（W/C）	卵石最大粒径/mm			碎石最大粒径/mm		
	10	20	40	10	20	40
0.40	26~32	25~31	24~30	30~35	29~34	27~32
0.50	30~35	29~34	28~33	33~38	32~37	30~35
0.60	33~38	32~37	31~36	36~41	35~40	33~38
0.70	36~41	35~40	34~39	39~44	38~43	36~41

注：1. 本表数值是中砂的选用砂率，对细砂或粗砂，可相应的减小或增大砂率；
2. 只用一个单粒级粗骨料配制混凝土时，砂率应适当增大；
3. 对薄构件，砂率取偏大值；
4. 本表中的砂率是指砂与骨料总量的质量比。

（6）粗骨料和细骨料用量的确定

粗、细骨料的用量可用质量法和体积法求得。

①当采用质量法时，应按下列公式计算：

$$m_{co}+m_{go}+m_{so}+m_{wo}=m_{cp} \tag{3-11}$$

$$\beta_s=\frac{m_{so}}{m_{so}+m_{go}}\times 100\% \tag{3-12}$$

式中 m_{co}——每立方米混凝土的水泥用量，kg；

m_{go}——每立方米混凝土的粗骨料用量，kg；

m_{so}——每立方米混凝土的细骨料用量，kg；

m_{wo}——每立方米混凝土的用水量，kg；

m_{cp}——每立方米混凝土拌合物的假定质量（其值可取2350~2450kg），kg；

β_s——砂率，%。

②当采用体积法时，应按下列公式计算：

$$\frac{m_{co}}{\rho_c}+\frac{m_{go}}{\rho'_g}+\frac{m_{so}}{\rho'_s}+\frac{m_{wo}}{\rho_w}+0.01\alpha=1 \tag{3-13}$$

$$\beta_s=\frac{m_{so}}{m_{so}+m_{go}}\times 100\% \tag{3-14}$$

式中 ρ_c——水泥密度（可取2900~3100kg/m^3），kg/m^3；

ρ'_g——粗骨料的表观密度，kg/m^3；

ρ'_s——细骨料的表观密度，kg/m^3；

ρ_w——水的密度（可取1000kg/m^3），kg/m^3；

α——混凝土的含气量百分数（在不使用引气型外加剂时，α可取1）。

粗骨料和细骨料的表观密度ρ_g与ρ_s应按《普通混凝土用砂、石质量及检验方法标准（附条文说明）》（JGJ 52—2006）规定的方法测定。

（7）外加剂和掺合料的掺量

外加剂和掺合料的掺量应通过试验确定，并应符合《混凝土外加剂应用技术规范》(GB 50119—2003)、《粉煤灰混凝土应用技术规程》(GBJ 146—1990)、《用于水泥和混凝土中的粒化高炉矿渣粉》(GB/T18046—2008）等的规定。

2. 配合比的试配、调整与确定

(1) 配合比的试配、调整

以上求出的各材料用量，是借助于一些经验公式和数据计算出来的，或是利用经验资料查得的，因而不一定符合实际情况，必须通过试拌调整，直到混凝土拌合物的和易性符合要求为止，然后提出供检验混凝土强度用的基准配合比，以下介绍和易性调整方法：

按初步配合比称取材料进行试拌。混凝土拌合物搅拌均匀后应测定坍落度，并检查其黏聚性和保水性能好坏。如坍落度不满足要求或黏聚性不好时，则应在保持水灰比不变的条件下、相应调整用水量或砂率。当坍落度低于设计要求时，可保持水灰比不变，增加适量水泥浆。如坍落度太大，可以保持砂率不变条件下增加骨料。如出现含砂不足，黏聚性和保水性不良时，可适当增大砂率；反之，应减小砂率。每次调整后再试拌，直到符合为止。当试拌调整工作完成后，应测出混凝土拌合物的表观密度（$\rho_{c,t}$）。

经过和易性调整试验得出的混凝土基准配合比，其水灰比值不一定选用恰当，其结果是强度不一定符合要求，所以应检验混凝土的强度。一般采用三个不同的配合比，其中一个为基准配合比，另外两个配合比的水灰比值，应比基准配合比分别增加及减少0.05，其用水量应该与基准配合比相同，砂率值可分别增加或减少1%。每种配合比制作一组（3个）试块，标准养护28d试压（在制作混凝土强度试块时，尚需检验混凝土拌合物的和易性及测定表观密度，并以此结果作为代表这一配合比的混凝土拌合物的性能）。

注：在有条件的单位可同时制作一组或几组试块，供快速检验或较早龄期时试压，以便提前定出混凝土配合比供施工使用，但以后仍要以标准养护28d的检验结果为准，调整配合比。

(2) 配合比的确定

由试验得出的各灰水比值时的混凝土强度，用作图法或计算求出与$f_{cu,o}$相对应的灰水比值，并按下列原则确定每立方米混凝土的材料用量：

用水量（m_w）：取基准配合比中的用水量值，并根据制作强度试块时测得的坍落度（或维勃稠度）值，加以适当调整。

水泥用量（m_c）：取用水量乘以经试验定出的，为达到$f_{cu,o}$所必需的灰水比值。

粗、细骨料用量（m_g及m_s）：取基准配合比中的粗、细骨料用量，并按定出的水灰比值做适当的调整。

(3) 混凝土表观密度的校正

配合比经试配、调整确定后，还需要根据实测的混凝土表观密度$\rho_{c,t}$做必要的校正，其步骤如下：

1）计算出混凝土的计算表观密度值（$\rho_{c,c}$）：

$$\rho_{c,c} = m_c + m_g + m_s + m_w \tag{3-15}$$

2）将混凝土的实测表观密度值（$\rho_{c,t}$）除以$\rho_{c,c}$得出校正系数δ，即：

$$\delta = \frac{\rho_{c,t}}{\rho_{c,c}} \tag{3-16}$$

3）当$\rho_{c,t}$与$\rho_{c,c}$之差的绝对值不超过$\rho_{c,c}$的2%时，由以上定出的配合比，即为确定的设计配合比；若二者之差超过2%时，则要将已定出的混凝土配合比中每项材料用量均乘以校正系数δ，即为最终定出的设计配合比。

另外，通常简易的做法是通过试压，选出既满足混凝土强度要求，水泥用量又较少的配合比为所需的配合比，再做混凝土表观密度的校正。

若对混凝土还有其他的技术性能要求，如抗渗等级不低于S6级、抗冻等级不低于D50级等要求，混凝土的配合比设计应按《普通混凝土配合比设计规程》（JGJ 55-2000）的有关规定进行。

3. 施工配合比

设计配合比，是以干燥材料为基准的，而工地存放的砂、石材料都含有一定的水分。所以现场材料的实际称量应按工地砂、石的含水情况进行修正，修正后的配合比，叫做施工配合比。工地存放的砂、石的含水情况常有变化，应按变化情况，随时进行修正。

现假定工地测出的砂的含水率为$a\%$、石子的含水率为$b\%$，则将上述设计配合比换算为施工配合比，其材料的称量应为

$$m'_c = m_c \text{ (kg)}$$

$$m'_s = m_s (1 + a\%) \text{ (kg)}$$

$$m'_g = m_g (1 + b\%) \text{ (kg)}$$

$$m'_w = m_w - m_s \times a\% - m_g b\% \text{ (kg)}$$

3.1.5.4 普通混凝土配合比设计的实例

某教学楼现浇钢筋混凝土柱，混凝土柱截面最小尺寸为300mm，钢筋间距最小尺寸为60mm。该柱在露天受雨雪影响。混凝土设计等级为C20。采用强度等级32.5复合硅酸盐水泥，实测强度为38.9MPa，密度为3.1 g/cm^3；砂子为中砂，表观密度为2.65 g/cm^3，堆积密度为1.50g/cm^3；石子为碎石，表观密度2.70g/cm^3，堆积密度为1.55g/cm^3。混凝土要求坍落度35~50mm，施工采用机械搅拌，机械振捣，施工单位无混凝土强度标准差的历史统计资料。试设计混凝土配合比。

解：(1) 初步配合比的确定（$f_{cu,o}$）

①配制强度的确定

$$f_{cu,o} \geqslant f_{cu,k} + 1.645\sigma$$

由于施工单位没有σ的统计资料，查表3-17可得，$\sigma=5$，同时$f_{cu,k}=20$MPa，代入上式，得

$$f_{cu,o} \geqslant 20 + 1.645 \times 5 = 28.2 \text{ (MPa)}$$

②确定水灰比（W/C）。由于混凝土强度低于C60，因此

$$\frac{W}{C} = \frac{\alpha_b f_{ce}}{f_{cu,o} + \alpha_a \alpha_b f_{ce}}$$

采用碎石，$\alpha_a = 0.46$；$\alpha_b = 0.07$。

实测$f_{ce} = 38.9$MPa，代入上式，得

$$\frac{W}{C} = \frac{0.46 \times 38.9}{28.2 + 0.46 \times 0.07 \times 38.9} = 0.6$$

根据表3-16耐久性能要求，W/C不大于0.65，取$W/C=0.6$。

③确定单位用水量（W_{wo}）。确定粗骨料最大粒径：根据《混凝土结构工程施工质量

验收规范》（GB 50204—2002），粗骨料最大粒径不超过结构截面最小尺寸的1/4，并不得大于钢筋最小净距的3/4，即：

$$D_{max} \leqslant (1/4) \times 300 = 75\ (mm)$$

同时：

$$D_{max} \leqslant (3/4) \times 60 = 45\ (mm)$$

因此，粗骨料最大粒径按公称粒级应选用$D_{max}=40mm$，即采用5～40mm的碎石骨料。

查表3-18，选用单位用水量180 kg/m³。

④计算水泥用量

$$m_{co} = \frac{m_{wo}}{W/C} = \frac{180}{0.6} = 300\ kg/m^3$$

对照表3-16，本工程要求最小水泥用量为260 kg/m³，故选水泥用量为300 kg/m³。

⑤确定砂率。查表3-20，砂率范围为33%～38%：

$$P' = \left(1 - \frac{1550}{2700}\right) \times 100\% = 0.43$$

采用砂率公式计算得

$$\beta_s = \beta \frac{\rho'_{so} \cdot P'}{\rho'_{so} \cdot P' + \rho'_{go}} = 1.2 \times \frac{1.5 \times 0.43}{1.5 \times 0.43 + 1.55} = 35\%$$

根据查表或计算取$\beta_s = 35\%$。

⑥计算砂石用量（采用体积法）

$$\frac{m_{co}}{\rho_c} + \frac{m_{go}}{\rho'_g} + \frac{m_{so}}{\rho'_s} + \frac{m_{wo}}{\rho_w} + 0.01\alpha = \frac{300}{3100} + \frac{m_{go}}{2700} + \frac{m_{so}}{2650} + \frac{180}{1000} + 0.01 \times 1 = 1$$

$$\beta_s = \frac{m_{so}}{m_{so} + m_{go}} \times 100\% = 0.35$$

解方程组得

$$m_s = 685 kg/m^3 \qquad m_g = 1268 kg/m^3$$

经初步计算，每立方米混凝土材料用量为：水泥300kg；水180kg；砂685kg；石子1268kg。

（2）配合比的调整

①和易性的调整。按初步配合比，称取15L混凝土的材料用量，水泥为3.72kg，水为2.16kg，砂为8.18kg，石子15.16kg，按规定方法拌合，测得坍落度为10mm，达不到规定坍落度30～50mm，增加水泥和水各5%，则水泥用量为3.91kg，水为2.27kg，经拌合测得坍落度为35mm，混凝土黏聚性、保水性均良好。经调整后的各项材料用量：水泥3.91kg，水2.27kg，砂8.18kg，石子15.16kg，材料总量为29.53kg。

②强度校核。采用水灰比为0.55、0.60和0.65三个不同的配合比，配制三组混凝土试件，并检验和易性（因$W/C=0.60$的基准配合比已检验，可不再检验），测混凝土拌合物表观密度，分别制作混凝土试块，标养28d，然后测强度，其结果如表3-21所示。

根据试验结果，选水灰比为0.60的基准配合比为试验室配合比。按实测表观密度校核。

③表观密度的校正

混凝土28d强度值 表3-21

水灰比	材料用量/kg				坍落度/mm	表观密度/(kg/m^3)	强度/MPa
	水泥	砂	石	水			
0.55	6.5	13.7	25.36	3.6	30	2460	32.3
0.60	6.0	13.7	25.36	3.6	35	2455	28.7
0.65	5.5	13.7	25.36	3.6	42	2450	25.8

$$\delta = \frac{2455}{6 + 13.7 + 25.36 + 3.6} = 50.4$$

$$m_c = 6.0 \times 50.4 = 302.4\ (\text{kg})$$

$$m_s = 13.7 \times 50.4 = 690.48\ (\text{kg})$$

$$m_g = 25.36 \times 50.4 = 1278\ (\text{kg})$$

$$m_w = 3.6 \times 50.4 = 181.4\ (\text{kg})$$

即确定的混凝土设计配合（留整数）为：水泥302kg、砂690kg、石1278kg、水181kg。

3.2 其他品种混凝土

[本节要点]

了解泵送混凝土的特点及性质；

了解泵送混凝土对材料要求。

[关键概念]

泵送混凝土；

可泵性。

3.2.1 泵送混凝土

1. 泵送混凝土的特点

将搅拌好的混凝土，采用混凝土输送泵沿管道输送和浇筑，称为泵送混凝土。由于施工工艺上的要求，所采用的施工设备和混凝土配合比都与普通施工方法不同。

采用混凝土泵输送混凝土拌合物，可一次连续完成垂直和水平输送，而且可以进行浇筑，因而生产率高，节约劳动力，特别适用于工地狭窄和有障碍的施工现场，以及大体积混凝土结构物和高层建筑。

2. 泵送混凝土的性质

(1) 可泵性

泵送混凝土是拌合料在压力下沿管道内进行垂直和水平的输送，它的输送条件与传统的输送有很大的不同。因此，对拌合料性能的要求与传统的要求相比，既有相同点也有不同的特点。按传统方法设计的有良好工作性（流动性和黏聚性）的新拌混凝土，在泵送时却不一定有良好的可泵性，有时发生泵压陡升和阻泵现象。阻泵和堵泵会造成施工困难。这就要求混凝土学者对新拌混凝土的可泵性做出较科学又较实用的阐述，如什么叫可泵性、如何评价可泵性、泵送拌合料应具有什么样的性能、如何设计等，并找出影响可泵性的主要因素和提高可泵性的材料设计措施，从而提高配制泵送混凝土的技术水平。在泵送过程中，拌合料与管壁产生摩擦，在拌合料经过管道弯头处遇到阻力，拌合料必须克服摩擦阻力和弯头阻力方能顺利地流动。因此，简而言之，可泵性实则就是拌合料在泵压下在管道中移动摩擦阻力和弯头阻力之和的倒数。阻力越小，则可泵性越好。

（2）可泵性的评价方法

基于目前的研究水平，新拌混凝土的可泵性可用坍落度和压力泌水值双指标来评价。压力泌水值是在一定的压力下，一定量的拌合料在一定的时间内泌出水的总量，以总泌水量（mL）或单位混凝土泌水量（kg/m^3）表示。压力泌水值太大，泌水较多，阻力大，泵压不稳定，可能堵泵；但是如果压力泌水值太小，拌合物黏稠，结构黏度过大，阻力大，也不易泵送。因此，可以得出结论，压力泌水值有一个合适的范围。实际施工现场测试表明，对于高层建筑坍落度大于160mm的拌合料，压力泌水值在70～110mL（40～70 kg/m^3混凝土）较合适。对于坍落度100～160mm的拌合料，合适的泌水量范围相应还小一些。

（3）坍落度损失

混凝土拌合料从加水搅拌到浇灌要经历一段时间，在这段时间内拌合料逐渐变稠，流动性（坍落度）逐渐降低，这就是所谓“坍落度损失”。如果这段时间过长，环境气温又过高，坍落度损失可能很大，则将会给泵送、振捣等施工过程带来很大困难，或者造成振捣不密实，甚至出现蜂窝状缺陷。坍落度损失的原因是：①水分蒸发；②水泥在形成混凝土的最早期开始水化，特别是C_3A水化形成水化硫铝酸钙需要消耗一部分水；③新形成的少量水化生成物表面吸附一些水。这几个原因都使混凝土中游离水逐渐减少，致使混凝土流动性降低。

在正常情况下，从加水搅拌开始最初0.5h内水化物很少，坍落度降低也只有20～30mm，随后坍落度以一定速率降低。如果从搅拌到浇筑或泵送时间间隔不长，环境气温不高（低于30℃），坍落度的正常损失问题还不大，只需略提高预拌混凝土的初始坍落度以补偿运输过程中的坍落度损失。如果从搅拌到浇筑的时间间隔过长，气温又过高，或者出现混凝土早期不正常的稠化凝结，则必须采取措施解决过快的坍落度损失问题。

当坍落度损失成为施工中的问题时，可采取下列措施以减缓坍落度损失：

1）在炎热季节采取措施降低骨料温度和拌合水温；在干燥条件下，采取措施防止水分过快蒸发。

2）在混凝土设计时，考虑掺加粉煤灰等矿物掺合料。

3）在采用高效减水剂的同时，掺加缓凝剂或引气剂或两者都掺。两者都有延缓坍落度损失的作用，缓凝剂作用比引气剂更显著。

3. 泵送混凝土对原材料的要求

泵送混凝土对材料的要求较严格，对混凝土配合比要求较高，要求施工组织严密，以保证连续进行输送，避免有较长时间的间歇而造成堵塞。泵送混凝土除了根据工程设计所需的强度外，还需要根据泵送工艺所需的流动性、不离析、少泌水的要求进行配制可泵的混凝土混合料。其可泵性取决于混凝土拌合物的和易性。在实际应用中，混凝土的和易性通常根据混凝土的坍落度来判断。许多国家都对泵送混凝土的坍落度做了规定，一般认为80~200mm范围较合适，具体的坍落度值要根据泵送距离和气温对混凝土的要求而定。

(1) 水泥

1) 最小水泥用量

在泵送混凝土中，水泥砂浆起到润滑输送管道和传递压力的作用。用量过少，混凝土和易性差，泵送压力大，容易产生堵塞；用量过多，水泥水化热高，大体积混凝土由于温度应力作用容易产生温度裂缝，而且混凝土拌合物的黏性增加，也会增大泵送阻力，另外不利于混凝土结构物的耐久性。

为保证混凝土的可泵性，有一最少水泥用量的限制。国外对此一般规定250~300kg/m^3，《混凝土结构工程施工质量验收规范》(GB 50204—2002) 和《混凝土强度检验评定标准》(GB/T 50107-2010) 规定泵送混凝土的最少水泥用量为300 kg/m^3。实际工程中，许多泵送混凝土中水泥用量远低于此值，且耐久性良好。但是最佳水泥用量应根据混凝土的设计强度等级、泵压、输送距离等通过试配、调整确定。

2) 水泥品种

泵送混凝土要求混凝土具有一定的保水性，不同的水泥品种对混凝土的保水性有影响。一般情况下，矿渣硅酸盐水泥由于保水性差、泌水大，不宜配制泵送混凝土，但其可以通过降低坍落度、适当提高砂率，以及掺加优质粉煤灰等措施而被使用。普通硅酸盐水泥和硅酸盐水泥通常优先被选用配制泵送混凝土，但其水化热大，不宜用于大体积混凝土工程。可以通过加入缓凝型引气剂和矿物细掺料来减少水泥用量，进一步降低水泥水化热而用于大体积混凝土工程。

(2) 骨料

骨料的形状、种类、粒径和级配对泵送混凝土的性能有较大的影响。

1) 粗骨料

①最大粒径。由于三个石子在同一断面处相遇最容易引起管道阻塞，故碎石的最大粒径与输送管内径之比宜小于或等于1∶3，卵石则宜小于1∶2.5。

②颗粒级配。对于泵送混凝土，其对颗粒级配尤其是粗骨料的颗粒级配要求较高，以满足混凝土和易性的要求。

2) 细骨料

实践证明，在骨料级配中，细度模数为2.3~3.2，粒径在0.30mm以下的细骨料所占比例非常重要，其比例不应小于15%，最好能达到20%，这对改善混凝土的泵送性非常重要。

(3) 矿物细掺料——粉煤灰

在混凝土中掺加粉煤灰是提高可泵性的一个重要措施，因为粉煤灰的多孔表面可吸附较多的水，因此，可减少混凝土的压力泌水。高质量的Ⅰ级粉煤灰的加入会显著降低混凝土拌合料的屈服剪切应力从而提高混凝土的流动性，改善混凝土的可泵性，提高施工速度；但是低质量粉煤灰对流动性和黏聚性都不利，在泵送混凝土中掺加的粉煤灰必须满足

Ⅱ级以上的质量标准。此外，加入粉煤灰，还有一定的缓凝作用，降低混凝土的水化热，提高混凝土的抗裂性，有利于大体积混凝土的施工。

3.2.2 高性能混凝土

1. 概述

(1) 初期的观点

高性能混凝土必须是高强度，或者说高强混凝土属于高性能混凝土范畴；高性能混凝土必须是流动性好的、可泵性好的混凝土，以保证施工的密实性；高性能混凝土一般要控制坍落度损失，以保证施工要求的工作度；耐久性是高性能混凝土的重要指标，但混凝土达到高强后，自然会有高的耐久性。

(2) 国外的观点

1) 美、加学派认为：高性能混凝土不仅要求高强度，还应具有高耐久性，如高体积稳定性（高弹性模量、低干缩率、低徐变和低的温度应变）、高抗渗性和高工作性。

2) 日本学者认为：高性能混凝土应具有高工作性、低温升、低干缩率、高抗渗性和足够的强度，属于水胶比很低的混凝土。

3) 第一届国际高性能混凝土研讨会将其定义为：靠传统的组分和普通的拌合、浇筑、养护方法不可能制备出的具有所要求性质和均匀性的混凝土。

(3) 国内学术观点

吴中伟、廉慧珍教授在1999年9月出版的《高性能混凝土》中提出：高性能混凝土是一种新型高技术混凝土，是在大幅度提高普通混凝土性能的基础上采用现代混凝土技术制作的混凝土。它以耐久性作为设计的主要指标。针对不同用途要求，高性能混凝土对下列性能重点地予以保证：耐久性、工作性、适用性、强度、体积稳定性、经济性。为此高性能混凝土在配置上的特点是低水胶比，选用优质原材料，必须掺加足够数量的矿物细粉和高效减水剂。强调高性能混凝土不一定是高强混凝土。

2. 高性能混凝土的组成和结构

(1) 普通混凝土的组成和结构

硬化水泥浆体的微结构，充分水化的水泥浆体组成是：C—S—H 凝胶约占70%，$Ca(OH)_2$ 约占20%，钙矾石和单硫型水化硫铝酸钙等约占7%，未水化熟料的残留物和其他杂质约占3%。此外，还有大量的凝胶孔及毛细孔。

普通混凝土中的界面过渡层为 *W/C* 高，孔隙率大，硅酸钙水化物的钙硅比大，$Ca(OH)_2$ 和钙矾石结晶颗粒多，$Ca(OH)_2$ 取向生长。

影响界面过渡层厚度和性质的因素：骨料表面积增大，过渡层厚度变小，粗糙的表面可以降低 $Ca(OH)_2$ 取向的程度。胶凝材料（活性细掺料减少 $Ca(OH)_2$ 的含量和取向生长）。混凝土制作工艺，用部分水泥以低水灰比（0.15~0.20）的净浆和石子进行第一次搅拌，然后再加入砂子，用其余的水泥和正常的水灰比进行第二次搅拌，这样，第一次搅拌在石子表面形成水灰比很低的水泥浆薄层，$Ca(OH)_2$ 在界面处含量低、取向程度低。

(2) 高性能混凝土的组成和结构

高性能混凝土的界面特点主要也是由低水灰比和掺入外加剂与矿物细粉带来的。由于低水灰比提高了水泥石强度和弹性模量，使水泥石和骨料弹性模量的差距变小，因而使界面处水膜层厚度减少，晶体生长的自由空间减少；掺入的活性矿物细粉与 Ca（$OH)_2$ 反应后，会增加 C—S—H 和 AFt，减少 Ca（$OH)_2$ 含量，并且干扰水化物的结晶，因此水化物结晶颗粒尺寸变小，富集程度和取向程度下降，硬化后的界面孔隙率也下降。

（3）高性能混凝土结构的模型

1）孔隙率很低，而且基本上不存在大于 100nm 的大孔。

2）水化物中 Ca（$OH)_2$ 减少，C—S—H 和 AFt 增多。

3）未水化颗粒多，未水化颗粒和矿物细粉等各级中心质增多（H/L 增大），各中心质间的距离缩短，有利的中心质效应增多，中心质网络骨架得到强化。

4）界面过渡层厚度小，并且孔隙率低、Ca（$OH)_2$ 数量减少，取向程度下降，水化物结晶颗粒尺寸减小，更接近于水泥石本体水化物的分布，因而得到加强。

（4）高性能混凝土的原材料

1）水泥

高性能混凝土所用的水泥最好是强度高且同时具有良好的流变性能，并与大宗混凝土外加剂相容性好。但在我国目前技术水平下，为避免水泥水化热大、需水量大、与外加剂相容性差、不易保存等问题，建议使用强度等级为 52.5 的普通硅酸盐水泥或中热硅酸盐水泥。

2）矿物细掺料

矿物细掺料在高性能混凝土中的作用：改善新拌混凝土的工作性和抹面质量。降低混凝土的温升。调整实际构件中混凝土强度的发展。增进混凝土的后期强度。提高抗化学侵蚀的能力，提高混凝土耐久性。不同品质矿物细掺料复合使用的“超叠效应”。

另外，在高性能混凝土中加入膨胀剂可在约束条件下产生一定的自应力，以补偿水泥的干缩和由于低水胶比造成的“自生收缩”，并在限制条件下增长强度。但必须控制好计量和拌合两个环节，否则适得其反。

3）外加剂

外加剂主要有高效减水剂、引气剂、缓凝剂。

4）骨料

粗骨料强度高、清洁、颗粒尽量接近等径状、针片状颗粒尽量少、不含碱活性组分，最好不用卵石；高性能混凝土宜用粗中砂，最好的砂要求 600μm 筛的累计筛余大于 70%，300μm 筛的累计筛余大于 85% ~95%，而 150μm 筛的累计筛余大于 98%。

3.2.3 现代混凝土的发展方向

进入 21 世纪，混凝土研究和实践将主要围绕两个焦点展开：一是解决好混凝土耐久性问题；二是混凝土走上可持续发展的健康轨道，混凝土在过去的 100 年中，几乎覆盖了所有的建筑工程领域，可以说，没有混凝土就没有今天的世界。但是在应用过程中，传统水泥混凝土的缺陷也越来越多地暴露出来，集中体现在耐久性方面。我们寄予厚望的胶凝材料——水泥在混凝土中的表现，远没有我们想象的那么完美。经过近 10 年来的研究，越来越多的学者认识到传统混凝土过分地依赖水泥是导致混凝土耐久性不良的首要因素。给水泥重新定位，合理地控制水泥浆用量势在必行。混凝土实现性能优化的主要技术途径如下：

（1）降低水泥用量，由水泥、粉煤灰或磨细矿粉等共同组成合理的胶凝材料体系。

（2）依靠减水剂实现混凝土的低水胶比。

（3）使用引气剂减少混凝土内部的应力集中现象。

（4）通过改变加工工艺，改善骨料的粒形和级配。

（5）减少单方混凝土用水量和水泥浆量。

由于多年来大规模的建设，优质资源的消耗量惊人，我国许多地区的优质骨料趋于枯竭；水泥工业带来的能耗巨大，生产水泥放出的 CO_2 导致的“温室效应”日益明显，国家的资源和环境已经不堪重负，混凝土工业必须走可持续发展之路。可采取下列措施：

（1）大量使用工业废弃资源，如用尾矿资源作骨料；大量使用粉煤灰和磨细矿粉替代水泥。

（2）扶植再生混凝土产业，使越来越多的建筑垃圾作为骨料循环使用。

（3）不要一味追求高等级混凝土，应大力发展中、低等级耐久性好的混凝土。

第 4 章　建筑钢材的检测与应用

◆ 引言

建筑钢材是主要的建筑材料之一，是指建筑工程中使用的各种钢材，包括钢结构用各种型材（如角钢、槽钢、工字钢、圆钢等）、板材，以及钢筋混凝土结构用钢筋、钢丝等。

钢材有一系列优良的性能。它有较高的强度，有良好的塑性和韧性，材质均匀，性能可靠，具有承受冲击和振动荷载的能力，可切割、焊接、铆接或螺栓连接，便于装配。但钢材也有易锈蚀，维修费用高，耐火性差的缺点。

钢材的种类繁多，性能差别很大，适用于钢结构的钢材只是其中的一小部分。为了确保质量和安全，这些钢材应具有较高的强度、塑性和韧性，以及良好的加工性能。我国《钢结构设计规范》（GB 50017—2003）（以下简称规范或 GB 50017）具体推荐碳素结构钢（carbon structural steels）中的 Q235 和低合金高强度结构钢（high strength low alloy structural steels）中的 Q345、Q390 和 Q420 等牌号的钢材作为承重钢结构用钢。

本章简要介绍钢材的生产过程和组织构造；重点介绍钢材的主要性能以及各种因素对钢材性能的影响；介绍钢材的种类、规格及选用原则，钢材的性能检测。

◆ 本章要点

通过本章的学习你将能够：

掌握建筑钢材的分类、组成和用途

掌握建筑钢材的技术指标

掌握钢材的性能检测方法

了解化学成分对钢材性能的影响

了解钢结构用钢材的种类及规格

4.1　概　　述

[本节要点]

钢的组成和性能特点；

钢材的分类。

[关键概念]

生铁；

炼钢。

4.1.1 钢的冶炼

1. 炼铁

矿石中的铁是以氧化物的形态存在的，因此要从矿石中得到铁，就要用与氧的亲和力比铁更大的物质——一氧化碳与碳等还原剂，通过还原作用从矿石中除去氧，还原出铁。同时，为了使砂质和黏土质的杂质（矿石中的废石）易于熔化为熔渣，常用石灰石作为熔剂。所有这些作用只有在足够的温度下才会发生，因此铁的冶炼都是在可以鼓入热风的高炉内进行。装入炉膛内的铁矿石、焦炭、石灰石和少量的锰矿石，在鼓入的热风中发生反应，在高温下成为熔融的生铁（含碳量超过2.06%的铁碳合金称为生铁或铸铁）和漂浮其上的熔渣。生铁脆、强度低、塑性和韧性差，不能用焊接、锻造、轧制等方法加工。铸铁管是土木建筑业中少数应用生铁的例子之一。

2. 炼钢

炼钢的过程是把熔融的生铁进行氧化，使碳含量降低到预定的范围，其他杂质降低到允许范围。在理论上含碳量在2.06%以下的铁碳合金称为碳素钢。当用生铁制钢时，必须通过氧化作用除去生铁中多余的碳和其他杂质，使它们转变为氧化物进入渣中，或成气体逸出。目前国内主要有平炉炼钢法、转炉炼钢法和电炉炼钢法三种炼钢方法。

转炉炼钢法以熔融的铁水为原料，不需燃料，由转炉底部或侧面吹入高压热空气，使铁水中的杂质在空气中氧化，从而除去杂质。空气转炉钢的缺点是吹炼时容易混入空气中氮、氢等杂质，同时熔炼时间短，杂质含量不易控制，因此，质量差，国内已不采用。采用以纯氧代替空气吹入炉内的纯氧顶吹转炉炼钢法，克服了空气转炉法的一些缺点，能有效的除去磷、硫等杂质，使钢的质量明显提高。冶炼成本低，生产效率高，投资省，建厂快。

平炉炼钢法以固体或液体生铁、铁矿石或废钢为原料，用煤气或重油作燃料在平炉中进行冶炼，杂质是靠与铁矿石、废钢中的氧或吹入的氧作用而除去的。由于熔炼时间长，杂质含量控制精确，清除较彻底，钢材的质量好，化学成分稳定（偏析度小），力学性能可靠，用途广泛。但成本较转炉钢高，冶炼周期长。

电炉炼钢法以电为能源迅速加热生铁或废钢原料。此种方法熔炼温度高，温度可自由调节，清除杂质容易。因此，电炉钢的质量最好，但成本高。主要用于冶炼优质碳素钢及特殊合金钢。

3. 钢材的浇注和脱氧

在冶炼过程中，由于氧化作用时部分铁被氧化，钢在熔炼过程中不可避免有部分氧化铁残留在钢水中，降低了钢的质量。因此在炼钢后期精炼时，需在炉内或钢包中加入脱氧剂［锰（Mn）、硅（Si）、铝（Al）、钛（Ti）］进行脱氧处理，使氧化铁还原为金属铁。钢水经脱氧后才能浇铸成钢锭，轧制成各种钢材。

根据脱氧方法和脱氧程度的不同，钢材可分为：沸腾钢（F）、镇静钢（Z）、半镇静钢（b）、特殊镇静钢（TZ）。

沸腾钢是一种脱氧不完全的钢，一般在钢锭模中，钢水中的氧和碳作用生成一氧化碳，产生大量一氧化碳气体，引起钢水沸腾，故称沸腾钢。钢中加入锰铁和少量的铝作为脱氧剂，冷却快，有些有害气体来不及逸出，钢的结构不均匀，晶粒粗细不均匀，质地差，偏析度大，但表面平整清洁，生产效率高，成本低。

镇静钢除采用锰（Mn）外，再加入硅铁和铝进行完全脱氧，在浇注和凝固过程中，钢水呈静止状态，故称镇静钢。冷却较慢，当凝固时碳和氧之间不发生反应，各种有害物质易于逸出，品质较纯，结构均匀，晶粒组织紧密坚实偏析度小，成本高，质量好，在相同的炼钢工艺条件下屈服强度比沸腾钢高。

半镇静钢系加入适量的锰铁、硅铁，铝只作为脱氧剂，脱氧程度介于沸腾钢和镇静钢之间。

特殊镇静钢在钢中应含有足够的形成细晶粒结构的元素。

4.1.2 钢材的分类

钢的品种繁多，为了便于掌握和选用，现将钢的一般分类归纳如下：

- 1.按冶炼方法分类
  - 按炉形分
    - 转炉钢
    - 平炉钢
    - 电炉钢
  - 按炉衬材料分
    - 酸性
    - 碱性
  - 按脱氧程度分
    - 沸腾钢
    - 镇静钢
    - 半镇静钢
    - 特殊镇静钢
- 2.按化学成分分类
  - 碳素钢
    - 低碳钢（含碳量＜0.25%）
    - 中碳钢（含碳量0.25%~0.60%）
    - 高碳钢（含碳量＞0.60%）
  - 合金钢
    - 低合金钢（合金元素总量＜5%）
    - 中合金钢（合金元素总量5%~10%）
    - 高合金钢（合金元素总量＞10%）
- 3.按质量分类
  - 普通碳素钢（含硫量≤0.055%~0.065%，含磷量≤0.045%~0.085%）
  - 优质碳素钢（含硫量≤0.03%~0.045%，含磷量≤0.035%~0.04%）
  - 高级优质钢（含硫量≤0.02%~0.03%，含磷量≤0.027%~0.035%）
- 4.按用途分类
  - 结构钢
    - 建筑工程用结构钢
    - 机械制造用结构钢
  - 工具钢：用于制作刀具、量具、模具
  - 特殊钢：不锈钢、耐酸钢、耐热钢、耐磨钢、磁钢等

4.2 钢材的主要技术性能

［本节要点］

钢材的力学性能；

钢材的工艺性能。

［关键概念］

屈服强度；

冷弯性能。

钢材的性能主要包括力学性能、工艺性能和化学性能等。力学性能包括拉伸性能、塑性、硬度、冲击韧性、疲劳强度等。工艺性能反映金属材料在加工制造过程中所表现出来的性质，如冷弯性能、焊接性能、热处理性能等。只有了解、掌握钢材的各种性能，才能做到正确、经济、合理地选择和使用钢材。

4.2.1 钢材的力学性能

1. 拉伸性能

钢材的强度可分为拉伸强度、压缩强度、弯曲强度和剪切强度等几种。通常以拉伸强度作为最基本的强度值。

将低碳钢（软钢）制成一定规格的试件，放在材料机上进行拉伸试验，可以绘出如图 4-1 所示的应力—应变关系曲线。钢材的拉伸性能就可以通过该图来表示。从图中可以看出，低碳钢受拉至拉断，全过程可划分为四个阶段：弹性阶段（*OA*）、屈服阶段（*AB*）、强化阶段（*BC*）和颈缩阶段（*CD*）。

（1）弹性阶段

曲线中 *OA* 段是一条直线，应力与应变成正比。如卸去外力，试件能恢复原来的形状，这种性质即为弹性，此阶段的变形为弹性变形。与 *A* 点对应的应力称为弹性极限，以 σ_p 表示。应力与应变的比值为常数，即弹性模量 E，$E=\sigma/\varepsilon$，单位为“MPa”。弹性模量反映钢材抵抗弹性变形的能力，是钢材在受力条件下计算结构变形的重要指标。

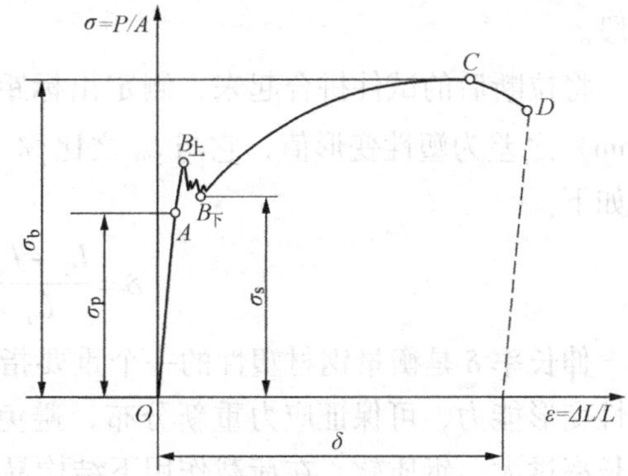

图 4-1 低碳钢受拉的应力—应变图

（2）屈服阶段

应力超过 *A* 点后，应力、应变不再成正比关系，开始出现塑性变形。应力增长滞后于应变的增长，当应力达到 $B_上$ 点后（上屈服点），瞬时下降至 $B_下$ 点（下屈服点），变形迅速增加，而此时外力则大致在恒定的位置上波动，直到 *B* 点。这就是所谓的“屈服现象”，似乎钢材不能承受外力而屈服，所以 *AB* 段称为屈服阶段。与 $B_下$ 点（此点较稳定，易测定）对应的应力称为屈服点（屈服强度），用 σ_s 表示。

屈服阶段表示钢材的性质由弹性转变为以塑性为主，这在实际应用上有重要意义。因为钢材受力大于屈服点后，会出现较大的塑性变形，尽管钢材尚未破坏，但因变形过大已不能满足使用要求，所以 σ_s 是钢材在工作状态下允许达到的应力值，即应力不超过 σ_s，钢材不会发生较大的塑性变形，故设计中一般以 σ_s 作为强度取值的依据。

（3）强化阶段

当应力超过屈服强度后，由于钢材内部组织中的晶格发生了畸变，阻止了晶格进一步滑移，钢材得到强化，所以钢材抵抗塑性变形的能力又重新提高，$B\rightarrow C$ 呈上升曲线，称为强化阶段。对应于最高点 *C* 的应力值（σ_b）称为极限抗拉强度，简称抗拉强度。

抗拉强度是钢材受拉时所能承受的最大应力值，抗拉强度在设计中虽然不像屈服点那样作为强度取值的依据，但屈服点与抗拉强度的比值（即屈强比 σ_s/σ_b）却能反映钢材的利用率和安全可靠程度。屈强比小，反映钢材在受力超过屈服点工作时的可靠程度大，因而结构的安全度高。但屈强比太小，钢材可利用的应力值小，钢材利用率低，造成钢材浪费；反之，若屈强比过大，虽然提高了钢材的利用率，但其安全度却降低了。实际工程中选用钢材时，应在保证结构安全可靠的情况下，尽量选用大的屈强比，以提高钢材的利用率。一般情况下，合理的屈强比 σ_s/σ_b 为 0.60 ~ 0.75。Q235 钢的屈强比为 0.58 ~ 0.63；普通低合金钢的屈强比为 0.65 ~ 0.75。

《混凝土结构工程施工质量验收规范》（GB 50204—2002）规定：对有抗震设防要求的框架结构，一、二级抗震等级的纵向受力钢筋，钢筋的抗拉强度实测值与屈服强度实测值的比值不应小于 1.25，钢筋的屈服强度实测值与强度标准值的比值不应大于 1.3。

(4) 颈缩阶段

试件受力达到最高点 C 点后，其抵抗变形的能力明显降低，变形迅速发展，应力逐渐下降，试件被拉长，在有杂质或缺陷处，断面急剧缩小，直至断裂。故 CD 段称为颈缩阶段。

将拉断后的试件拼合起来，测定出标距范围内的长度 L_1（mm），L_1 与试件原标距 L_0（mm）之差为塑性变形值，它与 L_0 之比称为伸长率（δ），如图 4-2 所示。伸长率的计算式如下：

$$\delta = \frac{L_1 - L_0}{L_0} \times 100\% \tag{4-1}$$

伸长率 δ 是衡量钢材塑性的一个重要指标，δ 越大，说明钢材的塑性越好。而一定的塑性变形能力，可保证应力重新分布，避免应力集中，从而钢材用于结构的安全性越大。伸长率过大，钢质软，在荷载作用下结构易产生较大的塑性变形，影响实际使用；伸长率过小，钢质硬脆，当结构受到超载作用时，钢材易断裂；塑性良好（伸长率在一定范围内）的钢材，即使在承受偶然超载时，钢材通过产生塑性变形而使其内部应力重新分布，从而克服了因应力集中而造成的危害。此外，对塑性良好的钢材，可以在常温下进行加工，从而得到不同形状的制品，并使其强度和塑性得到一定程度的改善。因此，在实际使用中，尤其受动荷载作用的结构，对钢材的塑性有较高的要求。

塑性变形在试件标距内的分布是不均匀的，颈缩处的变形最大，离颈缩部位越远其变形越小。所以原标距与直径之比越小，则颈缩处伸长值在整个伸长值中的比重越大，计算出来的 δ 值越大。通常以 δ_5 和 δ_{10} 分别表示 $L_0 = 5d_0$ 和 $L_0 = 10d_0$ 时的伸长率（d_0 为钢材直径）。对于同一钢材，$\delta_5 > \delta_{10}$。

中碳钢与高碳钢（硬钢）的拉伸曲线与低碳钢不同，屈服现象不明显，难以测定屈服点，则规定产生残余变形为原标距长度的 0.2% 时所对应的应力值，作为硬钢的屈服强度，也称条件屈服点，用 $\sigma_{0.2}$ 表示，如图 4-3 所示。

2. 冲击性能

冲击韧性是指钢材抵抗冲击荷载而不被破坏的能力。规范规定是以刻槽的标准试件，在冲击试验的摆锤冲击下，以破坏后缺口处单位面积上所消耗的功（J/cm^2）来表示，符号 α_K。如图 4-4 所示。α_K 越大，冲断试件消耗的能量越多，钢材的冲击韧性越好。

钢材的冲击韧性与钢的化学成分、冶炼与加工有关。一般来说，钢中的硫、磷含量较高，夹杂物以及焊接中形成的微裂纹等都会降低冲击韧性。此外，钢的冲击韧性还受温度和时间的影响。试验表明，开始时随温度的下降，冲击韧性降低很小，此时破坏的钢件断口呈韧性断裂状；当温度降至某一温度范围时，α_K 突然发生明显下降，如图 4-5 所示，钢材开始呈脆性断裂，这种性质称为冷脆性，发生冷脆性时的温度称为脆性临界温度。它的数值越低，钢材的低温冲击性能越好。所以在负温下使用的结构，应当选用脆性临界温度较低的钢材。由于脆性临界温度的测定较复杂，故规范中通常是根据气温条件规定 -20℃或 -40℃的负温冲击指标。

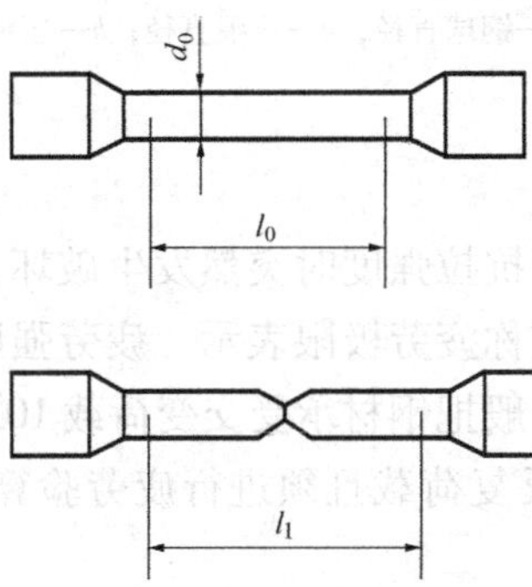

图 4-2 钢材拉伸试件图

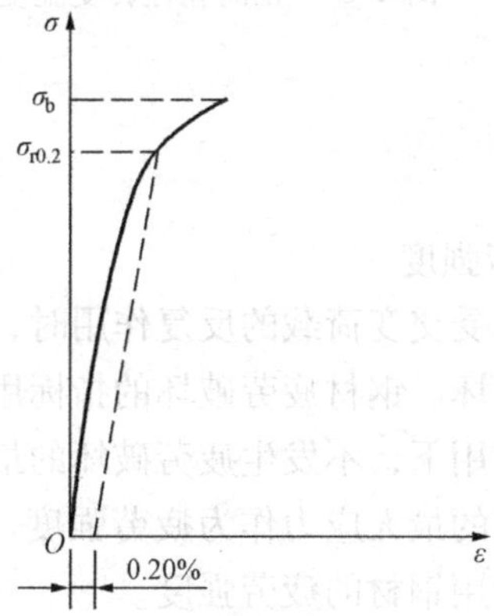

图 4-3 中碳钢、高碳钢的 $\sigma-\varepsilon$ 图

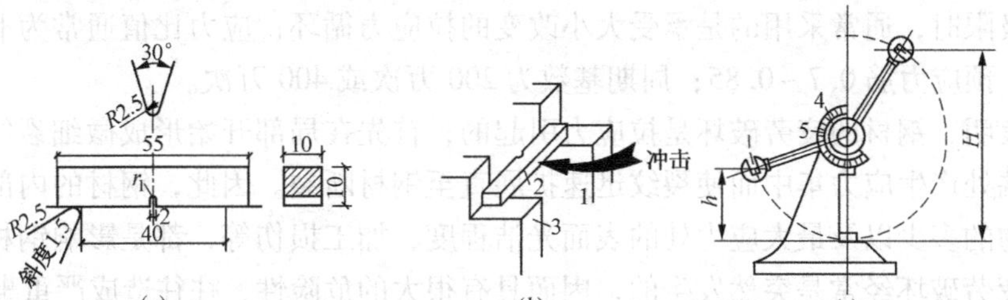

图 4-4 冲击韧性试验图

(*a*) 试件尺寸 (mm)；(*b*) 试验装置；(*c*) 试验机

1—摆锤；2—试件；3—试验台；4—指针；5—刻度盘；

H—摆锤扬起高度；*h*—摆锤向后摆动高度

钢材随时间的延长表现出强度提高，塑性和冲击韧性下降的现象称为时效。因时效作用，冲击韧性还将随时间的延长而下降。一般完成时效的过程可达数十年，但钢材如经冷加工或使用中受振动和荷载的影响，时效可迅速发展。因时效导致钢材性能改变的程度称时效敏感性。时效敏感性越大的钢材，经过时效后冲击韧性的降低就越显著。为了保证安全，对于承受动荷载的重要结构，应当选用时效敏感性小的钢材。

因此，对于直接承受动荷载，而且可能在负温下工作的重要结构，必须按照有关规范要求进行钢材的冲击韧性检验。

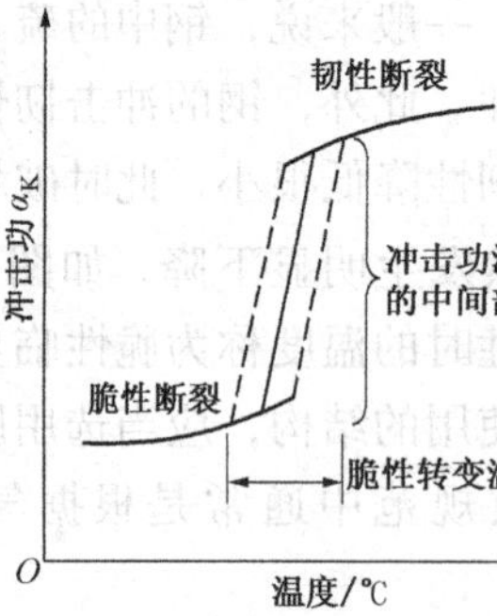

图4-5 钢的脆性转变温度

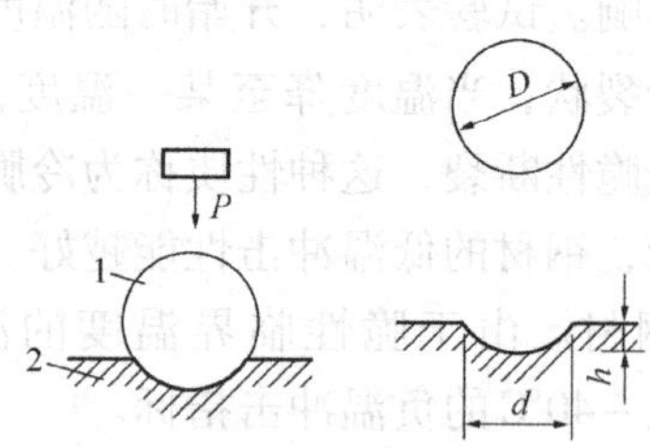

图4-6 布氏硬度试验原理图

1—钢球；2—试件；P—施加于钢球上的荷载；D—钢球直径；d—压痕直径；h—压痕深度

3. 疲劳强度

钢材承受交变荷载的反复作用时，可能在远低于抗拉强度时突然发生破坏，这种破坏称为疲劳破坏。钢材疲劳破坏的指标用疲劳强度，或称疲劳极限表示。疲劳强度是试件在交变应力作用下，不发生疲劳破坏的最大应力值，一般把钢材承受交变荷载$10^6 \sim 10^7$次时不发生破坏的最大应力作为疲劳强度。在设计承受反复荷载且须进行疲劳验算的结构时，应当了解所用钢材的疲劳强度。

测定疲劳强度时，应根据结构使用条件确定采用的循环类型（如拉—拉型、拉—压型等）、应力比值（最小与最大应力之比，又称应力特征值ρ）和周期基数。例如，测定钢筋的疲劳极限时，通常采用的是承受大小改变的拉应力循环；应力比值通常为非预应力筋0.1~0.8，预应力筋0.7~0.85；周期基数为200万次或400万次。

研究表明，钢材的疲劳破坏是拉应力引起的，首先在局部开始形成微细裂纹，其后由于裂纹尖端处产生应力集中而使裂纹迅速扩展直至钢材断裂。因此，钢材的内部成分的偏析和夹杂物的多少以及最大应力处的表面光洁程度、加工损伤等，都是影响钢材疲劳强度的因素。疲劳破坏经常是突然发生的，因而具有很大的危险性，往往造成严重事故。

4. 硬度

硬度是指金属材料抵抗硬物压入表面的能力，即材料表面抵抗塑性变形的能力。通常与抗拉强度有一定的关系。目前测定钢材硬度的方法很多，相应的有布氏硬度（HB）和洛氏硬度（HRC）。常用的方法是布氏法，其硬度指标是布氏硬度值。

布氏法的测定原理是：用直径为D（mm）的淬火钢球以P（N）的荷载将其压入试件表面，经规定的持续时间后卸载，即得直径为d（mm）的压痕，以压痕表面积F（mm^2）除荷载P，所得的应力值即为试件的布氏硬度值HB，以数字表示，不带单位。图4-6为布氏硬度测定示意图。

各类钢材的HB值与抗拉强度之间有较好的相关性。材料的强度越高，塑性变形抵抗力越强，硬度值也就越大。由试验得出当碳素钢的HB<175时，其抗拉强度与布氏硬度的经验关系式为$\sigma_b = 0.36HB$，HB>175时，其抗拉强度与布氏硬度的经验关系式为$\sigma_b = 0.35HB$。

根据这一关系，可以直接在钢结构上测出钢材的 HB 值，并估算该钢材的 σ_b。

建筑钢材常以屈服强度、抗拉强度、伸长率、冲击韧性等性质作为评定牌号的依据。

4.2.2 钢材的工艺性能

良好的工艺性能，可以保证钢材顺利通过各种加工，而使钢材制品的质量不受影响。冷弯、冷拉、冷拔及焊接性能均是建筑钢材的重要工艺性能。

1. 冷弯性能

冷弯性能是反映钢材在常温下受弯曲变形的能力。其指标是以试件弯曲的角度 α 和弯心直径对试件厚度（或直径）的比值（d/a）来表示，如图 4-7 和图 4-8 所示。

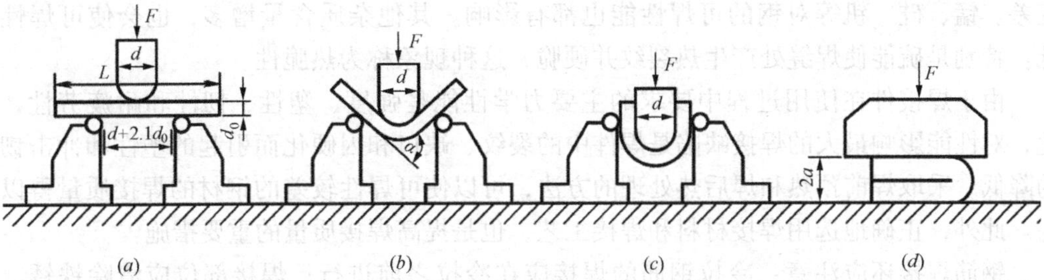

图 4-7 钢筋冷弯

（a）试件安装；（b）弯曲 90°；（c）弯曲 180°；（d）弯曲至两面重合

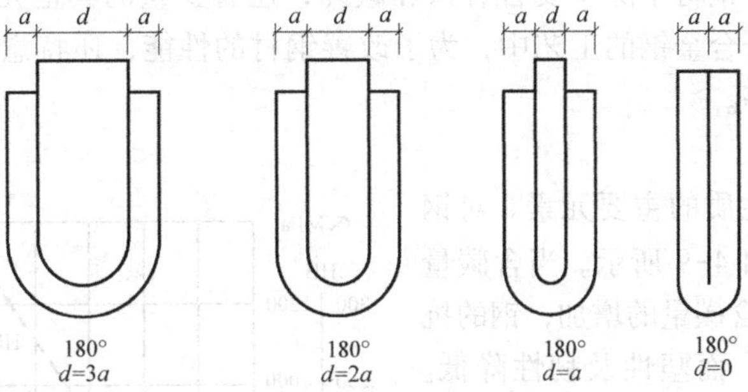

图 4-8 钢材冷弯规定弯心

试验时采用的弯曲角度越大，弯心直径对试件厚度（或直径）的比值越小，表示对冷弯性能的要求越高。冷弯检验是按规定的弯曲角度和弯心直径进行试验，试件的弯曲处不发生裂缝、裂断或起层，即认为冷弯性能合格。

相对于伸长率而言，冷弯是对钢材塑性更严格的检验，它能揭示钢材是否存在内部组织不均匀、内应力和夹杂物等缺陷。并且能揭示焊件在受弯表面存在未熔合、微裂纹及夹杂物等缺陷。

2. 焊接性能

焊接是各种型钢、钢板、钢筋的重要连接方式。建筑工程的钢结构有 90% 以上是焊接结构。焊接结构质量取决于焊接工艺、焊接材料及钢材本身的焊接性能，焊接性能好的钢材，焊口处不易形成裂纹、气孔、夹渣等缺陷；焊接后的焊头牢固，硬脆倾向小，特别是强度不低于原有钢材。

钢材的焊接方法主要有两种：钢结构焊接用的电弧焊和钢筋连接用的接触对焊。焊接过程的特点是：在很短的时间内达到很高的温度；钢件熔化的体积小；由于钢件传热快，冷却的速度也快，所以存在剧烈的膨胀和收缩。因此，在焊件中常发生复杂的、不均匀的反应和变化，使焊件易产生变形、内应力组织的变化和局部硬脆倾向等缺陷。对可焊性良好的钢材，焊接后焊缝处的性质应尽可能与母材一致，这样才能获得焊接牢固可靠、硬脆倾向小的效果。

钢的可焊性能主要受其化学成分及含量的影响。当含碳量超过0.3%后，钢的可焊性变差。锰、硅、钒等对钢的可焊性能也都有影响。其他杂质含量增多，也会使可焊性降低。特别是硫能使焊缝处产生热裂纹并硬脆，这种现象称为热脆性。

由于焊接件在使用过程中要求的主要力学性能是强度、塑性、韧性和耐疲劳性，因此，对性能影响最大的焊接缺陷是焊件中的裂纹、缺口和因硬化而引起的塑性和冲击韧性的降低。采取焊前预热和焊后热处理的方法，可以使可焊性较差的钢材的焊接质量得以提高。此外，正确地选用焊接材料和焊接工艺，也是提高焊接质量的重要措施。

钢筋焊接还应注意：冷拉钢筋的焊接应在冷拉之前进行；焊接部位应清除铁锈、熔渣、油污等；应尽量避免不同国家的进口钢筋之间或进口钢筋与国产钢筋之间的焊接。

4.2.3 钢材的化学性能

钢是铁碳合金，钢材中除主要含有铁和碳外，还有少量的其他元素，如硅、硫、磷、氧等，另外，在生产合金钢的工艺中，为了改善钢材的性能，还特意加入一些化学元素，如锰、硅、矾、钛等。

1. 碳

碳是决定钢材性质的主要元素。对钢材力学性质影响如图4-9所示。当含碳量低于0.8%时，随着含碳量的增加，钢的抗拉强度和硬度提高，而塑性及韧性降低。同时，还将使钢的冷弯、焊接及抗腐蚀等性能降低，并增加钢的冷脆性和时效敏感性。但当含碳量大于1%时，强度开始下降，钢中含碳量的增加，焊接时焊缝附近的热影响区组织和性能变化大，容易出现局部硬脆倾向，而使钢的可焊性降低。当含碳量超过0.3%时，钢的可焊性将显著下降。含碳量增大，将增加钢的冷脆性和时效倾向，而且降低抵抗大气腐蚀的能力。

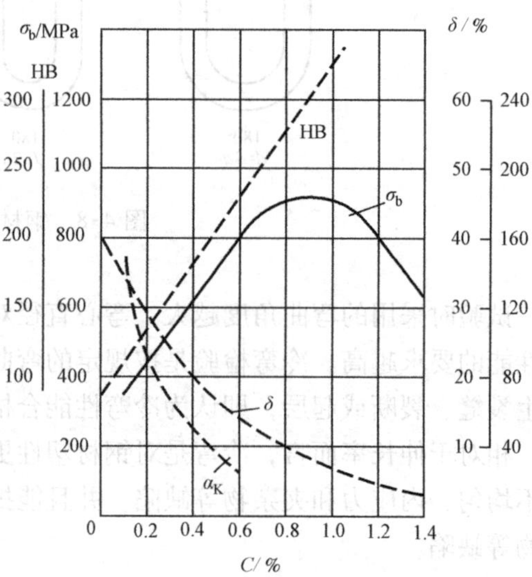

图4-9 含碳量对热轧碳素钢的影响

2. 磷

磷是碳素钢的有害杂质，主要来源于

炼钢用的原料。钢的含磷量提高时,钢的强度提高,塑性和韧性显著下降。温度越低,对塑性和韧性的影响越大。此外,磷在钢中的分布不均匀,偏析严重,使钢的冷脆性显著增大,焊接时容易产生冷裂纹,使钢的可焊性显著降低。因此,在碳素钢中对磷的含量有严格要求。

磷可以提高钢的耐磨性和耐蚀性,在普通低合金钢中,可配合其他元素加以利用。

3. 硫

硫也是钢的有害杂质,来源于炼钢原料,以硫化铁夹杂物的形式存在于钢中,能降低钢的各种力学性能。由于硫化铁的熔点低,当钢在红热状态下进行热加工或焊接时,易使钢材内部产生裂纹,引起钢材断裂,这种现象称为热脆性。热脆性将大大降低钢的热加工性能与可焊性能。硫还能降低钢的冲击韧性、疲劳强度和抗腐蚀性。因此,碳素钢中对硫的含量有严格限制。

4. 氧、氮

氧多以氧化铁的形式存在于钢中的非金属夹杂物中,降低各种机械性能,尤其是韧性降低显著。氧化物所造成的低熔点也使钢的可焊性降低,而且氧有促进时效倾向的作用,故氧在钢中的含量应有所限制。氮是在炼钢过程中随空气进入钢水中而存留下来的元素。它可以提高钢的屈服点、抗拉强度和硬度,但使其塑性特别是韧性显著降低。氮还加剧钢材的时效敏感性和冷脆性,降低可焊性,也使冷弯性能变差,故应限制其含量。若在钢中加入少量铝、钒、钛等元素,并使其变为氮化物,可减少氮的不利影响,得到强度较高的细粒结构钢。

5. 硅、锰

硅和锰是在炼钢时为了脱氧去硫而有意加入的元素。硅是钢的主要合金元素,含量在1%以内,可提高强度,对塑性和韧性没有明显影响。但含硅量超过1%时,冷脆性增加,可焊性变差。锰能消除钢的热脆性,改善热加工性能,显著提高钢的强度,但其含量不得大于1%,否则可降低塑性及韧性,可焊性变差。

6. 铝、钛、钡、铌

以上元素均是炼钢时的强脱氧剂,能提高钢材强度,改善韧性和可焊性,是常用的合金元素。

4.2.4 钢材生锈及防护

钢材的锈蚀,指其表面与周围介质发生化学反应或电化学作用而遭到侵蚀而破坏的过程。

钢材在存放中严重锈蚀,不仅截面积减小,而且局部锈坑的产生,可造成应力集中,促进结构破坏。尤其在有冲击载荷、循环交变荷载的情况下,将产生锈蚀疲劳现象,使疲劳强度大为降低,出现脆性断裂。

根据钢材表面与周围介质的不同作用,锈蚀可分为下述两类:

1. 化学锈蚀

化学锈蚀指钢材表面与周围介质直接发生反应而产生锈蚀。这种腐蚀多数是氧气作用,在钢材的表面形成疏松的氧化物。在常温下,钢材表面被氧化,形成一层薄薄的、钝化能力很弱的氧化保护膜,在干燥环境下化学腐蚀进展缓慢,对保护钢筋是有利的。但在湿度和温度较高的条件下,这种腐蚀进展很快。

2. 电化学锈蚀

建筑钢材在存放和使用中发生的锈蚀主要属于这一类。例如，存放在湿润空气中的钢材，表面被一层电解质水膜所覆盖。由于表面成分、晶体组织不同、受力变形、平整度差等的不均匀性，使邻近局部产生电极电位的差别，构成许多微电池，在阳极区，铁被氧化成 Fe^{2+} 离子进入水膜中。由于水中溶有来自空气的氧，故在阴极区氧将被还原为 OH^- 离子。两者结合成为不溶于水的 $Fe(OH)_2$，并进一步氧化成为疏松易剥落的红棕色铁锈 $Fe(OH)_3$。因为水膜离子浓度提高，阴极放电快，锈蚀进行较快，故在工业大气的条件下，钢材较容易锈蚀。钢材锈蚀时，伴随休积增大，最严重的可达原体积的6倍。在钢筋混凝土中，会使周围的混凝土胀裂。

埋于混凝土中的钢筋，因处于碱性介质的条件（新浇混凝土的 pH 值约为 12.5 或更高），而形成碱性氧化保护膜，故不致锈蚀。但应注意，当混凝土保护层受损后碱度降低，或锈蚀反应将强烈地为一些卤素离子，特别是氯离子所促进，对保护钢筋是不利的，它们能破坏保护膜，使锈蚀迅速发展。

3. 钢材的防锈

（1）保护层法

在钢材表面施加保护层，使钢与周围介质隔离，从而防止生锈。保护层可分为金属保护层和非金属保护层。

金属保护层是用耐蚀性较强的金属，以电镀或喷镀的方法覆盖钢材表面，如镀锌、镀锡、镀铬等。

非金属保护层是用有机或无机物质作保护层。常用的是在钢材表面涂刷各种防锈涂料，常用底漆有红丹、环氧富锌漆、铁红环氧底漆、磷化底漆等；面漆有灰铅油、醇酸磁漆、酚醛磁漆等。此外还可采用塑料保护层、沥青保护层及搪瓷保护层等，薄壁钢材可采用热浸镀锌或镀锌后加涂塑料涂层，这种方法效果最好，但价格较高。

涂刷保护层之前，应先将钢材表面的铁锈清除干净，目前一般的除锈方法有三种：钢丝刷除锈、酸洗除锈及喷砂除锈。

钢丝刷除锈采取人工用钢丝刷或半自动钢丝刷将钢材表面的铁锈全部刷去，直至露出金属表面为止。这种方法的工作效率较低，劳动条件差，除锈质量不易保证。酸洗除锈是将钢材放入酸洗槽内，分别除去油污，铁锈，直至构件表面全呈铁灰色，并清除干净，保证表面无残余酸液。这种方法较人工除锈彻底，工效亦高。若酸洗后作磷化处理，则效果更好。喷砂除锈是将钢材通过喷砂机将其表面的铁锈清除干净，直至金属表面呈灰白色为止，不得存在黄色。这种方法除锈比较彻底，效率亦高，在较发达的国家中已普及采用，是一种先进的除锈方法。

（2）制成合金钢

钢材的化学性能对耐锈蚀性有很大影响。如在钢中加入合金元素铬、镍、钛、铜等，制成不锈钢，可以提高耐锈蚀能力。

4.2.5 钢材的冷加工强化及时效处理

1. 冷加工强化处理

冷加工强化是钢材在常温下，以超过其屈服点但不超过抗拉强度的应力对其进行的加工。建筑钢材常用的冷加工有冷拉、冷拔、冷轧、刻痕等。对钢材进行冷加工的目的，主要是利用时效提高强度，利用塑性节约钢材，同时也达到调直和除锈的目的。

钢材在超过弹性范围后，产生明显的塑性变形，使强度和硬度提高，而塑性和韧性下降，即发生了冷加工强化。在一定范围内，冷加工导致的变形程度越大，屈服强度提高越多，塑性和韧性降低得越多。

建筑工地或预制构件厂常利用该原理对钢筋或低碳盘条按一定的方法进行冷拉或冷拔加工，以提高屈服强度，节约钢材。

（1）冷拉

是将热轧钢筋用冷拉设备加力进行张拉，使之伸长。钢材经冷拉后，屈服强度可提高20%~30%，可节约钢材10%~20%，钢材经冷拉后屈服阶段缩短，伸长率降低，材质变硬。

（2）冷拔

将光圆钢筋通过硬质合金拔丝模孔强行拉拔。每次拉拔断面缩小应在10%以下。钢筋在冷拔过程中，不仅受拉，同时还受到挤压作用，因而拉拔的作用比纯冷拉作用强烈。经过一次或多次冷拔后的钢筋，表面光洁度高，屈服强度提高40%~60%，但塑性大大降低，具有硬钢的性质。

钢筋冷拉后，不仅可以提高屈服点和抗拉强度20%~25%，而且还可以简化施工工艺；圆盘钢筋可使开盘、矫直、冷拉三道工序一次完成；直条钢筋则可使矫直、冷拉一次完成，并使钢筋锈皮自行脱落。

2. 时效

钢材随时间的延长，其强度、硬度提高，而塑性、冲击韧性降低的现象称为时效。分为自然时效和人工时效两种。自然时效是将其冷加工后，在常温下放置15~20d；人工时效是将冷加工后的钢材加热至100~200℃保持2h以上。经过时效处理后的钢材，其屈服强度、抗拉强度及硬度都将提高，而塑性和韧性降低。

在建筑工程中，对于承受冲击荷载、振动荷载、起重机的吊钩等部位的钢材，不得采用冷加工钢材。因焊接的热影响会降低焊接区域钢材的性能，因此冷加工钢材的焊接必须在冷加工前进行，不得在冷拉后进行。

4.3 常用建筑钢材

［本节要点］

混凝土用钢；

钢结构用钢。

［关键概念］

热轧、冷轧；

光圆、带肋。

建筑钢材可分为钢筋混凝土用钢筋和钢结构用型钢。

目前钢筋混凝土结构用钢主要有：热轧钢筋、冷轧带肋钢筋、冷轧扭钢筋、冷拉热轧钢筋、冷拔低碳钢丝和预应力混凝土用钢丝及钢绞线等。

4.3.1 钢筋混凝土用钢材

1. 热轧钢筋

混凝土结构用热轧钢筋有较高的强度，具有一定的塑性、韧性、可焊性。热轧钢筋主要有用 Q235 和 Q300 轧制的光圆钢筋和用合金钢轧制的带肋钢筋两类。

为使我国钢筋标准与国际接轨，《钢筋混凝土用钢　第2部分热轧带肋钢筋》（GB 1499.2—2007）规定，热轧带肋钢筋的牌号由 HRB 和屈服点最小值构成。H、R 和 B 分别为热轧（Hot rolled）、带肋（Ribbed）和钢筋（Bars）三个词的英文首位字母。热轧带肋钢筋分为 HRB335、HRB400 和 HRB500 三个牌号。新标准取消了原Ⅶ级 RL 钢筋，增加了 HRB500 钢筋，调整了 HRB335、HRB400 及钢筋的性能要求，补充了 HRB500 钢筋的性能要求。为更好地满足建筑功能的要求，对混凝土结构材料的要求趋向高强度（轻质）、良好的工程性能（可加工性等）和耐久性。混凝土从常用的 C20 ~ C30 发展到 C40 ~ C60 或更高，钢筋的抗拉强度从几百兆帕发展到上千兆帕（预应力钢绞线 $f_{ptk} = 1860\text{N/mm}^2$）。但必须要有相应条件采用高强材料才会有高的建筑功能效果和显著的经济效益。由表 4-1 可知，不同强度级别的钢筋仍是混凝土结构所必不可少的钢种。尤其是根据我国的实际情况，仍需大量碳素结构钢（即Ⅰ级钢筋）。特别是小直径的圆盘条，仍是技术成熟、经济性较好的钢筋品种。因此，不能以强度级别或某项性能指标作为选择钢筋的唯一标准。钢筋的强度级别和规格应根据市场的需求系列化生产和发展。

混凝土结构常用钢筋强度等级　　　　表 4-1

标准		牌号	屈服强度/（N/mm²）	抗拉强度/（N/mm²）	伸长率/%
中国标准	GB 1499.1-2008	HPB235	≥235	≥370	$\delta_5 \geq 25$
		HPB300	≥300	≥420	
	GB 1499.2—2007	HRB335	≥335	≥455	$\delta_5 \geq 17$
		HRB400	≥400	≥540	$\delta_5 \geq 16$
		HRB500	≥500	≥630	$\delta_5 \geq 15$
国际标准	ISO 6935—1:1991（E）	PB240	240（上屈服）	264	$\delta_5 = 20$
		PB300	300（上屈服）	330	$\delta_5 = 16$
	ISO 6935—2:1991（E）	RB300	300（上屈服）	330	$\delta_5 = 16$
		RB400	400（上屈服）	440	$\delta_5 = 14$
		RB500	500（上屈服）	550	$\delta_5 = 14$

对钢筋的分类或定义，不同的划分标准有不同定义。与混凝土结构设计直接相关的是按屈服强度和抗拉强度分为热轧钢筋 HPB235、HPB300、HRB335、HRB400、HRB500。

级别越大强度越高。而以钢筋的塑性区分为“硬钢”和“软钢”，以生产方式不同分为冷加工和热轧钢筋。

钢筋的弯曲性能应按表 4-2 规定的弯心直径弯 180°后，钢筋受弯曲部位表面不得产生裂纹。

钢筋的工艺性能 **表 4-2**

牌　号	公称直径 d/mm	弯曲试验　弯心直径
HRB335	6～25	3a
	28～50	4a
HRB400	6～25	4a
	28～50	5a
HRB500	6～25	5a
	28～50	6a

2. 冷轧带肋钢筋

热轧圆盘条经冷轧后，在其表面带有沿长度方向均匀分布的三面或两面横肋，即成为冷轧带肋钢筋。钢筋冷轧后允许进行低温回火处理。根据《冷轧带肋钢筋》（GB 13788-2008）规定，冷轧带肋钢筋按抗拉强度分为四个牌号，分别为 CRB550、CRB650、CRB800、CRB970。C、R、B 分别为冷轧、带肋、钢筋三个词的英文首位字母，数值为抗拉强度的最小值。冷轧带肋钢筋的力学性能及工艺性能见表 4-3。与冷拔碳钢丝相比较，冷轧带肋钢筋具有强度高、塑性好，与混凝土粘结牢固，节约钢材，质量稳定等优点。CRB550 宜用作普通钢筋混凝土结构；其他牌号宜用在预应力混凝土中。

冷轧带肋钢筋克服了冷拉、冷拔钢筋握裹力低的缺点，同时具有与冷拉、冷拔相近的强度，因此在中、小型预应力混凝土结构构件和普通混凝土结构构件中得到了越来越广泛的应用。

3. 冷轧扭钢筋

随着建筑工程中混凝土强度的提高，对钢筋强度的要求也要相应提高。我国自 1979 年开始研制冷轧扭钢筋，历经三次较大的材料性能改进，目前已统一规格型号，优化了性能指标，并编制了《冷轧扭钢筋混凝土构件技术规程》（JGJ 115-2006）和《冷轧扭钢筋》（JG 190-2006），为全国更广泛地应用好冷轧扭钢筋创造了条件。

冷轧带肋钢筋的力学性能表 **表 4-3**

级别代码	屈服点 σ_s/MPa≥	抗拉强度 σ_b/MPa≥	伸长率/% ≥ δ_{10}	伸长率/% ≥ δ_{100}	弯曲试验 (180°)	反复弯曲次数	应力松弛 $\sigma=0.7\sigma_b$ 1000h≤%
CRB550	500	550	8.0	—	$D=3d$	—	—
CRB650	585	650	—	4.0	—	3	8
CRB800	720	800	—	4.0	—	3	8
CRB970	875	970	—	4.0	—	3	8

冷轧扭钢筋是用低碳钢热轧圆盘条，经专用钢筋冷轧扭机调直、冷轧并冷扭（或冷滚）一次成形，具有规定截面形状和节距的连续螺旋状钢筋。冷轧扭钢筋力学性能和工艺性能指标见表4-4。

冷轧扭钢筋按其截面形状（见图4-10）不同分为三种类型：近似矩形截面为Ⅰ型；近似正方形截面为Ⅱ型；近似圆形截面为Ⅲ型。

冷轧扭钢筋按其强度级别不同分为二级：550级、650级。

冷轧扭钢筋力学性能和工艺性能指标 **表4-4**

强度级别	型 号	抗拉强度 σ_b/（N/mm²）	伸长率 A/%	180°弯曲试验（弯心直径=3d）	应力松弛率/%（当 $\sigma_{con}=0.7f_{ptk}$）	
					10h	1000h
CTB550	Ⅰ	≥550	$A_{11.3}\geq4.5$	受弯曲部位钢筋表面不得产生裂纹	—	—
	Ⅱ	≥550	$A\geq10$		—	—
	Ⅲ	≥550	$A\geq12$		—	—
CTB650	Ⅲ	≥650	$A_{100}\geq4$		≤5	≤8

注：1. d为冷轧扭钢筋标志直径。

2. A、$A_{11.3}$分别表示以标距$5.56\sqrt{S_0}$或$11.3\sqrt{S_0}$（S_0为试样原始截面面积）的试样拉断伸长率，A_{100}表示标距为100mm的试样拉断伸长率。

3. σ_{con}为预应力钢筋张拉控制应力；f_{ptk}为预应力冷轧扭钢筋抗拉强度标准值。

生产冷轧扭钢筋的原材料应选用符合GB/T 701规定的低碳钢热轧圆盘条。采用低碳钢的牌号应为Q235或Q215。当采用Q215牌号时，其碳的含量不应低于0.12%。

4. 冷拉钢筋

冷拉钢筋是用热轧钢筋加工而成。钢筋在常温下经过冷拉可达到除锈、调直、提高强度、节约钢材的目的。

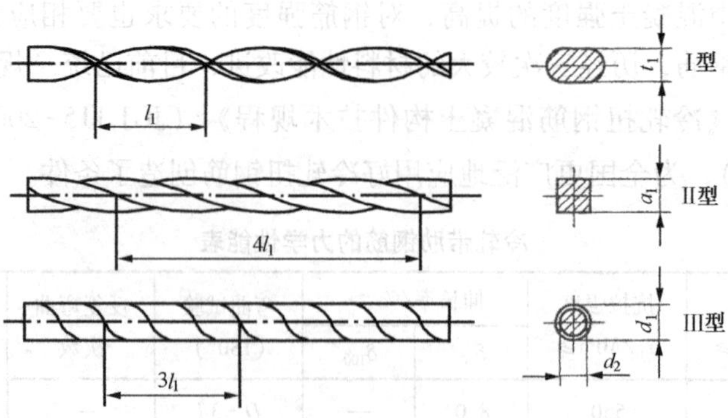

图4-10 冷轧扭钢筋形状及截面控制尺寸

热轧钢筋经冷拉和时效处理后，其屈服点和抗拉强度提高，但塑性、韧性有所降低。为了保证冷拉钢材质量，而不使冷拉钢筋脆性过大，冷拉操作应采用双控法，即控制冷拉率和冷拉应力，如冷拉至控制应力而未超过控制冷拉率，则属合格，若达到控制冷拉率，未达到控制应力，则钢筋应降级使用。

冷拉钢筋技术性质应符合表 4-5 的要求。

5. 钢丝与钢绞线

(1) 钢丝

将直径为6.5~8mm 的 Q235 圆盘条，在常温下通过截面小于钢筋截面的钨合金拔丝模，以强力拉拔工艺拔制成直径为3mm、4mm 或5mm 的圆截面钢丝，称为冷拔低碳钢丝。

冷拉钢筋的力学性能　　表 4-5

钢筋级别	钢筋直径/mm	屈服强度/MPa	抗拉强度/MPa	伸长率 δ_{10}/%	冷弯	
		≥			弯曲角度	弯曲直径
Ⅰ级	≤12	280	370	11	180°	3d
Ⅱ级	≤25	450	510	10	90°	3d
	28~40	430	490	10	90°	4d
Ⅲ级	8~40	500	570	8	90°	5d
Ⅳ级	10~28	700	835	6	90°	5d

冷拔低碳钢丝的性能与原料强度和引拔后的截面总压缩率有关。其力学性能应符合国家标准的规定，见表 4-6。由于冷拔低碳钢丝的塑性大幅度下降，硬脆性明显，目前，已限制该类钢丝的一些应用。

冷拔低碳钢丝按力学性能分为甲级和乙级两种。甲级钢丝为预应力钢丝，按其抗拉强度分为Ⅰ级和Ⅱ级，适用于一般工业与民用建筑中的中小型冷拔钢丝先张法预应力构件的设计与施工。乙级为非预应力钢丝，主要用作焊接骨架、焊接网、架立筋、箍筋和构造钢筋。

用作预应力混凝土构件的钢丝，应逐盘取样进行力学性能检验，凡伸长率不合格者，不准用于预应力混凝土构件。

冷拔低碳钢丝力学性能（JC/T540—2006）　　表 4-6

项次	钢丝级别	直径/mm	抗拉强度/MPa		伸长率/%（标距100mm）	反复弯曲（180°）次数
			Ⅰ组	Ⅱ组		
			≥			
1	甲	5.0	650	600	3	4
		4.0	700	650	2.5	
2	乙	3.0、4.0、5.0、6.0	550		2	4

注：1. 甲级钢丝采用符合Ⅰ级热轧钢筋标准的圆盘条冷拔值。

2. 预应力冷拔低碳钢丝经机械调直后，抗拉强度标准值降低 50MPa。

(2) 钢绞线

预应力钢绞线一般是用7根钢丝在绞线机上以一根钢丝为中心，其余6根钢丝围绕着进行螺旋状绞合，再经低温回火制成（见图4-11）。

钢绞线具有强度高、与混凝土粘结性能好、断面面积大、使用根数少，在结构中排列布置方便、易于锚固等优点，多用于大跨度结构、重载荷的预应力混凝土结构中。

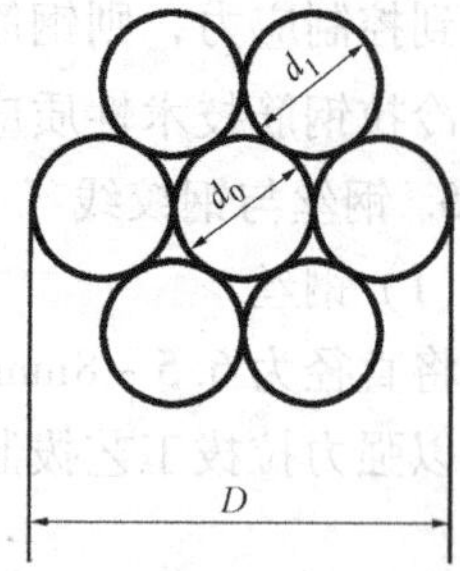

图4-11 预应力钢绞线截面图
D—钢绞线直径；d_0—中心钢丝直径；d_1—外层钢丝直径

4.3.2 钢结构用钢材

1. 普通碳素结构钢

普通碳素结构钢简称碳素结构钢。它包括一般结构钢和工程用热轧钢板、钢带、型钢等。《碳素结构钢》（GB/T 700—2006）具体规定了它的牌号表示方法、代号和符号、技术要求、试验方法和检验规则等。

(1) 牌号表示方法

标准中规定：碳素结构钢按屈服点的数值（MPa）分为195、215、235、255和275共5种；按硫磷杂质的含量由多到少分为A、B、C和D 4个质量等级；按照脱氧程度不同分为特殊镇静钢（TZ）、镇静钢（Z）和沸腾钢（F）。钢的牌号由代表屈服点的字母Q、屈服点数值、质量等级和脱氧程度四个部分按顺序组成。对于镇静钢和特殊镇静钢，在钢的牌号中予以省略。如Q235-A·F，表示屈服点为235MPa的A级沸腾钢；Q235-C表示屈服点为235MPa的C级镇静钢。

(2) 技术要求

碳素结构钢的技术要求包括化学成分、力学性能、冶炼方法、交货状态及表面质量五个方面，碳素结构钢的化学成分、力学性能和冷弯性能试验指标应分别符合表4-7、表4-8、表4-9的要求。

碳素结构钢的化学成分（GB/T 700—2006） **表4-7**

牌号	等级	化学成分（质量分数）/%，不大于					脱氧方法
		C	Mn	Si	S	P	
Q195	—	0.12	0.50	0.30	0.040	0.035	F、Z
Q215	A	0.15	1.20	0.35	0.050	0.045	F、Z
	B				0.045		
Q235	A	0.22	1.40	0.35	0.050	0.045	F、Z
	B	0.20			0.045		
	C	0.17			0.040	0.040	Z
	D				0.035	0.035	TZ
Q275	A	0.24	1.50	0.35	0.050	0.045	F、Z
	B	0.21或0.22			0.045		Z
	C	0.20			0.040	0.040	Z
	D				0.035	0.035	TZ

注：经需方同意，Q235B的碳含量可不大于0.22%。

碳素结构钢的冶炼方法采用氧气转炉、平炉或电炉。一般为热轧状态交货，表面质量也应符合有关规定。

(3) 钢材的性能

从表4-8和表4-9中可知，钢材随钢号的增大，碳含量增加，强度和硬度相应提高，而塑性和韧性则降低。

建筑工程中应用广泛的是Q235号钢。其含碳量为0.14%～0.22%，属低碳钢，具有较高的强度，良好的塑性、韧性及可焊性，综合性良好，能满足一般钢结构和钢筋混凝土用钢要求，且成本较低。在钢结构中主要使用Q235钢轧制成的各种型钢、钢板。

碳素结构钢的力学性能（GB/T 700-2006） **表4-8**

牌号	等级	拉伸试验													冲击试验	
		屈服点 σ_s/MPa						抗拉强度 σ_b/MPa	伸长率 δ_5/%						温度/℃	V形冲击功（纵向）/J
		钢材厚度（或直径）/mm							钢材厚度（直径）/mm							
		≤16	>16～40	>40～60	>60～100	>100～150	>150～200		≤40	>40～60	>60～100	>100～150	>150			
		≥							≥							≥
Q195	—	195	185	—	—	—	—	315～430	33	—	—	—	—		—	—
Q215	A	215	205	195	185	175	165	335～450	31	30	29	27	26		—	—
	B														+20	27
Q235	A	235	225	215	215	195	185	375～500	26	25	24	22	21		—	—
	B														+20	27
	C														0	
	D														−20	
Q275	A	275	265	255	245	225	215	410～540	22	21	20	18	17		—	—
	B														+20	27
	C														0	
	D														−20	

碳素结构钢的冷弯试验指标（GB/T 700-2006） **表4-9**

牌号	试样方向	冷弯试验 $B=2a$ 180°	
		钢材厚度（或直径）/mm	
		≤60	>60～100
		弯心直径 d	
Q195	纵	0	—
	横	0.5a	
Q215	纵	0.5a	1.5a
	横	a	2a
Q235	纵	a	2a
	横	1.5a	2.5a
Q275	纵	1.5a	2.5a
	横	2a	3a

注：B为式样宽度，a为钢材厚度（或直径）。

Q195、Q215号钢，强度低，塑性和韧性较好，易于冷加工，常用作钢钉、铆钉、螺栓及铁丝等。Q215号钢经冷加工后可代替Q235号钢使用。

Q275号钢，强度较高，但塑性、韧性较差，可焊性也差，不易焊接和冷弯加工，可用于轧制钢筋、作螺栓配件等，但更多用于机械零件和工具等。

2. 低合金高强度结构钢

低合金高强度结构钢是在碳素结构钢的基础上，添加少量的一种或几种合金元素（总含量小于5%）的一种结构钢。尤其近年来研究采用铌、钒、钛及稀土金属微合金化技术，不但大大提高了强度，改善了各项物理性能，而且降低了成本。

（1）牌号的表示方法

根据《低合金高强度结构钢》（GB/T 1591-2008）的规定，共有八个牌号。所加元素主要有锰、硅、钒、钛、铌、铬、镍及稀土元素。其牌号的表示方法由屈服点字母Q、屈服点数值、质量等级（A、B、C、D和E五个等级）三个部分组成。

（2）技术要求

标准与选用低合金高强度结构钢的化学成分、力学性能见表4-10、表4-11。

低合金高强度结构钢的化学成分（GB/T 1591-2008） **表4-10**

牌号	质量等级	化学成分/%										
		C≤	Mn≤	Si≤	P≤	S≤	V≤	Nb≤	Ti≤	Al≥	Cr≤	Ni≤
Q345	A	0.20	1.70	0.50	0.035	0.035	0.15	0.07	0.20	—	0.30	0.50
	B	0.20	1.70	0.50	0.035	0.035	0.15	0.07	0.20	—	0.30	0.50
	C	0.20	1.70	0.50	0.030	0.030	0.15	0.07	0.20	0.015	0.30	0.50
	D	0.18	1.70	0.50	0.030	0.025	0.15	0.07	0.20	0.015	0.30	0.50
	E	0.18	1.70	0.50	0.025	0.020	0.15	0.07	0.20	0.015	0.30	0.50
Q390	A	0.20	1.70	0.50	0.035	0.035	0.20	0.07	0.20	—	0.30	0.50
	B	0.20	1.70	0.50	0.035	0.035	0.20	0.07	0.20	—	0.30	0.50
	C	0.20	1.70	0.50	0.030	0.030	0.20	0.07	0.20	0.015	0.30	0.50
	D	0.20	1.70	0.50	0.030	0.025	0.20	0.07	0.20	0.015	0.30	0.50
	E	0.20	1.70	0.50	0.025	0.020	0.20	0.07	0.20	0.015	0.30	0.50
Q420	A	0.20	1.70	0.50	0.045	0.045	0.20	0.07	0.20	—	0.30	0.80
	B	0.20	1.70	0.50	0.040	0.040	0.20	0.07	0.20	—	0.30	0.80
	C	0.20	1.70	0.50	0.035	0.035	0.20	0.07	0.20	0.015	0.30	0.80
	D	0.20	1.70	0.50	0.030	0.030	0.20	0.07	0.20	0.015	0.30	0.80
	E	0.20	1.70	0.50	0.025	0.025	0.20	0.07	0.20	0.015	0.30	0.80
Q460	C	0.20	1.80	0.60	0.030	0.030	0.20	0.11	0.20	0.015	0.30	0.80
	D	0.20	1.80	0.60	0.030	0.025	0.20	0.11	0.20	0.015	0.30	0.80
	E	0.20	1.80	0.60	0.025	0.020	0.20	0.11	0.20	0.015	0.30	0.80
Q500	C	0.18	1.80	0.60	0.030	0.030	0.12	0.11	0.20	0.015	0.60	0.80
	D	0.18	1.80	0.60	0.030	0.025	0.12	0.11	0.20	0.015	0.60	0.80
	E	0.18	1.80	0.60	0.025	0.020	0.12	0.11	0.20	0.015	0.60	0.80

续表

牌 号	质量等级	化学成分/%										
		C≤	Mn≤	Si≤	P≤	S≤	V≤	Nb≤	Ti≤	Al≥	Cr≤	Ni≤
Q550	C	0.18	2.00	0.60	0.030	0.030	0.12	0.11	0.20	0.015	0.80	0.80
	D	0.18	2.00	0.60	0.030	0.025	0.12	0.11	0.20	0.015	0.80	0.80
	E	0.18	2.00	0.60	0.025	0.020	0.12	0.11	0.20	0.015	0.80	0.80
Q620	C	0.18	2.00	0.60	0.030	0.030	0.12	0.11	0.20	0.015	1.00	0.80
	D	0.18	2.00	0.60	0.030	0.025	0.12	0.11	0.20	0.015	1.00	0.80
	E	0.18	2.00	0.60	0.025	0.020	0.12	0.11	0.20	0.015	1.00	0.80
Q690	C	0.18	2.00	0.60	0.030	0.030	0.12	0.11	0.20	0.015	1.00	0.80
	D	0.18	2.00	0.60	0.030	0.025	0.12	0.11	0.20	0.015	1.00	0.80
	E	0.18	2.00	0.60	0.025	0.020	0.12	0.11	0.20	0.015	1.00	0.80

注：表中的 Al 为全铝含量。如化验酸溶铝时，其含量应不小于 0.010%。

低合金高强度结构钢的力学性能（GB/T 1591-2008）　表 4-11

牌 号	质量等级	屈服点 σ_s/MPa 厚度（直径、边长）/mm				抗拉强度（≤40mm）σ_b/MPa	伸长率 δ_s/%（≤40mm）	冲击功（A_{kv}）（纵向）/J				180°弯曲试验 d=弯心直径 a=试样厚度（直径） 钢材厚度（直径）/mm	
		≤16	>16~40	>40~63	>63~80			+20℃（12~150mm）	0℃（12~150mm）	-20℃（12~150mm）	-40℃（12~150mm）	≤16	>16~100
Q345	A	≥345	≥335	≥325	≥315	470~630	≥20	—	—	—	—	d=2a	d=3a
	B	≥345	≥335	≥325	≥315	470~630	≥20	≥34	—	—	—	d=2a	d=3a
	C	≥345	≥335	≥325	≥315	470~630	≥21	—	≥34	—	—	d=2a	d=3a
	D	≥345	≥335	≥325	≥315	470~630	≥21	—	—	≥34	—	d=2a	d=3a
	E	≥345	≥335	≥325	≥315	470~630	≥21	—	—	—	≥34	d=2a	d=3a
Q390	A	≥390	≥370	≥350	≥330	490~650	≥20	—	—	—	—	d=2a	d=3a
	B	≥390	≥370	≥350	≥330	490~650	≥20	≥34	—	—	—	d=2a	d=3a
	C	≥390	≥370	≥350	≥330	490~650	≥20	—	≥34	—	—	d=2a	d=3a
	D	≥390	≥370	≥350	≥330	490~650	≥20	—	—	≥34	—	d=2a	d=3a
	E	≥390	≥370	≥350	≥330	490~650	≥20	—	—	—	≥34	d=2a	d=3a
Q420	A	≥420	≥400	≥380	≥360	520~680	≥19	—	—	—	—	d=2a	d=3a
	B	≥420	≥400	≥380	≥360	520~680	≥19	≥34	—	—	—	d=2a	d=3a
	C	≥420	≥400	≥380	≥360	520~680	≥19	—	≥34	—	—	d=2a	d=3a
	D	≥420	≥400	≥380	≥360	520~680	≥19	—	—	≥34	—	d=2a	d=3a
	E	≥420	≥400	≥380	≥360	520~680	≥19	—	—	—	≥34	d=2a	d=3a
Q460	C	≥460	≥440	≥420	≥400	550~720	≥17	—	≥34	—	—	d=2a	d=3a
	D	≥460	≥440	≥420	≥400	550~720	≥17	—	—	≥34	—	d=2a	d=3a
	E	≥460	≥440	≥420	≥400	550~720	≥17	—	—	—	≥34	d=2a	d=3a
Q500	C	≥500	≥480	≥470	≥450	610~770	≥17	—	≥55	—	—		
	D	≥500	≥480	≥470	≥450	610~770	≥17	—	—	≥47	—		
	E	≥500	≥480	≥470	≥450	610~770	≥17	—	—	—	≥31		

续表

牌号	质量等级	屈服点 σ_s/MPa 厚度（直径、边长）/mm				抗拉强度（≤40mm）σ_b/MPa	伸长率 δ_s/%（≤40mm）	冲击功（A_{kv}）（纵向）/J				180°弯曲试验 d＝弯心直径 a＝试样厚度（直径） 钢材厚度（直径）/mm	
		≤16	>16~40	>40~63	>63~80			+20℃（12~150mm）	0℃（12~150mm）	-20℃（12~150mm）	-40℃（12~150mm）	≤16	>16~100
Q550	C	≥550	≥530	≥520	≥500	670~830	≥16	—	≥55	—	—		
	D	≥550	≥530	≥520	≥500	670~830	≥16	—	—	≥47	—		
	E	≥550	≥530	≥520	≥500	670~830	≥16	—	—	—	≥31		
Q620	C	≥620	≥600	≥590	≥570	710~880	≥15	—	≥55	—	—		
	D	≥620	≥600	≥590	≥570	710~880	≥15	—	—	≥47	—		
	E	≥620	≥600	≥590	≥570	710~880	≥15	—	—	—	≥31		
Q690	C	≥690	≥670	≥660	≥640	700~940	≥14	—	≥55	—	—		
	D	≥690	≥670	≥660	≥640	700~940	≥14	—	—	≥47	—		
	E	≥690	≥670	≥660	≥640	700~940	≥14	—	—	—	≥31		

在钢结构中常采用低合金高强度结构钢轧制型钢、钢板，建造桥梁、高层及大跨度建筑。

4.4 钢结构用钢材品种、规格尺寸

[本节要点]

钢结构用钢材品种。

[关键概念]

型钢。

钢板。

钢结构所用钢材主要为热轧成型的型钢和钢板，以及冷加工成型的冷轧薄钢板和冷弯薄壁型钢等。为了减少制作工作量和降低造价，钢结构的设计和制作者应对钢材的规格有较全面的了解（图4-12）。

4.4.1 型钢

钢结构构件一般应直接先用各种型钢。构件之间可直接或附连接钢板进行连接。连接方式有铆接、螺栓连接或焊接。型钢有热轧和冷轧成形两种。

1. 热轧型钢

热轧型钢有角钢、工字钢、H型钢、部分T型钢、槽钢等。

我国建筑用热轧型钢主要采用碳素结构钢Q235-A（碳量约为0.14%~0.22%）。在钢结构设计规范中，推荐使用低合金钢，主要有两种：Q345（16Mn）及Q390（15MnV）。用于大跨度、承受动荷载的钢结构中。

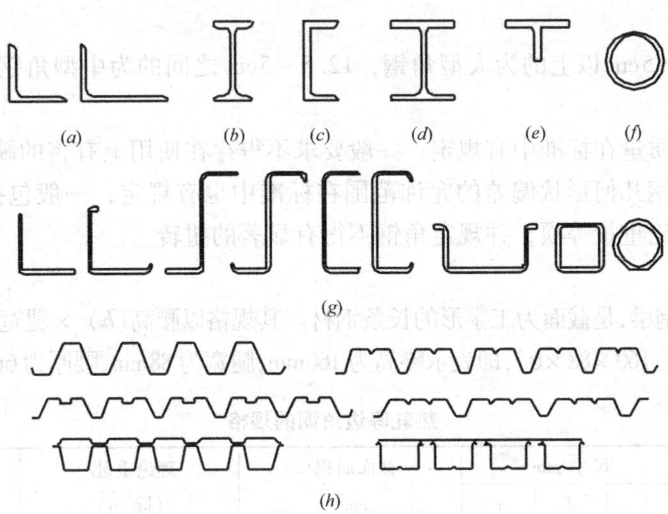

图 4-12 热轧型钢及冷弯薄壁型钢

（a）角钢；（b）工字钢；（c）槽钢；（d）H 型钢；（e）T 字钢；（f）钢管；（g）冷弯薄壁型钢；（h）压型钢板

热轧型钢的标记方式为一组符号，包括型钢名称、横断面主要尺寸、型钢标准号及钢号与钢种标准等。例如，用碳素结构钢 Q235—A 轧制的，尺寸为 160mm×16mm 的等边角钢，其标识为：

$$\text{热轧等边角钢} = \frac{160 \times 160 \times 16 - \text{GB 9787—1988}}{\text{Q235 - A - GB 700—1988}}$$

（1）角钢

角钢俗称角铁，是两边互相垂直成角形的长条钢材。角钢分为等边（也叫等肢）的和不等边（也叫不等肢）的两种，其中不等边角钢又可分为不等边等厚及不等边不等厚两种。角钢可按结构的不同需要组成各种不同的受力构件，也可作构件之间的连接件。广泛地用于各种建筑结构和工程结构，如房梁、桥梁、输电塔、起重运输机械、船舶、工业炉、反应塔、容器架以及仓库货架等。

角钢型号的表示方法为在符号“∠”后加“长边宽×短边宽×厚度（mm）”（对不等边角钢，如∠125×80×8），或加“边长×厚度”（对等边角钢，如∠125×8）。角钢还可用型号表示，型号是边宽的厘米数，如∠3 号，同一号角钢常有 2~7 种不同的边厚。型号不表示同一型号中不同肢厚的尺寸，因而在合同等单据上将角钢的边宽、边厚尺寸填写齐全，避免单独用型号表示。热轧等边角钢的规格为 2 号~20 号。常用的 10 号等边角钢，其肢厚规格有 6、7、8、10、12、14、16mm 共七种。目前我国生产的角钢最大边长为 200mm，角钢的供应长度

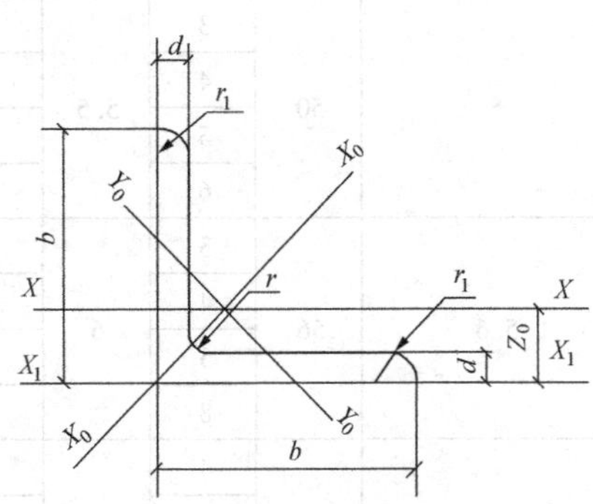

图 4-13 热轧等边角钢截面图

b—边宽度；d—边厚度；r—内圆弧半径；r_1—边端内圆弧半径

一般为4～19m。

一般边长12.5cm以上的为大型角钢，12.5～5cm之间的为中型角钢，边长5cm以下为小型角钢。

角钢的表面质量在标准中有规定，一般要求不得存在使用上有害的缺陷，如分层、结疤、裂缝等。角钢几何形状偏差的允许范围在标准中也有规定，一般包括弯曲度、边宽、边厚、顶角、理论重量等项，并规定角钢不得有显著的扭转。

（2）工字钢

工字钢也称钢梁，是截面为工字形的长条钢材。其规格以腰高(h)×腿宽(b)×腰厚(d)的毫米数表示，如“工160×88×6”，即表示腰高为160mm，腿宽为88mm，腰厚为6mm的工字钢。

热轧等边角钢的规格 表4-12

角钢号数	尺寸/mm			截面面积/	理论重量/	外表面积/
	b	d	r	cm^2	(kg/m)	(m^2/m)
2	20	3	3.5	1.132	0.889	0.078
		4		1.459	1.145	0.077
2.5	25	3		1.432	1.124	0.098
		4		1.859	1.459	0.097
3.0	30	3	4.5	1.749	1.373	0.117
		4		2.276	1.786	0.117
3.6	36	3		2.109	1.656	0.141
		4		2.756	2.163	0.141
		5		3.382	2.654	0.141
4.0	40	3	5	2.359	1.852	0.157
		4		3.086	2.422	0.157
		5		3.791	2.976	0.156
4.5	45	3		2.659	2.088	0.177
		4		3.486	2.736	0.177
		5		4.292	3.369	0.176
		16		5.076	3.985	0.176
5	50	3	5.5	2.971	2.332	0.197
		4		3.897	3.059	0.197
		5		4.803	3.770	0.196
		6		5.688	4.465	0.196
5.6	56	3	6	3.343	2.624	0.221
		4		4.390	3.446	0.220
		5		5.415	4.251	0.220
		8		8.367	6.568	0.219
6.3	63	4	7	4.978	3.907	0.248
		5		6.143	4.882	0.248
		6		7.288	5.721	0.247
		8		9.515	7.469	0.247
		10		11.657	9.151	0.246

续表

角钢号数	尺寸/mm			截面面积/cm^2	理论重量/(kg/m)	外表面积/(m^2/m)
	b	d	r			
7	70	4	8	5.570	4.372	0.275
		5		6.875	5.397	0.275
		7		9.424	7.398	0.275
		8		10.667	8.373	0.274
7.5	70	5	9	7.412	5.818	0.295
		6		8.797	6.905	0.294
		7		10.161	7.916	0.294
		8		11.503	9.030	0.294
		10		14.126	11.089	0.293
8	80	5	9	7.912	6.211	0.315
		6		9.397	7.376	0.314
		7		10.860	8.525	0.314
		8		12.303	9.658	0.314
		10		15.126	11.874	0.313
9	90	6	10	10.637	8.350	0.354
		7		12.301	9.656	0.354
		8		13.944	10.946	0.353
		10		17.167	13.476	0.353
		12		20.306	15.940	0.352
10	100	6	12	11.932	9.366	0.393
		7		13.796	10.830	0.393
		8		15.638	12.276	0.393
		10		19.261	15.120	0.392
		12		22.800	17.898	0.391
		14		26.256	20.611	0.391
		16		29.627	23.611	0.390
11	110	7	12	15.196	11.928	0.433
		8		21.261	16.690	0.432
		12		25.200	19.782	0.431
		14		29.056	22.809	0.431
12.5	125	8	14	19.750	15.504	0.492
		10		24.373	19.133	0.491
		12		28.912	22.696	0.491
		14		33.367	26.193	0.490
14	140	10	14	27.373	21.488	0.551
		12		32.512	25.522	0.551
		14		37.567	29.490	0.550
		16		42.593	33.393	0.549

续表

角钢号数	尺寸/mm			截面面积/cm^2	理论重量/(kg/m)	外表面积/(m^2/m)
	b	d	r			
16	160	10	16	31.502	24.729	0.630
		12		37.441	29.391	0.630
		14		43.441	33.987	0.629
		16		49.067	38.518	0.629
18	180	12	16	42.241	33.159	0.710
		14		48.896	38.383	0.709
		16		55.467	43.542	0.709
		18		61.955	48.634	0.708
20	200	14	18	54.642	42.894	0.788
		16		62.013	48.860	0.788
		18		69.301	54.401	0.787
		20		76.505	60.056	0.787
		24		90.661	71.168	0.785

工字钢的规格也可用型号表示，型号表示腰高的厘米数，如“工16号”。腰高相同的工字钢，如有几种不同的腿宽和腰厚，需在型号右边加标码（也称角码）a、b、c予以区别，如32a号、32b号、32c号等。

按照标码a、b、c的顺序，同一型号工字钢的腿宽、腰厚尺寸依次增加。所以：

a——表示在工字钢同一型号中其腰最薄、腿最宽、每米理论重量最轻；

b——表示在工字钢同一型号中其腰厚、腿宽尺寸适中，每米理论重量适中；

c——表示在工字钢同一型号中其腰最厚、腿最宽，每米理论重量最重。

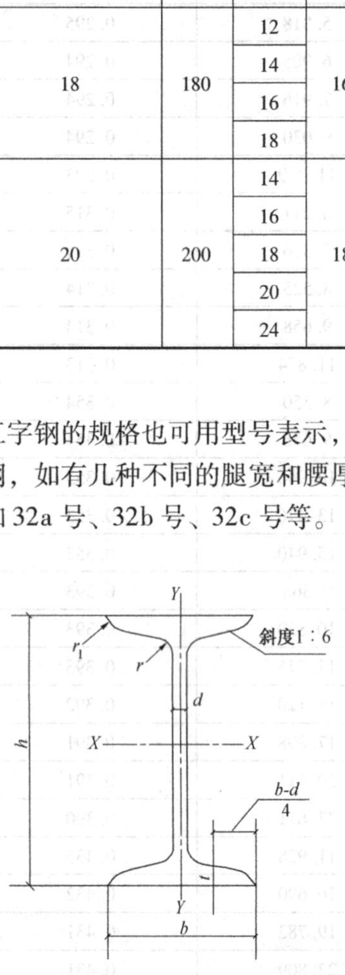

图4-14 热轧普通工字钢截面图

h—高度；b—腿宽度；d—腰厚度；t—平均腿厚度；r—内圆弧半径；r_1—腿端圆弧半径

工字钢分普通工字钢和轻型工字钢，热轧普通工字钢的规格为10~63号（表4-13）。经供需双方协议供应的热轧普通工字钢规格为12~55号。与同一型号的普通工字钢相比，轻型工字钢的腰厚尺寸较小、重量较轻，轻型工字钢为10~70号。工字钢供应长度均为5~19m，广泛用于各种建筑结构、桥梁、车辆、支架、机械等。

(3) H型钢

H型钢是一种新型经济建筑用钢。H型钢截面形状经济合理，力学性能好，轧制时截面上各点延伸较均匀、内应力小，与普通工字钢比较，具有截面模数大、重量轻、节省金属的优点，可使建筑结构减轻30%~40%；又因其腿内外侧平行，腿端是直角，拼装组合成构件，可节约焊接、铆接工作量达25%。H型钢具有下列特点：

热轧普通工字钢的规格 表 4-13

型 号	尺 寸/mm						截面面积/	理论重量/
	h	b	d	t	r	r_1	cm^2	(kg/m)
10	100	68	4.5	7.6	6.5	3.3	14.345	11.261
12.6	126	74	5.0	8.4	7.0	3.5	18.118	14.223
14	140	80	5.5	9.1	7.5	3.8	21.516	16.890
16	160	88	6.0	9.9	8.0	4.0	26.131	20.513
18	180	94	6.5	10.7	8.5	4.3	30.756	24.143
20a	200	100	7.0	11.4	9.0	4.5	35.578	27.929
20b	200	102	9.0	11.4	9.0	4.5	39.578	31.069
20a	200	100	7.0	11.4	9.0	4.5	35.578	27.929
20b	200	102	9.0	11.4	9.0	4.5	39.578	31.069
22a	220	110	7.5	12.3	9.5	4.8	42.128	33.070
22b	220	112	9.5	12.3	9.5	4.8	46.528	36.524
25a	250	116	80	13.0	10.0	5.0	48.541	38.105
25b	250	118	10.0	13.0	10.0	5.0	53.541	42.030
28a	280	122	8.5	13.7	10.5	5.3	55.404	43.492
28b	280	124	10.5	13.7	10.5	5.3	61.004	47.888
32a	320	130	9.5	15.0	11.5	5.8	67.156	52.717
32b	320	132	11.5	15.0	11.5	5.8	73.556	57.741
32c	320	134	13.5	15.0	11.5	5.8	79.956	62.765
36a	360	136	10.0	15.8	12.0	6.0	76.480	60.037
36b	360	138	12.0	15.8	12.0	6.0	83.680	65.689
36c	360	140	14.0	15.8	12.0	6.0	90.880	71.341
40a	400	142	10.5	16.5	12.5	6.3	86.112	67.598
40b	400	144	12.5	16.5	12.5	6.3	94.112	73.878
40c	400	146	14.5	16.5	12.5	6.3	102.112	80.158
45a	450	150	11.5	18.0	13.5	6.8	102.446	80.420
45b	450	152	13.5	18.0	13.5	6.8	111.446	87.485
45c	450	154	15.5	18.0	13.5	6.8	120.446	94.550
50a	500	158	12.0	202.0	14.0	7.0	119.304	93.654
50b	500	160	14.0	20.0	14.0	7.0	129.304	101.504
50c	500	162	16.0	20.0	14.0	7.0	139.304	109.354
56a	560	166	12.5	21.0	14.5	7.3	135.435	106.316
56b	560	168	14.5	21.0	14.5	7.3	146.635	115.108
56c	560	170	16.5	21.0	14.5	7.3	157.835	123.900
63a	630	176	13.0	22.0	15.0	7.5	154.658	121.407
63b	630	178	15.0	252.0	15.0	7.5	167.258	131.298
63c	630	180	17.0	22.0	15.0	7.5	179.858	141.189

1）结构强度高

同工字钢相比，H 型钢截面模数大，在承载条件相同时，可节约金属 10% ~15%。

2）设计风格灵活、丰富

在梁高相同的情况下，钢结构的开间可比混凝土结构的开间大50%，从而使建筑布置更加灵活。

3）结构自重轻

与混凝土结构自重相比轻，结构自重的降低，减少了结构设计内力，可使建筑结构基础处理要求低，施工简便，造价降低。

4）结构稳定性高

以热轧H型钢为主的钢结构，其结构科学合理，塑性和柔韧性好，结构稳定性高，适用于承受振动和冲击荷载大的建筑结构，抗自然灾害能力强，特别适用于一些多地震发生带的建筑结构。据统计，在世界上发生的7级以上毁灭性大地震中，以H型钢为主的钢结构建筑受害程度最小。

5）增加结构有效使用面积

与混凝土结构相比，钢结构柱截面面积小，从而可增加建筑有效使用面积，视建筑不同形式，能增加有效使用面积4%～6%。

6）省工省料

与焊接H型钢相比，能明显地省工省料，减少原材料、能源和人工的消耗，残余应力低，外观和表面质量好。

7）便于机械加工

易于结构连接和安装，还易于拆除和再用。

8）环保

采用H型钢可以有效保护环境，具体表现在三个方面：一是和混凝土相比，可采用干式施工，产生的噪声小，粉尘少；二是由于自重减轻，基础施工取土量少，对土地资源破坏小，此外大量减少混凝土用量，减少开山挖石量，有利于生态环境的保护；三是建筑结构使用寿命到期后，结构拆除后，产生的固体垃圾量小，废钢资源回收价值高。

9）工业化制作程度高

以热轧H型钢为主的钢结构工业化制作程度高，便于机械制造，集约化生产，精度高，安装方便，质量易于保证，可以建成真正的房屋制作工厂、桥梁制作工厂、工业厂房制作工厂等。发展钢结构，创造和带动了数以百计的新兴产业发展。

10）工程施工速度快

占地面积小，且适合于全天候施工，受气候条件影响小。用热轧H型钢制作的钢结构的施工速度约为混凝土结构施工速度的2～3倍，资金周转率成倍提高，降低财务费用，从而节省投资。以上海浦东的“金茂大厦”为例，主体高达近400m的结构主体仅用不到半年时间就完成了结构封顶，而钢混结构则需要两年工期。

热轧H型钢共分为四类，其代号为：宽翼缘（HW）、中翼缘（HM）、窄翼缘（HN）及薄壁H型钢（HT）。还可剖分成T型钢供应，代号分别为宽翼缘剖分T型钢（TW）、中翼缘剖分T型钢（TM）、窄翼缘剖分T型钢（TN）。H型钢和相应的T型钢的型号分别为代号后加“高度H×宽度B×腹板厚度t_1×翼缘厚度t_2”，例如HW400×400×13×21和TW200×400×13×21等。

宽翼缘和中翼缘H型钢可用于钢柱等受压构件，窄翼缘H型钢则适用于钢梁等受弯构件。目前国内生产的最大型号 H 型钢为 HN700×300×13×24。供货长度可与生产厂家协商，长度大于24m 的 H 型钢不成捆交货（图 4-15 和图 4-16）。

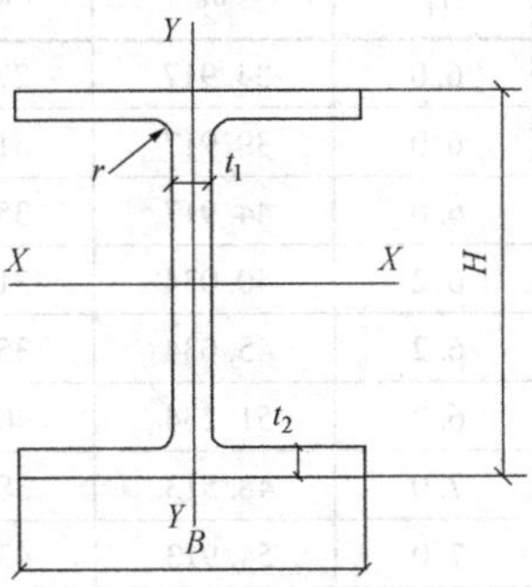

图 4-15 H 型钢截面图

H—高度；B—宽度；t_1—腹板厚度；t_2—翼缘厚度；r—圆角半径

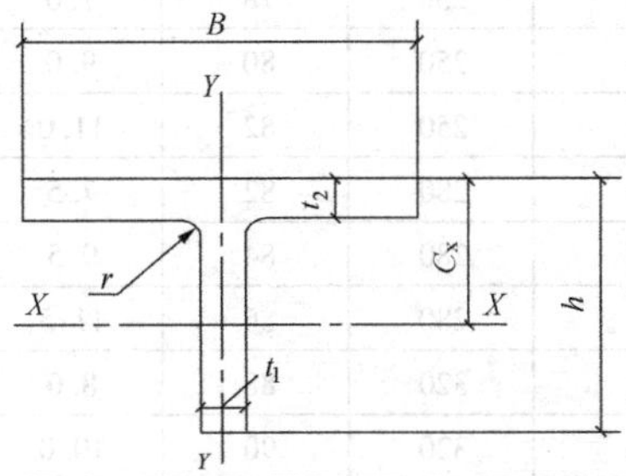

图 4-16 剖分 T 型钢截面图

h—高度；B—宽度；t_1—腹板厚度；t_2—翼缘厚度；C_x—重心；r—圆角半径

（4）槽钢

槽钢是截面为凹槽形的长条钢材。其规格以腰高（h）×腿宽（b）×腰厚（d）的毫米数表示，如 120×53×5，表示腰高为 120mm，腿宽为 53mm 的槽钢，腰厚为 5mm 的槽钢，或称 12 号槽钢。从 14 号开始有 a、b、或 a、b、c 等规格的区别，其不同之处是腰厚和腿宽。槽钢翼缘内表面的斜度比工字钢要平缓，紧固连接螺栓比较容易，如 25a 号、25b 号、25c 号等（表 4-14）。

热轧普通槽钢的规格 **表 4-14**

型号	尺寸/mm						截面面积/cm^2	理论重量/(kg/m)
	h	b	d	t	r	r_1		
5	50	37	4.5	7	7.0	3.5	6.928	5.438
6.3	63	40	4.8	7.5	7.5	3.8	8.451	6.635
8	80	43	5.0	8	8.0	4.0	10.248	8.045
10	100	48	5.3	8.5	8.5	4.2	12.748	10.007
12.6	126	53	5.5	9	9.0	4.5	15.692	12.318
14a	140	58	6.0	9.5	9.5	4.8	18.516	14.535
14c	140	60	8.0	9.5	9.5	4.8	21.316	16.733
16a	160	63	6.5	10	10.0	5.0	21.96	17.240
16	160	65	8.5	10	10.0	5.02	25.162	19.752
18a	180	68	7.0	10.5	10.5	5.2	25.699	20.174
18	180	70	9.0	10.5	10.5	5.2	29.299	23.000
20a	200	73	7.0	11	11.0	5.5	28.837	22.637
20	200	75	9.0	11	11.0	5.5	32.837	25.777
22a	220	77	7.0	11.5	11.5	5.8	31.864	24.999
22	220	79	9.0	11.5	11.5	5.8	36.246	28.453

续表

型 号	尺 寸/mm						截面面积/cm²	理论重量/(kg/m)
	h	b	d	t	r	r_1		
25a	250	78	7.0	12	12.0	6.0	34.917	27.410
25b	250	80	9.0	12	12.0	6.0	39.917	31.335
25c	250	82	11.0	12	12.0	6.0	44.917	35.260
28a	280	82	7.5	12.5	12.5	6.2	40.034	31.427
28b	280	84	9.5	12.5	12.5	6.2	45.634	35.823
28c	280	86	11.5	12.5	12.5	6.2	51.234	40.219
32a	320	88	8.0	14	14.0	7.0	48.513	38.083
32b	320	90	10.0	14	14.0	7.0	54.913	43.107
32c	3202	92	12.0	14	14.0	7.0	61.313	48.131
36a	360	96	9.0	16	16.0	8.0	60.910	47.814
36b	360	98	11.0	16	16.0	8.0	68.110	53.466
36c	360	100	13.0	16	16.0	8.0	75.310	59.118
40a	400	100	10.5	18	18.0	9.0	75.368	58.928
40b	400	102	12.5	18	18.0	9.0	83.068	65.208
40c	400	104	14.5	18	18.0	9.0	91.068	71.488

槽钢分普通槽钢和轻型槽钢。型号相同的轻型槽钢比普通槽钢的截面特性更好。热轧普通槽钢的规格为5~40号。经供需双方协议供应的热轧变通槽钢规格为6.5~30号。槽钢主要用于建筑结构、车辆制造和其他工业结构，槽钢还常常和工字钢配合使用，适于作檩条等双向受弯的构件，也可用其组成组合或格构式构件，供货长度为5~19m（图4-17）。

(5) 钢管

钢管是一种中空的长条钢材，用钢管制造建筑结构网架、支柱和机械支架，可以减轻重量，节省金属20%~40%，而且可实现工厂化机械化施工。用钢管制造公路桥梁不但可节省钢材、简化施工，而且可大大减少涂保护层的面积，节约投资和维护费用。所以，任何其他类型的钢材都不能完全代替钢管，但钢管可以代替部分型材和棒材。钢管对国民经济发展和人类生活品质的提高关系甚大，远胜于其他钢材。

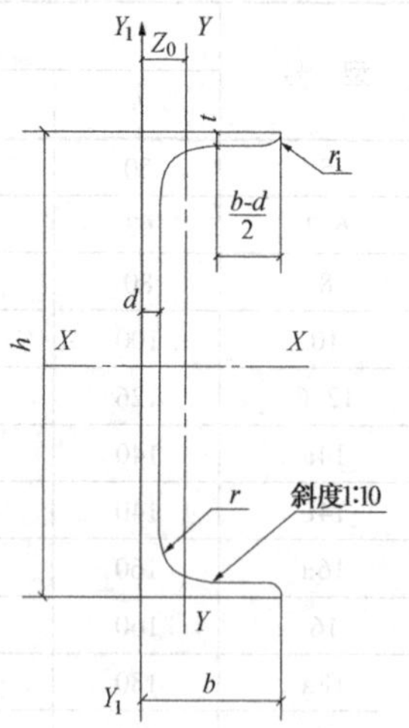

图4-17 热轧普通槽钢截面图

h—高度；b—腿宽度；d—腰厚度；t—平均腿厚度；r—内圆弧半径；r_1—腿端圆弧半径

钢管的分类：钢管分无缝钢管和焊接钢管（有缝管）两大类。按断面形状又可分为圆管和异形管，广泛应用的是圆形钢管，但也有一些方形、矩形、半圆形、六角形、等边三角形、八角形等异形钢管。对于承受流体压力的钢管都要进行液压试验来检验其耐压能力和质量，在规定的压力下不发生泄漏、浸湿或膨胀为合格，有些钢管还要根据标准或需方要求进行卷边试验、扩口试验、压扁试验等。

无缝钢管：无缝钢管是用钢锭或实心管坯经穿孔制成毛

管，然后经热轧、冷轧或冷拔制成。无缝钢管的规格用外径×壁厚毫米数表示。无缝钢管分热轧和冷轧（拔）无缝钢管两类。冷拔钢管只限于小管径，热轧无缝钢管的外径为32～630mm、壁厚为2.5～6.5mm。热轧无缝钢管分一般钢管，低、中压锅炉钢管，高压锅炉钢管、合金钢管、不锈钢管、石油裂化管、地质钢管和其他钢管等。冷轧（拔）无缝钢管除分一般钢管、低中压锅炉钢管、高压锅炉钢管、合金钢管、不锈钢管、石油裂化管、其他钢管外，还包括碳素薄壁钢管、合金薄壁钢管、不锈薄壁钢管、异型钢管。

钢管的外径和壁厚的允许偏差应符合表4-15规定。钢管的长度通常规定如下：热轧钢管为3000～12000mm，冷拔钢管为2000～10500mm。当需方事先未在合同中注明钢管尺寸允许偏差时，钢管外径和壁厚允许的偏差按普通级供货。

钢管外径和厚度允许偏差 **表4-15**

钢管种类	钢管尺寸/mm		允许偏差	
			普通级	最高级
热轧（挤压扩）管	外径 D	<50	±0.50mm	±0.40mm
		≥50	±1%	±0.75%
	壁厚 s	<4	±12.5% 最小值为±0.40mm	±10% 最小值为±0.30mm
		≥4～20	+15%，-12.5%	±10%
		>20	±12.5%	±10%
冷拔（轧）管	外径 D	6～10	±0.20mm	±0.10mm
		>10～30	±0.40mm	±0.25mm
		>30～50	±0.45mm	±0.50mm
		>50	±1%	±0.5%
	壁厚 s	1	±0.15mm	±0.12mm
		1～3	+15%，-10%	±10%
		>3	+12.5%，-10%	±10%

注：对外径不小于351mm的热扩管，壁厚允许误差为±18%。

钢管所用的钢主要有优质碳素结构钢，钢的牌号为10、20、35、45，以及低合金高强度结构钢Q345等。建筑钢结构应用的无缝钢管以20号钢（Q235）为主，管径一般在180mm以上。

以热轧状态或热处理（正火或回火）状态交货的优质碳素钢、低合金钢钢管的纵向力学性能见表4-16。

标记示例，用10号钢管制造的外径为73mm，壁厚为3.5mm的钢管标记为：

热轧钢管，长度为3000mm倍尺 10-73×3.5×3000倍

冷拔钢管，外径为高级精度，壁厚为普通级精度，长度为5000mm 冷 10-73 高 × 3.5×5000

优碳钢、低合金钢管的纵向力学性能 表 4-16

序号	牌号	抗拉强度 σ_b/MPa	屈服强度 σ_s/MPa			断后伸长率 δ_s/%	压扁试验平板间距 H/mm
			≤16mm	>16~30mm	>30mm		
		不大于					
1	10	335	205	195	185	24	2/3D
2	20	390	245	235	225	20	2/3D
3	35	510	305	295	285	17	—
4	45	590	335	325	315	14	—
5	Q345	490	325	315	305	21	7/8D

注：1. D 为钢管的外径。

2. 压扁试验的平板间距最小值是钢管壁厚的5倍。

焊接钢管：也叫焊管，是用钢板或钢带经过弯曲成型，然后经焊接制成。按焊缝形式分为直缝焊管和螺旋焊管。直缝焊管的生产工艺简单，生产效率高，成本低，发展较快。螺旋焊管的强度一般比直缝焊管高，能用较窄的坯料生产管径较大的焊管，还可以用同样宽度的坯料生产管径不同的焊管。但是与相同长度的直缝管相比，焊缝长度增加30%~100%，而且生产速度较低。因此，较小口径的焊管大都采用直缝焊，大口径焊管则大多采用螺旋焊。

2. 冷弯型钢

冷弯型钢指用钢板或带钢在冷状态下弯曲成的各种断面形状的成品钢材。冷弯型钢是一种经济的截面轻型薄壁钢材，也称为钢质冷弯型材或冷弯型材。

（1）冷弯型钢特点

1）截面经济合理，节省材料。冷弯型钢的截面形状可以根据需要设计，结构合理，单位重量的截面系数高于热轧型钢。在同样负荷下，可减轻构件重量，节约材料。冷弯型钢用于建筑结构可比热轧型钢节约金属38%~50%，用于农业机械和车辆可节约金属15%~60%。方便施工，降低综合费用。

2）品种繁多，可以生产用一般热轧方法难以生产的壁厚均匀、截面形状复杂的各种型材和各种不同材质的冷弯型钢。

3）产品表面光洁，外观好，尺寸精确，而且长度也可以根据需要灵活调整，全部按定尺或倍尺供应，提高材料的利用率。

4）生产中还可与冲孔等工序相配合，以满足不同的需要。

（2）分类

冷弯型钢按外形形状分为圆形、方形、矩形和其他异形冷弯空心型钢（图4-18）。其代号为：

圆形冷弯空心型钢，简称为圆管，代号：Y；
方形冷弯空心型钢，简称为方管，代号：F；
矩形冷弯空心型钢，简称为矩管，代号：J；
异形冷弯空心型钢，简称为异形管，代号：YI。

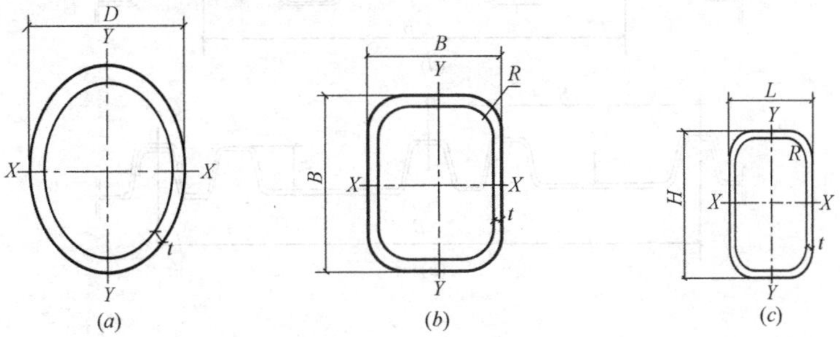

图 4-18 冷弯空心型钢

（a）圆形冷弯空心型钢；（b）方形冷弯空心型钢；（c）矩形冷弯空心型钢

D—外径；B—边长；t—壁厚；R—外圆弧半径；H—长边；L—短边

（3）标记示例

用普通碳素结构钢 Q235 钢制造的，尺寸为 150mm × 100mm × 6mm 的冷弯矩形管标记为：

$$\text{冷弯空心型钢（矩形管）} = \frac{\text{J150} \times 100 \times 6}{\text{Q235}}$$

（4）应用

冷弯型钢作为承重结构、围护结构、配件等在轻钢房屋中也大量应用。在房屋建筑中，冷弯型钢可用作钢架、桁架、梁、柱等主要承重构件，也被用作屋面檩条、墙架梁柱、龙骨、门窗、屋面板、墙面板、楼板等次要构件和围护结构。另外，利用冷弯型钢与钢筋混凝土形成组合梁、板、柱的冷弯型钢—混凝土组合结构也成为工程领域一个新的研究方向。冷弯薄壁型钢结构构件通常有压型钢板、檩条、墙梁、刚架等。

4.4.2 压型钢板

建筑用压型钢板是指薄钢板经辊压冷弯，其截面成 V 形、U 形、梯形或类似这几种形状的波形。

压型钢板的截面尺寸应符合下列任一条件：

（1）波距的模数为 mm：50、100、150、200、250、300。

（2）有效覆盖宽度的尺寸系列为 mm：300、450、600、750、900、1000。

压型钢板标记示例：YX130-300-600 ，YX 是压型的意思 ，130 是波高，300 是波距，600 是有效的宽度，单位是“mm”。彩色钢板、镀锌薄钢板、冷轧板都可用来生产压型钢板。其特点是：质量轻、强度高、抗震性能好、施工快、外形美观等。主要用于围护结构、楼板、屋面等。

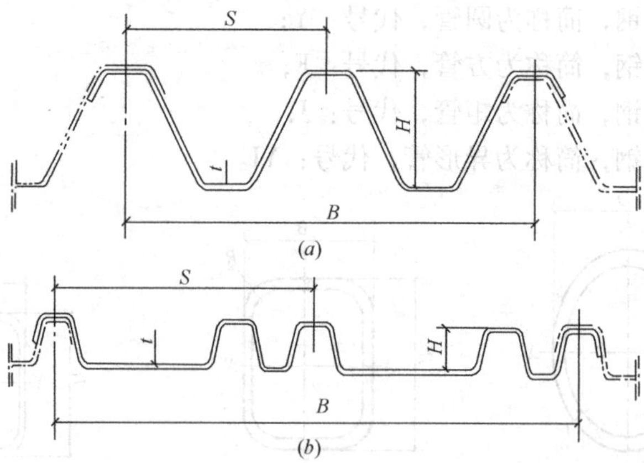

图 4-19　压型钢板截面

H—波高；*S*—波距；*t*—板厚；*B*—有效覆盖宽度

4.5　建筑钢材的防火

［本节要点］
钢材的耐火性；
钢材的防火方法。
［关键概念］
耐火极限；
防火涂料。

火灾是一种违反人们意志，在时间和空间上失去控制的燃烧现象。燃烧的三个要素是：可燃物、氧化剂和点火源。一切防火与灭火措施的基本原理，就是根据物质燃烧的条件，阻止燃烧三要素同时存在，互相结合、互相作用。

建筑物是由各种建筑材料建造起来的，这些建筑材料高温下的性能直接关系到建筑物的火灾危险性大小，以及发生火灾后火势扩大蔓延的速度。对于结构材料而言，在火灾高温作用下力学强度的降低还直接关系到建筑的安全。

4.5.1　建筑钢材的耐火性

建筑钢材是建筑材料的三大主要材料之一。可分为钢结构用钢材和钢筋混凝土结构用钢筋两类。它是在严格的技术控制下生产的材料，具有强度大、塑性和韧性好、品质均匀、可焊可铆，制成的钢结构重量轻等优点。但就防火而言，钢材虽然属于不燃性材料，耐火性能却很差，耐火极限只有 0.15h。

建筑钢材遇火后，力学性能的变化体现为：

1. 强度的降低

在建筑结构中广泛使用的普通低碳钢在高温下的性能如图 4-20 所示。抗拉强度在 250~300℃时达到最大值（由于蓝脆现象引起）；温度超过 350℃，强度开始大幅度下降，在 500℃时约为常温时的 1/2，600℃时约为常温时的 1/3。屈服点在 500℃时约为常温的 1/2。由此可见，钢材在高温下强度降低很快。此外，钢材的应力-应变曲线形状随温度升高发生很大变化，温度升高，屈服平台降低，且原来呈现的锯齿形状逐渐消失。当温度超过 400℃后，低碳钢特有的屈服点消失。

普通低合金钢是在普通碳素钢中加入一定量的合金元素冶炼成的。这种钢材在高温下的强度变化与普通碳素钢基本相同，在 200~300℃的温度范围内极限强度增加，当温度超过 300℃后，强度逐渐降低。

冷加工钢筋是普通钢筋经过冷拉、冷拔、冷轧等加工强化过程得到的钢材，其内部晶格构架发生畸变，强度增加而塑性降低，这种钢材在高温下，内部晶格的畸变随着温度升高而逐渐恢复正常，冷加工所提高的强度也逐渐减少和消失，塑性得到一定恢复。因此，在相同的温度下，冷加工钢筋强度降低值比未加工钢筋大很多。当温度达到 300℃时，冷加工钢筋强度约为常温时的 1/2；400℃时强度急剧下降，约为常温时的 1/3；500℃左右时，其屈服强度接近甚至小于未冷加工钢筋的相应温度下的强度。

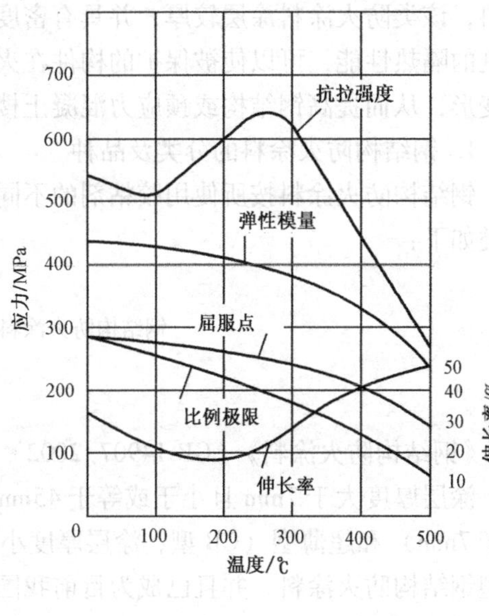

图 4-20 普通低碳钢高温力学性能

高强钢丝用于预应力钢筋混凝土结构。它属于硬钢，没有明显的屈服极限。在高温下，高强钢丝的抗拉强度的降低比其他钢筋更快。当温度在 150℃以内时，强度不降低；温度达 350℃时，强度降低约为常温时的 1/2；400℃时强度约为常温时的 1/3；500℃时强度不足常温时的 1/5。

预应力混凝土构件，由于所用的冷加工钢筋的高强钢丝在火灾高温下强度下降，明显大于普通低碳钢筋和低合金钢筋，因此耐火性能远低于非预应力混凝土构件。

2. 变形的加大

钢材在一定温度和应力作用下，随时间的推移，会发生缓慢塑性变形，即蠕变。蠕变在较低温度时就会产生，在温度高于一定值时比较明显，对于普通低碳钢这一温度为 300~350℃，对于合金钢为 400~450℃，温度越高，蠕变现象越明显。蠕变不仅受温度的影响，而且也受应力大小影响。若应力超过了钢材在某一温度下屈服强度时，蠕变会明显增大。

钢材在高温下强度降低很快，塑性增大，加之其热导率大［普通建筑钢的热导率高达 67.63W/（m·K）］，是造成钢结构在火灾条件下极易在短时间内破坏的主要原因。试验研究和大量火灾实例表明，一般建筑钢材的临界温度为540℃左右。而对于建筑物的火灾，火场温度大约在800～1000℃。因此处于火灾高温下的裸露钢结构往往在10～15min左右，自身温度就会上升到钢的极限温度540℃以上，致使强度和承载能力急剧下降，在纵向压力和横向拉力作用下，钢结构发生扭曲变形，导致建筑物的整体坍塌毁坏。而且变形后的钢结构是无法修复的。

为了提高钢结构的耐火性能，通常可采用防火隔热材料（如钢丝网抹灰、浇筑混凝土、砌砖块、泡沫混凝土块）包覆、喷涂钢结构防火涂料等方法。

4.5.2 钢结构防火涂料

钢结构防火涂料（包括预应力混凝土楼板防火涂料）主要用作不燃烧体构件的保护性材料，该类防火涂料涂层较厚，并具有密度小、热导率低的特性，所以在火焰作用下具有优良的隔热性能，可以使被保护的构件在火焰高温作用下材料强度降低缓慢，不易产生结构变形，从而提高钢结构或预应力混凝土楼板的耐火极限。

1. 钢结构防火涂料的分类及品种

钢结构防火涂料按所使用胶粘剂的不同可分为有机防火涂料和无机防火涂料两类，其分类如下：

钢结构防火涂料
- 有机
  - 膨胀型
  - 非膨胀型
- 无机——非膨胀型

《钢结构防火涂料》（GB 14907-2002）将钢结构防火涂料按使用厚度分为：厚型（H型，涂层厚度大于7mm且小于或等于45mm）、薄型（B型，涂层厚度大于3mm且小于或等于7mm）和超薄型（CB型，涂层厚度小于或等于3mm）。20世纪90年代开始出现了超薄型钢结构防火涂料，并且已成为目前我国钢结构防火涂料研究及生产单位竞相研制的热点。薄型钢结构防火涂料涂层厚度一般为4～7mm，有一定装饰效果，高温时涂层膨胀增厚，具有耐火隔热作用，耐火极限可达0.5～1.5h。这种涂料又称钢结构膨胀防火涂料。厚涂型钢结构防火涂料厚度一般为8～45mm，粒状表面，密度较小，热导率低，耐水极限可达0.5～3.0h。这种涂料又称钢结构防火隔热涂料。

薄型钢结构防火涂料的主要品种有：NB型—室内薄型钢结构防火涂料、WB型—室外薄型钢结构防火涂料等。

2. 钢结构防火涂料的阻火原理

钢结构防火涂料的阻火原理有三个：一是涂层对钢基材起屏蔽作用，使钢结构不至于直接暴露在火焰高温中；二是涂层吸热后部分物质分解放出水蒸气或其他不燃气体，起到消耗热量、降低火焰温度和延缓燃烧速度、稀释氧气的作用；三是涂层本身多孔轻质和受热后形成碳化泡沫层，阻止了热量迅速向钢基材传递，推迟了钢基材强度的降低，从而提高了钢结构的耐火极限。据研究，涂层经膨胀发泡后，热导率最低可降至0.233W/（m·K），仅为钢材自身热导率的1/290。

3. 钢结构防火涂料的性能

钢结构防火涂料主要有物理、化学及机械性能，包括在容器中的状态、干燥时间、初期干燥抗裂性、外观和颜色、粘结强度、抗压强度、干密度、耐曝热性、耐湿热性、耐冻融循环性和耐火极限等项。各类防火涂料的性能特点见表4-17。

钢结构防火涂料的防火性能为耐火极限。

4. 钢结构防火涂料的选用原则

选用钢结构防火涂料时，应考虑结构类型、耐火极限要求、工作环境等。选用原则如下：

（1）裸露网架钢结构、轻钢屋架，以及其他构件截面小，振动挠曲变化大的钢结构，当要求其耐火极限在1.5h以下时，宜选用薄型钢结构防火涂料，装饰要求较高的建筑宜首选超薄型钢结构防火涂料。

现有钢结构防火涂料的性能特点　　表4-17

种类	厚度/mm	优　　点	缺　　点
厚型	8~45	1. 耐火极限高，可达3h 2. 主要成分为无机材料，耐久性相对较好 3. 原材料来源广，价格低，产品单位质量价格较低 4. 遇火后不放出有害人体健康的有毒气体 5. 袋装出厂，运输方便	1. 涂层厚、自重大、粘结力不好时极易剥落 2. 表面粗糙，装饰性差 3. 涂层厚，施工时需用金属丝网加固，增加施工费用，施工周期长 4. 水泥基涂料需养护
薄型	4~7	1. 涂层薄、质轻、粘结力好 2. 表面光滑，可调出各种颜色，装饰性好 3. 单位面积用量少，价格低 4. 施工简便，无需金属丝网加固，干燥快 5. 抗振动，抗挠曲性强 6. 耐火极限最高可达2h	1. 耐火极限较厚型涂料低 2. 主要成分为有机材料，遇火时可能会释放出有害气体及烟雾，有待研究 3. 因主要成分为有机材料，耐老化、耐久性有待进一步研究 4. 用于室外的产品不多，有待研究开发
超薄型	≤3	1. 涂层更薄，装饰性较薄型涂料更好，颜色丰富，可达到一般建筑涂料的效果 2. 兼具薄型涂料的优点	1. 同样有薄型涂料的缺点 2. 目前还没有用于室外钢结构的防火保护产品，应用受到了限制

（2）室内隐蔽钢结构、高层等性质重要的建筑，当要求其耐火极限在1.5h以上时，应选用厚型钢结构防火涂料。

（3）露天钢结构，必须选用适合室外使用的钢结构防火涂料。

室外使用环境比室内严酷得多，涂料在室外要经受日晒雨淋，风吹冰冻，因此应选用耐水、耐冻融、耐老化、强度高的防火涂料。

一般来说，非膨胀型比膨胀型耐候性好。而非膨胀型中蛭石、珍珠岩颗粒型厚质涂料，若采用水泥为胶粘剂比水玻璃为胶粘剂的要好。特别是水泥用量较多，密度较大的，更适宜用于室外。

（4）注意不要把饰面型防火涂料选用于保护钢结构。饰面型防火涂料适用于木结构和可燃基材，一般厚度小于1mm，薄薄的涂膜对于可燃材料能起到有效的阻燃和防止火焰蔓延的作用，但其隔热性能一般达不到大幅度提高钢结构耐火极限的作用。

对钢结构进行防火保护措施很多，但涂覆防火涂料是目前相对简单而有效的方法。随着高科技建筑材料的发展，对建筑材料功能性要求的提高，防火涂料的使用已暴露出不足，如安全性问题：防火涂料中阻燃成分可能释放有害气体，对火场中的消防人员、群众会产生危害。

4.6 钢材的选用

［本节要点］

钢材选用；

钢材保管。

［关键概念］

选用原则。

4.6.1 钢材选用原则和建议

钢材的选用既要确保结构物的安全可靠，又要经济合理，必须慎重对待。为了保证承重结构的承载能力，防止在一定条件下出现脆性破坏，应根据结构的重要性、荷载特征、连接方法、工作环境、应力状态和钢材厚度等因素综合考虑，选用合适牌号和质量等级的钢材。

一般而言，对于直接承受动力荷载的构件和结构（如吊车梁、工作平台梁或直接承受车辆荷载的栈桥构件等）、重要的构件或结构（如桁架、屋面楼面大梁、框架横梁及其他受拉力较大的类似结构和构件等）、采用焊接连接的结构，以及处于低温下工作的结构，应采用质量较高的钢材。对承受静力荷载的受拉及受弯的重要焊接构件和结构，宜选用较薄的型钢和板材构成；当选用的型材或板材的厚度较大时，宜采用质量较高的钢材，以防钢材中较大的残余拉应力和缺陷等与外力共同作用形成三向拉应力场，引起脆性破坏。

承重结构采用的钢材应具有抗拉强度、伸长率、屈服强度和硫、磷含量的合格保证，对焊接结构尚应具有含碳量的合格保证。焊接承重结构以及重要的非焊接承重结构采用的钢材，还应具有冷弯试验的合格保证。

为了简化订货，选择钢材时要尽量统一规格，减少钢材牌号和型材的种类，还要考虑市场的供应情况和制造厂的工艺可能性。对于某些拼接组合结构（如焊接组合梁、桁架等）可以选用两种不同牌号的钢材，受力大、由强度控制的部分（如组合梁的翼缘、桁架的弦杆等），用强度高的钢材；受力小、由稳定控制的部分（如组合梁的腹板、桁架的腹杆等），用强度低的钢材，可达到经济合理的目的。

1. 荷载性质

对经常处于交变荷载的结构，易产生应力集中，引起疲劳破坏，需选用材质高的钢材。

2. 使用温度

经常处于低温状态的结构，钢材易发生冷脆断裂，特别是焊接结构，冷脆倾向更加显著，应该要求钢材具有良好的塑性和低温冲击韧性。

3. 连接方式

焊接结构当温度变化和受力性质改变时，易导致焊缝附近的母体金属出现冷、热裂纹，促使结构早期破坏，所以，焊接结构对钢材的化学成分和机械性能要求应严格。

4. 钢材厚度

钢材力学性能一般随厚度增大而降低，钢材经多次轧制后，钢的内部结晶组织更为紧密，强度更高，质量更好。故一般结构用的钢材厚度不宜超过40mm。

5. 结构重要性

选择钢材要考虑结构使用的重要性，如大跨度结构、重要的建筑物结构，须相应选用质量更好的钢材。

根据多年的实践经验总结，并适当参考了有关国外规范的规定，GB50017 具体给出了需要验算疲劳的钢结构钢材应具有的冲击韧性合格保证的建议，如表 4-18 所示。

需验算疲劳的钢材选择表 表 4-18

结构类别	结构工作温度	要求下列低温冲击韧性合格保证		
		0℃	-20℃	-40℃
要求验算疲劳的焊接结构或构件	0℃ ≥ t > -20℃	Q235C Q345C	Q390D Q420D	—
	t ≤ -20℃	—	Q235D Q345D	Q390E Q420E
要求验算疲劳的非焊接结构或构件	t ≤ -20℃	Q235C Q345C	Q390D Q420D	

注：结构工作温度：对露天和非采暖房屋的结构，取建筑物所在地区室外最低日平均温度；对采暖房屋内的结构，考虑到采暖设备可能发生临时故障，使室内的结构暂时处于室外的温度中，偏于安全，可按室外最低日平均温度提高10℃取用，也可经合理地研究确定。

4.6.2 国内外钢材的互换问题

随着经济全球化时代的到来，不少国外钢材进入了中国的建筑领域。由于各国的钢材标准不同，在使用国外钢材时，必须全面了解不同牌号钢材的质量保证项目，包括化学成分和机械性能，检查厂家提供的质保书，并应进行抽样复验，其复验结果应符合现行国家产品标准和设计要求，方可与我国相应的钢材进行代换。表 4-19 给出了以强度指标为依据的各国钢材牌号与我国钢材牌号的近似对应关系，供代换时参考。

4.6.3 钢材的保管

1. 选择适宜的场地和库房

(1) 保管钢材的场地或仓库，应选择在清洁干净、排水通畅的地方，远离产生有害气体或粉尘的厂矿。在场地上要清除杂草及一切杂物，保持钢材干净。

国内外钢材牌号对应关系 **表 4-19**

国 别	中 国	美 国	日 本	欧 盟	英 国	俄罗斯	澳大利亚
钢材牌号	Q235	A36	SS400 SM400 SN400	Fe360	40	C235	250 C250
	Q345	A242，A441， A572-50，A588	SM490 SN490	Fe510 FeE355	50B，C，D	C345	350 C350
	Q390				50F	C390	400 Hd400
	Q420	A572-60	SA440B SA440C			C440	

（2）在仓库里不得与酸、碱、盐、水泥等对钢材有侵蚀性的材料堆放在一起。不同品种的钢材应分别堆放，防止混淆，防止接触腐蚀。

（3）大型型钢、钢轨、厚钢板、大口径钢管、锻件等可以露天堆放。

（4）中小型型钢、盘条、钢筋、中口径钢管、钢丝及钢丝绳等，可在通风良好的料棚内存放，但必须上苫下垫。

（5）一些小型钢材、薄钢板、钢带、硅钢片、小口径或薄壁钢管、各种冷轧、冷拔钢材以及价格高、易腐蚀的金属制品，可存放入库。

（6）库房应根据地理条件选定，一般采用普通封闭式库房，即有房顶有围墙、门窗严密，设有通风装置的库房。

（7）库房要求晴天注意通风，雨天注意关闭防潮，经常保持适宜的储存环境。

2. 合理堆码、先进先发

（1）堆码的原则要求是在码垛稳固、确保安全的条件下，做到按品种、规格码垛，不同品种的材料要分别码垛，防止混淆和相互腐蚀。

（2）禁止在垛位附近存放对钢材有腐蚀作用的物品。

（3）垛底应垫高、坚固、平整，防止材料受潮或变形。

（4）同种材料按入库先后分别堆码，便于执行先进先发的原则。

（5）露天堆放的型钢，下面必须有木垫或条石，垛面略有倾斜，以利排水，并注意材料安放平直，防止造成弯曲变形。

（6）堆垛高度，人工作业的不超过 1.2m，机械作业的不超过 1.5m，垛宽不超过 2.5m。

（7）垛与垛之间应留有一定的通道，检查通道一般为 0.5m，出入通道视材料大小和运输机械而定，一般为 1.5～2.0m。

（8）垛底垫高，若仓库为朝阳的水泥地面，垫高 0.1m 即可；若为泥地，须垫高 0.2～0.5m；若为露天场地，水泥地面垫高 0.3～0.5m，沙泥面垫高 0.5～0.7m。

（9）露天堆放角钢和槽钢应俯放，即口朝下，工字钢应立放，钢材的 I 槽面不能朝上，以免积水生锈。

3. 保护材料的包装和保护层

钢厂出厂前涂的防腐剂或其他包装，这是防止材料锈蚀的重要措施，在运输装卸过程中须注意保护，不能损坏，可延长材料的保管期限。

4. 保持仓库清洁、加强材料养护

（1）材料在入库前要注意防止雨淋或混入杂质，对已经淋雨或弄污的材料要按其性质采用不同的方法擦净，如硬度高的可用钢丝刷，硬度低的用布、棉等物。

（2）材料入库后要经常检查，如有锈蚀，应清除锈蚀层。

（3）一般钢材表面清除干净后，不必涂油，但对优质钢、合金薄钢板、薄壁管、合金钢管等，除锈后其内外表面均需涂防锈油后再存放。

（4）对锈蚀较严重的钢材，除锈后不宜长期保管，应尽快使用。

4.7 铝和铝合金

[本节要点]
铝合金的知识；
铝合金的应用。
[关键概念]
变形铝；
铸造铝；
铝合金牌号。

铝具有银白色，属于有色金属。作为化学元素，铝在地壳组成中的含量仅次于氧和硅，占第三位，约为8.13%。

4.7.1 铝的主要性能

1. 铝的冶炼

铝在自然界中以化合态存在，炼铝的主要原料是铝矾土，其主要成分是一水铝（$Al_2O_3 \cdot H_2O$）和三水铝（$Al_2O_3 \cdot 3H_2O$），另外还含少量氧化铁、石英、硅酸盐等，其中三氧化二铝的含量高达47%～65%。

铝的冶炼是先从铝矿石中提炼出三氧化二铝，提炼氧化铝的方法有电热法、酸法和碱法。然后再由氧化铝通过电解得到金属铝。电解铝一般采用熔盐电解法，主要电解质为水晶石（Na_2AlF_6），并加入少量的氟化钠、氟化铝，以调节电解液成分。电解出来的铝尚含有少量铁、硫等杂质，为了提高品质再用反射炉进行提纯，在730～740℃下保持6～8h使其再熔融，分离出杂质，然后把铝液浇入铸锭制成铝锭。高纯度铝的纯度可达99.996%，普通纯铝的纯度在99.5%以上。

2. 纯铝的特性

铝属于有色金属中的轻金属，密度为2.7g/cm^3，是钢的三分之一。铝的熔点低，为660℃。铝的导电性和导热性均很好。

铝的化学性质很活泼，它和氧的亲和力很强，在空气中表面容易生成一层氧化铝薄膜，起保护作用，使铝具有一定耐腐蚀性。但由于自然生成的氧化铝膜层很薄（一般小于

0.1μm)。因而其耐蚀性亦有限。纯铝不能与卤属元素接触，不耐碱，也不耐强酸。

铝的电极电位较低，如与电极电位高的金属接触并且有电解质存在时，会形成微电池，产生电化学腐蚀。所以用于铝合金门窗等铝制品的连接件应当用不锈钢件。

固态铝呈面心立方晶格，具有很好的塑性（伸长率$\delta=40\%$），易于加工成型。但纯铝的强度和硬度很低，不能满足使用要求，故工程中不用纯铝制品。

在生产实践中，人们发现向熔融的铝中加入适量的某些合金元素制成铝合金，再经冷加工或热处理，可以大幅度地提高其强度，甚至极限抗拉强度可高达400~500MPa，相近于低合金钢的强度。铝中最常加入的合金元素有铜（Cu）、镁（Mg）、硅（Si）、锰（Mn）、锌（Zn）等。这些元素有时单独加入，有时配合加入，从而制得各种各样的铝合金。铝合金克服了纯铝强度和硬度过低的不足，又仍能保持铝的轻质、耐腐蚀、易加工等优良性能，故在建筑工程中尤其在装饰领域中应用越来越广泛。

表4-20为铝合金与碳素钢性能比较。由表可知，铝合金的弹性模量约为钢的1/3，而其比强度却为钢的2倍以上。由于弹性模量低，铝合金的刚度和承受弯曲的能力较小。铝合金的线膨胀系数约为钢的2倍，但因其弹性模量小，由温度变化引起的内应力并不大。

4.7.2 铝合金的分类

根据铝合金的成分及生产工艺特点，通常将其分为变形铝合金和铸造铝合金两类。

变形铝合金是指这类铝合金可以进行热态或冷态的压力加工，即经过轧制、挤压等工序，可制成板材、管材、棒材及各种异型材使用。这类铝合金要求其具有相当高的塑性。铸造铝合金则是将液态铝合金直接浇注在砂型或金属模型内，铸成各种形状复杂的制件。对这类铝合金则要求其具有良好的铸造性，即具有良好流动性、小的收缩性及高抗热裂性等。

铝合金与碳素钢性能比较 **表4-20**

项　目	铝　合　金	碳　素　钢
密度ρ/(g/cm³)	2.7~2.9	7.8
弹性模量E/MPa	63000~80000	210000~220000
屈服点σ_s/MPa	210~500	210~660
抗拉强度σ_b/MPa	380~550	320~800
比强度（σ_s/ρ）/MPa	73~190	27~77
比强度（σ_b/ρ）/MPa	140~220	41~98

变形铝合金又可分为不能热处理强化和可以热处理强化两种。前者不能用淬火的方法提高强度，如Al—Mn、Al—Mg合金，后者可以通过热处理的方法来提高其强度，如Al—Cu—Mg（硬铝）、Al—Zn—Mg（超硬铝）、Al—Si—Mg（锻铝）合金等。不能热处理强化的铝合金一般是通过冷加工（碾压、拉拔等）过程而达到强化的，它们具有适中的强度和优良的塑性，易于焊接，并有很好的抗蚀性，我国统称之为防锈铝合金。可热处理强化的铝合金其机械性能主要靠热处理来提高，而不是靠冷加工强化来提高。热处理能大幅度提高强度而不降低塑性。用冷加工强化虽然能提高强度，但使塑性迅速降低。

4.7.3 铝合金的牌号

1. 铸造铝合金的牌号

目前应用的铸造铝合金有铝硅（Al-Si）、铝铜（Al-Cu）、铝镁（A1-Mg）及铝锌（Al-Zn）四个组系。铸造铝合金的牌号用汉语拼音字母“ZL”（铸铝）和三位数字组成。如ZL101、ZL201等。三位数字中的第一位数（1~4）表示合金组别。其中1代表铝硅合金、2代表铝铜合金、3代表铝镁合金、4代表铝锌合金。后面两位数表示该合金顺序号。

2. 变形铝合金的牌号

变形铝合金可分为防锈铝合金、硬铝合金、超硬铝合金、锻铝合金和特殊铝合金等几种，旧规范里通常以汉语拼音字母作为代号，相应表示为：LF、LY、LC、LD和LT。变形铝合金的牌号用其代号加顺序号表示，如LF12、LD13等。目前建筑工程中应用的变形铝合金型材，主要是由锻铝合金（LD）和特殊铝合金（LT）制成。

根据新制定的《变形铝及铝合金牌号表示方法》（GB/T 16474—1996），凡是化学成分与变形铝合金国际牌号注册协议组织（简称国际牌号注册组织）命名的合金相同的所有合金，其牌号直接采用国际四位数字体系牌号，未与国际四位数字体系牌号的变形铝合金接轨的，采用四位字符牌号（试验铝合金在四位字符牌号前加x）。四位字符牌号的第一、第三、第四位为阿拉伯数字，第二位为英文大写字母。第一位数字表示铝合金组别，如：2xxx-A1-CU系、3xxx-A1-Mn系、4xxx-Al-Si系、5xxx-A1-Mg系、6xxx-A1-Mg-Si系、7xxx-A1-Zn系、8xxx-Al-其他元素、9xxx-备用系。

4.7.4 铝合金的应用

1. 铝合金门窗

铝合金门窗是将按特定要求成型并经表面处理的铝合金型材，经下料、打孔、铣槽、攻丝等加工，制得门窗框料构件，再加连接件、密封件、开闭五金件等一起组合装配而成。铝合金门窗按其结构与开启方式可分为：推拉窗（门）、平开窗（门）、悬挂窗、回转窗、百叶窗和纱窗等。

（1）铝合金门窗的性能要求

铝合金门窗产品通常要进行以下主要性能的检验：

1）强度。测定铝合金门窗的强度是在压力箱内进行的，通常用窗扇中央最大位移量小于窗框内沿高度的1/70时所能承受的风压等级表示。如A类（高性能窗）平开铝合合窗的抗风压强度值为3000~3500Pa。

2）气密性。气密性是指在一定压力差的条件下，铝合金门窗空气渗透性的大小。通常是放在专用压力试验箱中，使窗的前后形成10Pa以上的压力差，测定每平方米面积的窗在每小时内的通气量，如A类平开铝合金窗的气密性为0.5~1.0m^3/（m^2·h），而B类（中等性能窗）为1.0~1.5 m^3/（m^2·h）。

3）水密性。水密性是指铝合金门窗在不渗漏雨水的条件下所能承受的脉冲平均风压值。通常在专用压力试验箱内，对窗的外侧施加周期为2s的正弦脉冲风压，同时向窗面以每分钟每平方米喷射4L的人工降雨，经连续进行10min的风雨交加试验，在室内一侧不应有可见的渗漏水现象。例如A类平开铝合金窗的水密性为450～500Pa，而C类（低性能窗）为250～350Pa。

4）隔热性。铝合金门窗的隔热性能常按其传热阻值（$m^2 \cdot K/W$）分为3级，即Ⅰ级>0.50，Ⅱ级>0.33，Ⅲ级>0.25。

5）隔声性。铝合金门窗的隔声性能常用隔声量（dB）表示。它是在音响试验室内对其进行音响透过损失试验。隔声铝合金窗的隔声量在26～40dB以上。

6）开闭力。铝合金窗装好玻璃后，窗户打开或关闭所需的外力应在49N以下，以保证开闭灵活方便。

（2）铝合金门窗的技术标准

随着铝合金门窗生产和应用，我国已颁布了一系列有关铝合金门窗的国家标准，其中主要是《铝合金门窗》（GB/T 8478—2008）。

1）产品代号。根据有关标准规定，铝合金门窗的产品代号见表4-21所示。

铝合金门窗产品代号 表4-21

产品名称	平开铝合金窗		平开铝合金门		推拉铝合金窗		推拉铝合金门	
	不带纱窗	带纱窗	不带纱窗	带纱窗	不带纱窗	带纱窗	不带纱窗	带纱窗
代号	PLC	APLC	PLM	SPLM	TLC	ATLC	TLM	STLM
产品名称	滑轴平开窗	固定窗	上悬窗	中悬窗	下悬窗	主转窗		
代号	HPLC	GLC	SLC	CLC	XLC	LLC		

2）品种规格。平开铝合金门窗和推拉铝合金门窗的品种规格见表4-22所示。

铝合金门窗品种规格（单位：mm） 表4-22

名　称	洞口尺寸		厚度基本尺寸系列
	高/mm	宽/mm	
平开铝合金窗	600，900，1200，1500，1800，2100	600，900，1200，1500，1800，2100	40，45，50，55，60，65，70
平开铝合金门	2100，2400，2700	800，900，1000，1200，1500，1800	40，45，50，55，60，70，80
推拉铝合金窗	600，900，1200，1500，1800，2100	1200，1500，1800，2100，2400，2700，3000	40，50，60，70，80，90
推拉铝合金门	2100，2400，2700，3000	1500，1800，2100，2400，3000	70，80，90

安装铝合金门窗采用预留洞口然后安装的方法，预留洞口尺寸应符合《建筑门窗洞口尺寸系列》（GB/T 5824—2008）的规定。因此，设计选用铝合金门窗时，应注明门窗的规格型号。铝合金门窗的规格型号是以门窗的洞口尺寸表示的，例如洞口宽和高分别为1800mm和2100mm的门，规格型号为“1821”；若洞口宽、高均为900mm的窗，其规格型号则为“0909”。

3）产品分类及等级。铝合金门窗按其抗风压强度、气密性和水密性三项性能指标，将产品分为A、B、C三类，每类又分为优等品、一等品和合格品三个等级。另外，按隔声性能，凡空气计权隔声量≥25dB时为隔声门窗；按绝热性能，凡传热阻值≥0.25m²·K/W时为绝热门窗。

4）技术要求。对铝合金门窗的技术要求包括材料、表面处理、装配要求和表面质量等几个方面。所用型材应符合《铝合金建筑型材》（GB 5237—2008）的有关规定。特别强调的是，选用的附件材料除不锈钢外，应经防腐蚀处理，以避免与铝合金型材发生接触腐蚀。

2. 铝合金装饰板

用于装饰工程的铝合金板，其品种和规格很多。按表面处理方法分有阳极氧化处理及喷涂处理的装饰板。按常用的色彩分有银白色、古铜色、金色、红色、蓝色等。按几何尺寸分，有条形板和方形板，条形板的宽度多为80~100mm，厚度为0.5~1.5mm，长度6.0m左右。按装饰效果分，则有铝合金花纹板、铝合金波纹板、铝合金压型板、铝合金浅花纹板、铝合金冲孔板等。

（1）铝合金压型板。铝合金压型板是目前应用十分广泛的一种新型铝合金装饰材料。它具有质量轻、外形美观、耐久性好、安装方便等优点，通过表面处理可获得各种色彩。主要用于屋面和墙面等。

（2）铝合金花纹板。铝合金花纹板是采用防锈铝合金等坯料，用特制的花纹轧辊轧制而成。花纹美观大方，不易磨损、防滑性能好、防腐蚀性能强、便于冲洗，通过表面处理可得到各种颜色。广泛用于公共建筑的墙面装饰、楼梯踏板等处。

4.8 建筑钢材的检测

［本节要点］

钢筋的力学性能检测；

钢筋的工艺性能检测。

［关键概念］

拉伸强度；

冷弯性能。

要求：了解钢筋拉伸过程的受力特性，软钢与硬钢在拉伸过程中应力-应变的变化规律，掌握万能材料试验机的工作原理和操作方法、试验过程中试样长度确定、试验数据的正确读取以及试验报告的正确填写。了解如何通过弯曲试验对钢筋的力学性能进行评价；了解弯曲试验的不同方法；掌握不同方法试验时试样长度的确定方法、试验过程中的注意事项和试验结果的正确评定。

本节试验采用的标准及规范：

《钢筋混凝土用钢　第1部分：热轧光圆钢筋》（GB 1499.1-2008）

《钢筋混凝土用钢　第2部分：热轧带肋钢筋》（GB 1499.2-2008）

《冷轧带肋钢筋》（GB 13788-2008）

《低碳钢热轧圆盘条》（GB/T 701-2008）

《碳素结构钢》（GB/T 700-2006）

《低合金高强度结构钢》（GB/T 1591-2008）

《钢及钢产品 力学性能试验取样位置及试样制备》（GB/T 2975-1998）

《金属材料 室温拉伸试验方法》（GB /T 228-2002）

《金属材料 弯曲试验方法》（GB /T 232-1999）

《金属材料 线材 反复弯曲试验方法》（GB /T 238-2002）

《钢筋焊接及验收规程》（JGJ 18-2003）

《钢筋焊接接头试验方法标准》（JGJ/T 27-2001）

《钢筋机械连接技术规程》（JGJ 107-2010）

影响钢结构的整体质量因素很多，除设计之外，材料选择及力学性能，钢结构连接的焊接质量、高强度螺栓的质量和组装连接质量、节点承载力、防腐防火涂层质量、安装后的钢结构整体变形等，都会直接影响钢结构受力状态和使用寿命。特别是压型金属板结构，经历了2008年初特大雪灾，出现的质量事故。所以从设计选材到施工质量各个环节的质量检测和监控，是检测人员的首要任务。

4.8.1 术语（表4-23～表4-25）

钢材缺陷术语 表4-23

序号	名 称	说 明
1	圆 度	圆形截面的轧材，如圆钢和圆形钢管的横截面上，各个方向上的直径不等
2	形状不正确	轧材横截面几何形状歪斜，凹凸不平。如六角钢的六边不等、角钢顶角大、型钢扭转等
3	厚薄不均	钢板（或钢带）各部位的厚度不一样，有的两边厚而中间薄，有的边部薄而中间厚，也有的头尾差超过规定
4	弯曲度	轧件在长度或宽度方向不平直，呈曲线状
5	镰刀弯	钢板（或钢带）的长度方向在水平面上向一边弯曲
6	瓢曲度	钢板（或钢带）在长度和宽度方向同时出现高低起伏的波浪现象，使其成为“瓢形”或“船形”
7	扭 转	条形轧件沿纵轴扭成螺旋状
8	脱方、脱矩	方形、矩形截面的材料对边不等或截面的对角线不等
9	拉痕(划道)	呈直线沟状，肉眼可见到沟底分布于钢材的局部或全长
10	裂 纹	一般呈直线状，有时呈Y形，多与拔制方向一致，但也有其他方向，一般开口处为锐角
11	重皮(结疤)	表面呈舌状或鱼鳞片的翘起薄片：一种是与钢的本体相连接，并折合到表面上不易脱落；另一种是与钢的本体没有连接，但粘合到表面易于脱落

续表

序号	名　称	说　明
12	折　叠	钢材表面局部重叠，有明显的折叠纹
13	锈　蚀	表面生成的铁锈，其颜色由杏黄色到黑红色，除锈后，严重的有锈蚀麻点
14	发　纹	表面发纹是深度甚浅，宽度极小的发状细纹，一般沿轧制方向延伸形成细小纹缕
15	分　层	钢材截面上有局部的明显的金属结构分离，严重时则分成2~3层，层与层之间有肉眼可见的夹杂物
16	气　泡	表面无规律地分布呈圆形的大大小小的凸包，其外缘比较圆滑。大部是鼓起的，也有的不鼓起而经酸洗平整后表面发亮，其剪切断面有分层
17	麻点(麻面)	表面呈现局部的或连续的成片粗糙面，分布着形状不一、大小不同的凹坑，严重时有类似橘子皮状的，比麻点大而深的麻斑
18	氧化颜色	钢板（或钢带）经退火后在表面上呈现出浅黄色、深棕色、浅蓝色、深蓝色或亮灰色等
19	辊　印	表面有带状或片状的周期性轧辊印，其压印部位较亮，且没有明显的凸凹感觉
20	疏　松	钢的不致密性的表现。切片经过酸液侵蚀以后，扩大成许多洞穴，根据其分布可分：一般疏松、中心疏松
21	偏　析	钢中各部分化学成分和非金属夹杂物不均匀分布的现象。根据其表现形式可分：树枝状、方框形、点状偏析和反偏析等
22	缩孔残余	在横向酸浸试片的中心部位，呈现不规则的空洞或裂缝。空洞或裂缝中往往残留着外来杂质
23	非金属夹杂物	在横向酸性试片上见到一些无金属光泽，呈灰白色、米黄色和暗灰色等色彩，系钢中残留的氧化物、硫化物、硅酸盐等
24	金属夹杂物	在横向低倍试片上见到一些有金属光泽与基体金属显然不同的金属盐
25	过　烧	观察经侵蚀后的显微组织时，往往在网络状氧化物周围的基体金属上可看到脱碳组织，其他金属如铜及其合金则有氧化铜沿晶界呈网络状或点状向试样内部延伸
26	白　点	它是钢的内部破裂的一种。在钢件的纵向断口上呈圆形或椭圆形的银白色斑点，在经过磨光和酸蚀以后的横向切片上，则表现为细长的发裂，有时呈辐射状分布，有时则平行于变形方向或无规则地分布
27	晶粒粗大	酸浸试片断口上有强烈金属光泽
28	脱　碳	钢的表层碳分较内层碳分降低的现象称为脱碳。全脱碳层是指钢的表面因脱碳而呈现全部为铁素体组织部分；部分脱碳是指在全脱碳层之后到钢的含碳量未减少的组织处

钢材标准常用术语 表4-24

序号	名称	说明
1	标准	标准是对重复性事物和概念所作的统一规定。它以科学、技术和实践经验的综合成果为基础，经有关方面协商一致，由主管机构批准，以特定形式发布，作为共同遵守的准则和依据。目前，我国钢铁产品执行的标准有国家标准（GB、GB/T）、行业标准（YB）、地方标准和企业标准
2	技术条件	标准中规定产品应该达到的各项性能指标和质量要求称为技术条件，如化学成分、外形尺寸、表面质量、物理性能、力学性能、工艺性能、内部组织，交货状态等
3	保证条件	按照金属材料技术条件的规定，生产厂应该进行检验并保证检验结果符合规定要求的性能、化学成分、内部组织等质量指标，称为保证条件 （1）基本保证条件——又叫必保条件，是指标准中规定的，无论需方是否在订货合同中提出要求，生产厂必须进行检验并保证检验结果符合规定的项目 （2）附加保证条件——是标准中规定的，只要需方在合同中注明要求，生产厂就必须进行检验并保证检验结果符合规定的项目 （3）协议保证条件——在标准中没有规定，而经供需双方协议并在合同中注明加以保证的项目，称为协议保证条件 （4）参考条件——标准中没有规定，或有规定而不要求保证，由需方提出并经供需双方协商一致进行检验的项目，其结果仅供参考，不作考核，称为参考条件
4	质量证明书	金属材料的生产和其他工业产品的生产一样，是按统一的标准规定进行的，执行产品出厂检验制度，不合格的金属材料不准交货。对于交货的金属材料，生产厂提供质量证明书以保证其质量。金属材料的质量证明书不仅说明材料的名称、规格、交货件数、重量等，而且还提供规定的保证项目的全部检验结果质量证明书，是供方对该批产品检验结果的确认和保证，也是需方进行复检和使用的依据
5	质量等级	按钢材表面质量、外形及尺寸允许偏差等要求不同，将钢材质量划分为若干等级。例如一级品、二级品。有时针对某一要求制定不同等级，例如针对表面质量分为一级、二级、三级，针对表面脱碳层深度分为一组、二组等，均表示质量上的差别
6	精度等级	某些金属材料，标准中规定有几种尺寸允许偏差，并且按尺寸允许偏差大小不同，分为若干等级，叫做精度等级。精度等级按允许偏差分为普通精度、较高精度、高级精度等。精度等级愈高，其允许的尺寸偏差就愈小。在订货时，应注意将精度等级要求写入合同等有关单据中
7	牌号	金属材料的牌号，是给每一种具体的金属材料所取的名称。钢的牌号又叫钢号。我国金属材料的牌号，一般都能反映出化学成分。牌号不仅表明金属材料的具体品种，而且根据它还可以大致判断其质量。这样，牌号就简便地提供了具体金属材料质量的共同概念，从而为生产、使用和管理等工作带来很大方便
8	品种	金属材料的品种，是指用途、外形、生产工艺、热处理状态、粒度等不同的产品
9	型号	金属材料的型号是指用汉语拼音（或拉丁文）字母和一个或几个数字来表示不同形状、类别的型材及硬质合金等产品的代号。数字表示主要部位的公称尺寸
10	规格	规格是指同一品种或同一型号金属材料的不同尺寸。一般尺寸不同，其允许偏差也不同。在产品标准中，品种的规格通常按从小到大，有顺序地排列
11	表面状态	主要分为光亮和不光亮两种。在钢丝和钢带标准中常见，主要区别在于采取光亮退火还是一般退火。也有把抛光、磨光、酸洗、镀层等作为表面状态看待
12	边缘状态	边缘状态是指带钢是否切边而言。切边者为切边带钢，不切边者为不切边带钢

续表

序号	名 称	说 明
13	交货状态	交货状态是指产品交货的最终塑性变形加工或最终热处理状态。不经过热处理交货的有热轧（锻）及冷轧状态。经正火、退火、高温回火、调质及固溶等处理的统称为热处理状态交货，或根据热处理类别分别称正火、退火、高温回火、调质等状态交货
14	材料软硬程度	指采用不同热处理或加工硬化程度，所得钢材的软硬程度不同。在有的带钢标准中，划分为特软钢带、软钢带、半软钢带、低硬钢带和硬钢带
15	纵向和横向	钢材标准中所称的纵向和横向，均指与轧制（锻制）及拔制方向的相对关系而言，与加工方向平行者称纵向；与加工方向垂直者称横向。沿加工方向取的试样叫纵向试样；与加工方向垂直取的试样称横向试样。而在纵向试样上打的断口，是与轧制方向垂直的，故叫横向断口；横向试样上打的断口，则与加工方向平行，故叫纵向断口
16	理论质量和实际质量	这是两种不同的计算交货质量的方法。按理论质量交货者，是按材料的公称尺寸和密度计算得出的交货质量。按实际质量交货者，是按材料经称量（过磅）所得交货质量
17	公称尺寸和实际尺寸	公称尺寸是指标准中规定的名义尺寸，是生产过程中希望得到的理想尺寸。但在实际生产中，钢材实际尺寸往往大于或小于公称尺寸，实际所得到的尺寸，叫做实际尺寸
18	偏差和公差	由于实际生产中难达到公称尺寸，所以标准中规定实际尺寸和公称尺寸之间有一允许差值，叫做偏差。差值为负值叫负偏差，正值叫正偏差。标准中规定的允许正负偏差绝对值之和叫做公差。偏差有方向性，即以“正”或“负”表示，公差没有方向性
19	交货长度	钢材交货长度，在现行标准中有四种规定： （1）通常长度——又称不定尺长度，凡钢材长度在标准规定范围内而且无固定长度的，都称为通常长度。但为了包装运输和计量方便，各企业剪切钢材时，根据情况最好切成几种不同长度的尺寸，力求避免乱尺 （2）定尺长度——按订货要求切成的固定长度（钢板的定尺是指宽度和长度）叫定尺长度，例如定尺为5m，则一批交货钢材长度均为5m。但实际上不可能都是5m长，因此还规定了允许正偏差值 （3）倍尺长度——按订货要求的单倍尺长度切成等于订货单倍长度的整数倍数，称为倍尺长度，例如单倍尺长度为950mm，则切成双倍尺时为1900mm，三倍尺为950×3=2850mm等 （4）凡长度小于标准中通常长度下限，但不小于最小允许长度者，称为短尺长度
20	冶炼方法	指采用何种炼钢炉冶炼而言，例如用平炉、电弧炉、电渣炉、真空感应炉及混合炼钢等冶炼。“冶炼方法”一词在标准中的含义，不包括脱氧方法（如全脱氧的镇静钢、半脱氧的半镇静钢和沸腾钢）及浇注方法（如上注、下注、连注）这些概念
21	化学成分（产品成分）	是指钢铁产品的化学组成，包括主成分和杂质元素，其含量以重量百分数表示
22	熔炼成分	钢的熔炼成分是指钢在熔炼（如罐内脱氧）完毕，浇注中期的化学成分
23	成品成分	钢材的成品成分，又叫验证分析成分，是指从成品钢材上按规定方法（详见《钢的化学成分允许偏差》GB/T 222－2006）钻取或刨取试屑，并按规定的标准方法分析得来的化学成分。钢材的成品成分主要是供使用部门或检验部门验收钢材时使用的。生产厂一般不全做成品分析，但应保证成品成分符合标准规定。有些主要产品或者有时由于某种原因（如工艺改动、质量不稳、熔炼成分接近上下限、熔炼分析未取到等），生产厂也做成品成分分析
24	优质钢和高级优质钢（带A字）	又叫质量钢和高级质量钢，其区别在于高级优质钢在下列方面的一部分或全部分优于优质钢： ①缩小含碳量范围；②减少有害杂质（主要是硫、磷）含量；③保证较高的纯净度（指夹杂物含量少）；④保证较高的力学性能和工艺性能

钢材交货状态 表 4-25

序号	名称	说明
1	热轧状态	钢材在热轧或锻造后不再对其进行专门热处理，冷却后直接交货，称为热轧或热锻状态，热轧（锻）的终止温度一般为800～900℃，之后一般在空气中自然冷却，因而热轧（锻）状态相当于正火处理。所不同的是因为热轧（锻）终止温度有高有低，不像正火加热温度控制严格，因而钢材组织与性能的波动比正火大。目前不少钢铁企业采用控制轧制，由于终轧温度控制很严格，并在终轧后采取强制冷却措施，因而钢的晶粒细化，交货钢材有较高的综合力学性能。无扭控冷热轧盘条比普通热轧盘条性能优越就是这个道理，热轧（锻）状态交货的钢材，由于表面覆盖有一层氧化铁皮，因而具有一定的耐蚀性，储运保管的要求不像冷拉（轧）状态交货的钢材那样严格，大中型型钢、中厚钢板可以在露天货场或经苫盖后存放
2	冷拉（轧）状态	经冷拉、冷轧等冷加工成型的钢材，不经任何热处理而直接交货的状态，称为冷拉或冷轧状态。与热轧（锻）状态相比，冷拉（轧）状态的钢材尺寸精度高、表面质量好、表面粗糙度低，并有较高的力学性能，由于冷拉（轧）状态交货的钢材表面没有氧化皮覆盖，并且存在很大的内应力，极易遭受腐蚀或生锈，因而冷拉（轧）状态的钢材，其包装、储运均有较严格的要求，一般均需在库房内保管，并应注意库房内的温湿度控制
3	正火状态	钢材出厂前经正火热处理，这种交货状态称正火状态。由于正火加热温度［亚共析钢为Ac_3＋（30～50）°C，过共析钢为Ac_{cm}＋（30～50）°C］比热轧终止温度控制严格，因而钢材的组织、性能均匀。与退火状态的钢材相比，由于正火冷却速度较快，钢的组织中珠光体数量增多，珠光体层片及钢的晶粒细化，因而有较高的综合力学性能，并有利于改善低碳钢的魏氏组织和过共析钢的渗碳体网状，可为成品的进一步热处理做好组织准备。碳结钢、合结钢钢材常采用正火状态交货。某些低合金高强度钢如14MnMoVBRE、14CrMnMoVB钢为了获得贝氏体组织，也要求正火状态交货
4	退火状态	钢材出厂前经退火热处理，这种交货状态称为退火状态。退火的目的主要是为了消除和改善前道工序遗留的组织缺陷和内应力，并为后道工序作好组织和性能上的准备，合金结构钢、保证淬透性结构钢、冷镦钢、轴承钢、工具钢、汽轮机叶片用钢、铁素体型不锈耐热钢的钢材常用退火状态交货
5	高温回火状态	钢材出厂前经高温回火热处理，这种交货状态称为高温回火状态。高温回火的回火温度高，有利于彻底消除内应力，提高塑性和韧性，碳结构、合金钢、保证淬透性结构钢钢材均可采用高温回火状态交货。某些马氏体型高强度不锈钢、高速工具钢和高强度合金钢，由于有很高的淬透性以及合金元素的强化作用，常在淬火（或回火）后进行一次高温回火，使钢中碳化物适当聚集，得到碳化物颗粒较粗大的回火索氏体组织（与球化退火组织相似），因而，这种交货状态的钢材有很好的切削加工性能
6	固溶处理状态	钢材出厂前经固溶处理，这种交货状态称为固溶处理状态。这种状态主要适用于奥氏体型不锈钢材出厂前的处理。通过固溶处理，得到单相奥氏体组织，以提高钢的韧性和塑性，为进一步冷加工（冷轧或冷拉）创造条件，也可为进一步沉淀硬化做好组织准备

4.8.2 钢材的取样方法及取样位置

1. 与取样有关定义

试验单元：根据产品标准或合同要求，以在抽样产品上进行的试验为依据，一次接受或拒收产品的件数或吨数。

抽样产品：检验、试验时，在试验单元中抽取的部分。

试料：为了制备一个或几个试样，从抽样产品中所切取足够数量的材料。

样坯：为了制备试样，经过机械处理或所需热处理后的试料。

试样：经机加工或未经机加工后，具有合格尺寸且满足试验要求的状态的样坯。各种截面形式的型钢取样位置应按照《钢及钢产品 力学性能试验取样位置及试样制备》(GB/T 2975—1998) 执行。

2. 取样方法

(1) 在产品不同位置取样时，力学性能会有差异。取样位置应具有代表性；应在钢产品表面切取弯曲样坯。弯曲试样应至少保留一个表面，当机加工和试验机能力允许时，应制备全截面或全厚度试样；当要求取一个以上试样时，可在规定位置相邻处取样。

(2) 应在外观及尺寸合格的钢产品上取样。试料应具有足够的尺寸，保证机加工出足够的试样进行规定的试验及复验。

(3) 取样时，应对抽样产品、试料、样坯和试样作出标记，以保证始终能识别取样位置及方向。

(4) 取样时，应防止过热、加工硬化而影响力学性能。用烧割法和冷剪法取样要留加工余量。用烧割法切取样坯时，从样坯切割线至试样边缘必须留有足够的机加工余量。一般应不小于钢产品的厚度或直径，但最小不得少于 20mm。对于厚度或直径大于 60mm 的钢产品，其加工余量可根据供需双方协议适当减少。

3. 取样位置

(1) 型钢

1) 在型钢腿部宽度方向切取拉伸、弯曲、冲击样坯。如型钢尺寸不能满足要求，可将取样位置向中部位移。

腿部有斜度的型钢，可在腰部 1/4 处取样，如图 4-21 (*b*)、图 4-21 (*d*) 所示，经协商也可从腿部取样进行机加工。

腿部长度不相等的角钢，可从任一腿部取样。

2) 腿部厚度不大于 50mm 的型钢，当机加工和试验机能力允许时，应按图 4-22 (*a*) 切取拉伸试样；当切取圆形横截面拉伸试样，按图 4-22 (*b*) 的规定取样。腿部厚度大于 50mm 的型钢，当切取圆形横截面样坯时，按图 4-22 (*c*) 的规定取样。

3) 在型钢腿部厚度方向切取冲击样坯见图 4-23。

(2) 钢板

1) 应在钢板宽度 1/4 处切取拉伸、弯曲和冲击样坯，如图 4-24、图 4-25 所示。

2) 对纵轧钢板，当产品标准没有规定取样方向时，应在钢板宽度 1/4 处切取横向样坯；如钢板宽度不足，样坯中心可以内移。

3) 当钢板厚度方向切取拉伸样坯见图 4-24。当机加工和试验机能力允许时，应按图 4-24 (*a*) 取样。

4) 在钢板厚度方向切取冲击样坯时，根据产品标准或供需双方协议，选择图 4-25 规定的取样位置。

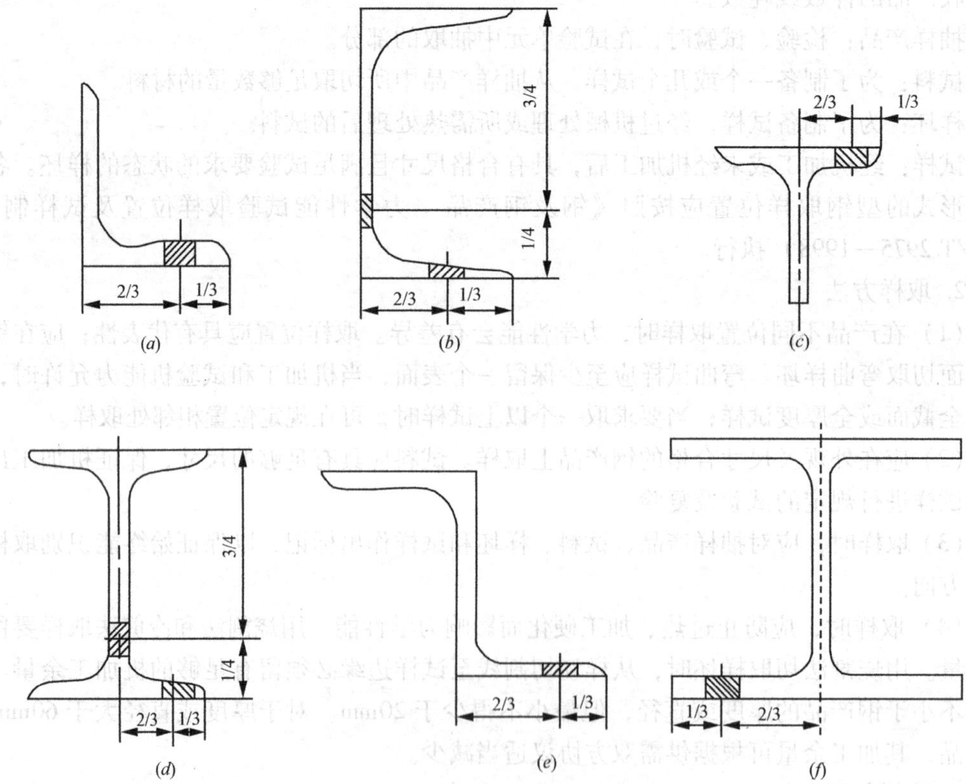

图 4-21 在型钢腿部宽度方向切取样坯

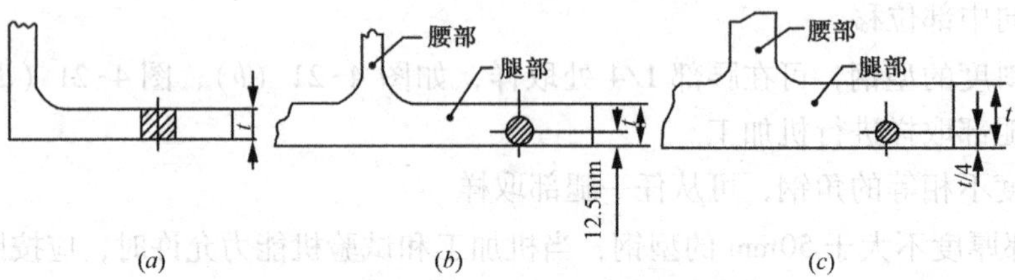

图 4-22 在型钢腿部厚度方向切取拉伸样坯

（a）$t \leqslant 50\text{mm}$；（b）$t \leqslant 50\text{mm}$；（c）$t > 50\text{mm}$

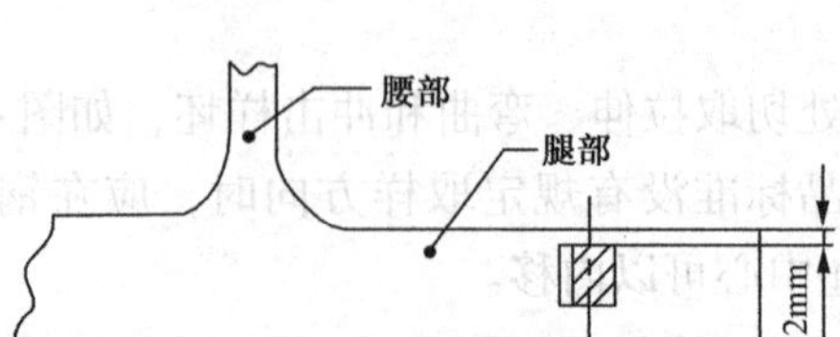

图 4-23 在型钢腿部厚度方向切取冲击样坯

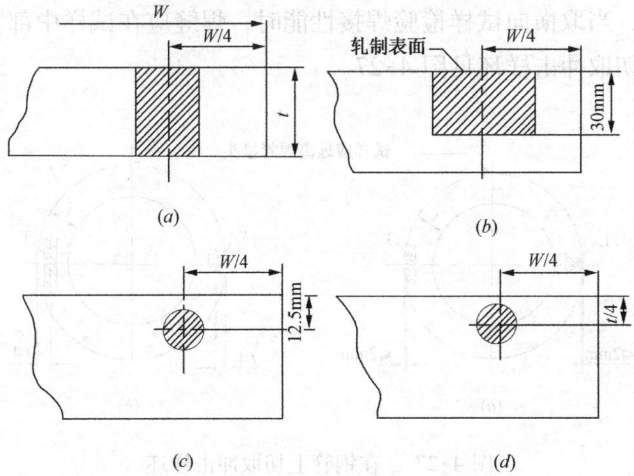

图 4-24 在钢板厚度方向切取拉伸样坯

（a）全厚度试样；（b）$t>30\text{mm}$；（c）$25\text{mm}<t<50\text{mm}$；（$d$）$t\geqslant 50\text{mm}$

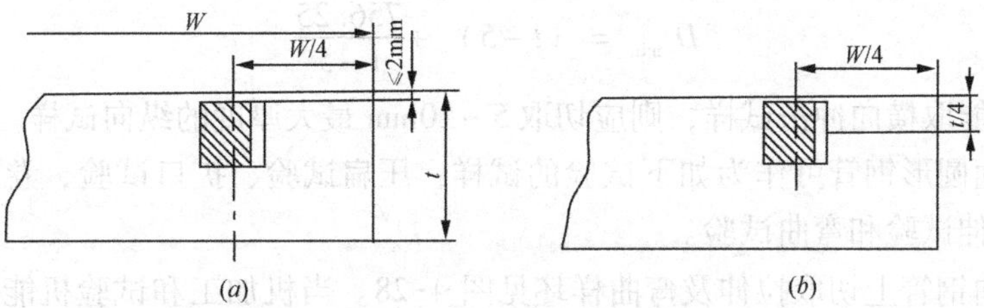

图 4-25 在钢板厚度方向切取冲击样坯

（a）对于全部 t 值；（b）$t>40\text{mm}$

（3）钢管

1）在钢管上切取拉伸试样及弯曲样坯见图 4-26。当机加工和试验机能力允许时，应按图 4-26（a）取样。如钢管尺寸不能满足要求，可将取样位置向中部位移，如图 4-26（c）所示。

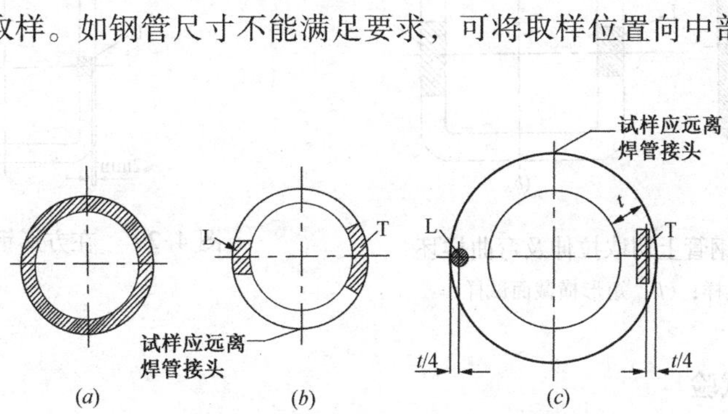

图 4-26 在钢管上切取拉伸及弯曲样坯

（a）全横截面试样；（b）矩形横截面试样；（c）圆形横截面试样

2）对于焊管，当取横向试样检验焊接性能时，焊缝应在试样中部。

3）在钢管上切取冲击样坯见图 4-27。

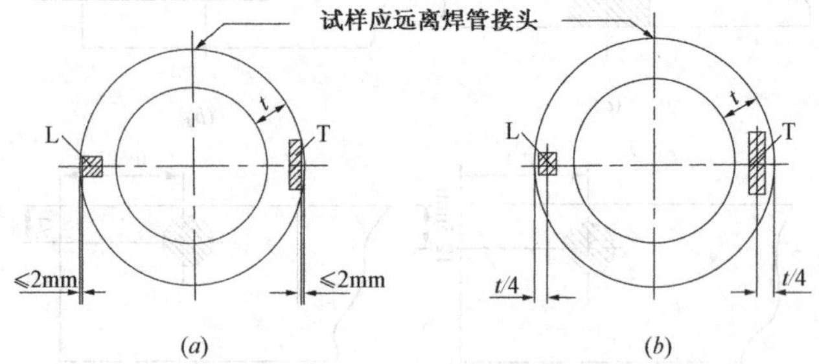

图 4-27　在钢管上切取冲击样坯

（a）冲击试样；（b）$t>40$mm 冲击试样

如钢管尺寸允许，应切取 5～10mm 最大厚度的横向试样。切取横向试样的钢管，最小外径 D_{min}（mm）按下式计算：

$$D_{min} = (t-5) + \frac{756.25}{t-5} \tag{4-2}$$

如钢管不能取横向冲击试样，则应切取 5～10mm 最大厚度的纵向试样。

4）全截面圆形钢管可作为如下试验的试样：压扁试验、扩口试验、卷边试验、环扩试验、管环拉伸试验和弯曲试验。

5）在方向钢管上切取拉伸及弯曲样坯见图 4-28。当机加工和试验机能力允许时，按图 4-28（a）取样。

6）在方形钢管上切取冲击样坯见图 4-29。

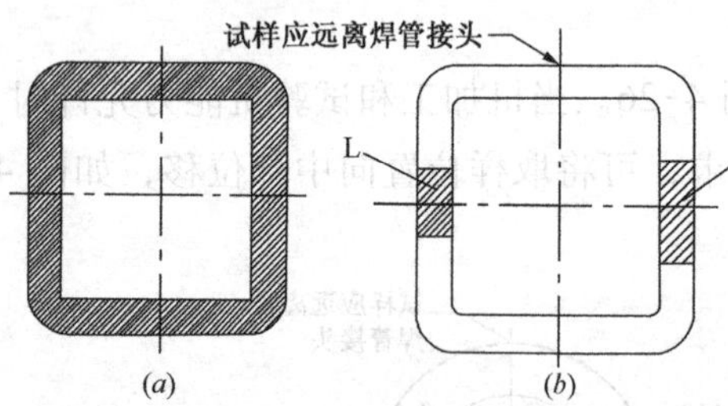

图 4-28　在方形钢管上切取拉伸及弯曲样坯

（a）全横截面试样；（b）矩形横截面试样

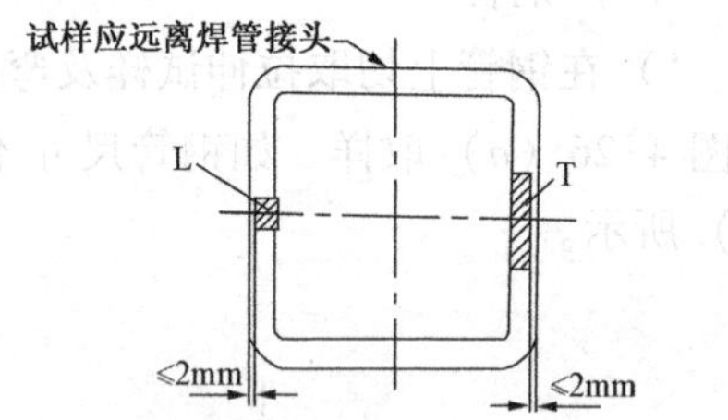

图 4-29　在方形钢管上切取冲击样坯

4.8.3　钢筋拉伸试验

1. 试验目的

测定低碳钢的屈服强度、抗拉强度与延伸率。注意观察拉力与变形之间的变化。确定应力与应变之间的关系曲线，评定钢筋的强度等级。

2. 主要仪器设备

万能材料试验机，试验达到最大负荷时，最好使指针停留在度盘的第三象限内或者数显破坏荷载在量程的50% ~75%之间；钢筋打点机或画线机、游标卡尺（精度为0.1mm）；引伸计精确度级别应符合《单轴试验用引伸计的标定》（GB/T 12160—2002）的要求。测定上屈服强度应使用不低于1级精确度的引伸计；测定抗拉强度、断后伸长率，应使用不低于2级精确度的引伸计。

3. 试样准备

（1）钢筋一般无需进行机加工，保持钢筋原有截面。

（2）各种型钢一般需采用机加工制备试样。

4. 试验方法与步骤

（1）试验一般在室温10~35℃范围内进行，对温度要求严格的试验，试验温度应为（23±5）℃；应使用楔形夹头、螺纹夹头或套环夹头等合适的夹具夹持试样。

（2）原始面积的确定

1）热轧带肋钢筋、热轧光圆钢筋及冷轧带肋钢筋进行钢筋强度计算时，均采用钢筋的公称横截面面积。

2）经机加工的试样应在试样的标距的两端及中间三处进行测量，取用三处测得的最小横截面积。其中矩形截面试样分别测量宽度和厚度；圆形截面试样应在两个相互垂直方向测量试样的直径，取算术平均值计算截面积。管状试样应在其一端相互垂直方向测量外径和壁厚，分别取其平均值后计算截面积，也可以根据测量的试样长度、试样质量和材料密度计算截面积。

3）厚度0.1~3mm薄板和薄带使用的试样原始横截面积测定应准确到±0.2%；厚度等于或大于3mm板材和扁材以及直径或厚度等于或大于4mm线材、棒材和型材使用的试样测量每个尺寸应准确到±0.5%；直径或厚度小于4mm线材、棒材和型材及管材使用的试样原始横截面积测定应准确到±1%。

通过计算得出的原始横截面积应至少保留4位有效数字。

（3）标记原始标记（L_0）

试样一般为比例试样，试样原始标距（L_0）与原始横截面积（S_0）有 $L_0 = k\sqrt{S_0}$ 的关系，比例系数 k 一般取5.65。原始标距应不小于15mm，当试样横截面积太小，以致 k 采用5.65不能满足此最小标距要求时，可采用较高值（优先采用11.3）或采用非比例试样，非比例试样原始标距与原始横截面积无关。

对于比例试样应将原始标距的计算修约至最接近5mm的倍数，中间值向较大一方修约。

热轧光圆钢筋、热轧带肋钢筋均采用 k 值为5.65的比例试样，原始标距为5倍的钢筋直径；CRB550级冷轧带肋钢筋、拉丝用低碳钢热轧圆盘条采用 k 值为11.3的比例试样，原始标距为10倍的钢筋直径；强度等级高于CRB550级的冷轧带肋钢筋均采用非比例试样，固定标距100mm。

原始标距的标记应准确到±1%。

试样长度应大于夹持长度加原始标距的长度。可以用钢筋试样标距仪标距出两个或一系列等分小冲点或细画线标出原始标距（标记不应影响试样断裂），测量标距长度 L_0（精确至0.1mm)，如图4-30所示。计算钢筋强度所用横截面积采用表4-26所列公称横截面积。

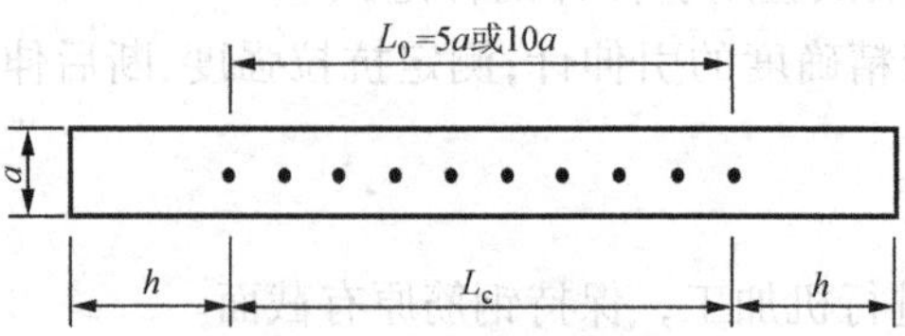

图4-30 钢筋拉伸试样

a—试样原始直径；L_0—标距长度；h—夹头长度；

L_c—试样平行长度（不小于L_0+a）

钢筋的公称横截面积 **表4-26**

公称直径/mm	公称横截面积/mm^2	公称直径/mm	公称横截面积/mm^2
8	50.27	22	380.1
10	78.54	25	490.9
12	113.1	28	615.8
14	153.9	32	804.2
16	201.1	36	1018
18	254.5	40	1257
20	314.2	50	1964

进行原始标距标记时，如平行长度比原始标距长许多时，应标记一系列套叠的原始标距。可将每个原始标距按3或3的整数倍进行等分（图4-31）。

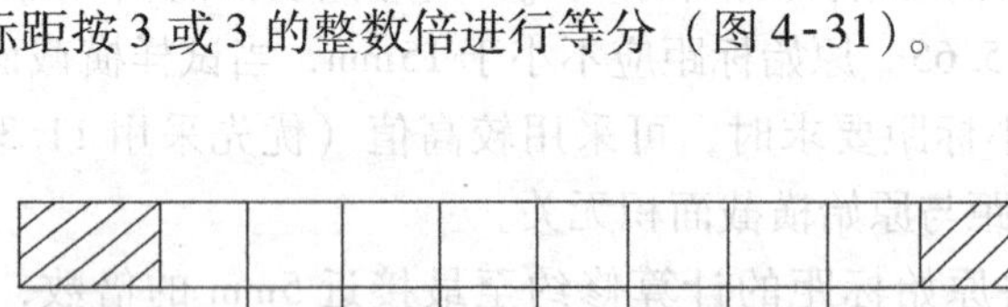

图4-31 原始标记示意

（4）将试样夹持在试验机夹头内。开动试验机进行拉伸，试验机活动夹头的分离速率应尽可能保持恒定，拉伸速度为屈服前应力增加速率按表4-27规定，并保持试验机控制器固定于这一速率位置上，直至该性能测出为止，屈服后只需测定抗拉强度时，试验机活动夹头在荷载下的移动速度不宜大于 $0.5L_c$/min，L_c 为试件两夹头之间的距离。

屈服前的加荷速率 **表 4-27**

金属材料的弹性模量/MPa	应力速率/（MPa/s）	
	最　小	最　大
<150 000	2	20
≥150 000	6	60

（5）加载时要认真观测，在拉伸过程中测力度盘的主指针暂时停止转动时的恒定荷载，或主指针回转后的最小荷载，即为所求的屈服点荷载 F_s（N）。将此时的主指针所指度盘数记录在试验报告中。继续拉伸，当主指针回转时，副指针所指的恒定荷载即为所求的最大荷载 F_b（N），由测力度盘读出副指针所指度盘数记录在试验报告中。

（6）将已拉断试样的两段在断裂处对齐，尽量使其轴线位于一条直线上。如拉断处由于各种原因形成缝隙，则此缝隙应计入试样拉断后的标距部分长度内。待确保试样断裂部分适当接触后测量试样断后标距 L_1（mm），要求精确到 0.1mm。L_1 的测定方法有以下两种：

1）直接法：如拉断处到邻近的标距点的距离大于 $\frac{1}{3}L_0$ 时，可用卡尺直接量出已被拉长的标距长度 L_1。

2）移位法：如拉断处到邻近的标距端点的距离小于或等于 $\frac{1}{3}L_0$，可按下述移位法确定 L_1：在长段上，从拉断处 O 取基本等于短段格数，得 B 点，接着取等于长段所余格数（偶数，如图 4-32（a）所示）之半，得 C 点；或者取所余格数（奇数，如图 4-32（b）所示）减 1 与加 1 之半，得 C 与 C_1 点。移位后的 L_1 分别为 $AO+OB+2BC$ 或者 $AO+OB+BC+BC_1$。

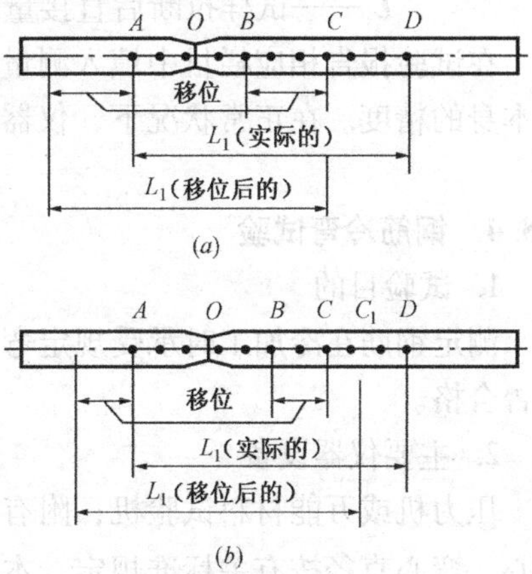

图 4-32　用移位法计算标距
（a）剩余段格数为偶数时；
（b）剩余段格数为奇数时

如果直接测量所求得的伸长率能达到技术条件的规定值，则可不采用移位法。如果试件在标距点上或标距外断裂，则测试结果无效，应重做试验。将测量出的被拉长的标距长度 L_1 记录在试验报告中。

5. 结果计算与数据处理

（1）屈服点强度：按下式计算试件的屈服强度

$$\sigma_s = F_s / A \tag{4-3}$$

式中 σ_s——屈服点强度，MPa；

F_s——屈服点荷载，N；

A——试样原最小横截面面积，mm^2。

当 $\sigma_s > 1000$MPa 时，应计算至 10MPa；σ_s 为 200～1000MPa 时，计算至 5MPa；$\sigma_s \leqslant$

200MPa 时，计算至 1MPa。小数点数字按“四舍六入五单双法”处理。

（2）抗拉强度：按下式计算试件的抗拉强度

$$\sigma_b = F_b / A \tag{4-4}$$

式中 σ_b—— 抗拉强度，MPa；

F_b——试样拉断后最大荷载，N；

A——试样原最小横截面面积，mm^2。

σ_b 计算精度的要求同 σ_s。

（3）伸长率：按下式计算（精确至1%）：

$$(\delta_{10}、\delta_5) = (L_1 - L_0) / L_0 \times 100\% \tag{4-5}$$

式中 δ_{10}、δ_5—— 分别表示 $L_0 = 10d$ 或 $L_0 = 5d$ 时的伸长率；

L_0—— 原标距长度 $10d$（$5d$），mm；

L_1——试样拉断后直接量出或按移位法确定的标距部分长度，mm。

在试验报告相应栏目中填入测量数据。填表时，要注明测量单位。此外，还要注意仪器本身的精度。在正常状况下，仪器所给出的最小读数，应当在允许误差范围之内。

4.8.4 钢筋冷弯试验

1. 试验目的

测定钢筋在冷加工时承受规定弯曲程度的弯曲变形能力，显示其缺陷，评定钢筋质量是否合格。

2. 主要仪器设备

压力机或万能材料试验机；附有两支辊，支辊间距离可以调节；还应附有不同直径的弯心，弯心直径按有关标准规定。本试验采用支辊弯曲。装置示意如图 4-33 所示。

3. 试样准备

钢筋冷弯试件长度通常为 $L = 0.5(d + a) + 140$mm（L 为试样长度，mm；d 为弯心直径，mm；a 为试样原始直径，mm），试件的直径不大于 50mm。试件可由试样两端截取，切割线与试样实际边距离不小于 10mm。试样中间 1/3 范围之内不准有凿、冲等工具所造成的伤痕或压痕。试件可在常温下用锯、车的方法截取，试样不得进行车削加工。如必须采用有弯曲之试件时，应用均匀压力使其压平。

其他型钢：

（1）宽度：当产品宽度不大于 20mm 时，试样宽度为原产品宽度；当产品宽度大于 20mm 时，厚度小于 3mm 时，试样宽度为 20mm ± 5mm；当厚度不小于 3mm 时，试样宽度在 20 ~ 50mm 之间。

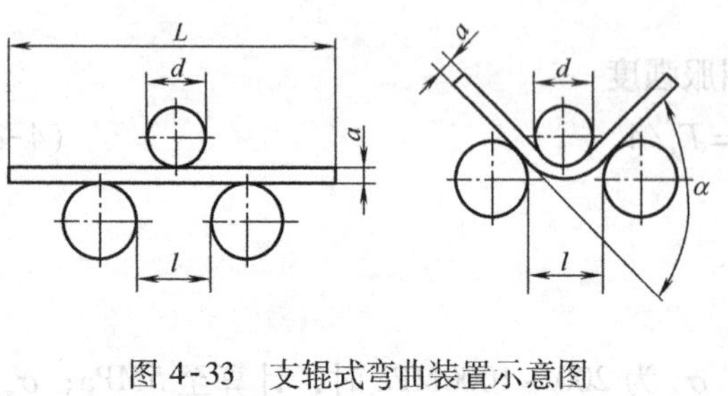

图 4-33 支辊式弯曲装置示意图

（2）厚度或直径：对于板材、带材和型材，产品厚度不大于 25mm 时，试样厚度为原产品的厚度；产品的厚度大于 25mm 时，试样厚度可以机加工减薄至不小于 25mm，并应保留一侧原表面。弯曲试验时试样保留的原表面应位于受拉变形的一侧。

（3）长度：试样长度应根据试样厚度和所使用的试验设备确定。

4. 试验方法与步骤

（1）试验前测量试件尺寸是否合格；根据钢筋的级别，确定弯心直径，弯曲角度，调整两支辊之间的距离。两支辊间的距离为：

$$l = (d + 3a) \pm 0.5a \tag{4-6}$$

式中 d——弯心直径，mm；

a——钢筋公称直径，mm。

距离 l 在试验期间应保持不变。

（2）试样按照规定的弯心直径和弯曲角度进行弯曲，试验过程中应平稳地对试件施加压力。在作用力下的弯曲程度可以分为三种类型（见图 4-34），测试时应按有关标准中的规定分别选用。

1）达到某规定角度的弯曲，如图 4-34（*a*）。

2）绕着弯心弯到两面平行时的程度，如图 4-34（*b*）。

3）弯到两面接触时的重合弯曲，如图 4-34（*c*）。

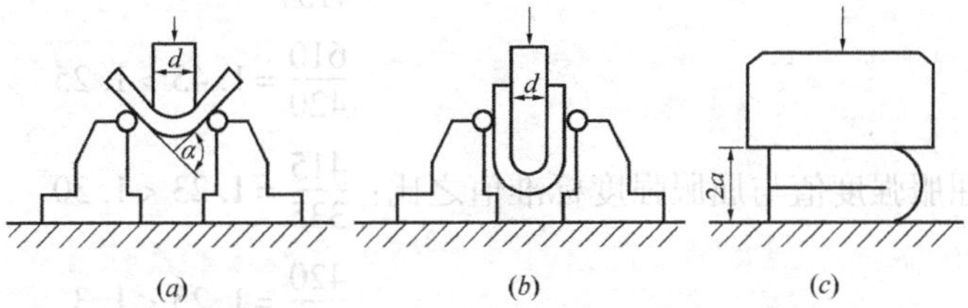

图 4-34 钢材冷弯试验的几种弯曲程度

（*a*）弯曲至某规定角度；（*b*）弯曲至两面平行；（*c*）弯曲至两面重合

（3）重合弯曲时，应先将试样弯曲到图 4-34（*b*）的形状（建议弯心直径 $d = a$）。然后在两平行面间继续以平稳的压力弯曲到两面重合。两压板平行面的长度或直径，应不小于试样重叠后的长度。

（4）冷弯试验的试验温度必须符合有关标准规定。整个测试过程应在 10～35℃或控制条件（23±5）℃下进行。

5. 结果计算与数据处理

（1）弯曲后检查试样弯曲处的外面及侧面，如无裂缝、断裂或起层等现象即认为试样合格。做冷弯试验的两根试样中，如有一根试样不合格，即为冷弯试验不合格。应再取双倍数量的试样重做冷弯试验。在第二次冷弯试验中，如仍有一根试样不合格，则该批钢筋即为不合格品。将上述所测得的数据进行分析试样属于哪级钢筋，是否达到要求标准。

（2）将试验结果记录在试验报告中。

例题：进行一组直径为 18mm 的 HRB400E 钢筋的拉伸试验，两根钢筋的屈服力分别为 105.0kN、107.1kN，抗拉力分别为 154.2kN、154.6kN，断后标距分别为 109.75mm 及 108.25mm，最大力总伸长率测定时，拉伸前 Y 和 V 间的距离均为 105mm，断裂后分别为

115.00mm、114.25mm。计算该组钢筋的屈服强度、抗拉强度、断后伸长率及最大力总伸长率并判定其拉伸性能是否满足HRB400E的要求。

解：

屈服强度分别为：$R_{eL}1=\frac{F_{eL}}{S_0}=\frac{105000}{254.5}=412.6\text{MPa}$ 修约至415 MPa

$R_{eL}2=\frac{F_{eL}}{S_0}=\frac{107100}{254.5}=420.8\text{MPa}$ 修约至420 MPa

抗拉强度分别为：$R_m1=\frac{F_m}{S_0}=\frac{154200}{245.5}=605.9\text{MPa}$ 修约至605 MPa

$R_m2=\frac{F_{eL}}{S_0}=\frac{154600}{254.5}=607.5\text{MPa}$ 修约至610 MPa

断后伸长率分别为：$\delta1=\frac{L_U-L_0}{L_0}\times100=\frac{109.75-90}{90}\times100=21.9\%$ 修约至22.0%

$\delta2=\frac{L_U-L_0}{L_0}\times100=\frac{108.25-90}{90}\times100=20.3\%$ 修约至20.5%

钢筋实测抗拉强度值与实测屈服强度值之比：$\frac{605}{415}=1.46>1.25$

$\frac{610}{420}=1.45>1.25$

钢筋实测屈服强度值与屈服强度标准值之比：$\frac{415}{335}=1.23<1.30$

$\frac{420}{335}=1.25<1.3$

结果为：该组二根钢筋的屈服强度分别为415 MPa及420 MPa；抗拉强度分别为605 MPa及610 MPa；断后伸长率分别为22.0%及20.5%。判该组钢筋的拉伸性能满足HRB400E的要求。

4.8.5 钢筋焊接接头的试验

目前常用的钢筋焊接接头形式主要有以下几种：闪光对焊接头、电弧焊接头（包括双面搭接焊、单面搭接焊等）、电渣压力焊接头、气压焊接头、预埋件钢筋T形接头。各种接头均应进行拉伸试验，其中闪光对焊接头、气压焊接头还应进行弯曲试验。

1. 取样方法

试验的取样如表4-28。

2. 环境要求

试验一般在室温10~35℃范围内进行。

3. 拉伸试验

（1）试样准备

拉伸试样（除预埋件钢筋T形接头）的长度应为l_s+2l_j，其中l_s受试长度，l_j为夹持长度。闪光对焊接头、电渣压力焊接头、气压焊接头l_s均为$8d$（d：钢筋直径），双面搭接焊接头l_s为$8d+1h$（$1h$为焊缝长度），单面搭接焊接头l_s为$5d+1h$。

钢筋焊接接头取样表 表 4-28

焊接接头形式	检验批组成	拉伸试验取样数量	弯曲试验取样数量
闪光对焊接头	同一台班内，由同一焊工完成的300个同牌号、同直径钢筋焊接接头为一批。当同一台班内焊接的接头数量较少，可在一周之内累计计算；累计仍不足300个接头时，应按一批计算	每批接头随机抽取三个接头	每批接头随机抽取三个接头
电弧焊接头	在现浇混凝土结构中，以300个同牌号钢筋、同形式接头作为一批。在房屋结构中，应在不超过二楼层中300个同牌号钢筋、同形式接头，作为一批	每批接头随机抽取三个接头	—
电渣压力焊接头			
气压焊接头		在柱、墙的竖向钢筋连接中及梁、板的水平钢筋连接中，每批接头随机抽取三个接头	在梁、板的水平钢筋连接中，每批接头随机抽取三个接头
预埋件钢筋T形接头	以300件同类型预埋件作为一批。一周内连续焊接时，可累计计算。当不足300件时，亦应按一批计算	每批接头随机抽取三个接头	

预埋件钢筋T形接头的钢筋长度应大于或等于200mm，钢板的长度和宽度均应大于或等于60mm。

（2）试验仪器设备

试验机应为1级或优于1级的准确度。

（3）试验程序

1）用游标卡尺复核钢筋的直径。

2）将试样夹持在试验机上，用10～30MPa/s的加载速率对试样进行连续平稳的拉伸，将试样拉至断裂（或出现缩颈），读取试验过程中的最大力。

3）记录断口的断裂特征，区分为延性断裂或脆性断裂，测量断裂（或缩颈）位置离焊缝口的距离。如断口上发现气孔、夹渣、未焊透、烧伤等焊接缺陷时，应进行记录。

4）抗拉强度按下式计算：

$$\sigma_b = \frac{F_b}{S_0} \tag{4-7}$$

式中 σ_b——抗拉强度，MPa，应修约到5MPa；

F_b——最大力，N；

S_0——试样公称截面面积，mm^2。

（4）结果判定

1）闪光对焊接头、电弧焊接头、电渣压力焊接头、气压焊接头拉伸试验均应符合下列要求：

条件1：3个热轧钢筋接头试件的抗拉强度均不得小于该牌号钢筋规定的抗拉强度；RRB400钢筋接头试件的抗拉强度均不得小于570N/mm^2。

条件2：至少应有2个试件断于焊缝之外，并应呈延性断裂。

①当达到上述2项条件时，评定该批接头为抗拉强度合格。

②当试验结果有2个试件抗拉强度小于钢筋规定的抗拉强度或3个试件均在焊缝或热影响区发生脆性断裂时，则一次判定该批接头为不合格。

③当试验结果有1个试件的抗拉强度小于规定值，或2个试件在焊缝或热影响区发生脆性断裂，其抗拉强度均小于钢筋规定抗拉强度的1.10倍时（当接头试件虽断于焊缝或热影响区，呈脆性断裂，但其抗拉强度大于或等于钢筋规定抗拉强度的1.10倍时，可按断于焊缝或热影响区之外，呈延性断裂同等对待），应进行复验。

④复验时，应再切取6个试件。复验结果，当仍有1个试件的抗拉强度小于规定值，或有3个试件断于焊缝或热影响区呈脆性断裂，其抗拉强度小于钢筋规定抗拉强度的1.10倍时，应判定该批接头为不合格品。

2）预埋件钢筋T形接头拉伸试验结果，3个试件的抗拉强度均应符合下列要求：

①HPB235钢筋接头不得小于350N/mm^2；

②HRB335钢筋接头不得小于470N/mm^2；

③HRB400钢筋接头不得小于550N/mm^2；

④当试验结果，3个试件中有小于规定值时，应进行复验。复验时，应再取6个试件。复验结果，其抗拉强度均达到上述要求时，评定该批接头为合格品。

4. 弯曲试验

（1）试样准备

试样的长度一般宜为两支辊间内侧距离另加150mm，支辊间内侧距离为$D+2.5d$，其中D为弯心直径，d为钢筋直径。

闪光对焊接头、气压焊接头应将受压面的金属毛刺和镦粗凸起部分消除，且应与钢筋的外表齐平。

（2）试验设备要求

可用万能试验机、手动或电动液压弯曲试验器进行弯曲试验。

（3）试验程序

①根据表4-29选择相应的应弯心直径和弯曲角度。

弯心直径和弯曲角度　　表4-29

钢筋牌号	弯心直径（d：钢筋直径）	弯曲角度（°）
HPB235	$2d$	90
HRB335	$4d$	90
HRB400、RRB400	$5d$	90
HRB500	$7d$	90

注：直径大于25mm的钢筋焊接接头，弯心直径应增加1倍钢筋直径。

②将试样放在两支点上，并使焊缝中心与压头中心线一致，然后缓慢地对试样施加弯曲力，直至达到规定的弯曲角度或出现裂纹、破断为止。

（4）结果判定

①当试验结果，有2个或3个试件外侧（含焊缝和热影响区）未发生破裂，则判定该批接头为合格品。

②当3个试件均发生破裂，则一次判定该批接头为不合格品。

③当有2个试件发生破裂，应进行复验。

④复验时，应再切取6个试件。复验结果，当有3个试件发生破裂时，应判定该批接头为不合格品。

4.8.6 钢筋机械连接接头试验

目前常用的钢筋机械连接接头主要有如下几种类型：套筒挤压接头、锥螺纹接头、镦粗直螺纹接头、滚轧直螺纹接头、熔融金属充填接头及水泥灌浆充填接头。根据抗拉强度以及高应力和大变形条件下反复拉压性能的差异，将接头分为三个等级：

Ⅰ级：接头抗拉强度不小于被连接钢筋实际抗拉强度或1.10倍钢筋抗拉强度标准值，并具有高延性及反复拉压性能。

Ⅱ级：接头抗拉强度不小于被连接钢筋抗拉强度标准值，并具有高延性及反复拉压性能。

Ⅲ级：接头抗拉强度不小于被连接钢筋屈服强度标准值的1.35倍，并具有一定的延性及反复拉压性能。

1. 技术要求

Ⅰ级、Ⅱ级、Ⅲ级接头的抗拉强度应符合表4-30的规定：

钢筋机械连接接头抗拉强度指标 **表4-30**

接头等级	Ⅰ级	Ⅱ级	Ⅲ级
抗拉强度	$f_{mst}^{0} \geqslant f_{st}^{0}$ 或 $\geqslant 1.10f_{uk}$	$f_{mst}^{0} \geqslant f_{uk}$	$f_{mst}^{0} \geqslant 1.35f_{yk}$

注：f_{mst}^{0} 为接头试件实际抗拉强度；f_{st}^{0} 为接头试件中钢筋抗拉强度实测值；f_{uk} 为钢筋抗拉强度标准值；f_{yk} 为钢筋屈服强度标准值。

2. 取样及检验

钢筋连接工程开始前及施工过程中，应对每批进场钢筋进行接头工艺检验。进行工艺检验时，应如下进行：

（1）每种规格钢筋的接头取不少于3个试件进行抗拉强度检验。

（2）自接头试件的同一根钢筋上，各取一个钢筋母材试件进行抗拉强度检验。

（3）3根接头试件的抗拉强度均应符合上表中的要求。另外，Ⅰ级接头，试件的抗拉强度尚应大于等于钢筋抗拉强度实测值的0.95倍；Ⅱ级接头应大于0.90倍。

接头的现场检验按验收批进行。同一施工条件下采用同一批材料的同等级、同形式、同规格接头，以500个为一验收批，不足500个也作为一个验收批。现场检验进行外观质量和单向拉伸试验，单向拉伸试验应如下进行：

（1）对接头的每一验收批，必须在工程结构中随机截取3个接头试件作抗拉强度试验。

（2）当3个接头试件的抗拉强度均符合表4-30的相应等级的要求时，该验收批评为合格。

（3）如有1个试件的强度不符合要求，应再取6个试件进行复检。复检中，如仍有1个试件的强度不符合要求，则该验收批评为不合格。

（4）现场检验连续10个验收批抽样试件抗拉强度1次合格率为100%时，验收批接头数量可以扩大1倍。

第5章 钢结构连接材料

◆ 引言

钢结构是一种由预制材料（钢材）制作，通过工厂加工成构件，再经工地现场拼装而形成的结构，因此，构件与构件之间的连接节点是形成钢结构并保证钢结构工程安全正常工作的重要组成部分。

常用的钢结构连接方式有：

1. 焊接连接（冶金式）

使金属高温融化后形成整体；采用焊接材料：电弧焊、气焊、电渣焊。

2. 紧固件连接（机械式）

普通螺栓、高强度螺栓、铆钉等。

3. 其他（化学式）

强力胶：直接粘合零件。

化学浆锚螺栓：通过结构胶将锚栓与锚固基础结合成一个整体，用于钢构件与混凝土构件的连接。

本章主要介绍钢结构的紧固件连接，即螺栓连接材料的分类、组成、技术性质、性能检测及应用等方面的知识。

◆ 本章要点

通过本章的学习你将能够：

掌握螺栓材料的分类、组成和用途

掌握螺栓材料的技术指标及相应的检测方法

了解螺栓材料的技术要求与选用

5.1 普通螺栓、螺母及垫圈

[本节要点]

普通螺栓的材性及规格；

高强度螺栓。

[关键概念]

材性、规格；

紧固、验收。

钢结构用普通螺栓连接，即将普通螺栓、螺母、垫圈机械地和连接件连在一起形成的一种连接形式。从连接的工作机理看，载荷是通过螺栓杆受剪、连接板孔壁承压来传递的。这种连接螺栓和连接板孔壁之间有间隙，接头受力后会产生较大的滑移变形，因此一般受力较大的结构或承受动荷载的结构，当采用普通螺栓连接时，螺栓应采用精制螺栓以减小接头的变形量。精制螺栓连接是一种紧密配合连接，即螺栓孔径和螺栓直径差一般在0.2~0.5mm，有的要求螺栓孔径和螺栓直径相等，施工时需要强行打入。精制螺栓连接加工费用高，施工难度大，工程上已经极少使用，逐渐地被高强螺栓所替代。

根据《钢结构设计规范》（GB 50017—2003）规定，钢结构工程采用的普通螺栓应符合现行国家标准《六角头螺栓—C级》（GB/T 5780—2000）和《六角头螺栓》（GB/T 5782—2000）的要求。

5.1.1 普通螺栓的材性及规格

钢结构连接用螺栓性能等级分3.6、4.6、4.8、5.6、6.8、8.8、9.8、10.9、12.9等10余个等级，其中8.8级及以上螺栓材质为低碳合金钢或中碳钢并经热处理（淬火、回火），通称为高强度螺栓，其余通称为普通螺栓。

螺栓性能等级标号有两部分数字组成，分别表示螺栓材料的公称抗拉强度值和屈强比值。第一部分数字为螺栓材质公称抗拉强度的1/100，第二部分数字为螺栓材质屈强比的10倍；两部分数字的乘积为螺栓材质公称屈服强度的1/10。例如，性能等级4.6级的螺栓，其含义是：

（1）螺栓材质公称抗拉强度达400MPa级；

（2）螺栓材质的屈强比值为0.6；

（3）螺栓材质的公称屈服强度达400×0.6=240MPa级。

性能等级10.9级高强度螺栓，其材料经过热处理后，能达到：

（1）螺栓材质公称抗拉强度达1000MPa级；

（2）螺栓材质的屈强比值为0.9；

（3）螺栓材质的公称屈服强度达1000×0.9=900MPa级。

螺栓性能等级的含义是国际通用的标准，相同性能等级的螺栓，不管其材料和产地的区别，其性能是相同的，设计上只选用性能等级即可。

5.1.2 六角头螺栓—C级

1. 六角头螺栓—C级规格

《六角头螺栓 C级》（GB/T 5780—2000）规定了螺纹的规格为M5~M64、性能等级为3.6、4.6和4.8级。六角头螺栓—C级如图5-1所示，其商品规格和通用规格、尺寸见表5-1、表5-2和表5-3。

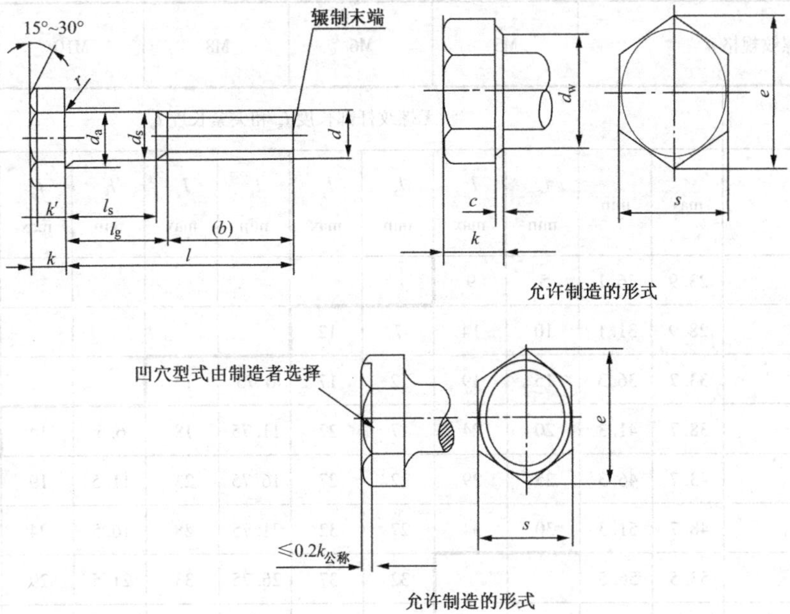

图 5-1 六角头螺栓—C 级

$l_{gmax}=l_{公称}-b_{参考}$；$l_{min}=l_{gmax}=5P$；P—螺距

六角头螺栓—C 级的规格、尺寸（一）（商品规格）（mm） 表 5-1

螺纹规格 d		M5	M6	M8	M10	M12
$b_{参考}$	$l\leqslant125$	16	18	22	26	30
	$125<l\leqslant200$	—	—	28	32	36
	$l>200$	—	—	—	—	—
c	max	0.5	0.5	0.6	0.6	0.6
d_a	max	6	7.2	10.2	12.2	14.7
d_s	max	5.48	6.48	8.58	10.58	12.7
	min	4.52	5.52	7.42	9.42	11.3
d_w	min	6.7	8.7	11.4	14.4	16.4
e	min	8.63	10.89	14.20	17.59	19.85
k	公称	3.5	4	5.3	6.4	7.5
	min	3.12	3.62	4.92	5.95	7.05
	max	3.88	4.38	5.68	6.85	7.95
k'	min	2.2	2.5	3.45	4.2	4.95
r	min	0.2	0.25	0.4	0.4	0.6
s	max	8	10	13	16	18
	min	7.64	9.64	12.57	15.57	17.57

续表

螺纹规格 d			M5		M6		M8		M10		M12	
l			无螺纹杆部长度 l_s 和夹紧长度 l_g									
公称	max	min	l_s min	l_g max	l_s min	l_g max	l_s min	l_g max	l_s min	l_g max	l_s min	l_g max
25	23.9	26.1	5	9								
30	28.9	31.1	10	14	7	12						
35	33.7	36.3	15	19	12	17	6.75	13				
40	38.7	41.3	20	24	17	22	11.75	18	6.5	14		
45	43.7	46.3	25	29	22	27	16.75	23	11.5	19	6.25	15
50	48.7	51.3	30	34	27	32	21.75	28	16.5	24	11.25	20
(55)	53.5	56.5			32	37	26.75	33	21.5	29	16.25	25
60	58.8	61.5			37	42	31.75	38	26.5	34	21.25	30
(65)	63.5	66.5					36.75	43	31.5	39	26.25	35
70	68.5	71.5					41.75	48	36.5	44	31.25	40
80	78.5	81.5					51.75	58	46.5	54	41.25	50
90	88.3	91.7							56.5	64	51.25	60
100	98.3	101.7							66.5	74	61.25	70
110	108.3	111.7									71.25	80
120	118.3	121.7									81.25	90
130	128	132										
140	138	142										
150	148	152										
160	156	164										
180	176	184										
200	195.4	204.6										
220	215.4	224.6										
240	235.4	244.6										
260	254.8	265.2										
280	274.8	285.2										
300	294.8	305.2										

六角头螺栓—C 级的规格、尺寸（二）（商品规格）（mm） **表 5-2**

螺纹规格 d			M16		M20		M24		M30		M36	
$b_{参考}$	$l \leqslant 125$		38		46		54		66		78	
	$125 < l \leqslant 200$		44		52		60		72		84	
	$l > 200$		57		65		73		85		97	
c	max		0.8		0.8		0.8		0.8		0.8	
d_a	max		18.7		24.4		28.4		35.4		42.4	
d_s	max		16.7		20.84		24.84		30.84		37	
	min		15.3		19.16		23.16		29.16		35	
d_w	min		22		27.7		33.2		42.7		51.1	
e	min		26.17		32.95		39.55		50.85		60.79	
k	公称		10		12.5		15		18.7		22.5	
	min		9.25		11.6		14.1		17.65		21.45	
	max		10.75		13.4		15.9		19.75		23.55	
k'	min		6.5		8.1		9.9		12.4		15.0	
r	min		0.6		0.8		0.8		1		1	
s	max		24		60		36		46		55	
	min		23.16		29.16		35		45		53.8	
l	无螺纹杆部长度 l_s 和夹紧长度 l_g											
公称	max	min	l_s min	l_g max	l_s min	l_g max	l_s min	l_g max	l_s min	l_g max	l_s min	l_g max
25	23.9	26.1										
30	28.9	31.1										
35	33.7	36.3										
40	38.7	41.3										
45	43.7	46.3										
50	48.7	51.3										
(55)	53.5	56.5	7	17								
60	58.8	61.5	12	22								
(65)	63.5	66.5	17	27	6.5	19						
70	68.5	71.5	22	32	11.5	24						
80	78.5	81.5	32	42	21.5	34	11	26				
90	88.3	91.7	42	52	31.5	44	21	36	6.5	24		
100	98.3	101.7	52	62	41.5	54	31	46	16.5	34		
110	108.3	111.7	62	72	51.5	64	41	56	26.5	44	12	32
120	118.3	121.7	72	82	61.5	74	51	66	36.5	54	22	42
130	128	132	76	86	65.5	78	55	70	40.5	58	26	
140	138	142	86	96	75.5	88	65	80	50.5	68	36	56
150	148	152	96	106	85.5	98	75	90	60.5	78	46	66
160	156	164	106	116	95.5	108	85	100	70.5	88	56	76
180	176	184			115.5	128	105	120	90.5	108	76	96
200	195.4	204.6			135.5	148	125	140	110.5	128	96	116
220	215.4	224.6					131	147	117.5	135	103	123
240	235.4	244.6					152	167	137.5	155	123	143
260	254.8	265.2							157.5	175	143	163
280	274.8	285.2							177.5	195	163	183
300	294.8	305.2							197.5	215	183	203

注：1. 尽可能不采用括号内的规格；

2. 折线之间为商品规格范围。

六角头螺栓—C 级的规格、尺寸（通用规格）（mm） **表 5-3**

螺纹规格 d			M5		M6		M8		M10	
$b_{参考}$	$l \leqslant 125$		16		18		22		26	
	$125 < l \leqslant 200$		—		—		28		32	
	$l > 200$		—		—		—		—	
c	max		0.5		0.5		0.6		0.6	
d_a	max		6		7.2		10.2		12.2	
d_s	max		5.48		6.48		8.58		10.58	
	min		4.52		5.52		7.42		9.42	
d_w	min		6.7		8.7		11.4		14.4	
e	min		8.63		10.89		14.20		17.59	
k	公称		3.5		4		5.3		6.4	
	min		3.12		3.62		4.92		5.95	
	max		3.88		4.38		5.68		6.85	
k'	min		2.2		2.5		3.45		4.2	
r	min		0.2		0.25		0.4		0.4	
s	max		8		10		13		16	
	min		7.64		9.64		12.57		15.57	
l			无螺纹杆部长度 l_s 和夹紧长度 l_g							
公称	max	min	l_s min	l_g max	l_s min	l_g max	l_s min	l_g max	l_s min	l_g max
160	156	164	41.5	64						
180	176	184	61.5	84	47	72				
200	195.4	204.6	81.5	104	67	92				
220	215.4	224.6	88.5	111	84	99	55.5	83		
240	235.4	244.6	108.5	131	94	119	75.5	103		
260	254.8	265.2	128.5	151	114	139	95.5	123	77	107
280	274.8	285.2	148.5	171	134	159	115.5	143	97	127
300	294.8	305.2	168.5	191	154	179	135.5	163	117	147
320	314.3	325.7	188.5	211	174	199	155.5	183	137	167
340	334.3	345.7	208.5	231	194	219	175.5	203	157	187
360	357.3	365.7	228.5	251	214	239	195.5	223	177	207
380	374.3	385.7	248.5	271	234	259	215.5	243	197	227
400	394.3	405.7	268.5	291	254	274	235.5	263	217	247
420	413.7	426.3	288.5	311	274	294	255.5	283	237	267
440	433.7	446.3			294	314	275.5	303	257	287
460	453.7	466.3			314	334	295.5	323	277	307
480	473.7	486.3			334	354	315.5	343	297	327
500	493.7	506.3					335.5	363	317	347

注：折线之间为通用规格范围。

2. 六角头螺栓—C 级的技术条件（见表 5-4）

六角头螺栓—C 级的技术条件 表 5-4

材料		钢
通用技术条件		GB/T 16938—2008
螺纹	公差	8g
	标准	GB/T 196—2003、GB/T 197—2003
机械性能	等级	$d \leqslant 39$mm：3.6、4.6、4.8 $d > 39$mm：按协议
	标准	$d \leqslant 39$mm：GB/T 3098.1—2000 $d > 39$mm：按协议
公差	产品等级	C
	标准	GB/T 3103.1—2002
表面处理		不经处理 非电解锌粉覆盖层技术要求按 ISO10683 电解技术要求按 GB/T 5267 如需其他表面镀层或表面处理，应由供需双方协定
验收及包装		GB/T 90

3. 六角头螺栓—C 级的标记

螺纹规格 d = M12、公称长度 l = 80 mm、性能等级为 4.8 级、不经表面处理、产品等级为 C 级的六角头螺栓的标记：

螺栓 GB/T 5780 M12 × 80

5.1.3 六角头螺栓

1. 六角头螺栓规格

《六角头螺栓》（GB/T 5782—2000）规定了螺纹规格为 M1.6 ~ M64，性能等级为 5.6、8.8、9.8、10.9、A2-70、A4-70、A2-50、A4-50、CU2、CU3 和 AL4 级、产品等级为 A 级和 B 级的六角头螺栓。A 级用于 d = 1.6 ~ 24mm 和 $l \leqslant 10d$、$l \leqslant 15d$（按较小值）；B 级用于 d > 24mm 和 $l \geqslant 10d$、$l \geqslant 15d$（按较小值）的螺栓，其外形如图 5-2 所示，其规格、尺寸见表 5-5 和表 5-7。

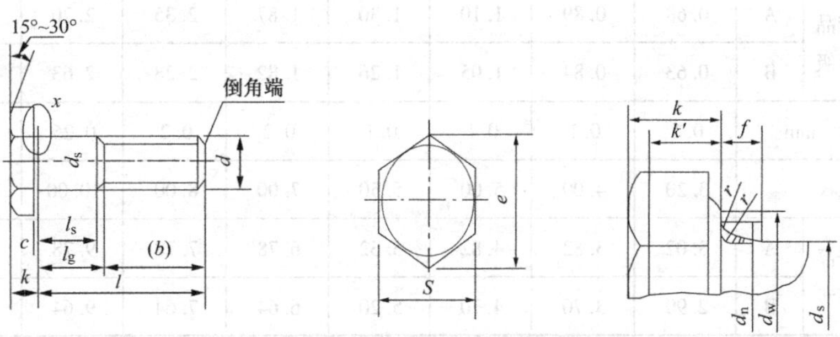

图 5-2 六角头螺栓

$l_{gmax} = l_{公称} - b_{参考}$；$l_{min} = l_{gmax} = 5P$；$P$—螺距

六角头螺栓的规格、尺寸（一） （单位：mm） 表 5-5

螺纹规格 d				M1.6	M2	M2.5	M3	M4	M5	M6	M8	M10
P①				0.35	0.4	0.45	0.5	0.7	0.8	1	1.25	1.5
$b_{参考}$	注②			9	10	11	12	14	16	18	22	26
	注③			15	16	17	18	20	22	24	28	32
	注④			28	29	30	31	33	35	37	41	45
c	max			0.25	0.25	0.25	0.40	0.40	0.50	0.50	0.60	0.60
	min			0.10	0.10	0.10	0.15	0.15	0.15	0.15	0.15	0.15
d_a				2	2.6	3.1	3.6	4.7	5.7	6.8	9.2	11.2
d_s	公称 = max			1.60	2.00	2.50	3.00	4.00	5.00	6.00	8.00	10.00
	min	产品等级	A	1.46	1.86	2.36	2.86	3.82	4.82	5.82	7.78	9.78
			B	1.35	1.75	2.25	2.75	3.70	4.70	5.70	7.64	9.64
d_w min		产品等级	A	2.27	3.07	4.07	4.57	5.88	6.88	8.88	11.63	14.63
			B	2.3	2.95	3.95	4.45	5.74	6.74	8.74	11.47	14.47
e min		产品等级	A	3.41	4.32	5.45	6.01	7.66	8.79	11.05	14.38	17.77
			B	3.28	4.18	5.31	5.88	7.50	8.63	10.89	14.20	17.59
l_f	max			0.6	0.8	1	1	1.2	1.2	1.4	2	2
k	公称			1.1	1.4	1.7	2	2.8	3.5	4	5.3	6.4
	产品等级	A	max	1.225	1.525	1.825	2.125	2.925	3.65	4.15	5.45	6.58
			min	0.975	1.275	1.575	1.875	2.675	3.35	3.85	5.15	6.22
		B	max	1.3	1.6	1.9	2.2	3.0	3.26	4.24	5.54	6.69
			min	0.9	1.2	1.5	1.8	2.35	2.6	3.76	5.06	6.11
k_w⑤ min		产品等级	A	0.68	0.89	1.10	1.30	1.87	2.35	2.70	3.61	4.35
			B	0.63	0.84	1.05	1.26	1.82	2.28	2.63	3.54	4.28
r	min			0.1	0.1	0.1	0.1	0.2	0.2	0.25	0.4	0.4
s	max			3.20	4.00	5.00	5.50	7.00	8.00	10.00	13.00	16.00
	min	产品等级	A	3.02	3.82	4.82	5.32	6.78	7.78	9.78	12.73	15.73
			B	2.90	3.70	4.70	5.20	6.64	7.64	9.64	12.57	15.57

续表

螺纹规格 d					M1.6		M2		M2.5		M3		M4		M5		M6		M8		M10	
l					l_s 和 l_g ⑥⑦																	
名称	产品等级 A min	A max	B min	B max	l_s min	l_g max	l_s min	l_g max	l_s min	l_g max	l_s min	l_g max	l_s min	l_g max	l_s min	l_g max	l_s min	l_g max	l_s min	l_g max	l_s min	l_g max
12	11.65	12.35	—	—	1.2	3																
16	15.65	16.35	—	—	5.2	7	4	6	2.75	5									阶梯实线以上的规格推荐采用 GB/T 5783—2000			
20	19.58	20.42	18.95	21.05			8	10	6.75	9	5.5	8										
25	24.58	25.42	23.95	26.05					11.75	14	10.5	13	7.5	11	5	9						
30	29.58	30.42	28.95	31.05							15.5	18	12.5	16	10	14	7	12				
35	34.5	35.5	33.75	36.25									17.5	21	15	19	12	17				
40	39.5	40.5	38.75	41.25									22.5	26	20	24	17	22	11.75	18		
45	44.5	45.5	43.75	46.25											25	29	22	27	16.75	23	11.5	19
50	49.5	50.5	48.75	51.25											30	34	27	32	21.75	28	16.5	24
55	54.4	55.6	53.5	56.5													32	37	26.75	33	21.5	29
60	59.4	60.6	58.5	61.5													37	42	31.75	38	26.5	34
65	64.4	65.6	63.5	66.5															36.75	43	31.5	39
70	69.4	70.6	68.5	71.5															41.75	48	36.5	44
80	79.4	80.6	78.5	81.5															51.75	58	46.5	54
90	89.3	90.7	88.25	91.75																	56.5	64
100	99.3	100.7	98.25	101.75																	66.5	74
110	109.3	110.7	108.25	111.75																		
120	119.3	120.7	118.25	121.75																		

六角头螺栓的规格、尺寸（二）　（单位：mm）　表 5-6

螺纹规格 d			M12	M16	M20	M24	M30	M36	M42	M48	M56	M64
P①			1.75	2	2.5	3	3.5	4	4.5	5	5.5	6
$b_{参考}$	注②		30	38	46	54	66	—	—	—	—	—
	注③		36	44	52	60	72	84	96	108	—	—
	注④		49	57	65	73	85	97	109	121	137	153
c	max		0.60	0.8	0.8	0.8	0.8	0.8	1.0	1.0	1.0	1.0
	min		0.15	0.2	0.2	0.2	0.2	0.2	0.3	0.3	0.3	0.3
d_a			13.7	17.7	22.4	26.4	33.4	39.4	45.6	52.6	63	71
d_s	公称 = max		12.00	16.00	20.00	24.00	30.00	36.00	42.00	48.00	56.00	64.00
	min 产品等级	A	11.73	15.73	19.67	23.67	—	—	—	—	—	—
		B	11.57	15.57	19.48	23.48	29.48	35.38	41.38	47.38	55.26	63.26
d_w min	产品等级	A	16.63	22.49	28.19	33.61	—	—	—	—	—	—
		B	16.47	22	27.7	33.25	42.75	51.11	59.95	69.45	78.66	88.16
e min	产品等级	A	20.03	26.75	33.53	39.98	—	—	—	—	—	—
		B	19.85	26.17	32.95	39.55	50.85	60.79	71.3	82.6	93.56	104.86
l_f		max	3	3	4	4	6	6	8	10	12	13
k	公称		7.5	10	12.5	15	18.7	22.5	26	30	35	40
	产品等级 A	max	7.68	10.18	12.715	15.215	—	—	—	—	—	—
		min	7.32	9.82	12.285	14.785	—	—	—	—	—	—
	产品等级 B	max	7.79	10.29	12.85	15.35	19.12	22.92	26.42	30.42	35.5	40.5
		min	7.21	9.71	12.15	14.65	18.28	22.08	25.58	29.58	34.5	39.5
k_w⑤ min	产品等级	A	5.12	6.87	8.6	10.35	—	—	—	—	—	—
		B	5.05	6.8	8.51	10.26	12.8	15.46	17.91	30.71	24.15	27.65
r		min	0.6	0.6	0.8	0.8	1	1	1.2	1.6	2	2
s	max		18.00	24.00	30.00	36.00	46	55.0	65.0	75.0	85.0	95.0
	min 产品等级	A	17.73	23.67	29.67	35.38	—	—	—	—	—	—
		B	17.57	23.16	29.16	35.00	45	53.8	63.1	73.1	82.8	92.8

续表

螺纹规格					M12		M16		M20		M24		M30		M36		M42		M48		M56		M64	
l					l_s 和 l_g ⑥⑦																			
名称	产品等级																							
	A		B		l_s	l_g	l_s	l_g	l_s	l_g	l_s	l_g	l_s	l_g	l_s	l_g	l_s	l_g	l_s	l_g	l_s	l_g	l_s	l_g
	min	max	min	max	min	max	min	max	min	max	min	max	min	max	min	max	min	max	min	max	min	max	min	max
50	49.5	50.5	—	—	11.25	20																		
55	54.4	55.6	53.5	56.5	16.25	25																		
60	59.4	60.6	58.5	61.5	21.25	30																		
65	64.4	65.6	63.5	66.5	26.25	35	17	27																
70	69.4	70.6	68.5	71.5	31.25	40	22	32																
80	79.4	80.6	78.5	81.5	41.25	50	32	42	21.5	34														
90	89.3	90.7	88.25	91.75	51.25	60	42	52	31.5	44	21	36												
100	99.3	100.7	98.25	101.75	61.25	70	52	62	41.5	54	31	46												
110	109.3	110.7	108.25	111.75	71.25	80	62	72	51.5	64	41	56	26.5	44										
120	119.3	120.7	118.25	121.75	81.25	90	72	82	61.5	74	51	66	36.5	54										
130	129.2	130.8	128	132			76	86	65.5	78	55	70	40.5	58										
140	139.2	140.8	138	142			86	96	75.5	88	65	80	50.5	68	36	56								
150	149.2	150.8	148	152			96	106	85.5	98	75	90	60.5	78	46	66								
160			158	162			106	116	95.5	108	85	100	70.5	88	56	76	41.5	64						
180			178	182					115.5	128	105	120	90.5	108	76	96	61.5	84	47	73				
200			197.7	202.3					135.5	148	125	140	110.5	128	96	116	81.5	104	67	92				
220			217.7	222.3							132	147	117.5	135	103	123	88.5	111	74	99	55.5	82		
240			237.7	242.3							152	167	137.5	155	123	143	108.5	131	94	119	75.5	103		
260			257.4	262.6									157.5	175	143	163	128.5	151	114	193	95.5	123	77	107

续表

螺纹规格					M12		M16		M20		M24		M30		M36		M42		M48		M56		M64	
l					l_s 和 l_g ⑥⑦																			
名称	产品等级																							
	A		B		l_s	l_g	l_s	l_g	l_s	l_g	l_s	l_g	l_s	l_g	l_s	l_g	l_s	l_g	l_s	l_g	l_s	l_g	l_s	l_g
	min	max	min	max	min	max	min	max	min	max	min	max	min	max	min	max	min	max	min	max	min	max	min	max
280			277.4	282.6									177.5	195	163	183	148.5	171	134	159	115.5	143	97	127
300			297.4	302.6									197.5	215	183	203	168.5	191	154	179	135.5	163	117	147
320			317.15	322.85											203	223	188.5	211	174	199	155.5	183	137	167
340			337.15	342.85											223	243	208.5	231	194	219	175.5	203	157	187
360			357.15	362.85											243	263	228.5	254	214	239	195.5	223	177	207
380			377.15	382.85													248.5	271	234	259	515.5	243	197	227
400			397.15	402.85													268.5	291	254	279	235.5	263	217	247
420			416.85	423.15													288.5	311	274	299	255.5	283	237	267
440			436.85	443.15													308.5	331	294	319	27535	303	257	287
460			456.85	463.15															314	339	295.5	323	277	307
480			476.85	483.15															334	359	315.5	343	297	327
500			496.85	503.15																	335.5	363	317	347

注：①P—螺距。

②$l_{公称} \leqslant 125\text{mm}$。

③$125\text{mm} < l_{公称} \leqslant 200\text{mm}$。

④$l_{公称} > 200\text{mm}$。

⑤$k_{wmin} = 0.7_{min}$。

⑥$l_{gmax} = l_{公称} - b$；$l_{gmin} = l_{gmax} - 5P$。

⑦商品长度规格由 l_s 和 l_g 确定。阶梯实线以上的为A级产品，以下为B级产品。

六角头螺栓的规格、尺寸（三）（单位：mm） **表 5-7**

螺纹规格 d			M3.5	M14	M18	M22	M27	M33	M39	M45	M52	M60
P①			0.6	2	2.5	2.5	3	3.5	4	4.5	5	5.5
$b_{参考}$	注②		13	34	42	50	60	—	—	—	—	—
	注③		19	40	48	56	66	78	90	102	116	—
	注④		32	53	61	69	79	91	103	115	129	145
c	max		1.40	1.60	0.8	0.8	0.8	0.8	1.0	1.0	1.0	1.0
	min		0.15	0.15	0.2	0.2	0.2	0.2	0.3	0.3	0.3	0.3
d_a			4.1	15.7	20.2	24.4	30.4	36.4	42.4	48.6	56.6	67
d_s	公称 = max		3.50	14.00	18.00	22.00	27.00	33.0	39.00	45.00	52.00	60.00
	min 产品等级	A	3.32	13.73	17.73	21.67	—	—	—	—	—	—
		B	3.20	13.57	17.57	21.48	26.48	32.38	38.38	44.38	51.26	59.26
d_w min	产品等级	A	5.07	19.64	25.34	31.71	—	—	—	—	—	—
		B	4.95	19.15	24.85	31.35	38	46.55	55.86	64.7	74.2	83.41
e min	产品等级	A	6.57	13.36	30.14	37.72	—	—	—	—	—	—
		B	6.44	22.78	29.56	37.29	45.2	53.77	66.44	76.95	88.25	99.21
l_f	max		1	3	3	4	6	6	6	8	10	12
k	公称		2.4	8.8	11.5	14	17	21	25	28	33	38
	产品等级 A	max	2.525	8.98	11.715	14.215	—	—	—	—	—	—
		min	2.275	8.62	11.285	13.785	—	—	—	—	—	—
	产品等级 B	max	2.6	9.09	11.85	14.35	17.35	21.42	25.42	28.42	33.5	38.5
		min	2.2	8.51	11.15	13.65	16.65	20.58	24.58	27.58	32.5	37.5
k_w⑤ min	产品等级	A	1.59	6.03	7.9	9.65	—	—	—	—	—	—
		B	1.54	5.96	7.81	9.56	11.66	14.41	17.21	19.31	22.75	26.25
r	min		0.1	0.6	0.6	0.8	1	1	1	1.2	1.6	2
s	max		6.00	21.00	27.00	34.00	41	50	60.0	70.0	80.0	90.0
	min 产品等级	A	5.82	21.67	26.67	33.38	—	—	—	—	—	—
		B	5.70	20.16	26.16	33.00	40	49	58.8	68.1	78.1	87.8

续表

螺纹规格 d					M3.5		M14		M18		M22		M27	
l					l_s 和 l_g[6,7]									
公称	产品等级													
	A		B		l_s	l_g	l_s	l_g	l_s	l_g	l_s	l_g	l_s	l_g
	min	max	min	max	min	max	min	max	min	max	min	max	min	max
20	19.58	20.42	—		4	7								
25	24.58	25.42	—		9	12								
30	29.58	30.42	—		14	17								
35	34.5	35.5	—		19	22								
40	39.5	40.5	38.75	41.25										
45	44.5	45.5	43.75	46.25										
50	49.5	50.5	48.75	51.25										
55	54.4	55.6	53.5	56.5										
60	59.4	60.6	58.5	61.5			16	26						
65	64.4	65.6	63.5	66.5			21	31						
70	69.4	70.6	68.5	71.5			26	36	15.5	28				
80	79.4	80.6	78.5	81.5			36	46	25.5	38				
90	89.3	90.7	88.25	91.75			46	56	35.5	48	27.5	40		
100	99.3	100.7	98.25	101.75			56	66	45.5	58	37.5	50	25	40
110	109.3	110.7	108.25	111.75			66	78	55.5	68	47.5	60	35	50
120	119.3	420.7	118.25	121.75			76	86	65.5	78	57.5	70	45	60
130	129.2	130.8	128	132			80	90	69.5	82	61.5	74	49	64
140	139.2	140.8	138	142			90	100	79.5	92	71.5	84	59	74
150	149.2	150.8	148	152					89.5	102	81.5	94	69	84
160	—	—	158	162					99.5	112	91.5	104	79	94
180	—	—	178	182					119.5	132	111.5	124	99	114
200	—	—	197.7	202.3							131.5	144	119	134
220	—	—	217.7	222.3							138.5	151	126	141
240	—	—	237.7	242.3									146	161
260	—	—	257.4	262.6									166	181

阶梯实线以上的规格采用GB/T 5783—2000

螺纹规格 d					M33		M39		M45		M52		M60	
l					l_s 和 l_g[6,7]									
公称	产品等级													
	A		B		l_s	l_g	l_s	l_g	l_s	l_g	l_s	l_g	l_s	l_g
	min	max	min	max	min	max	min	max	min	max	min	max	min	max
130	129.2	130.8	128	132	34.5	52								
140	139.2	140.8	138	142	44.5	62								
150	149.2	150.8	148	152	54.5	72	40	60						
160	—	—	158	162	64.5	82	50	70						
180	—	—	178	182	84.5	102	70	90	55.5	78				
200	—	—	197.7	202.3	104.5	122	90	110	75.5	98	59	84		
220	—	—	217.7	222.3	111.5	129	97	117	82.5	105	66	91		
240	—	—	237.7	242.3	131.5	149	117	137	102.5	125	86	111	67.5	95
260	—	—	257.7	262.6	151.5	169	137	157	122.5	145	106	131	87.5	115
280	—	—	277.4	282.6	171.5	189	157	177	142.5	165	126	151	107.5	135

阶梯实线以上的规格采用GB/T 5783—2000

续表

螺纹规格 d					M33		M39		M45		M52		M60	
l					l_s 和 l_g ⑥⑦									
公称	产品等级													
	A		B		l_s	l_g	l_s	l_g	l_s	l_g	l_s	l_g	l_s	l_g
	min	max	min	max	min	max	min	max	min	max	min	max	min	max
300	—	—	297.4	302.6	191.5	209	177	197	162.5	185	146	171	127.5	155
320	—	—	317.15	322.85	211.5	229	197	217	182.5	205	166	191	147.5	175
340	—	—	337.15	342.85			217	237	202.5	225	186	211	167.5	195
360	—	—	357.15	362.85			237	257	222.5	245	206	231	187.5	215
380	—	—	377.18	382.85			257	277	242.5	265	226	251	207.5	235
400	—	—	397.15	402.85					262.5	285	246	271	227.5	255
420	—	—	416.85	423.15					282.5	305	266	291	247.5	275
440	—	—	436.85	443.15					302.5	325	286	311	267.5	295
460	—	—	456.85	463.15							306	331	284.5	315
480	—	—	476.85	483.15							326	351	307.5	335
500	—	—	496.85	503.15									327.5	355

注：① P—螺距。

② $l_{公称} \leqslant 125mm$。

③ $125mm < l_{公称} \leqslant 200mm$。

④ $l_{公称} > 200mm$。

⑤ $k_{wmin} = 0.7_{min}$。

⑤ $l_{gmax} = l_{公称} - b$；$l_{gmin} = l_{gmax} - 5P$。

⑦ 商品长度规格由 l_s 和 l_g 确定。阶梯实线以上的为 A 级产品，以下的为 B 级产品。

2. 六角头螺栓技术条件和引用标准（表 5-8）

六角头螺栓技术条件和引用标准 **表 5-8**

材　料		钢	不 锈 钢	有色金属
通用技术条件		GB/T 16938－2008		
螺　纹	公　差	6g		
	标　准	GB/T 196－2003、GB/T 197－2003		
机　械 性　能	等　级	$d<3mm$：按协议 $3mm \leqslant d \leqslant 39mm$：5.6、8.8、10.9 $3mm \leqslant d \leqslant 16mm$：9.8 $d>39mm$：按协议	$d \leqslant 24mm$：A2－70、A4－70 $24mm<d \leqslant 39mm$：A2－50、A4－50 $d>39mm$：按协议	CU2、CU3、AL4
	标　准	$3mm \leqslant d \leqslant 39mm$：GB/T 3098.1 $d<3mm$ 和 $d>39mm$：按协议	$d \leqslant 39mm$：GB/T 3098.6 $d>39mm$：按协议	GB/T 3098.10—1993
公　差	产　品 等　级	$d \leqslant 24mm$ 和 $l \leqslant 10$，d 或 $l \leqslant 150mm$（按较小值）：A $d>24mm$ 和 $l>10$，d 或 $l>150mm$（按较小值）：B		
	标　准	GB/T 3103.1—2002		

表面缺陷	GB/T 5779.1—2000、 GB/T 5779.3—2000		
表面处理	氧　化	简单处理	简单处理
	电镀技术要求按 GB/T 5267 非电解锌粉覆盖层技术要求按 ISO10683 如需其他表面镀层或表面处理，应由供需双方协议		
验收及包装	GB/T 90		

3. 标记示例

螺纹规格 d = M12、公称长度 l = 80mm、性能等级为 8.8 级、表面氧化、产品等级为 A 级的六角头螺栓的标记：螺栓 GB/T 5782 – M12 × 80。

5.1.4 螺母

1. 钢结构连接常用螺母，其公称高度 h 大于或等于 0.8D（D 为与其匹配的螺栓直径）。螺母强度设计应选用与之相匹配螺栓中最高性能等级的螺栓强度。当螺母强度拧紧到螺栓保证载荷时，必须不发生螺纹脱扣。

2. 螺母性能等级分 4、5、6、8、9、10、12 等，其中 8 级（含 8 级）以上螺母与高强度螺栓匹配，8 级以下螺母与普通螺栓匹配。

螺母与螺栓性能等级相匹配参照表　　**表 5-9**

螺母性能等级	相匹配的螺栓性能等级	
	性　能　等　级	直　径　范　围（mm）
4	3.6、4.6、4.8	>16
5	3.6、4.6、4.8	≤16
	5.6、5.8	所有的直径
6	6.8	所有的直径
8	8.8	所有的直径
9	8.8	16< ~ ≤39
	9.8	≤16
10	10.9	所有的直径
12	12.9	≤39

螺母的螺纹应和螺栓相一致，一般应为粗牙螺纹。螺母的机械性能主要是螺母的保证应力和强度，其值应符合《紧固件机械性能螺栓　螺母　粗牙螺纹》（GB/T 3098.2—2000）的规定。见图 5-3 和表 5-10。

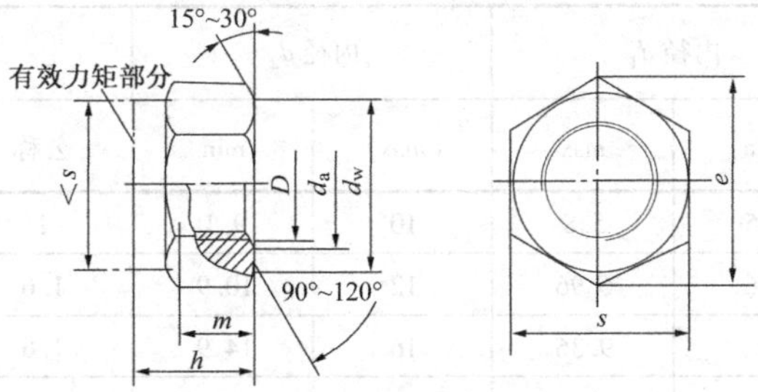

图 5-3 常用六角螺母

常用六角螺母规格（单位：mm） 表 5-10

螺纹规格 d		M5	M6	M8	M10	M12	(M14)	M16	M20	M24	M30	M36
d_a	max	5.75	6.75	8.75	10.8	13	15.1	17.3	21.6	25.9	32.4	38.9
	min	5	6	8	10	12	14	16	20	24	30	36
d_w	min	6.9	8.9	11.6	14.6	16.6	19.6	22.5	27.7	33.2	42.7	51.1
e	min	8.79	11.05	14.38	17.77	20.03	23.35	26.75	32.95	39.55	50.85	60.79
h	max	5.3	5.9	7.1	9	11.6	13.2	15.2	19	23	26.9	32.5
	min	4.8	5.4	6.44	8.04	10.37	12.1	14.1	16.9	20.2	24.3	29.4
m	min	2.7	3	3.7	4.8	6.7	7.8	9.1	10.9	13	15.7	19
s	max	8	10	13	16	18	21	24	30	36	46	55
	min	7.78	9.78	12.73	15.73	17.73	20.67	23.67	29.16	35	45	53.8

注：尽可能不采用括号内的规格。

5.1.5 垫圈

1. 垫圈分类

常用钢结构螺栓连接的垫圈，按形状及其使用功能可以分成以下几类：

（1）圆形平垫圈：一般放置于紧固螺栓头及螺母的支承面下面，用以增加螺栓头及螺母的支承面，同时防止被连接体表面损伤。

（2）方形垫圈：一般置于地脚螺栓及螺母支承面下，用以增加支承面及遮盖较大螺栓孔眼。

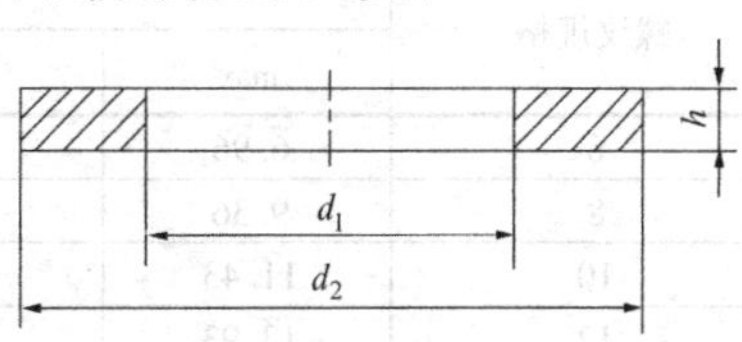

图 5-4 圆形平垫圈

（3）斜垫圈：主要用于工字钢、槽钢翼缘倾斜面的垫平，使螺母支承面垂直于螺杆，避免紧固时造成螺母支承面和被连接的倾斜面局部接触。

（4）弹簧垫圈：用以防止螺栓拧紧后在动载作用下的振动和松动，依靠垫圈的弹性功能及斜口摩擦面防止螺栓的松动，一般用于有动荷载或经常拆卸的结构连接处。

2. 圆形平垫圈常用规格（图 5-4 和表 5-11）

圆形平垫圈常用规格（单位：mm） **表 5-11**

公称尺寸 螺纹规格 d	内径 d_1		内径 d_2		厚度 h		
	(min)	max	(max)	min	公称	max	min
5	5.5	5.8	10	9.1	1	1.2	0.8
6	6.6	6.96	12	10.9	1.6	1.9	1.3
8	9	9.36	16	14.9	1.6	1.9	1.3
10	11	11.43	20	18.7	2	2.3	1.7
12	13.5	13.93	24	22.7	2.5	2.8	2.2
14	15.5	15.93	28	26.7	2.5	2.8	2.2
16	17.5	17.93	30	28.7	3	3.6	2.4
20	22	22.52	37	35.4	3	3.6	2.4
24	26	26.52	44	42.4	4	4.6	3.4
30	33	33.62	56	54.1	4	4.6	3.4
36	39	40	66	64.1	5	6	4

3. 工字钢用方斜垫圈常用规格（见图 5-5 和表 5-12）

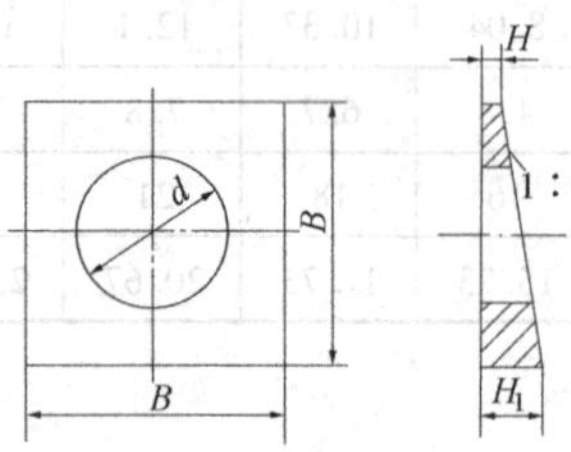

图 5-5 工字钢用方斜垫圈

工字钢用方斜垫圈常用规格（单位：mm） **表 5-12**

螺纹规格	d		B	H	H_1
	max	min			
6	6.96	6.6	16		4.7
8	9.36	9	18		5.0
10	11.43	11	22	2	5.7
12	13.93	13.5	28		6.7
16	17.93	17.5	35		7.8
(18)	20.52	20			9.7
20	22.52	22	40	3	9.7
(22)	24.52	24			9.7
24	26.52	26	50		11.3
(27)	30.52	30		3	11.3
30	33.62	33	60		13.0
36	39.62	39	70		14.7

注：括号内的尺寸尽可能不用。

4. 槽钢用方斜垫圈常用规格（图 5-6 和表 5-13）

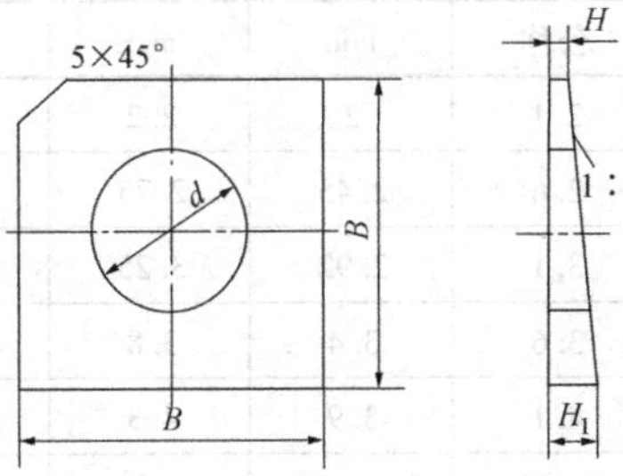

图 5-6 槽钢用方斜垫圈

槽钢用方斜垫圈常用规格（单位：mm） 表 5-13

<table>
<tr><th rowspan="2">螺纹规格</th><th colspan="2">d</th><th rowspan="2">B</th><th rowspan="2">H</th><th rowspan="2">H_1</th></tr>
<tr><th>max</th><th>min</th></tr>
<tr><td>6</td><td>6.96</td><td>6.6</td><td>16</td><td rowspan="5">2</td><td>3.6</td></tr>
<tr><td>8</td><td>9.36</td><td>9</td><td>18</td><td>3.8</td></tr>
<tr><td>10</td><td>11.43</td><td>11</td><td>22</td><td>4.2</td></tr>
<tr><td>12</td><td>13.93</td><td>13.5</td><td>28</td><td>4.8</td></tr>
<tr><td>16</td><td>17.93</td><td>17.5</td><td>35</td><td>5.4</td></tr>
<tr><td>(18)</td><td>20.52</td><td>20</td><td rowspan="3">40</td><td rowspan="7">3</td><td rowspan="3">7</td></tr>
<tr><td>20</td><td>22.52</td><td>22</td></tr>
<tr><td>(22)</td><td>24.52</td><td>24</td></tr>
<tr><td>24</td><td>26.52</td><td>26</td><td rowspan="2">50</td><td rowspan="2">3</td></tr>
<tr><td>(27)</td><td>30.52</td><td>30</td></tr>
<tr><td>30</td><td>33.62</td><td>33</td><td>60</td><td>9</td></tr>
<tr><td>36</td><td>39.62</td><td>39</td><td>70</td><td>10</td></tr>
</table>

注：括号内的尺寸尽可能不用。

5. 弹簧垫圈常用规格（图 5-7 和表 5-14）

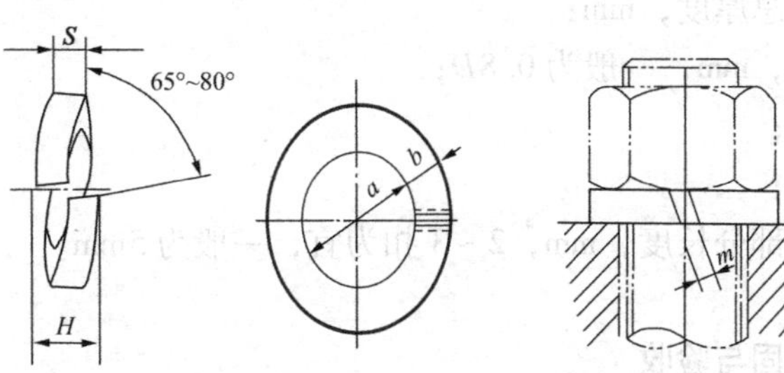

图 5-7 弹簧垫圈

弹簧垫圈常用规格尺寸（单位：mm） 表5-14

规格 螺纹大径	d		s（b）			H		m≤
	min	max	公称	min	max	min	max	
8	8.1	8.68	2.1	2	2.2	4.2	5.25	1.05
10	10.2	10.9	2.6	2.45	2.75	5.2	6.5	1.3
12	12.2	12.9	3.1	2.92	3.25	6.2	7.75	1.55
14	14.2	14.9	3.6	3.4	3.8	7.2	9	1.8
16	16.2	16.9	4.1	3.9	4.3	8.2	10.25	2.05
18	18.2	19.04	4.5	4.3	4.7	9	11.25	2.25
20	20.2	21.04	5	4.8	5.2	10	12.5	2.5
22	22.5	23.34	5.5	5.3	5.7	11	13.75	2.75
24	24.5	25.5	6	5.8	6.2	12	15	3
27	27.5	28.5	6.8	6.5	7.1	13.6	17	3.4
30	30.5	31.5	7.5	7.2	7.8	15	18.75	3.75

5.1.6 螺栓直径与长度的选择

1. 螺栓直径的选择

螺栓直径的确定，原则上应由设计人员按照等强原则，通过计算确定，但对某一个工程来讲，螺栓的直径规格应尽可能少，有的还需要适当归类，以便于施工和管理。一般情况螺栓直径应与被连接件的厚度相匹配。为不同的连接件厚度所推荐选用的螺栓直径（表5-15）。

不同连接件厚度推荐选用的螺栓直径（单位：mm） 表5-15

连接件厚度	4~6	5~8	7~11	10~14	13~20
推荐螺栓直径	12	16	20	24	27

2. 螺栓长度的选择

螺栓长度通常是指螺栓螺头内侧到螺杆端头的长度，一般以5mm进制。从螺栓的标准规格上可以看出，螺纹的长度基本不变。显而易见，影响螺栓长度的因素主要有：被连接件的厚度、螺母高度、垫圈的数量及厚度等。一般可按下列公式计算：

$$L=\delta+H+nh+c \tag{5-1}$$

式中 δ——被连接件总厚度，mm；

H——螺母厚度，mm，一般为$0.8D$；

n——垫圈个数；

h——垫圈厚度；

c——螺纹外漏部分长度，mm，2~3扣为宜，一般为5mm。

5.1.7 普通螺栓的紧固与验收

（1）普通螺栓连接对螺栓紧固轴力没有明确要求，因此螺栓的紧固施工以操作者的手感及连接头的外形控制为准，通俗地讲就是一个操作工使用普通扳手靠自己的力量拧紧螺母即可。保证被连接件接触面密贴、无明显的间隙，这种紧固施工方式虽然有很大的差异性，但能满足连接要求。为了使连接接头中螺栓受力均匀，螺栓的紧固次序应从中间开始，对称向两边进行；对大型接头应采用复拧，即两次紧固方法，以保证接头内各个螺栓能均匀受力。

（2）普通螺栓连接件，螺栓紧固检验比较简单，一般采用锤击法。即用小锤，一手扶螺栓头，另一手用锤敲击，要求螺栓头不偏移、不颤动、不松动，锤击声比较干脆，否则说明螺栓紧固质量不好，需要重新紧固。

5.2 高强度螺栓连接

[本节要点]

高强度大六角头连接副；

扭剪型高强度连接副。

[关键概念]

扭矩系数；

紧固、验收。

用高强度钢制造的，或者需要施以较大预紧力的螺栓，皆可称为高强度螺栓。高强度螺栓多用于桥梁、钢轨、高压及超高压设备的连接。

高强度螺栓连接是靠连接件接触面间的摩擦力来阻止其相互滑移的，为使接触面有足够的摩擦力，就必须提高构件的夹紧力和增大构件接触面的摩擦系数。构件间的夹紧力是靠对螺栓施加预拉力来实现的，所以螺栓必须采用高强度钢制造，这也就是称为高强度螺栓连接的原因。高强螺栓的螺杆、螺母和垫圈都由高强钢材制作，常用 Q275 钢、40 硼钢、20 锰钛硼钢、35CrMoA 等。普通螺栓常用 Q235 钢制造。

普通螺栓连接靠栓杆抗剪和孔壁承压来传递剪力，拧紧螺帽时产生预拉力很小，其影响可以忽略不计，而高强螺栓连接是通过螺栓杆内很大的拧紧预拉力把连接板的板件夹紧，足以产生很大的摩擦力，从而提高连接的整体性和刚度，当受剪力时，按照设计和受力要求的不同，可分为高强螺栓摩擦型连接和高强螺栓承压型连接两种，摩擦型连接只依靠被连接板件间强大的摩擦力传力，以摩擦力被克服作为连接承载力的极限状态。为了提高摩擦力，对被连接件的接触面应进行处理。承压型连接则允许接触面发生相对滑移，以栓杆被剪坏或被承压破坏作为连接承载力的极限状态。承压型连接的承载力比摩擦型连接高，可节约螺栓。但剪切变形大，故不得用于承受动力荷载的结构中。两者的本质区别是极限状态不同，虽然是同一种螺栓，但是在计算方法、要求、适用范围等方面都有很大的不同。在抗剪设计时，高强螺栓摩擦型连接是以外剪力达到板件接触面间由螺栓拧紧力所提供的可能最大摩擦力作为极限状态，也即是保证连接在整个使用期间内外剪力不超过最大摩擦力。板件不会发生相对滑移变形（螺杆和孔壁之间始终保持原有的空隙量），被连接板件按弹性整体受力。在抗剪设计时，高强螺栓承压型连接中允许外剪力超过最大摩擦力，这时被连接板件之间发生相对滑移变形，直到螺栓杆与孔壁接触，此后连接就靠螺栓杆身剪切和孔壁承压以及板件接触面间的摩擦力共同传力，最后以杆身剪切或孔壁承压破坏作为连接受剪的极限状态。总之，摩擦型高强螺栓和承压型高强螺栓实际上是同一种螺栓，只不过是设计是否考虑滑移。摩擦型高强螺栓绝对不能滑动，螺栓不承受剪力，一旦滑移，设计就认为达到破坏状态，在技术上比较成熟；承压型高强螺栓可以滑动，螺栓也承受剪力，最终破坏相当于普通螺栓破坏（螺栓剪坏或钢板压坏）。

高强度螺栓从外形上看可分为大六角头和扭剪型两种，目前我国使用的高强度螺栓性能等级包括8.8级和10.9两种。高强度扭剪型螺栓只有10.9级一种。过高的螺栓强度会带来螺栓的滞后断裂，造成工程隐患。经试验研究和工程实践发现，强度在1000MPa左右的高强度螺栓既能满足使用要求，又可最大限度地控制因强度过高所引起的滞后断裂的发生。

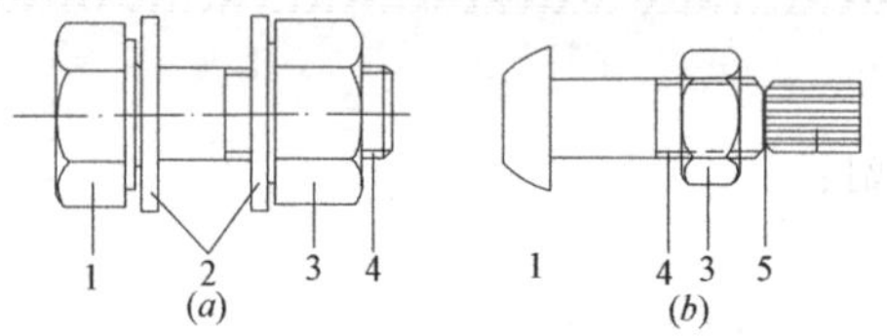

图5-8 高强度螺栓的形式

(a) 大六角头螺栓；(b) 扭剪型螺栓

1—螺栓；2—垫圈；3—螺母；4—螺栓；5—槽口

5.2.1 高强度大六角头连接副

《钢结构用高强度大六角头螺栓》（GB/T 1228－2006）规定了螺纹规格为M12～M30高强度大六角头螺栓的形式、尺寸、技术条件和标记。

高强度大六角头连接副匹配表见表5-16。

高强度大六角头螺栓连接副匹配表 表5-16

类　别	螺　栓	螺　母	垫　圈
性能等级	10.9S	10H	HRC35～45
	8.8S	8H	HRC35～45

高强度大六角头螺栓连接副的推荐材料见表5-17。高强度大六角头螺栓所用35VB钢的化学成分应符合表5-18的规定。采用直径为25mm的试样毛坯，经过热处理后的机械性能应符合表5-19的规定。

高强度大六角头螺栓连接副的推荐材料 表5-17

类　别	性能等级	推荐材料	材料标准号	适用规格
螺　栓	10.9S	20MnTiB	GB/T 3077－1999	<M24
		40B	GB/T 3077－1999	<M24
		35VB		<M30
	8.8S	45	GB/T 699－1999	<M22
		35	GB/T 699－1999	<M16

续表

类 别	性能等级	推荐材料	材料标准号	适用规格
螺 母	10H	45、35	GB/T 699－1999	
		15MnVB	GB/T 3077－1999	
	8H	35	GB/T 699－1999	
垫 圈	HRC45、35	45、35	GB/T 699－1999	

35VB 钢的化学成分 **表 5-18**

化学成分	C	Mn	Si	P	S	V	B	Cu
范围/%	0.31～0.37	0.50～0.90	0.17～0.37	≤0.04	≤0.04	0.05～0.12	0.001～0.004	≤0.25

35VB 钢直径 25mm 试样毛坯热处理后的机械性能 **表 5-19**

试样热处理制度	抗拉强度 σ_b/MPa	屈服点 σ_s/MPa	伸长率 /%	收缩率 /%	冲击韧性 α_k J/cm^2
淬火 870℃水冷 回火 550℃水冷	≥784.5	≥637.4	≥12	≥45	≥68.6

注：钢材应进行冷顶锻试验，不允许出现裂口或裂缝。

1. 螺栓的规格、尺寸

钢结构用高强度大六角头螺栓如图 5-9 所示，规格、尺寸如螺纹规格 d = M20、公称长度 l =100 mm、性能等级为 10.9S 级的钢结构用大六角头螺栓标记为：

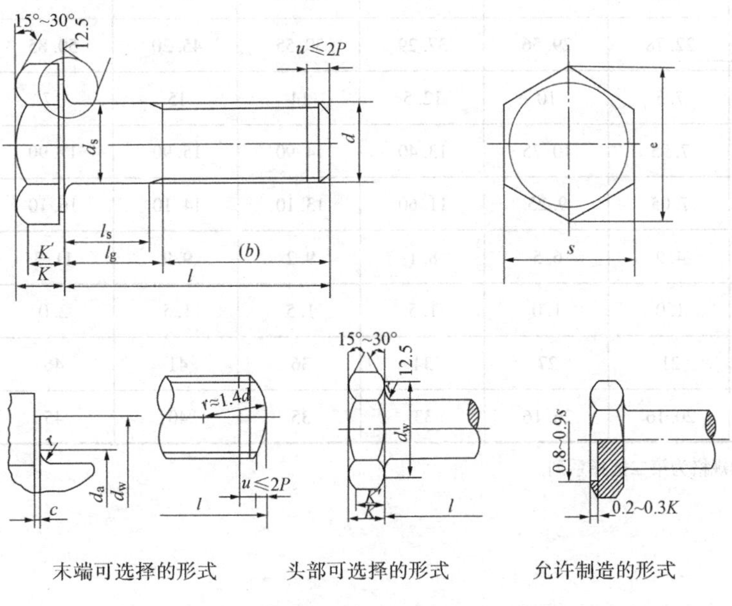

图 5-9 钢结构用高强度大六角头螺栓

螺栓 GB/T1228 M20×100

螺纹规格 d=M20、公称长度 l=100 mm、性能等级为 8.8S 级的钢结构用大六角头螺栓标记为：

螺栓 GB/T1228 M20×100－8.8S

如表 5-20、表 5-21、表 5-22 所示。

螺纹规格 d=M20、公称长度 l=100 mm、性能等级为 10.9S 级的钢结构用大六角头螺栓标记为：

螺栓 GB/T1228 M20×100

螺纹规格 d=M20、公称长度 l=100 mm、性能等级为 8.8S 级的钢结构用大六角头螺栓标记为：

螺栓 GB/T1228 M20×100－8.8S

高强度大六角头螺栓规格、尺寸（一）（单位：mm） **表 5-20**

螺纹规格 d		M12	M16	M20	(M22)	M24	(M27)	M30
P		1.75	2	2.5	2.5	3	3	3.5
c	max	0.8	0.8	0.8	0.8	0.8	0.8	0.8
	min	0.4	0.4	0.4	0.4	0.4	0.4	0.4
d_a	max	15.23	19.23	24.32	26.32	28.32	32.84	35.84
d_s	max	12.43	16.43	20.52	22.52	24.52	27.84	30.84
	min	11.57	15.57	19.48	21.48	23.48	26.16	29.16
d_w	min	19.2	24.9	31.4	33.3	38.0	42.8	46.5
e	min	22.78	29.56	37.29	39.55	45.20	50.85	55.37
K	公称	7.5	10	12.5	14	15	17	18.7
	max	7.95	10.75	13.40	14.90	15.90	17.90	19.75
	min	7.05	9.25	11.60	13.10	14.10	16.10	17.65
K'	min	4.9	6.5	8.1	9.2	9.9	11.3	12.4
r	min	1.0	1.0	1.5	1.5	1.5	2.0	2.0
s	max	21	27	34	36	41	46	50
	min	20.16	26.16	33	35	40	45	49

注：括号内的规格为第二选择系列。

高强度大六角头螺栓规格、尺寸（二）（单位：mm） **表 5-21**

l			无螺纹杆部长度 l_s 和夹紧长度 l_g														
			螺纹规格 d													
			M12		M16		M20		（M22）		M24		（M27）		M30	
公称	min	max	l_s min	l_g max	l_s min	l_g max	l_s min	l_g max	l_s min	l_g max	l_s min	l_g max	l_s min	l_g max	l_s min	l_g max
35	33.75	36.25	4.8	10												
40	38.75	41.25	9.8	15												
45	43.75	46.25	9.8	15	9	15										
50	48.75	51.25	14.8	20	14	20	7.5	15								
55	53.5	56.5	19.8	25	14	20	12.5	20	7.5	15						
60	58.5	61.5	24.8	30	19	25	17.5	25	12.5	20	6	15				
65	63.5	66.5	29.8	35	24	30	17.5	25	17.5	25	11	20	6	15		
70	68.5	71.5	34.8	40	29	35	22.5	30	17.5	25	16	25	11	20	4.5	15
75	73.5	76.5	39.8	45	34	40	27.5	35	22.5	30	16	25	16	25	9.5	20
80	78.5	81.5			39	45	32.5	40	27.5	35	21	3	16	25	14.5	25
85	83.25	86.75			44	50	37.5	45	32.5	40	26	35	21	30	14.5	25
90	88.25	91.75			49	55	42.5	50	37.5	45	31	40	26	35	19.5	30
95	93.25	96.75			54	60	47.5	55	42.5	50	36	45	31	40	24.5	35
100	98.25	101.75			59	65	52.5	60	47.5	55	41	50	36	45	29.5	40
110	108.25	111.75			69	75	62.5	70	57.5	65	51	60	46	55	39.5	50
120	118.25	121.75			79	85	72.5	80	67.5	75	61	70	56	65	49.5	60
130	128	132			89	95	82.5	90	77.5	85	71	80	66	75	59.5	70
140	138	142					92.5	100	87.5	95	81	90	76	85	69.5	80
150	148	152					102.5	110	97.5	105	91	100	76	95	79.5	90
160	156	164					112.5	120	107.5	115	101	110	96	105	89.5	100
170	166	174							117.5	125	111	120	106	115	99.5	110
180	176	184							127.5	135	121	130	116	125	109.5	120
190	185.4	194.6							137.5	145	131	140	126	135	119.5	130
200	195.4	204.6							147.5	155	141	150	136	145	129.5	140
220	215.4	224.6							167.5	175	161	170	156	165	149.5	160
240	235.4	244.6									181	190	179	185	169.5	180
260	254.8	265.2											196	205	189.5	200

注：1. 括号内的规格为第二选择系列。

2. $l_{gmax}=l_{公称}-b_{参考}$；$l_{gmin}=l_{gmax}-3P$。

高强度大六角头螺栓规格、尺寸（三）（单位：mm） **表 5-22**

l 公称尺寸	螺纹规格 *d* M12 (*b*)	M16 (*b*)	M20 (*b*)	(M22) (*b*)	M24 (*b*)	(M27) (*b*)	M30 (*b*)	M12 每1000个钢螺栓的理论质量（kg）	M16	M20	(M22)	M24	(M27)	M30
35	25							49.4						
40								54.2						
45		30						57.8	113.0					
50								62.5	121.3	207.3				
55			35					67.3	127.9	220.3	269.3			
60	30			40				72.1	136.2	233.3	284.9	357.2		
65					45			76.8	144.5	243.3	300.5	375.7	503.2	
70						50		81.6	152.5	256.5	313.2	394.2	527.1	658.2
75							55	86.3	161.2	269.5	328.6	409.1	551.0	707.5
80									169.5	282.5	344.5	428.6	570.2	716.8
85		35							177.8	295.5	360.1	446.1	594.1	740.3
90									186.4	308.5	375.8	464.7	617.9	769.6
95			40						194.4	321.4	391.4	483.2	641.8	799.0
100									202.8	334.4	407.0	501.7	665.7	828.3
110									219.4	360.4	438.3	538.8	713.5	886.9
120				45					236.1	386.3	469.6	575.9	761.3	945.6
130					50				252.7	421.3	500.8	612.9	809.1	1004.2
140						55				438.3	532.1	650.0	856.9	1062.8
150							60			464.2	563.4	687.1	904.7	1121.5
160										490.2	594.6	724.2	952.4	1180.1
170											625.9	761.2	1000.2	1238.7
180											657.2	798.3	1048.0	1297.4
190											688.4	835.4	1095.8	1356.0
200											719.7	872.4	1143.6	1414.7
220											782.2	946.6	1239.2	1531.9
240												1020.7	1334.7	1649.2
260													1430.3	1766.5

注：括号内的规格为第二选择系列。

2. 螺母的规格、尺寸

钢结构用高强度大六角头螺母如图 5-10 所示，其规格、尺寸见表 5-23。

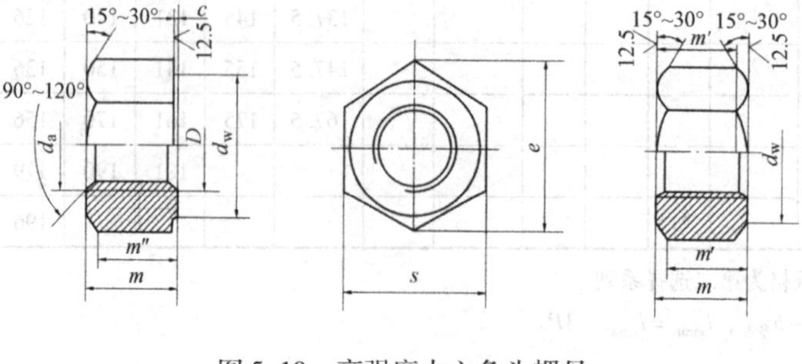

图 5-10 高强度大六角头螺母

高强度大六角头螺母规格、尺寸（单位：mm）　　表 5-23

螺纹规格 D		M12	M16	M20	（M22）	M24	（M27）	M30
P		1.75	2	2.5	2.5	3	3	3.5
d_s	max	13	17.3	21.6	23.8	25.9	29.1	32.4
	min	12	16	20	22	24	27	30
d_w	min	19.2	24.9	31.4	33.3	38.0	42.8	46.5
e	min	22.78	29.56	37.29	39.55	45.20	50.85	55.37
m	max	12.3	17.1	20.7	23.6	24.2	27.6	30.7
	min	11.87	16.4	19.6	22.3	22.9	26.3	29.1
m'	min	9.5	13.1	15.5	17.8	18.3	21.0	23.3
m''	min	8.3	11.5	13.6	15.6	16.0	18.4	20.4
c	max	0.8	0.8	0.8	0.8	0.8	0.8	0.8
	min	0.4	0.4	0.4	0.4	0.4	0.4	0.4
s	max	21	27	34	36	41	46	50
	min	20.16	26.16	33	35	40	45	49
支撑面对螺纹轴线的垂直度公差		0.29	0.38	0.47	0.50	0.57	0.64	0.70
每1000个钢螺栓的理论质量（kg）		27.68	61.50	118.77	146.59	252.67	288.51	374.01

注：括号内的规格为第二选择系列。

螺纹规格 d = M20、性能等级为 10H 级的钢结构用大六角头螺母标记为：

螺母 GB/T1229　M20

螺纹规格 d = M20、性能等级为 8H 级的钢结构用大六角头螺母标记为：

螺母 GB/T1229　M20 – 8H

3. 垫圈的规格、尺寸

钢结构用高强度垫圈如图 5-11 所示，其规格、尺寸见表 5-24。

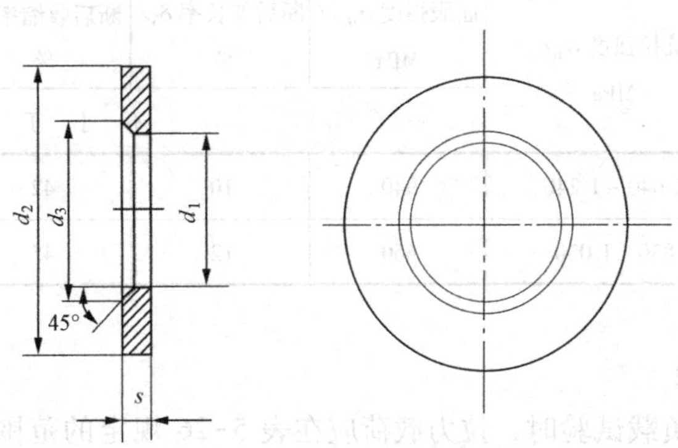

图 5-11　高强度垫圈

高强度垫圈规格、尺寸（单位：mm） 表 5-24

规格（螺纹大径）		M12	M16	M20	(M22)	M24	(M27)	M30
d_1	min	13	17	21	23	25	28	31
	max	13.43	17.43	21.52	23.52	25.52	28.52	31.62
d_2	min	23.7	31.4	38.4	40.4	45.4	50.1	54.1
	max	25	33	40	42	47	52	56
s	公称	3.0	4.0	4.0	5.0	5.0	5.0	5.0
	min	2.5	3.5	3.5	4.5	4.5	4.5	4.5
	max	3.8	4.8	4.8	5.8	5.8	5.8	5.8
d_3	min	15.23	19.23	24.32	26.32	28.32	32.84	35.84
	max	16.03	20.03	25.12	27.12	29.12	33.64	36.64
每1000个钢垫圈的理论质量（kg）		10.47	23.40	33.55	43.34	55.76	66.52	75.42

注：括号内的规格为第二选择系列。

规格20mm、热处理硬度为HRC35～HRC45的钢结构用高强度垫圈的标记为：

垫圈 GB/T 1230

4. 螺栓、螺母、垫圈的适用范围和技术条件

高强度大六角头螺栓连接副，适用于铁路和公路桥梁、锅炉钢结构、工业厂房、高层民用建筑、塔桅结构、起重机械及其他钢结构用摩擦型高强螺栓连接。

（1）高强度大六角头螺栓机械性能

1）试件机械性能

制造厂应将制造螺栓的材料取样，经与螺栓制造中相同的热处理工艺处理后，制成试件进行拉伸试验，其结果应符合表5-25的规定。当螺栓的材料直径≥16 mm时，根据用户要求，制造厂还应增加常温冲击试验，其结果应符合表5-25的规定。

试件的机械性能 表 5-25

性能等级	抗拉强度 σ_b/MPa	屈服强度 $\sigma_{0.2}$/MPa	断后伸长率 δ_5/%	断后收缩率 φ/%	冲击吸收功 α_K/J/cm^2
		不小于			
10.9S	1 040～1 240	940	10	42	59
8.8S	830～1 030	660	12	45	78

2）实物机械性能

进行螺栓实物楔负载试验时，拉力载荷应在表5-26规定的范围内，且断裂应发生在螺纹部分或螺纹与螺杆交接处。

（2）高强度大六角头螺栓制造用材料的硬度

楔负荷的拉力荷载 **表 5-26**

螺纹规格 d			M12	M16	M20	(M22)	M24	(M27)	M30
公称应力截面积 A_s/mm^2			84.3	157	245	303	353	459	561
性能等级	10.9S	拉力载荷 N	87 700 ~ 104 500	163 000 ~ 195 000	25 500 ~ 304 000	31 500 ~ 376 000	36 700 ~ 438 000	47 700 ~ 569 000	58 300 ~ 696 000
	8.8S		70 000 ~ 86 800	130 000 ~ 162 000	20 300 ~ 252 000	25 100 ~ 312 000	29 300 ~ 364 000	38 100 ~ 473 000	46 600 ~ 578 000

当螺栓 $l/d \leqslant 3$ 时，如不能做楔负载试验，允许做芯部硬度试验。芯部硬度值应符合表 5-27 的规定。

芯部硬度要求 **表 5-27**

性能等级	维氏硬度		洛氏硬度	
	min	max	min	max
10.9S	312 HV_{30}	367 HV_{30}	33 HRC	39 HRC
8.8S	249 HV_{30}	296 HV_{30}	24 HRC	31 HRC

(3) 高强度大六角螺母的机械性能

1) 保证载荷

螺母的保证载荷应符合表 5-28 的规定。

螺母的保证荷载 **表 5-28**

螺纹规格 D			M12	M16	M20	(M22)	M24	(M27)	M30
性能等级	10 H	保证载荷/N	87 700	163 000	255 000	315 000	367 000	477 000	583 000
	8 H		70 000	130 000	203 000	251 000	293 000	381 000	466 000

2) 硬度

高强度大六角螺母硬度应符合表 5-29 的规定。

螺母的硬度 **表 5-29**

性能等级	洛氏硬度		维氏硬度	
	min	max	min	max
10H	94HRB	28HRC	222 HV_{30}	274 HV_{30}
8H	95HRB	22HRC	226 HV_{30}	237 HV_{30}

3）垫圈的硬度

垫圈的硬度为329 HV_{30} ~436 HV_{30}（35 HRC ~45HRC）。

4）连接副的扭矩系数

①10.9S级高强度大六角头螺栓连接副应按保证扭矩系数供货，同批连接副的扭矩系数平均值为0.110~0.150，扭矩系数标准偏差应小于或等于0.010。每一连接副包括1个螺栓、1个螺母、2个垫圈，并应分属同批制造。

②扭矩系数保证期为自出厂之日起6个月，用户如需延长保证期，可由供需双方协议解决。

5）表面缺陷

螺栓、螺母的表面缺陷分别按《紧固件表面缺陷螺栓、螺钉和螺柱 一般要求》（GB/T 5779.1—2000）和《紧固件表面缺陷螺母》（GB/T 5779.2—2000）的规定。垫圈不允许有裂缝、毛刺、浮锈和影响使用的凹痕、划伤。

6）表面处理

螺栓、螺母和垫圈均应进行保证连接副扭矩系数和防锈的表面处理，表面处理工艺由制造厂选择。

5.2.2 钢结构用扭剪型高强度连接副

扭剪型高强度螺栓是一种自标量型高强度螺栓。扭剪型高强度螺栓与高强度大六角头螺栓，在材料的力学性能和拧紧后的接头连接性能方面基本相同、不同的是外形和预拉力的控制方法，两者对比如图5-12所示。扭剪型高强度螺栓螺头呈半圆形，这是因为扭剪型高强度螺栓可单面操作，无需有人在螺头一面辅助作业，螺栓也不会转动。在螺尾多一个梅花形卡头和环形切口，用以承受扳手紧固螺母的反向扭矩，以控制紧固扭矩的大小；其次在连接副的组成上，因螺头的支承面为圆形，承压面大小与垫圈相当，螺头与垫圈的功能合为一体，即在螺头一边不再加垫圈（图5-13）。

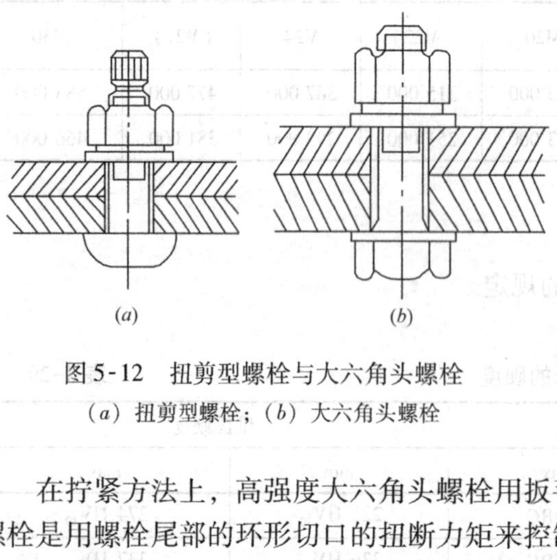

图5-12 扭剪型螺栓与大六角头螺栓

（a）扭剪型螺栓；（b）大六角头螺栓

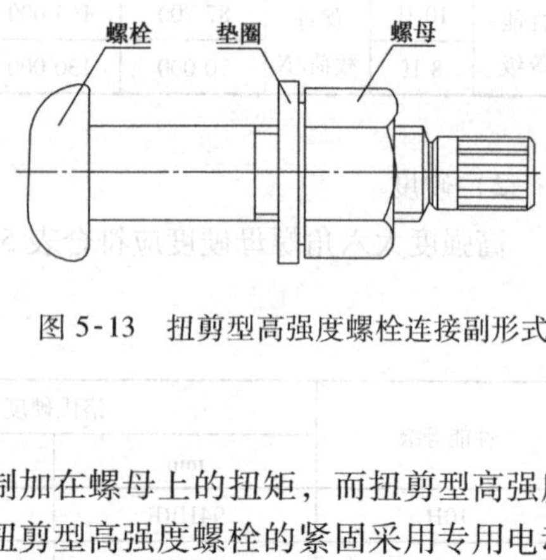

图5-13 扭剪型高强度螺栓连接副形式

在拧紧方法上，高强度大六角头螺栓用扳手控制加在螺母上的扭矩，而扭剪型高强度螺栓是用螺栓尾部的环形切口的扭断力矩来控制。扭剪型高强度螺栓的紧固采用专用电动扳手，扳手的扳头由内外两个套筒组成，内套筒套在梅花头上，外套筒套在螺母上，其紧固过程如图5-14所示。梅花卡头承受紧固螺母产生的反扭矩，内外套筒输出扭矩相等，方向相反，螺栓切口处承受纯扭剪。当加于螺母的扭矩增加到切口扭断力矩时，切口断裂，拧紧过程完毕。所施加给螺母的最大扭矩即为切口的扭断力矩，这是标量型高强度螺栓的鲜明特点，不但紧固方便，而且检查直观。

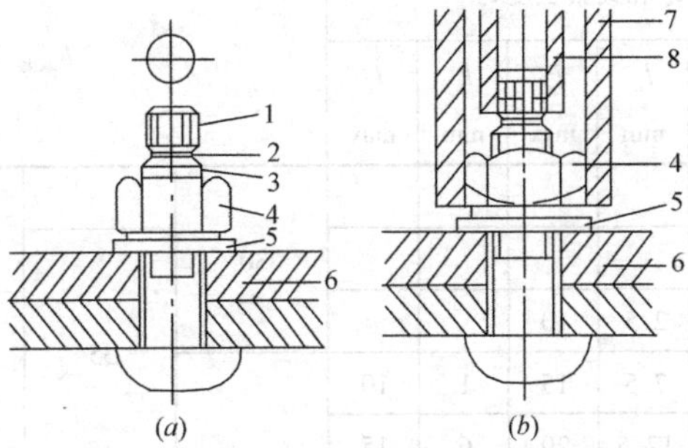

图5-14 扭剪型高强度螺栓的紧固过程

（a）紧固前；（b）紧固中；（c）紧固后

1—梅花头；2—断裂切口；3—螺栓螺纹部分；4—螺母；
5—垫圈；6—被紧固的构件；7—外套筒；8—内套筒

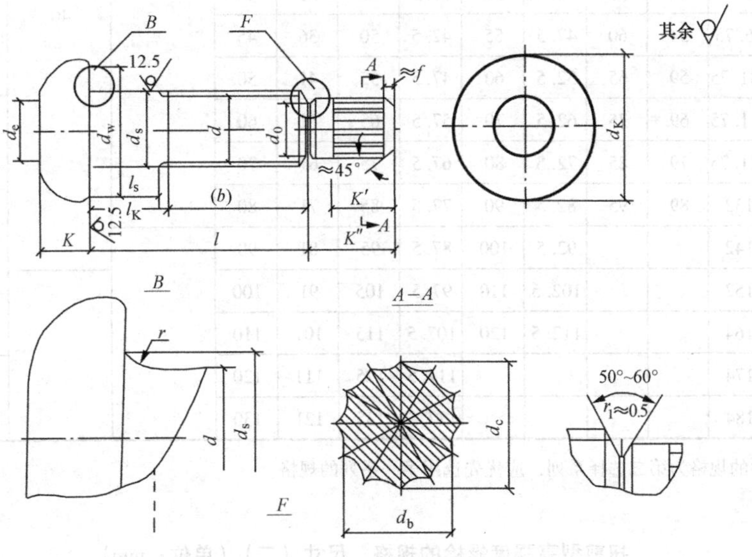

图5-15 扭剪型高强度螺栓

扭剪型高强度螺栓的质量把关，除所用钢材优质，钢材强度特别是剪切强度离散性小外，切口直径的精确控制是关键。

1. 螺栓的形状和尺寸

钢结构用扭剪型高强度螺栓如图5-15所示，其规格、尺寸见表5-30和表5-31。

扭剪型高强度螺栓的规格、尺寸（一）（单位：mm） **表 5-30**

<table>
<tr><td colspan="3" rowspan="3">l</td><td colspan="12">螺纹规格 d</td></tr>
<tr><td colspan="2">M16</td><td colspan="2">M20</td><td colspan="2">（M22）</td><td colspan="2">M24</td><td>M16</td><td>M 20</td><td>M（22）</td><td>M 24</td></tr>
<tr><td colspan="8">无螺纹杆部长度 l_s 和夹紧长度 l_g</td><td colspan="4" rowspan="2">$b_{参考}$</td></tr>
<tr><td>公称</td><td>min</td><td>max</td><td>l_s min</td><td>l_g max</td><td>l_s min</td><td>l_g max</td><td>l_s min</td><td>l_g max</td><td>l_s min</td><td>l_g max</td></tr>
<tr><td>40</td><td>38.75</td><td>41.25</td><td>4</td><td>10</td><td></td><td></td><td></td><td></td><td></td><td></td><td rowspan="3">30</td><td></td><td rowspan="2"></td><td rowspan="3"></td></tr>
<tr><td>45</td><td>43.75</td><td>46.25</td><td>9</td><td>15</td><td>2.5</td><td>10</td><td></td><td></td><td></td><td></td><td rowspan="4">35</td></tr>
<tr><td>50</td><td>48.75</td><td>51.25</td><td>14</td><td>20</td><td>7.5</td><td>15</td><td>2.5</td><td>10</td><td></td><td></td><td rowspan="4">40</td></tr>
<tr><td>55</td><td>53.5</td><td>56.5</td><td>14</td><td>20</td><td>12.5</td><td>20</td><td>7.5</td><td>15</td><td>1</td><td>10</td><td rowspan="16">35</td><td rowspan="4">45</td></tr>
<tr><td>60</td><td>58.5</td><td>61.5</td><td>19</td><td>25</td><td>17.5</td><td>25</td><td>12.5</td><td>20</td><td>6</td><td>15</td></tr>
<tr><td>65</td><td>63.5</td><td>66.5</td><td>24</td><td>30</td><td>17.5</td><td>25</td><td>17.5</td><td>25</td><td>11</td><td>20</td><td rowspan="18">40</td></tr>
<tr><td>70</td><td>68.5</td><td>71.5</td><td>29</td><td>35</td><td>22.5</td><td>30</td><td>17.5</td><td>25</td><td>16</td><td>25</td><td rowspan="19">45</td></tr>
<tr><td>75</td><td>73.5</td><td>76.5</td><td>34</td><td>40</td><td>27.5</td><td>35</td><td>22.5</td><td>30</td><td>16</td><td>25</td><td rowspan="21">50</td></tr>
<tr><td>80</td><td>78.5</td><td>81.5</td><td>39</td><td>45</td><td>32.5</td><td>40</td><td>27.5</td><td>35</td><td>21</td><td>30</td></tr>
<tr><td>85</td><td>83.25</td><td>86.75</td><td>44</td><td>50</td><td>37.5</td><td>45</td><td>32.5</td><td>40</td><td>26</td><td>35</td></tr>
<tr><td>90</td><td>88.25</td><td>91.75</td><td>49</td><td>55</td><td>42.5</td><td>50</td><td>37.5</td><td>45</td><td>31</td><td>40</td></tr>
<tr><td>95</td><td>93.25</td><td>96.75</td><td>54</td><td>60</td><td>47.5</td><td>55</td><td>42.5</td><td>50</td><td>36</td><td>45</td></tr>
<tr><td>100</td><td>98.25</td><td>101.75</td><td>59</td><td>65</td><td>52.5</td><td>60</td><td>47.5</td><td>55</td><td>41</td><td>50</td></tr>
<tr><td>110</td><td>108.25</td><td>111.75</td><td>69</td><td>75</td><td>62.5</td><td>70</td><td>57.5</td><td>65</td><td>51</td><td>60</td></tr>
<tr><td>120</td><td>118.25</td><td>121.75</td><td>79</td><td>85</td><td>72.5</td><td>80</td><td>67.5</td><td>75</td><td>61</td><td>70</td></tr>
<tr><td>130</td><td>128</td><td>132</td><td>89</td><td>95</td><td>82.5</td><td>90</td><td>77.5</td><td>85</td><td>71</td><td>80</td></tr>
<tr><td>140</td><td>138</td><td>142</td><td></td><td></td><td>92.5</td><td>100</td><td>87.5</td><td>95</td><td>81</td><td>90</td><td rowspan="5"></td></tr>
<tr><td>150</td><td>148</td><td>152</td><td></td><td></td><td>102.5</td><td>110</td><td>97.5</td><td>105</td><td>91</td><td>100</td></tr>
<tr><td>160</td><td>156</td><td>164</td><td></td><td></td><td>112.5</td><td>120</td><td>107.5</td><td>115</td><td>101</td><td>110</td><td rowspan="3"></td></tr>
<tr><td>170</td><td>166</td><td>174</td><td></td><td></td><td></td><td></td><td>117.5</td><td>125</td><td>111</td><td>120</td><td rowspan="2"></td></tr>
<tr><td>180</td><td>176</td><td>184</td><td></td><td></td><td></td><td></td><td>127.5</td><td>135</td><td>121</td><td>130</td></tr>
</table>

注：括号内的规格为第二选择系列，应优先选用第一系列的规格。

扭剪型高强度螺栓的规格、尺寸（二）（单位：mm） **表 5-31**

螺纹规格 d		M16	M20	（M22）	M24	螺纹规格 d		M16	M20	（M22）	M24
P		2	2.5	2.5	3	P		2	2.5	2.5	3
d_a	max	18.83	24.4	26.4	27.4	K'	min	12	14	15	16
d_s	max	16.43	20.52	22.52	24.52	K''	max	17	19	21	23
	min	15.57	19.48	21.48	23.48	r	min	1.2	1.2	1.2	1.6
d_w	min	27.9	34.5	38.5	41.5	d_0	≈	10.9	13.6	15.1	16.4

续表

螺纹规格 d		M16	M20	(M22)	M24	螺纹规格 d		M16	M20	(M22)	M24
P		2	2.5	2.5	3	P		2	2.5	2.5	3
d_k	max	30	37	41	44	d_b	公称	11.1	13.9	15.4	16.7
K	公称	10	13	14	15		max	11.3	14.1	15.6	16.9
	max	10.75	13.7	14.9	15.9		min	11	13.8	15.3	16.6
	min	9.25	12.1	13.1	14.1	d_e	≈	12.8	16.1	17.8	19.3
d_e	≈	13	17	18	20						

注：1. 括号内的规格为第二选择系列，应优先选择第一系列的规格。

2. P—螺距。

2. 螺母尺寸

扭剪型高强度螺母如图 5-16 所示，其尺寸、规格见表 5-32。

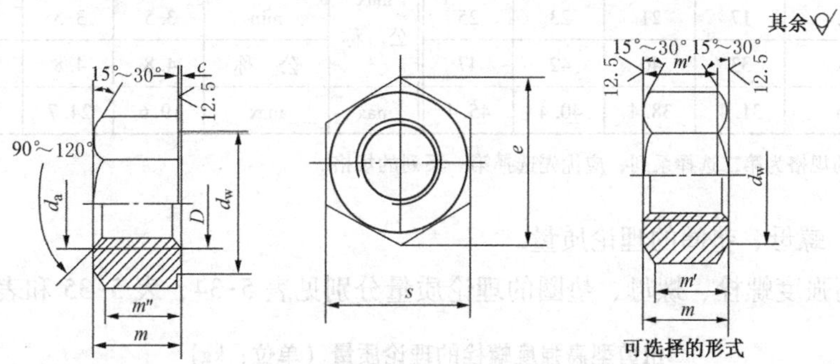

图 5-16 扭剪型高强度螺母

扭剪型高强度螺母的规格、尺寸（单位：mm） **表 5-32**

螺纹规格 d		M16	M20	(M22)	M24	螺纹规格 d		M16	M20	(M22)	M24
P		2	2.5	2.5	3	P		2	2.5	2.5	3
d_a	max	17.3	21.6	23.8	25.9	m''	min	11.5	13.6	15.6	16
	min	16	20	22	24	c	max	1.8	0.8	0.8	0.8
d_w	min	24.9	31.4	33.3	38		min	0.4	0.4	0.4	0.4
e	max	29.56	37.29	39.55	45.2	s	max	27	34	36	41
m	max	17.1	20.7	23.6	24.2		min	26.16	33	35	40
	min	16.4	19.4	22.3	22.9	支承面对螺纹轴线的垂直度公差		0.38	0.47	0.50	0.57
m'	min	13.1	15.5	17.8	18.3						

注：1. 括号内的规格为第二选择系列，应优先选择第一系列的规格。

2. P—螺距。

3. 垫圈尺寸

扭剪型高强度螺栓垫圈如图 5-17 所示，其规格、尺寸见表 5-33。

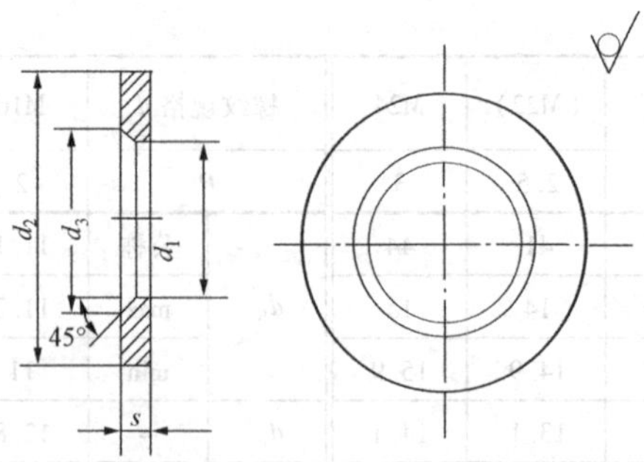

图 5-17 扭剪型高强度螺栓垫圈

扭剪型高强度螺栓垫圈的规格、尺寸（单位：mm） **表 5-33**

规格螺纹大径		16	20	(22)	24	螺纹规格 d		16	20	(22)	24
d_1	max	17.43	21.52	23.52	25.2	max 公 称	max	4	4	5	5
	min	17	21	23	25		min	3.5	3.5	4.5	4.5
d_2	max	33	40	42	47		公 称	4.8	4.8	5.8	5.8
	min	31.4	38.4	40.4	45.4	max	max	19.6	24.7	26.7	28.7

注：括号内的规格为第二选择系列，应优先选择第一系列的规格。

4. 螺栓、螺母、垫圈的理论质量

扭剪型高强度螺栓、螺母、垫圈的理论质量分别见表 5-34、表 5-35 和表 5-36。

扭剪型高强度螺栓的理论质量（单位：kg） **表 5-34**

公称长度/mm	M16	M20	M22	M24	公称长度/mm	M16	M20	M22	M24
40	118.34				95	207.68	346.01	422.77	519.43
45	126.66	219.63			100	216	358.98	438.89	538.44
50	134.98	232.60	258.87		110	232.63	384.93	469.65	576.76
55	143.30	245.57	301.49	372.49	120	249.26	410.88	500.90	614.49
60	151.61	258055	317.12	391.50	130		436.82	532.15	652.51
65	157.78	271.52	332.75	410.51	140		462.77	563.40	690.54
70	166.09	284.50	348.37	429.53	150			549.65	728.56
75	174.41	294.11	364	448.54	160				766.58
80	182.73	307.08	375.89	467.55	170				804.61
85	191.05	320.06	391.52	481.40	180				842.63
90	199.36	333.03	407.14	500.42					

扭剪型高强度螺母的理论质量 **表 5-35**

螺纹规格 d/mm	M16	M20	(M22)	M24
每 1000 件钢螺母的理论质量/kg≈	61.51	118.77	146.59	202.67

扭剪型高强度垫圈的理论质量 **表 5-36**

螺纹规格 d/mm	M16	M20	(M22)	M24
每 1000 件钢垫圈的理论质量/kg≈	23.40	33.55	43.34	55.76

5. 连接副的适用范围和技术要求

(1) 扭剪型高强度螺栓连接副适用于工业与民用建筑、公路与铁路桥梁、塔架、管道支架、起重机械及其他钢结构用摩擦型连接的钢结构制造和安装工程。

(2) 扭剪型高强度螺栓、螺母和垫圈的机械性能及其用材的技术要求:

1) 材料和性能等级

螺栓、螺母和垫圈的性能等级和推荐材料应符合表 5-37 的规定。

性能等级和推荐材料 **表 5-37**

类别	性能等级	推荐材料	材料标准编号
螺栓	10.9S	20MnTiB	GB/T 3077—1999
螺母	10H	45、35	GB/T 699—1999
		15MnVB	GB/T 3077—1999
垫圈	HRC35~45	45、35	GB/T 699—1999

2) 螺栓的机械性能

①试件的机械性能:制造者应对螺栓的原材料取样进行拉力试验,其结果应符合的规定。根据用户要求,可进行材料的常温冲击韧性试验,其结果应符合表 5-38 的规定。

螺栓原材料拉力试验结果 **表 5-38**

抗拉强度 σ_b/MPa		屈服强度 $\sigma_{0.2}$/MPa	伸长率 δ_5/%	收缩率 φ/%	冲击值 α_k/J/cm^2
max	min	min	min	min	min
1240	1040	940	10	42	59

②实物机械性能:对螺栓实物进行楔负载试验时,当拉力荷载在表 5-39 规定的范围内时,断裂应发生在螺纹部分或螺纹与螺杆交接处。

螺栓实物的机械性能 **表 5-39**

螺纹规格 d/mm	公称应力截面积 A_s/mm^2	性能等级 10.9S 拉力荷载 ($A_s\times\sigma_b$)/N		螺纹规格 d/mm	公称应力截面积 A_s/mm^2	性能等级 10.9S 拉力荷载 ($A_s\times\sigma_b$)/N	
		min	max			min	max
M16	157	163 000	195 000	M20	245	255 000	304 000
M22	303	315 000	376 000	M24	353	367 000	438 000

3）硬度

当螺栓 $L/d \leqslant 3$ 时，如不能做楔负载试验，应进行芯部硬度试验，芯部硬度值应符合表 5-40 的规定。

芯部硬度值 **表 5-40**

性能等级	硬度			
	洛氏 HRC		维氏 HV_{30}	
	min	max	min	max
10.9S	33	39	312	367

4）螺母的机械性能

①螺母的保证荷载应符合表 5-41 的规定。

螺母的保证荷载 **表 5-41**

螺纹规格 d/mm	公称应力截面积 A_s/mm^2	性能等级 10H	
		保证应力 /MPa	保证荷载（$A_s \times S_p$）/N
M16	157	1040	183000
M20	245	1040	255000
M22	303	1040	315000
M24	353	1040	367000

②螺母的硬度应符合表 5-42 的规定。

螺母的硬度 **表 5-42**

性能等级	硬度			
	洛氏 HRB	洛氏 HRC	维氏 HV_{30}	
	min	max	min	max
10.9S	98	28	222	274

5）垫圈的硬度应符合 $HV_{30}329 \sim 436$（HRC35～45）。

（3）扭剪型高强度螺栓连接副的紧固轴力应符合表 5-43 的规定，当 l 小于表 5-44 数值时，可不进行紧固轴力试验。

紧固轴力 **表 5-43**

螺纹规格		M16	M20	M22	M24
每批紧固轴力的平均值 /kN	公称	109	170	211	245
	min	99	154	191	222
	max	120	186	231	270
紧固轴力标准偏差 $\sigma \leqslant$		1.01	1.57	1.95	2.27

螺纹规格　　表 5-44

螺纹规格	M16	M20	M22	M24
l (mm)	60	60	65	70

(4) 螺栓、螺母的螺纹

螺纹的基本尺寸应符合《普通螺纹　基本尺寸》(GB/T 196—2003) 粗牙普通螺纹的规定。螺栓螺纹公差带应符合《普通螺纹　公差》(GB/T 197—2003) 的6g，螺母螺纹公差带应符合《普通螺纹　公差》(GB/T 197—2003) 的6H规定。

螺纹牙侧面粗糙度 R_a 的最大值为12.5μm。

(5) 表面缺陷

螺栓、螺母的表面缺陷应分别《紧固件表面缺陷螺栓、螺钉和螺柱　一般要求》(GB/T 5779.1-2000) 和《紧固件表面缺陷螺母》(GB/T 5779.2-2000) 的规定。

垫圈表面不允许有裂纹、毛刺、浮锈和影响使用的凹痕、划伤。

(6) 表面处理

螺栓、螺母、垫圈均应进行表面防锈处理，表面处理后的连接副轴力应符合表5-43的规定。

5.3 高强度螺栓的工作性能及检测

[本节要点]

高强度螺栓工作性能。

[关键概念]

抗滑移系数；

扭矩系数。

5.3.1 相关试验

大六角高强度螺栓和扭剪型高强度螺栓取样要求：出厂检验按批进行。同一性能等级、材料、炉号、螺纹规格、长度（当螺栓长度≤100mm时、长度相差≤15mm，螺栓长度>100mm时、长度相差≤20mm，可视为同一长度）、机械加工、热处理工艺、表面处理工艺的螺栓为同批。同一性能等级、材料、炉号、螺纹规格、机械加工、热处理工艺、表面处理工艺的螺母为同批。同一性能等级、材料、炉号、规格、机械加工、热处理工艺、表面处理工艺的垫圈为同批。分别由同批螺栓、螺母、垫圈组成的连接副为同批连接副。对保证扭矩系数供货的螺栓连接副最大批量为3000套。

《钢结构工程施工质量验收规范》(GB/T 50205—2001) B.0.2条规定复验的扭剪型高强度螺栓和大六角高强度螺栓应在施工现场待安装的螺栓批中随机抽取，每批应抽取8套连接副进行复验。

1. 抗滑移系数试验

(1) 基本要求

制造厂和安装单位应分别以钢结构制造批为单位进行抗滑移系数试验。制造批可按分部（子分部）工程划分规定的工程量每2000t为一批，不足2000t的可视为一批。选用两种及两种以上表面处理工艺时，每种处理工艺应单独检验。每批三组试件。

抗滑移系数试验应采用双摩擦面的二栓拼接的拉力试件（如图5-18所示）。

抗滑移系数试验用的试件应由制造厂加工，试件与所代表的钢结构构件应为同一材质、同批制作、采用同一摩擦面处理工艺和具有相同的表面状态，并应用同批同一性能等级的高强度螺栓连接副，在同一环境条件下存放。

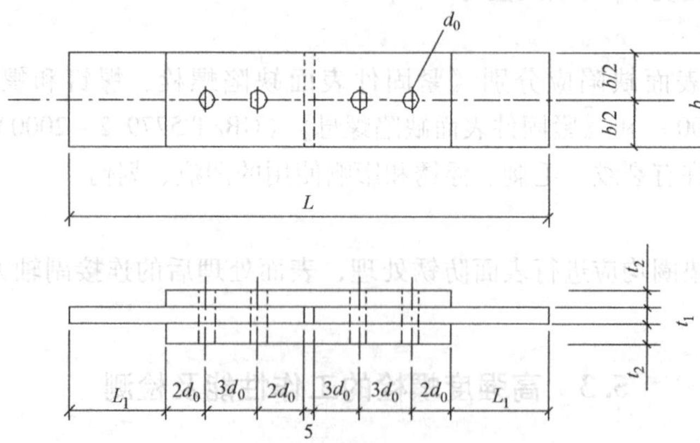

图5-18 抗滑移系数拼接试件的形式和尺寸

试件钢板的厚度 t_1、t_2 应根据钢结构工程中有代表性的板材厚度来确定，同时应考虑在摩擦面滑移之前，试件钢板的净截面始终处于弹性状态；宽度 b 按表5-45试件板的宽度（mm）取值。L_1 应根据试验机夹具的要求确定。

试件板的宽度（单位：mm） **表5-45**

螺栓直径 d	16	20	22	24	27	30
板宽 b	100	100	105	110	120	120

试件板面应平整，无油污，孔和板的边缘无飞边、毛刺。

(2) 试验方法

试验用的试验机误差应在1%以内。

试验用的贴有电阻片的高强度螺栓、压力传感器和电阻应变仪应在试验前用试验机进行标定，其误差应在2%以内。

试件的组装顺序应符合下列规定：

先将冲钉打入试件孔定位，然后逐个换成装有压力传感器或贴有电阻片的高强度螺栓，或换成同批经预拉力复验的扭剪型高强度螺栓。

紧固高强度螺栓应分初拧、终拧。初拧应达到螺栓预拉力标准值的50%左右。终拧后，螺栓预拉力应符合下列规定：

1）对装有压力传感器或贴有电阻片的高强度螺栓，采用电阻应变仪实测控制试件每个螺栓的预拉力值在0.95P~1.05 P（P为高强度螺栓设计预拉力值）之间；

2）不进行实测时，扭剪型高强度螺栓的预拉力（紧固轴力）可按同批复验预拉力的平均值取用。

试件应在其侧面画出观察滑移的直线。

将组装好的试件置于拉力试验机上，试件的轴线应与试验机夹具中心严格对中。加荷时，应先加10%的抗滑移设计荷载值，停1min后，再平稳加荷，加荷速度为3~5kN/s。直拉至滑移破坏，测得滑移荷载。

在试验中当发生以下情况之一时，所对应的荷载可定为试件的滑移荷载：

1）试验机发生回针现象；

2）试件侧面画线发生错动；

3）X-Y记录仪上变形曲线发生突变；

4）试件突然发生“嘣”的响声。

（3）数据处理

抗滑移系数应根据试验所测得的滑移荷载N_v和螺栓预拉力P_i的实测值计算（宜取小数点二位有效数字）。

$$\mu=\frac{N_v}{n_f\sum P_i} \tag{5-2}$$

式中 N_v——试验测得的滑移荷载，kN；

n_f——摩擦面面数，取$n_f=2$；

$\sum P_i$——试件滑移一侧高强度螺栓预拉力实测值（或同批螺栓连接副的预拉力平均值）之和（取三位有效数字），kN，$i=1$，…，m；

m——试件一侧螺栓数量，取$m=2$。

（4）结果判定

测得的抗滑移系数最小值应符合设计要求。

2. 高强度螺栓连接副施工扭矩检验

高强度螺栓连接副扭矩检验含初拧、复拧、终拧扭矩的现场无损检验。检验所用的扭矩扳手其扭矩精度误差应该不大于3%。

高强度螺栓连接副扭矩检验分扭矩法检验和转角法检验两种，原则上检验法与施工法应相同。扭矩检验应在施拧1h后，48h内完成。

（1）扭矩法检验

检验方法：在螺尾端头和螺母相对位置画线，将螺母退回60°左右，用扭矩扳手测定拧回至原来位置时的扭矩值。该扭矩值与施工扭矩值的偏差在10%以内为合格。

高强度螺栓连接副终拧扭矩值按下式计算：

$$T_c=K\cdot P_c\cdot D \tag{5-3}$$

式中 T_c——终拧扭矩值，N·m；

P_c——施工预拉力值标准值，kN，见《钢结构工程施工质量验收规范》（GB/T 50205—2001）表B.0.3；

D——螺栓公称直径，mm；

K——扭矩系数。

高强度大六角头螺栓连接副初拧扭矩值可按0.5取值。

扭剪型高强度螺栓连接副初拧扭矩值，可按下式计算：

$$T_o = 0.065 \cdot P_c \cdot D \tag{5-4}$$

式中 T_o——初拧扭矩值，N·m；

P_c——施工预拉力值标准值，kN；

D——螺栓公称直径，mm。

（2）转角法检验

1）检查初拧后在螺母与相对位置所画的终拧起始线和终止线所夹的角度是否达规定值。

2）在螺尾端头和螺母相对位置画线，然后全部卸松螺母，在按规定的初拧扭矩和终拧角度重新拧紧螺栓，观察与原画线是否重合。终拧转角偏差在10°以内为合格。终拧转角与螺栓在直径、长度等因素有关，应由试验确定。

（3）扭剪型高强度螺栓施工矩检验

观察尾部梅花头拧掉情况。尾部梅花头被拧掉者视同其终拧扭矩达到合格质量标准；尾部梅花头未被拧掉者应按上述扭矩法或转角法检验。

5.3.2 大六角头高强度螺栓

大六角头螺栓的主要考核参数：螺栓实物载荷检验（楔负载）、芯部硬度、螺母保证载荷、垫片硬度、连接副扭矩系数、螺栓、螺母的螺纹、表面缺陷、表面处理。

1. 螺栓性能检测

（1）试件的拉伸试验和冲击试验

拉伸试件和冲击试件应在同一根棒材上截取，并经同一热处理工艺处理。

（2）拉伸试验

原材料经热处理后，按《金属材料 室温拉伸试验方法》（GB/T 228—2002）的规定制成拉伸试件。加工试件时，其直径减小量不应超过原材料直径的25%（约为截面积的44%），并以此确定试件直径。试验方法按GB/T 228的规定。

（3）冲击试验

原材料经热处理后，按《金属材料夏比摆锤冲击试验方法》（GB/T 229—2007）中关于缺口深度为2 mm的标准夏比（U形缺口）冲击试件的规定制成试件，并在常温下进行冲击试验。试验方法按《金属材料夏比摆锤冲击试验方法》（GB/T 229—2007）的规定。

（4）楔负载试验

将螺栓拧在带有内螺纹的专用夹具上（至少6扣），螺栓头下放一个10°楔垫，再装在拉力试验机上进行楔负载试验，楔垫形式与尺寸如图5-19所示，规格见表5-46，其硬度为HRC45～50。

（5）芯部硬度试验

螺栓芯部硬度试验在距螺杆末端等于螺纹直径d的截面上进行，在距截面距离中心的

1/4 螺纹直径处，任测四点，取后三点平均值。如有争议，以维氏硬度试验为（HV_{30}）仲裁。

2. 螺母试验方法

（1）保证载荷试验

将螺母拧入螺纹芯棒（图 5-20），试验时夹头的移动速度不应超过 3mm/min。对螺母施加表 5-28 规定的保证载荷，持续 15s，螺母不应脱扣或断裂。当去除载荷后，应可用手将螺母旋出，或者借助扳手松开螺母（但不应超过半扣）后用手旋出。在试验中，如螺纹芯棒损坏，则试验作废。

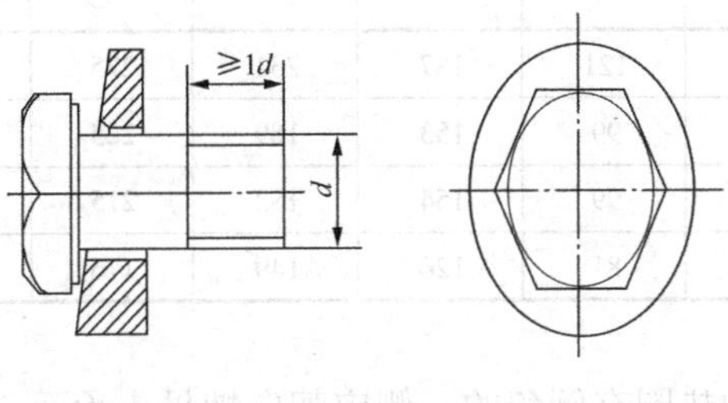

图 5-19 楔负载试验

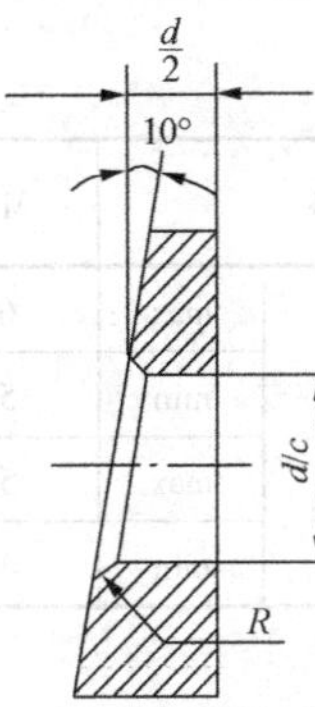

楔垫

楔垫规格（单位：mm） 表 5-46

d	M12	M16	M20	（M22）	M24	（M27）	M30
C	0.8	1.6	1.6	3.2	3.2	3.2	3.2
R	1.2	1.4	1.4	1.6	1.6	1.6	1.6

按《紧固件 螺栓和螺钉通孔》（GB/T 5277—1985）对中等装配的规定

螺纹芯棒的硬度应≥45HRC，其螺纹公差带为 5h6g，但大径应控制在 6g 公差带靠近下限的四分之一的范围内。

（2）硬度试验

试验在螺母支承面上进行，任测 4 点，取后 3 点平均值。试验方法按《金属材料 洛氏硬度试验》（GB/T 230.1—2009）或《金属材料 维氏硬度试验》（GB/T 4340.1—2009）的规定。验收时，如有争议，以维氏硬度（HV_{30}）试验为仲裁。

3. 垫圈硬度试验

在垫圈的表面上任测 4 点，取后 3 点平均值。试验方法按《金属材料 洛氏硬度试验》（GB/T 230.1—2009）或《金属材料 维氏硬度试验》（GB/T 4340.1—2009）的规定。验收时，如有争议，以维氏硬度（HV30）试验为仲裁。

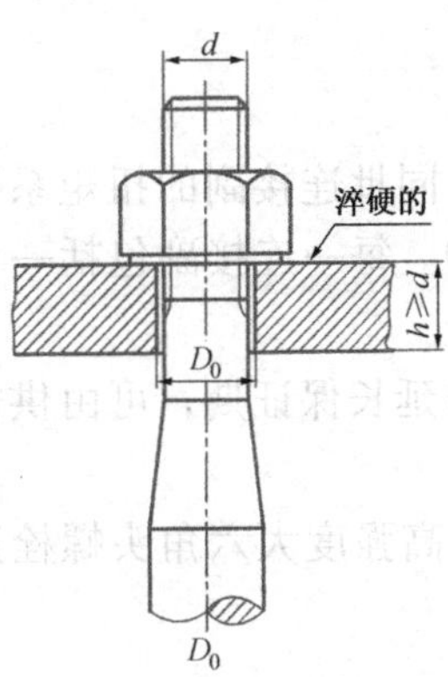

图 5-20 螺母保证荷载试验

4. 连接副扭矩系数试验

（1）连接副的扭矩系数试验在轴力计上进行，每一连接副只能试验一次，不得重复使用。

（2）施拧扭矩 T 是施加于螺母上的扭矩，其误差不得大于测试扭矩值的1%。使用的扭矩扳手的示值应在9.8 N·m以下。

（3）螺栓预拉力 P 用轴力计测定，其误差不得大于测定螺栓预拉力的2%。轴力计的最小示值应在测定轴力值的1%以下。

（4）进行连接副扭矩系数试验时，螺栓预拉力值 P 应控制在表5-47所规定的范围内，超出该范围者，所测得扭矩系数无效。

螺栓预拉力（单位：kN） **表5-47**

螺栓螺纹规格				M12	M16	M20	（M22）	M24	（M27）	M30
性能等级	10.9S	P	max	66	121	187	231	275	352	429
			min	54	99	153	189	225	288	351
	8.8S		max	55	99	154	182	215	281	341
			min	45	81	126	149	176	230	279

（5）组装连接副时，螺母下的垫圈有倒角的一侧应朝向螺母支承面。试验时，垫圈不得发生转动，否则试验无效。

（6）进行连接副扭矩系数试验时，应同时记录环境温度。试验所用的机具、仪表及连接副均应放置在该环境内至少2 h以上。

（7）数据处理及结果判定：

扭矩系数计算公式如下：

$$K=\frac{T}{Pgd} \tag{5-5}$$

式中 K——扭矩系数；

T——施拧扭矩（峰值），单位为牛·米（N·m）；

P——螺栓预拉力（峰值），单位为千牛（kN）；

d——螺栓的螺纹公称直径，单位为毫米（mm）。

结果判定：

① 高强度大六角头螺栓连接副必须按规定的扭矩系数供货，同批连接副的扭矩系数平均值为0.110~0.150，扭矩系数标准偏差应小于或等于0.0100。每一连接副包括一个螺栓、一个螺母、二个垫圈，并应分属同批制造。

② 连接副扭矩系数保证期为自出厂之日起六个月，用户如需延长保证期，可由供需双方协议解决。

③ 螺栓、螺母、垫圈均应进行表面防锈处理，但经处理后的高强度大六角头螺栓连接副扭矩系数还必须符合①的规定。

5.3.3 扭剪型高强度连接副

主要技术参数：螺栓实物最小载荷检验（楔负载）、芯部硬度、螺母保证载荷、垫片硬度、连接副紧固轴力、螺栓、螺母的螺纹、表面缺陷、表面处理。

1. 螺栓试验方法

(1) 试件的拉力试验和冲击试验

拉力试件和冲击试件应在同一根棒材上截取，并经同一热处理工艺。

拉力试验：材料经热处理后按《金属材料　室温拉伸试验方法》(GB/T 228—2002) 的规定制成拉力试件。加工试件时，其杆部直径减少量不应超过试件直径的25% (约为截面积的44%)。

冲击试验：材料经热处理后，按《金属材料　夏比摆锤冲击试验方法》(GB/T 229—2007) 的规定制成冲击试件，并进行试验。

(2) 楔负载试验

螺栓楔负载试验按《紧固件机械性能　螺栓、螺钉和螺柱》(GB 3098.1—2010) 第8.5条的规定进行试验。与高强度大六角头螺栓的楔负载试验的方法和规定一致。其中，楔垫 α 角为15°。

(3) 硬度试验

螺栓的硬度试验按《紧固件机械性能　螺栓、螺钉和螺柱》(GB 3098.1—2010) 的规定。与高强度大六角头螺栓的硬度试验的方法和规定一致。

(4) 脱碳试验

螺栓的脱碳试验按《紧固件机械性能　螺栓、螺钉和螺柱》(GB 3098.1—2010) 的规定。

2. 螺母试验方法

(1) 保证载荷试验

螺母保证载荷试验按。按高强度大六角螺母的试验方法和规定进行。

(2) 硬度试验

螺母的硬度试验在螺母表面进行，任测四点，取后三点平均值。验收时，如有争议，以螺母支撑面上的维氏硬度 (HV_{30}) 试验作为仲裁。

3. 垫圈硬度试验

垫圈的硬度试验，在垫圈表面任选四点，取后三点平均值。如有争议，以维氏硬度 (HV_{30}) 试验进行仲裁。

4. 连接副紧固轴力试验

(1) 连接副紧固轴力试验应在轴力计 (或测力环) 上进行，每一连接副 (一个螺栓、一个螺母和一个垫圈) 只能试验一次，螺母、垫圈亦不得重复使用。

(2) 组装连接副时，垫圈有倒角的一侧应朝向螺母支承面。试验时，垫圈不得转动，否则试验无效。

(3) 数据处理及结果判定

$$\overline{P} = \frac{1}{n}\sum_{i=1}^{n} p_i \tag{5-6}$$

$$\sigma = \frac{\sqrt{\sum_{i=1}^{n}(P_i - \overline{P})^2}}{n-1} \tag{5-7}$$

式中　$\overline{P}$——螺栓紧固轴力 (预拉力) 平均值，kN；

P_i——第 i 个螺栓紧固轴力（预拉力），kN；

n ——螺栓个数；

σ——预拉力标准偏差，kN。

结果判定：

连接副紧固轴力（预拉力）应控制在表 5-43 紧固轴力所规定的范围，超出范围者，所测得的预拉力无效，且预拉力标准偏差应满足表 5-43 紧固轴力的要求。

5. 检验规则

（1）出厂检验应按批进行。

（2）其他验收规则按 GB 90 的规定。

（3）连接副轴力的检验，每批抽取 8 套。

（4）制造者应提供每批产品质量合格证书，内容如下：

a. 材料、炉号、化学成分；

b. 规格、数量；

c. 机械性能试验数据；

d. 连接副紧固轴力的平均值、标准偏差及测试环境温度；

e. 出厂日期和批号。

（5）用户对产品质量有异议时，在正常运输和保管条件下应在产品出厂日期的六个月内向制造者提出，并经双方按本标准要求进行复验裁决。

6. 标志与包装

（1）螺栓应在头部顶面制出性能等级和制造厂凸型标志（见图 5-21），标志中“·”可以省略。标志中第一部分数字（“·”前）表示公称抗拉强度的 1/100，第二部分数字（“·”后）表示公称屈服强度与公称抗拉强度比值的 10 倍，字母 S 表示钢结构用高强度大六角头螺栓，××为制造厂标志。

（2）单倒角螺母应在顶面上制出性能等级和制造厂标志（见图 5-22）。双倒角螺母应在任一支承面上制出凹型性能等级和制造厂标志。标志中数字表示螺母性能等级，字母 H 表示钢结构用高强度大六角螺母，××为制造厂标志。

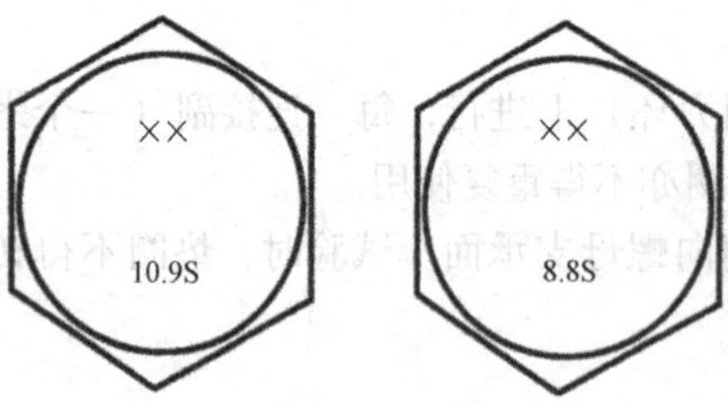

图 5-21 螺栓标志

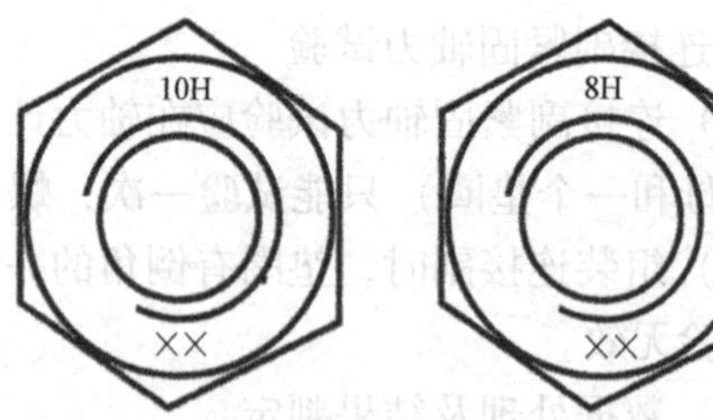

图 5-22 螺母标志

（3）包装箱应牢固、防潮。箱内应按连接副的组合包装。不同批号的连接副不得混装。每箱重量不得超过 40 kg。包装箱内的分装方法由制造者确定。

（4）包装箱外应有制造者、产品名称、标准编号、批号、规格、数量及毛重等标记。

第6章 焊接材料

◆ 引言

焊接过程中的各种填充金属及为了提高焊接质量而附加的保护物质统称为焊接材料。焊接生产中广泛使用的焊接材料主要包括焊条、焊丝、焊剂、保护气体和钎剂、钎料等。焊接材料的成分对焊缝金属的化学成分、组织与性能有重要的影响。本章主要介绍了焊接材料的作用、种类、牌号及选用等知识。

◆ 本章要点

通过本章的学习你将能够：

了解焊接材料的发展

掌握焊接材料的作用

掌握电焊条的型号和牌号表示

了解焊丝的型号和牌号表示

了解焊剂的型号和牌号表示

了解焊剂与焊丝的选配

钢结构是用型材和板材做成零部件和构件，再通过某种连接方法连接而成的结构。结构连接质量的好坏，直接影响结构的安全。所以连接方法的选择和连接设计，是结构设计中的重要环节。好的连接设计应符合安全可靠、构造简单、传力明确、施工方便、节约钢材等原则。

钢结构常用的连接方法有焊接、铆钉连接和螺栓连接三种，见图6-1，螺栓连接又可分为普通螺栓连接和高强螺栓连接。我国目前采用最多的是焊接，高强螺栓连接近年来也有了较大发展，而铆钉连接已很少采用。

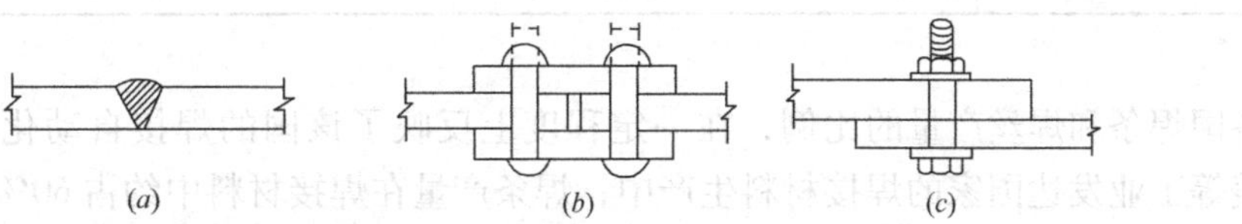

图6-1 钢结构连接方法

(*a*) 焊接；(*b*) 铆接；(*c*) 螺栓连接

焊缝连接具有不削弱构件截面、节约钢材、构造简单、加工方便；连接密闭性好，刚度大，易采用自动化作业，生产效率高等优点，是目前钢结构最主要的连接方法。但焊缝连接会使焊缝附近热影响区的材质变脆，同时在焊件中会产生焊接残余应力和残余变形，给结构安全承载带来不利影响。由于焊缝连接刚度大，故对裂纹扩展很敏感，尤其对直接承受动载作用的结构影响更为明显。在低温环境中，结构容易发生脆性断裂。

6.1 焊接材料的作用及发展

[本节要点]
了解焊接材料的作用;
了解焊接材料的合金化方式;
了解焊接材料发展现状。
[关键概念]
焊接材料;
焊缝合金化。

焊接过程中的各种填充金属及为了提高焊接质量而附加的保护物质统称为焊接材料。焊接生产中广泛使用的焊接材料主要包括焊条、焊丝、焊剂、保护气体和钎剂、钎料等。不同焊接工艺条件下采用的焊接材料见表6-1。

不同焊接工艺条件下采用的焊接材料　　表6-1

焊接工艺	焊接材料
气焊	气焊熔剂（焊粉）
手工电弧焊	电焊条（普通焊条、专用焊条、自动盘状焊条）
气体保护焊	焊丝（实心焊丝、药芯焊丝）+保护气体（活性气体、惰性气体、混合气体）
埋弧焊、电渣焊	焊丝、带极+焊剂（熔炼焊剂、非熔炼焊剂）
钎焊	钎剂、钎料
堆焊	焊条、焊丝、带极、焊剂
热喷涂	丝极、带极、合金粉末（打底面粉末、工作面粉末）
其他	保护气体、衬垫、熔嘴

各国焊条和焊丝产量的比例，在一定程度上反映了该国的焊接自动化水平。目前在欧、美等工业发达国家的焊接材料生产中，焊条产量在焊接材料中约占60%，焊丝产量约占40%。我国当前焊条产量约占焊接材料总产量的85%，焊丝产量占15%，低于欧、美等工业发达国家的自动化水平。目前我国生产的低碳钢焊条以钛钙型焊条为主，低合金高强度钢焊条以低氢型焊条为主，钛钙型和低氢型焊条约占焊条总量的91%。

焊接材料的质量对保证焊接过程的稳定和获得满足使用要求的焊缝金属起着决定性的作用。归纳起来，焊接材料应具有以下作用：

(1) 保证电弧稳定燃烧和焊接熔滴金属容易过渡；

(2) 在焊接电弧的周围造成一种还原性或中性的气氛，保护液态熔池金属，以防止空气中氧、氮等侵入熔敷金属；

(3) 进行冶金反应和过渡合金元素，调整和控制焊缝金属的成分与性能；

(4) 生成的熔渣均匀地覆盖在焊缝金属表面，防止气孔、裂纹等焊接缺陷的产生，并获得良好的焊缝外形；

(5) 改善焊接工艺性能，在保证焊接质量的前提下尽可能提高焊接效率。

此外，在焊条药皮、焊剂中加入一定量的铁粉，可以改善焊接工艺性能或提高熔敷效率。

6.1.1 焊条、焊丝和焊剂的作用

焊条、焊丝是整个焊接回路中的一个组成部分。在焊接过程中，焊芯和焊丝不仅可以传导电流，而且作为与焊件产生电弧的一个电极。同时，焊芯和焊丝还起着填充金属的作用。焊接时用于加热和熔化焊条（或焊丝）的热能有电阻热、电弧热和化学反应热（一般情况下化学反应热仅占1%～3%）。在焊接热源的作用下，焊芯或焊丝受热熔化，以熔滴的形式进入熔池，并与熔化了的母材共同组成焊缝。

埋弧焊和电渣焊所使用的焊接材料是焊剂和焊丝（或板极、带极）。焊丝的作用相当于焊条中的焊芯，焊剂的作用相当于焊条中的药皮。在焊接过程中焊剂的作用是隔离空气、保护焊接区金属，使其不受空气的侵害，以及进行冶金处理。因此，焊丝与焊剂配合使用是决定焊缝金属化学成分和力学性能的重要因素。

用低碳钢光焊丝在空气中无保护焊接时，焊缝金属的成分和性能与母材和焊丝比较，发生了很大的变化。由于熔化金属与周围空气的相互作用，使焊缝金属中氮、氧、氢的含量显著增加。氮含量可达0.105%～0.218%，比焊丝中氮含量高20～45倍；氧含量可达0.14%～0.72%，比焊丝中氧含量高7～35倍。同时锰、碳等合金元素因烧损和蒸发而减少。这时焊缝金属的塑性和韧性急剧下降，但是由于氮的强化作用，焊缝强度变化比较小。

用光焊丝焊接时，电弧不稳定，焊缝中产生大量气孔。因此这种光焊丝无保护焊接没有实用价值。焊条药皮、焊剂和保护气体的首要任务是对焊接区内的金属加强保护，以免受空气的有害影响。

为了提高焊缝金属的质量和性能，采用熔焊方法用于制造重要金属结构时，须尽量减少焊缝金属中有害杂质的含量和合金元素的损失，使焊缝金属得到合适的化学成分。大多数熔焊方法都是基于加强保护的思路发展和完善起来的。熔化焊接方法的保护方式见表6-2。

熔化焊接方法的保护方式 **表6-2**

保护方式	焊 接 方 法
熔 渣	手工电弧焊、埋弧焊、电渣焊、药芯焊丝气体保护焊
气 体	气焊、CO_2气体保护焊、氩弧焊（TIG、MIG）、混合气体保护焊（MAG）
熔渣和气体	具有造气成分的焊条电弧焊、药芯焊丝气体保护焊
真 空	真空电子束焊
自 保 护	用含有脱氧剂的自保护焊丝的焊接

各种保护方式的保护效果是不同的。埋弧焊是利用焊剂及其熔化以后形成的熔渣隔离空气保护焊接区域的，焊剂的保护效果取决于焊剂的组成和粒度。气体保护焊的保护效果取决于保护气体的性质与纯度。一般说来，惰性气体（氩、氢等）的保护效果比较好，适用于焊接合金钢和化学活性金属及其合金。

焊条药皮和焊丝药芯一般由造气剂、造渣剂和铁合金等组成，这些物质在焊接过程中能形成渣—气联合保护。造渣剂熔化以后形成熔渣，覆盖在熔滴和熔池的表面上将空气隔开。熔渣凝固以后，在焊缝上面形成渣壳，可以防止处于高温的焊缝金属与空气接触。造气剂受热分解，析出大量气体，将焊接区与空气隔离开。焊条和药芯焊丝的保护效果，取决于其中保护材料的含量、熔渣的性质和焊接工艺参数等。

自保护焊是利用特制的实心或药芯光焊丝在空气中焊接的一种方法，自保护焊不是利用机械隔离空气的办法来保护金属，而是在焊丝或药芯中加入脱氧和脱氮剂，使由空气进入熔化金属中的氧和氮进入熔渣中，因实心自保护焊丝的保护效果欠佳，焊缝金属的塑性和韧性偏低，所以目前在生产上很少使用。

6.1.2 焊缝金属的合金化

焊接材料（焊条、焊丝、焊剂）的成分对焊缝金属的化学成分、组织与性能有重要的影响。为了使焊缝金属具有所要求的成分与性能，必须保证焊接材料中有益的合金元素含量和严格控制有害杂质的含量。

焊缝金属的合金化就是把所需的合金元素通过焊接材料过渡到焊缝金属（或堆焊金属）中去。焊接中合金化的目的是补偿焊接过程中由于蒸发、氧化等原因造成的合金元素的损失，消除焊接缺陷（裂纹、气孔等）和改善焊缝金属的组织和力学性能，或者是获得具有特殊性能的堆焊金属。

对金属焊接性影响较大的合金元素主要有 C、Mn、Si、Cr、Ni、Mo、Ti、V、Nb、Cu、B 等；低合金钢焊接中提高热影响区淬硬倾向的元素有 C、Mn、Cr、Mo、V、W、Si 等；降低淬硬倾向的元素有 Ti、Nb、Ta 等。还应特别注意一些微量元素的作用，如 B、N、RE 等。

焊接中常用的合金化方式有以下几种：

1. 应用合金焊丝或带极

把所需要的合金元素加入焊丝、带极或板极内，配合碱性药皮或低氧、无氧焊剂进行焊接或堆焊，把合金元素过渡到焊缝或堆焊层中去。这种合金化方式的优点是可靠，焊缝成分均匀、稳定，合金损失少；缺点是制造工艺复杂，成本高。对于脆性材料，如硬质合金不能轧制、拔丝，故不能采用这种方式。

2. 应用合金药皮或非熔炼焊剂

把所需要的合金元素以铁合金或纯金属的形式加入药皮或非熔炼焊剂中，配合普通焊丝使用。这种合金化方式的优点是简单方便、制造容易、成本低；缺点是由于氧化损失较大，并有一部分合金元素残留在渣中，故合金利用率较低，合金成分不够稳定、均匀。

3. 应用药芯焊丝或药芯焊条

药芯焊丝的截面形状是各式各样的，最简单的是具有圆形断面的，外皮可用低碳铜或其他合金钢卷制而成，里面填满需要的铁合金及铁粉等物质。用这种药芯焊丝可进行埋弧焊、气体保护焊和自保护焊，也可以在药芯焊丝表面涂上碱性药皮，制成药芯焊条。这种合金过渡方式的优点是药芯中合金成分的配比可以任意调整，因此可得到任意成分的堆焊金属，合金的损失较少；缺点是不易制造，成本较高。

4. 应用合金粉末

将需要的合金元素按比例配制成具有一定粒度的合金粉末，把它输送到焊接区，或直接涂敷在焊件表面或坡口内。合金粉末在热源作用下与母材熔合后就形成合金化的堆焊金属。这种合金过渡的优点是合金成分的比例调配方便，不必经过轧制、拔丝等工序，合金损失小；缺点是合金成分的均匀性较差，制粉工艺较复杂。

此外，还可通过从金属氧化物中还原金属元素的方式来合金化，如硅、锰还原反应。但这种方式合金化的程度是有限的，还会造成焊缝增氧。

在实际生产中可根据具体条件和要求选择合金化方式。焊接材料中的合金成分是决定焊缝成分的主要因素。改进和研制焊条、焊丝、焊剂时，必须根据焊接接头工作条件设计焊缝金属的最佳化学成分，以保证焊缝性能满足使用要求。

6.1.3 焊接材料的发展现状

随着焊接技术的迅速发展，焊接材料的应用范围日益扩大，人们对焊接材料无论在品种方面还是在产量方面都提出了更高的要求，焊接材料也日益受到各行各业（如机械、冶金、建筑、钢炉和压力容器、桥梁、造船、石油化工、航空航天和核动力工程等）的极大关注。我国主要焊接材料（焊条、焊丝、焊剂等）的总产量已连续多年保持世界第一的位置。

1. 世界各国焊接材料发展

从世界范围来说，焊接材料行业是在20世纪内发展起来的。1892年俄罗斯人斯拉维扬诺夫研究成功金属电弧焊接的实用化方案。特别是1904年瑞典人奥斯卡·凯吉尔伯格建立了世界上第一个涂料焊条厂，即现在著名的瑞典伊萨公司（ESAB公司），1917年开始用机械化方法压制和生产电焊条。同期，欧、美各国对焊条药皮分别进行了大量研究，1910年瑞典发明矿物型厚药皮焊条，1919年美国发明用纸缠绕在焊芯上，提出了纤维素型焊条的初型，1921年英国提出用大理石—萤石制造焊条药皮。1927年美国开始用机械化方式大量生产焊条，出现了许多新的药皮类型及焊条品种。1964年，日本研制成功“无害”焊条，接着又开发了低尘焊条、超低氢焊条和难吸潮焊条等。

电焊条产业是从20世纪20年代发展起来的；20世纪30年代以后发展厚药皮焊条；埋弧自动焊的焊丝和焊剂产业是从20世纪40年代发展起来的；CO_2气体保护焊的实心焊丝产业是从20世纪50年代发展起来的；20世纪70年代以后发展了气体保护焊药芯焊丝。

近年来，随着各国焊接自动化水平的提高，焊条产量在焊接材料总产量中所占的比例逐年下降，气体保护焊实心焊丝与药芯焊丝所占的比例逐年上升。总的发展趋势是手弧焊焊条在整个焊接材料中的比例不断下降，自动化焊接材料所占的比例不断增长。目前国外著名的焊接材料企业，都已具有较高的自动化生产水平和严格的质量监控保证体系。因而生产率高、产品质量稳定。

20世纪70年代初，国外各发达国家仍以使用手工电弧焊为主，当时焊条占焊接材料总产量的比例，美国和西欧约70%，日本达到87%。到1980年美国和西欧焊条占焊接材料总产量的比例已只有40%。日本焊条占焊接材料总产量的比例小于50%的时间始于1982年，但以后就逐年快速下降，1990年为24.5%，1997年为20%。

从美国、日本、西欧等发达国家和地区焊接材料的发展来看，手工电弧焊用焊条的减少，自动焊接材料不断增加是一个必然的发展趋势。由于各国的国情不同，在可以预见的5~10年内，焊条占焊接材料总产量的比例，各国的预测也不一样，美国预计不会低于30%，欧洲认为焊条占25%是最低比例，日本预测可降到15%以下。我国也会按此规律进行，但发展速度要缓慢一些。

焊接材料被人们形象地称为钢铁的“缝纫线”。也就是说，焊接材料与钢材的发展密切相关，钢材消费越多，需要的焊接材料也越多。焊接材料消耗量与钢材用量成正比，据统计，世界钢产量从1974年至今保持相对稳定，大约是7亿吨。但是美国、日本、欧共体国家等传统钢铁大国在世界钢产量中的份额已从60%下降到目前的40%，而中国、印度等第三世界国家所占的份额由5%增加到了15%。1997年我国钢产量超过1亿吨(10757万吨)，占世界钢产量的13%以上，居世界第一位。2002年，我国钢产量1.81亿吨。

统计资料表明，焊接自动化水平较高的工业发达国家，焊接材料消耗量与钢材用量之比为0.3%~0.5%；焊接自动化水平较低的不发达国家，焊接材料消耗量与钢材用量之比为0.7%~0.8%。按此比例计算，我国年产80~100万吨焊接材料，应该是处于供需平衡状态。

在国外工业发达国家，焊接材料产业经历了20世纪60年代到20世纪80年代的高速发展时期，现在已步入比较成熟的传统产业范畴。美国1973年钢产量达到饱和点的1.368亿吨，20世纪70年代美国焊接材料年总产量最高时曾接近60万吨。此后，由于美国钢产量下降，焊接材料产量也有所下降。近几年美国钢产量波动在每年0.9~1亿吨之间，焊接材料产量约每年40万吨左右。

日本20世纪70年代钢产量最高时是年产1.2亿吨，最高焊接材料年产量为53万多吨，近几年日本钢产量波动在每年1亿吨左右，焊接材料消耗量每年约40万吨左右（日本国内焊接材料生产量渡动在每年35~36万吨左右，每年进口焊接材料约4~5万吨，出口焊接材料约2~3万吨）。1998年由于受东南亚经济危机的影响，日本钢产量仅9300万吨，焊接材料总产量也有所下降。

2. 我国焊接材料发展

我国目前焊接材料产量为世界第一位，但焊接材料产品结构和工业发达国家相比，还有很大的差距（见表6-3）。由表6-3可见，为了适应焊接生产向高效率、高质量、低成本及自动化方向发展的潮流，美国、日本等发达国家在不断地调整焊接材料产品结构。

我国及发达国家和地区焊接材料结构比例 **表6-3**

国家或地区	焊条/%	气体保护实心焊丝/%	药芯焊丝/%	埋弧焊焊接材料/%
中 国（大陆）	78~80	10	0.33	10
美 国	29	31	30	10

续表

国家或地区	焊条/%	气体保护实心焊丝/%	药芯焊丝/%	埋弧焊焊接材料/%
日　本	19.4	38.4	29.3	12.2
西　欧	26	56	7	11
中国台湾地区	54	27	9	10

我国目前焊接材料生产企业约600多家，但具有一定生产规模和竞争能力的有100家左右。近30年来，我国焊接材料产品结构发生了很大的变化，1972年有206个品种，1995年增加到576个，产品包括各种电焊条、焊丝（CO_2焊丝、埋弧焊焊丝、药芯焊丝等）、焊剂、钎料、合金粉末，焊带等，特别是CO_2焊丝和药芯焊丝发展较快。目前我国焊接材料年生产能力超过150万吨，其中电焊条年生产能力超过100万吨，CO_2焊丝年生产能力为15万吨，埋弧自动焊焊剂年生产能力在10万吨以上，埋弧焊焊丝年生产能力约10万吨，钎焊材料年生产能力约5万吨。

（1）电焊条的发展现状

我国的焊接材料工业是建国后发展起来的，在焊接材料行业中，生产电焊条的企业最多，约有500多家（其中具备完善的生产条件、检测手段和合理的质保体系的近300家）。年生产能力超过100万吨。近几年我国电焊条年产量大约在80~90万吨之间（其中出口大约5~6万吨），占整个焊接材料产量的85%~90%左右。我国生产的电焊条以钛钙型（药皮中含氧化钛30%以上，碳酸盐20%以下）和低氢型（药皮中含钙、镁的碳酸盐和萤石）为主。

自1980年以来，我国焊条行业有20多家企业和科研单位先后引进了瑞士奥利康、瑞典伊萨、德国万沙、再本神钢等公司的焊条生产线、压涂设备、先进配方和检测仪器等。通过技术引进、消化和企业技术改造，焊条质量、品种取得了长足的进步，有约50个厂家的产品取得了中国CCS的认可，有30多个厂家的产品取得了英国LR、美国ABS、挪威NV、日本NK等国际上权威船级社的认可。我国还以独创的“先涂后切”工艺成批生产出了直径为0.8~1.8mm的特细焊条，并发明了具有良好冶金特性、优异工艺性能的高效连续涂层焊条，为世界焊接材料的发展做出了重大贡献。

我国主要是生产低品位的钛钙型通用焊条，优质高品位的焊条（如全位置立向下焊条、高效铁粉焊条、高纤维素焊条、700MPa以上高强钢系列焊条、优质不锈钢和耐热钢焊条等）十分短缺，每年仍需大量进口。1997年列入我国《焊接材料产品样本》中的产品有368种。没有列入的专用焊条、军工产品用的焊条等还有近百种。

（2）焊丝的发展现状

我国的气体保护焊焊丝开始发展缓慢，1985年后才有了较快发展。随着各种自制和半自动焊接方法的推广应用，焊丝的品种逐渐增多，使用量也逐年扩大。各国焊条和焊丝产量的比例，在一定程度上反映了该国的焊接自动化水平。我国目前焊丝生产企业有150多家，整个焊丝行业年生产能力约30万吨，多数是生产埋弧焊（SAW）和CO_2气体保护焊用焊丝，具备药芯焊丝生产条件的企业有20多家。

我国焊接材料生产能力，特别是自动焊接用焊丝的生产能力，近年来有了明显发展，表6-4列出我国近年来焊接材料产量的变化。可以看出，我国焊接材料生产中自动化焊接用焊丝产量占焊接材料总量的比例逐年增加，由20世纪80年代中期的5%左右提高到目前的15%左右（总产量约16万吨），预计今后数年间焊丝的增长仍将延续下去。

我国近年来焊接材料产量的变化（单位：万吨） **表6-4**

年份	焊条	实心焊丝	药芯焊丝	埋弧焊丝	埋弧焊剂	总产量
1985	33	0.40	0.05	1.65	1.82	34.5
1986	49	0.50	0.05	1.57	1.73	42.5
1987	52	0.77	0.065	1.65	1.82	56.0
1988	48	0.85	0.067	1.79	1.97	50.6
1989	42	1.20	—	—	—	—
1990	41	1.90	0.07	1.93	2.12	46.2
1991	42	2.00	0.07	2.15	2.37	54.2
1992	71	2.60	0.10	2.48	2.73	63.3
1993	78	3.20	0.10	2.56	2.82	72.0
1994	72	4.50	0.60	2.00	3.00	74.4
1995	60	7.00	—	—	—	—
1996	60	7.20	—	—	—	—
1997	70	8.00	0.16	—	—	80.0
1998	87	9.00	0.60	—	—	90.0
1999	90	10.0	0.30	—	—	-
2000	90	11.0	0.40	5.00	6.00	—
2001	—	—	1.20	—	—	—

焊接自动化水平的提高，促进了自动化焊接材料的发展，特别是CO_2气体保护焊丝和药芯焊丝得到了广泛的应用。

我国气体保护焊实心焊丝1985年以后有了较快的发展，目前年产量达到约10万吨。国内药芯焊丝的使用始于宝山钢铁公司的建设。其后，机械制造行业、能源化工行业、船舶制造和海洋结构行业、建筑和桥梁业、输油及输气管线建设行业等相继使用了进口焊丝和国产焊丝。

我国药芯焊丝的研制始于20世纪60年代中期，但很长时间没有实现批量生产。近几年我国药芯焊丝发展速度很快，使用量也逐年扩大。国产药芯焊丝生产始于1987年北京焊条厂从英国CPV公司引进一条全连轧式药芯焊丝生产线。1993~1998年是我国药芯焊丝生产设备引进的高峰期，有十几个企业先后从英国、美国、日本、乌克兰、德国、意大利、瑞典等国家引进焊丝生产线和药芯焊丝生产设备。至2002年，我国药芯焊丝制造厂已有29家，生产线总计48条（引进生产线24条、自制生产线24条）。

目前我国药芯焊丝已发展到几十个品种，药芯焊丝的产量从1996年不足0.1万吨(以粗丝为主)，发展到2001年的近1.2万吨（以细丝为主)，平均每年以超过50%的增长率在发展。应用领域也从造船—海洋结构行业逐步扩大到建筑一桥梁、重型机械、锅炉一压力容器、输送管道、钢结构等多个行业。

在生产设备上已研制出钢带法生产线、盘条法生产线和钢管法生产线，已具备了一定的生产设备设计和制造能力。其中，国产钢带法生产线已稳定的在实际生产中运行，单套生产线年生产能力可达（0.1~0.15）万吨。

从各行业的使用品种上看，在船舶制造和海洋结构行业、建筑和桥梁业、机械制造行业、能源化工行业、钢结构行业，主要使用钛型气保护药芯焊丝；在输油及输气管线建设中主要使用自保护药芯焊丝。耐磨堆焊药芯焊丝应用于各行业材料的表面性能改进上。在各行业中，以船舶制造和海洋结构行业使用药芯焊丝量最大，近年来在其他行业药芯焊丝的使用量正不断提高。

在进口产品中，以钛型气保护碳钢、低合金钢药芯焊丝为主，占全部药芯焊丝的比例约为95%；自保护药芯焊丝约占5%；其他品种（气保护不锈钢药芯焊丝等）约占1%。在国产产品中，以钛型气保护碳钢、硬面堆焊药芯焊丝为主，约占98%（其中堆焊焊丝约占10%）；钛型低合金钢和不锈钢药芯焊丝约占2%（其中不锈钢焊丝约占10%）。

为适应我国经济发展的需要，应尽快提高我国焊接自动化水平；调整我国焊接材料的构成比例，大力发展自动或半自动焊接材料。我国目前实心焊丝生产中存在的问题主要是品种较少，质量尚需进一步提高。药芯焊丝主要是保证产品的质量稳定性，增加品种和降低生产成本。而且发展无缝镀铜和金属型药芯焊丝也势在必行。

我国焊丝行业历经多年的磨砺正逐渐形成规模，生产设备和产品的制造能力和质量不断提高，产品的应用领域也在不断扩大，随着各行业对高效率、高质量和低成本焊接材料需求的持续增长。根据市场需求，预计今后数年我国实心和药芯焊丝的产量和品种将会有较快的发展。

(3) 焊剂的发展现状

埋弧自动焊在我国应用较早，但发展缓慢。长期以来，我国以生产和使用熔炼焊剂为主，生产企业有20余家。近年来，由于烧结焊剂市场不断扩大，专门生产烧结焊剂的企业不断增加，目前生产烧结焊剂的企业有10多家。

随着各种自动和半自动焊接方法的广泛应用，焊剂的品种逐渐增多，使用量也逐年扩大。我国目前有埋弧自动焊焊剂生产企业40多家，年生产能力在10万吨以上，但埋弧焊焊剂仍以熔炼型焊剂为主，约占焊剂总产量的85%，其中HJ431占熔炼焊剂的90%以上。目前我国一些高性能的焊剂仍主要靠进口。

我国近年来烧结焊剂的用量也在逐渐增多，自锦州电焊条厂1986年引进瑞士奥利康公司烧结焊剂生产线和配方以来，我国烧结焊剂生产有了较快发展。根据国家焊接材料质量监督检验中心的统计，我国1987年烧结焊剂的消耗量（不包括进口的烧结焊剂）仅0.03万吨左右，而1991年已接近0.3万吨，1996年烧结焊剂的消耗量已接近0.8万吨，约占全部焊剂消耗量的20%左右；2000年烧结焊剂的产量为1万多吨，仍低于欧美、日本等工业发达国家的水平。

由于埋弧焊接材料在整个焊接材料产量中仅占10% ~12%这样低的比例，因此烧结焊剂10多年来的发展速度还是相当快的。

目前国内广泛使用的高锰型熔炼焊剂并不符合我国的资源条件，应大力发展节能、调整成分方便、符合我国资源条件的非熔炼型烧结焊剂。烧结焊剂的生产成本可比熔炼焊剂降低30% ~500%。在焊剂生产中，目前美国的烧结焊剂占50%，日本占70%，西欧占90%，我国仅占15%左右。我国除发展烧结焊剂外，目前熔炼焊剂品种需更新换代，焊剂生产工艺及设备有待改进，而且要在改进质量的同时向节能低耗方向发展。

6.2 电 焊 条

[本节要点]

掌握电焊条分类及特点；

了解电焊条的组成及作用；

了解电焊条的分类；

掌握电焊条的型号和牌号表示含义；

掌握电焊条的选用原则。

[关键概念]

电焊条的型号与牌号。

电焊条是指在一定长度的金属丝外表层均匀地涂敷一定厚度的具有特殊作用涂料的手工电弧焊焊接材料，简称为“焊条”。电焊条广泛用于机械制造、造船、建筑、石油化工、电力、桥梁、锅炉及压力容器制造等各工业领域。电焊条是一种消耗量大、品种繁多的工业产品，在全部焊接材料中所占比例最大，目前国产电焊条已有400余种。而且，随着新材料的不断涌现，电焊条品种还将不断增多。电焊条行业已成为我国国民经济发展的一个不可缺少的配套部门。

6.2.1 电焊条的分类

电焊条的分类方法很多，可分别按用途、熔渣的碱度、焊条药皮的主要成分、焊条性能特征等不同角度对电焊条进行分类。

1. 按用途分类

我国现行的焊条分类方法，主要是根据焊条国家标准和原机械工业部编制的《焊接材料产品样本》。焊条型号按国家标准分为8类，焊条牌号按用途分为10类，见表6-5。

各大类焊条按主要性能的不同还可分为若干小类，如低合金钢焊条，又可分为低合金高强钢焊条、低温钢焊条、耐热钢焊条、耐海水腐蚀用焊条等。有些焊条同时可以有多种用途。

2. 按熔渣的酸碱性分类

主要是根据焊接熔渣的碱度，即按熔渣中碱性氧化物与酸性氧化物的比例来划分。

电焊条大类的划分 表 6-5

焊条型号				焊条牌号		
序号	焊条分类	代号	国家标准	序号	焊条分类（按用途分类）	代号汉字（字母）
1 2	碳钢焊条 低合金钢焊条	E E	GB/T 5117—1995 GB/T 5118—1995	1 2 3	结构钢焊条 钼及铬钼耐热钢焊条 低温钢焊条	结（J） 热（R） 温（W）
3	不锈钢焊条	E	GB/T 983—1995	4	不锈钢焊条 （1）铬不锈钢焊条 （2）铬镍不锈钢焊条	铬（G） 奥（A）
4	堆焊焊条	ED	GB/T 984—2001	5	堆焊焊条	堆（D）
5	铸铁焊条	EZ	GB/T 10044—2006	6	铸铁焊条	铸（Z）
6	镍及镍合金焊条	ENi	GB/T 13814—2008	7	镍及镍合金焊条	镍（Ni）
7	铜及铜合金焊条	TCu	GB/T 3670—1995	8	铜及铜合金焊条	铜（T）
8	铝及铝合金焊条	TAl	GB/T 3670—1995	9	铝及铝合金焊条	铝（L）
				10	特殊用途焊条	特（TS）

（1）酸性焊条

药皮中有大量的 TiO_2、SiO_2 等酸性造渣物及一定数量的碳酸盐等，熔渣氧化性强，熔渣碱度系数小于 1。酸性焊条焊接工艺性好，电弧稳定，可交流、直流两用，飞溅小、熔渣流动性和脱渣性好，熔渣多呈玻璃状，较疏松、脱渣性能好，焊缝外表美观。酸性焊条的药皮中含有较多的二氧化硅、氧化铁及氧化钛，氧化性较强，焊缝金属中的氧含量较高，合金元素烧损较多，合金过渡系数较小，熔敷金属中含氢量也较高，因而焊缝金属塑性和韧性较低。

（2）碱性（低氢型）焊条

药皮中含有大量的碱性造渣物（大理石、萤石等），并含有一定数量的脱氧剂和渗合金剂。碱性焊条主要靠碳酸盐（如 $CaCO_3$ 等）分解出 CO_2 作保护气体，弧柱气氛中的氢分压较低，而且萤石中的氟化钙在高温时与氢结合成氟化氢（HF），降低了焊缝中的含氢量，故碱性焊条又称为低氢型焊条。

碱性渣中 CaO 数量多，熔渣脱硫的能力强，熔敷金属的抗热裂纹的能力较强。而且，碱性焊条由于焊缝金属中氧和氢含量低，非金属夹杂物较少，具有较高的塑性和冲击韧性。碱性焊条由于药皮中含有较多的萤石，电弧稳定性差，一般多采用直流反接，只有当药皮中含有较多量的稳弧剂时，才可以交、直流两用。碱性焊条一般用于较重要的焊接结构，如承受动载荷或刚性较大的结构。

3. 按药皮主要成分分类

按照药皮的主要成分可以确定焊条的药皮类型，见表 6-6。由于药皮配方组成不同，致使各种药皮类型焊条的熔渣特性、焊接工艺性能以及焊缝金属力学性能有很大差别。即使是同一类型药皮，但不同牌号的焊条也因为药皮成分和配比不同，焊条的工艺性能等也会出现明显的差别。焊条药皮类型及主要特点见表 6-7。

焊条药皮类型分类 表 6-6

药皮类型	药皮主要成分	焊接电源
钛　型	氧化钛≥35%	直流或交流
钛钙型	氧化钛30%以上，碳酸盐20%以下	直流或交流
钛铁矿型	钛铁矿≥30%	直流或交流
氧化铁型	多量氧化铁及较多的锰铁脱氧剂	直流或交流
高纤维素钠型	有机物15%以上，氧化钛30%左右	直流
高纤维素钾型	有机物15%以上，氧化钛30%左右	直流或交流
低氢钠型	钙、镁的碳酸盐和萤石	直流
低氢钾型	钙、镁的碳酸盐和萤石	直流或交流
铁粉低氢型	钙、镁的碳酸盐、萤石和铁粉	直流或交流
石墨型	多量石墨	直流或交流
盐基型	氮化物和氟化物	直流

焊条药皮类型及主要特点 表 6-7

药皮类型	电源种类	主要特点
不属已规定的类型	不规定	在某些焊条中采用氧化锆、金红石碱性型等，这些新渣系目前尚未形成系列
氧化钛型	直流或交流	含多量氧化钛，焊条工艺性能良好，电弧稳定，再引弧方便，飞溅很小，熔深较浅，熔渣覆盖性良好，脱渣容易，焊缝波纹特别美观，可全位置焊接，尤宜于薄板焊接，但焊缝塑性和抗裂性稍差。随药皮中钾、钠及铁粉等用量的变化，分为高钛钾型、高钛钠型及铁粉钛型等
钛钙型	直流或交流	药皮中含氧化钛30%以上，钙、镁的碳酸盐20%以下，焊条工艺性能良好，熔渣流动性好，熔深一般，电弧稳定，焊缝美观，脱渣方便，适用于全位置焊接，如J422即属此类型，是目前碳钢焊条中使用最广泛的一种焊条
钛铁矿型	直流或交流	药皮中含钛铁矿≥30%，焊条熔化速度快，熔渣流动性好，熔深较深。脱渣容易，焊波整齐，电弧稳定，平焊、平角焊工艺性能较好，立焊稍次，焊缝有较好的抗裂性
氧化铁型	直流或交流	药皮中含多量氧化铁和较多的锰铰脱氧剂，熔深大，熔化速度快，焊接生产率较高，电弧稳定，再引弧方便，立焊、仰焊较困难，飞溅稍大，焊缝抗热裂性能较好，适用于中厚板焊接。由于电弧吹力大，适于野外操作。若药皮中加入一定量的铁粉，则为铁粉氧化钛型
纤维素型	直流或交流	药应中含15%以上的有机物，30%左右的氧化钛，焊接工艺性能良好，电弧稳定，电弧吹力大，熔深大，熔渣少，脱渣容易可作立向下焊，深熔焊或单面焊双面成形焊接。立、仰焊工艺性好。适用于薄板结构、油箱管道、车辆壳体等焊接。随药应中稳弧剂、粘结剂含量变化，分为高纤维素钠型（采用直流反接）、高纤维素钾型两类

续表

药皮类型	电源种类	主 要 特 点
低氢钾型	直流或交流	药皮组分以碳酸盐和萤石为主。焊条使用前须经 300 ~ 400 ℃烘焙。短弧操作，焊接工艺性一般，可全位置焊接。焊缝有良好的抗裂性和综合力学性能。适于焊接重要的焊接结构。按照药皮中稳弧剂量、铁粉量和粘结剂不同，分为低氢钠型、低氧钾型和铁粉低氢型等
低氧钠型	直 流	
石墨型	直流或交流	药应中含有多量石墨，通常用于铸铁或堆焊焊条。采用低碳钢焊芯时，焊接工艺性能较差，飞溅较多，烟雾较大，熔渣少，适于平焊。采用有色色属焊芯时，能改善其工艺性能，但电流不易过大
盐基型	直 流	药皮中含多量氮化物和氟化物，主要用于铝及铝合金焊条。吸潮性强，焊前要烘干，药皮熔点低，熔化速度快。采用直流电源，焊接工艺性较差，短弧操作，熔渣有腐蚀性，焊后需用热水清洗

此外，对于药皮中含有多量铁粉的焊条，可以称为铁粉焊条。这时，按照相应焊条药皮的主要成分，又可分为铁粉钛型、铁粉钛钙型、铁粉钛铁矿型、铁粉氧化铁型、铁粉低氢型，构成了铁粉焊条系列。

4. 按焊条性能分类

按性能分类的焊条，都是根据其特殊使用性能而制造的专用焊条，如超低氢焊条、低尘低毒焊条、立向下焊条、躺焊焊条、打底层焊条、高效铁粉焊条、防潮焊条、水下焊条、重力焊条等。

6.2.2 电焊条的组成

电焊条就是在金属丝（即焊芯）表面涂上适当厚度药皮的手弧焊用的熔化电极。电焊条由焊芯和涂料药皮两部分组成，因而也称为药皮焊条。各种焊条的药皮都具有一定的厚度，通常用“药皮重量系数”来表示药皮与焊芯的相对重量比，即

药皮重量系数（K）=［（药皮重量）/（相同部分的焊芯重量）］×100%

根据药皮的重量系数（K），可把电焊条分为厚药皮焊条（$K=30\%\sim50\%$）和薄药皮焊条（$K=1\%\sim2\%$）。目前在焊接生产中广泛使用的基本上都是厚药皮焊条。

1. 焊芯

焊芯是指电焊条用的被药皮包覆的金属芯，例如 H08A 钢芯。焊芯有两个作用：一是传导电流，产生焊接电弧；二是焊芯本身熔化形成焊缝中的填充金属。由于焊芯在电弧高温作用下端部熔化，形成熔滴过渡到熔池中，因此焊芯的成分对焊缝金属的质量和性能有极大影响。

焊芯采用焊接专用的金属丝（即焊丝）。除了铸造焊芯外，焊芯一般是通过冶炼的方法铸成钢锭后热轧，然后拉拔到所需要的尺寸切断而成。除了高合金钢焊条的焊芯成分应与钢的成分相近外，碳钢和低合金钢焊条的焊芯一般均采用标准的低碳焊条用钢，由相关的国家标准规定化学成分。

焊芯牌号的首位字母是“H”，后面的数字表示含碳量，其他合金元素含量的表示方

法与钢材的表示方法大致相同。对高质量的焊条焊芯，尾部加“A”表示优质钢，加“E”表示特优质钢。常用各种电焊条所用的焊芯种类见表 6-8。

各种电焊条所用的焊芯种类　　表 6-8

电焊条种类	所用焊芯种类	电焊条种类	所用焊芯种类
低碳钢焊条	低碱钢焊芯（H08A 等）	堆焊焊条	低碳钢或低合金钢焊芯
低合金高强钢焊条	低碳钢或低合金钢焊芯	铸铁焊条	低碳钢、铸铁或非铁合金焊芯
低合金耐热钢焊条	低碳钢或低合金钢焊芯	镍、铜、铝焊条	镍、铜、铝焊芯
不锈钢焊条	不锈钢或低碳钢焊芯		

焊条国标中规定的各种规格焊条（焊芯）的基本尺寸见表 6-9。通常所说的焊条规格，实际上是指焊芯直径，如 ϕ2、ϕ3.2、ϕ4、ϕ5 等，单位为 mm。

焊条的基本尺寸（规格）　　表 6-9

焊条直径/mm	碳钢焊条	低合金钢焊条	不锈钢焊条
	焊条长度/mm	焊条长度/mm	焊条长度/mm
1.6	200，250	—	220～240
2.0	250，300	250～300	220～240
2.5	250，300	250～300	220～240 或 290～310
3.2	350，400	340～360	300～320 或 340～360
4.0	350，400	390～410	340～360 或 380～400
5.0	400，450	390～410	340～360 或 380～400
6.0（5.8）	400，450	400～450	340～360 或 380～400
8.0	500，650	400～450	—
国家标准	GB/T 5117-1995	GB/T 5118-1995	GB/T 983-1995

注：焊条（焊芯）直径的极限偏差 ±0.05mm，焊条长度的极限偏差 ±2.0mm。

2. 药皮

焊条药皮是指由具有不同物理和化学性质的细颗粒状物质经粘结均匀包覆在焊芯表面的涂料层。焊条药皮的作用是在焊接过程中形成具有合适的熔点、黏度、密度、碱度等物理化学性能的熔渣，保证电弧稳定燃烧；使熔滴金属容易过渡；在电弧区和熔池周围造成一种气氛；保护焊接区域；获得良好的焊缝成形与性能等。此外还可通过向药皮中加入脱氧剂、渗合金元素或一定含量的铁粉，满足焊缝金属使用性能或提高熔敷效率的要求。

焊条药皮为多种物质的混合物，主要有四大类。

（1）矿石：如钛铁矿、大理石、长石等。

（2）金属或合金：如锰铁、硅铁、铝粉等。

（3）化工制品：如钛白粉、水玻璃等。

（4）有机物：如淀粉、木粉等。

焊条药皮由多种具有不同物理和化学性质的细颗粒物质的混合物组成，焊条药皮可以采用氧化物、碳酸盐、硅酸盐，有机物、氟化物、铁合金等数十种原材料粉末，按照一定的配方混合而成。药皮组成物也称涂料，均制备成一定粒度的药粉，按配比要求机械混合后，再采用粘结剂混匀，然后压涂于焊芯周围，烘干后即为焊条。

药皮材料分类：各种原材料根据其在焊条药皮中的作用，可分成下述几类。

（1）稳弧剂：主要作用是使焊条容易引弧及在焊接过程中保持电弧稳定燃烧。作为稳弧剂的原材料主要是一些含有一定数量低电离电位易电离元素的物质，如长石、水玻璃、金红石、钛白粉、大理石、云母、钛铁矿、还原钛铁矿等。

（2）造渣剂：焊接时能形成具有一定物理化学性能的熔渣，保护焊接熔滴和熔池金属，改善焊缝成形。作为造渣剂的原材料有大理石、萤石、白云石、菱苦土、长石、白泥、云母、石英、金红石、钛白粉、钛铁矿等。

（3）脱氧剂（又称还原剂）：通过焊接过程中的化学冶金反应，降低焊缝金属中的氧含量，提高焊缝金属的性能。脱氧剂主要是含有对氧亲和力大的元素铁合金及其金属粉，常用脱氧剂有锰铁、硅铁、钛铁、铝铁、硅钙合金等。

（4）造气剂：在电弧高温作用下分解出气体，形成保护气氛，保护电弧及熔池金属，防止周围空气中氧和氮的侵入。常用的造气剂有碳酸盐（如大理石、白云石、菱苦土、碳酸钡等）及有机物（如木粉、淀粉、纤维素、树脂等）。

（5）合金剂：用于补偿焊接过程中合金元素的烧损及向焊缝中过渡合金元素，以保证焊缝金属的化学成分及性能。根据需要选用各种铁合金（如锰铁、硅铁、铬铁、钼铁、钒铁、铌铁、硼铁、稀土硅铁等）或纯金属（如金属锰、金属铬、镍粉、钨粉等）。

（6）增塑剂：主要作用是改善药皮涂料在焊条压涂过程中的塑性、弹性及流动性，提高焊条的压涂质量，使焊条药皮表面光滑而不开裂。通常选用有一定弹性、滑性或吸水后有一定膨胀特性的物料，如云母、白泥、钛白粉、滑石粉、固体水玻璃、纤维素等。

（7）粘结剂：使药皮物料牢固地粘结在焊芯上，并使焊条药皮烘干后具有一定的强度。在焊接冶金过程中不对熔池和焊缝金属产生有害作用。常用粘结剂是水玻璃（钾、钠及其混合水玻璃）及酚醛树脂、树胶等。

6.2.3 电焊条的型号和牌号

焊条型号指的是国家标准规定的各类标准焊条；焊条牌号指的是有关工业部门或生产厂家实际生产的焊条产品。

1. 电焊条的型号

焊条型号是以焊条国家标准为依据，反映焊条主要特性的一种表示方法。焊条型号包括以下含义：焊条类别、焊条特点（如焊芯金属类型、使用温度、熔敷金属化学组成或抗拉强度等）、药皮类型及焊接电源。不同类型焊条的型号表示方法也不同。

（1）碳钢焊条型号划分

根据《碳钢焊条》GB/T 5117-1995 标准规定，碳钢焊条型号根据熔敷金属的力学性能、药皮类型、焊接位置和焊接电流种类进行划分。

碳钢焊条型号编制方法为：首字母“E”表示焊条；前两位数字表示熔敷金属抗拉强度的最小值，单位为MPa；第三位数字表示焊条的焊接位置，“0”及“1”表示焊条适用于全位置焊接（即可平、立、仰、横焊），“2”表示焊条适用于平焊及平角焊，“4”表示焊条适用于向下立焊；第三位和第四位数字组合时表示焊接电流种类及药皮类型。在第四位数字后附加字母表示有特殊规定的焊条，如“R”表示耐吸潮焊条；附加“-1”表示冲击性能有特殊规定的焊条。

碳钢焊条型号举例：

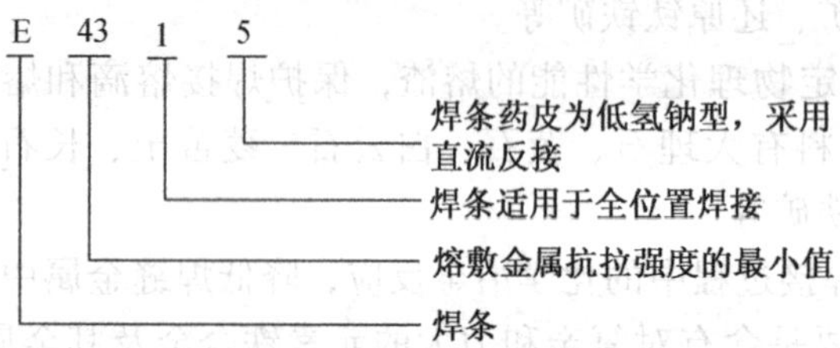

碳钢焊条型号按熔敷金属抗拉强度、药皮类型、焊接位置和焊接电源种类的划分见表6-10。

碳钢焊条型号种类划分　　表 6-10

<table>
<tr><th>焊条型号</th><th>药皮类型</th><th>焊接位置</th><th>电流种类</th></tr>
<tr><td colspan="4">E43 系列-熔敷金属抗拉强度≥420MPa（43kgf/mm²）</td></tr>
<tr><td>E4300</td><td>特殊型</td><td rowspan="9">平、立、仰、横</td><td rowspan="3">交流或直流正、反接</td></tr>
<tr><td>E4301</td><td>钛铁矿型</td></tr>
<tr><td>E4303</td><td>钛钙型</td></tr>
<tr><td>E4310</td><td>高纤维素钠型</td><td>直流反接</td></tr>
<tr><td>E4311</td><td>高纤维素钾型</td><td>交流或直流反接</td></tr>
<tr><td>E4312</td><td>高钛钠型</td><td>交流或直流正接</td></tr>
<tr><td>E4313</td><td>高钛钾型</td><td>交流或直流正、反接</td></tr>
<tr><td>E4315</td><td>低氢钠型</td><td>直流反接</td></tr>
<tr><td>E4316</td><td>低氢钾型</td><td>交流或直流反接</td></tr>
<tr><td rowspan="2">E4320</td><td rowspan="3">氧化铁型</td><td>平</td><td>交流或直流正、反接</td></tr>
<tr><td>平角焊</td><td>交流或直流正接</td></tr>
<tr><td>E4322</td><td>平</td><td>交流或直流正接</td></tr>
<tr><td>E4323</td><td>铁粉钛钙型</td><td rowspan="2">平、平角焊</td><td rowspan="2">交流或直流正、反接</td></tr>
<tr><td>E4324</td><td>铁粉钛型</td></tr>
</table>

续表

焊条型号	药皮类型	焊接位置	电流种类
E4327	铁粉氧化铁型	平	交流或直流正、反接
		平角焊	交流或直流正接
	铁粉低氢型	平、平角焊	交流或直流反接

（2）低合金钢焊条型号划分

根据《低合金钢焊条》（GB/T 5118-1995）标准规定，低合金钢焊条型号根据熔敷金属的力学性能、化学成分、药皮类型、焊接位置及电流种类划分。

首字母“E”表示焊条；前两位数字表示熔敷金属抗拉强度的最小值；第三位数字表示焊条的焊接位置，“0”及“1”表示焊条适用于全位置焊接（平焊、立焊、仰焊及横焊），“2”表示焊条适用于平焊及平角焊；第三位和第四位数字组合时表示焊接电流种类及药皮类型；后缀字母为熔敷金属化学成分的分类代号，并以短划“-”与前面数字分开。如还有附加化学成分时，附加化学成分直接用元素符号表示，并以短划“-”与前面后缀字母分开。

对于E50××-×、E55××-×、E60××-×低氢型焊条的熔敷金属化学成分分类后缀字母或附加化学成分后面加字母“R”时，表示耐吸潮焊条。低合金钢焊条型号划分见表6-11。

低合金钢焊条型号　　表6-11

焊条型号	药皮类型	焊接位置	电流种类
E50系列-熔敷金属抗拉强度≥490MPa（50kgf/mm^2）			
E5003-×	钛钙型	平、立、仰、横	交流或直流正、反接
E5010-×	高纤维素钠型		直流反接
E5011-×	高纤维素钾型		交流或直流反接
E5015-×	低氢钠型		直流反接
E5016-×	低氢钾型		交流或直流反接
E5018-×	铁粉低氢型		
E5018-×	高氧化铁型	平角焊	交流或直流正接
		平	交流或直流正、反接
E5027-×	铁粉氧化铁型	平角焊	交流或直流正接
		平	交流或直流正、反接
E55系列-熔敷金属抗拉强度≥540MPa（50kgf/mm^2）			
E5500-×	特殊型	平、立、仰、横	交流或直流正、反接
E5503-×	钛钙型		
E5510-×	高纤维素钠型		直流反接

续表

焊条型号	药皮类型	焊接位置	电流种类
E5511-×	高纤维素钾型	平、立、仰、横	交流或直流反接
E5513-×	高钛钾型		交流或直流正、反接
E5515-×	低氢钠型		直流反接
E5516-×	低氢钾型		交流或直流反接
E5518-×	铁粉低氢型		
E60系列-熔敷金属抗拉强度≥590MPa（60kgf/mm²）			
E6000-×	特殊型	平、立、仰、横	交流或直流正、反接
E6010-×	高纤维素钠型		直流反接
E6011-×	高纤维素钾型		交流或直流反接
E6013-×	高钛钾型		交流或直流正、反接
E6015-×	低氢钠型		直流反接
E6016-×	低氢钾型		交流或直流正、反接
E6018-×	铁粉低氢型		
E70系列-熔敷金属抗拉强度≥690MPa（70kgf/mm²）			
E7000-×	特殊型	平、立、仰、横	直流反接
E7010-×	高纤维素钠型		交流或直流反接
E7011-×	高纤维素钾型		交流或直流正、反接
E7013-×	高钛钾型		直流反接
E7015-×	低氢钠型		直流反接
E7016-×	低氢钾型		交流或直流反接
E7018-×	铁粉低氢型		
E75系列-熔敷金属抗拉强度≥740MPa（75kgf/mm²）			
E7515-×	低氢钠型	平、立、仰、横	直流反接
E7516-×	低氢钾型		交流或直流反接
E7518-×	铁粉低氢型		
E80系列-熔敷金属抗拉强度≥780MPa（80kgf/mm²）			
E8015-×	低氢钠型	平、立、仰、横	直流反接
E8016-×	低氢钾型		交流或直流反接
E8018-×	铁粉低氢型		
E85系列-熔敷金属抗拉强度≥830MPa（85kgf/mm²）			
E8515-×	低氢钠型	平、立、仰、横	直流反接
E8516-×	低氢钾型		交流或直流反接
E8518-×	铁粉低氢型		

续表

焊条型号	药皮类型	焊接位置	电流种类
E90 系列-熔敷金属抗拉强度≥880MPa（90kgf/mm^2）			
E9015-×	低氢钠型	平、立、仰、横	直流反接
E9016-×	低氢钾型		交流或直流反接
E9018-×	铁粉低氢型		
E100 系列-熔敷金属抗拉强度≥880MPa（90kgf/mm^2）			
E10015-×	低氢钠型	平、立、仰、横	直流反接
E10016-×	低氢钾型		交流或直流反接
E10018-×	铁粉低氢型		

注：后缀字母×代表熔敷金属化学成分分类代号如：A1、B1、B2 等。

低合金钢焊条型号举例：

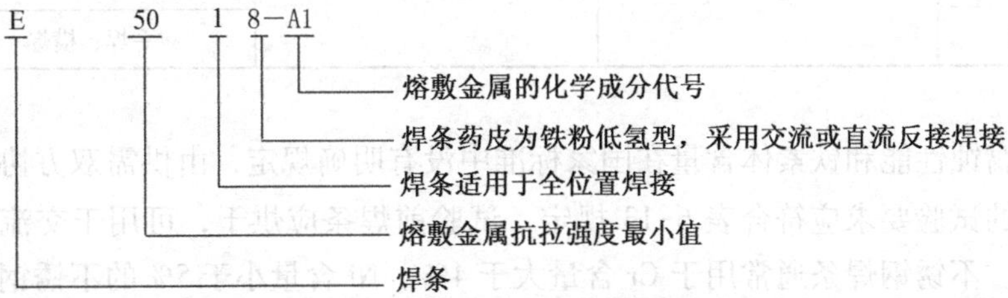

（3）不锈钢焊条型号划分

根据《不锈钢焊条》GB/T 983-1995 标准规定，不锈钢焊条根据熔敷金属的化学成分、药皮类型、焊接位置及焊接电流种类划分型号。首字母“E”表示焊条，“E”后面的数字表示熔敷金属化学成分分类代号，有特殊要求的化学成分用元素符号表示放在数字的后面。短划“-”后面的两位数字表示焊条药皮类型，焊接位置及焊接电流种类。

不锈钢焊条型号举例：

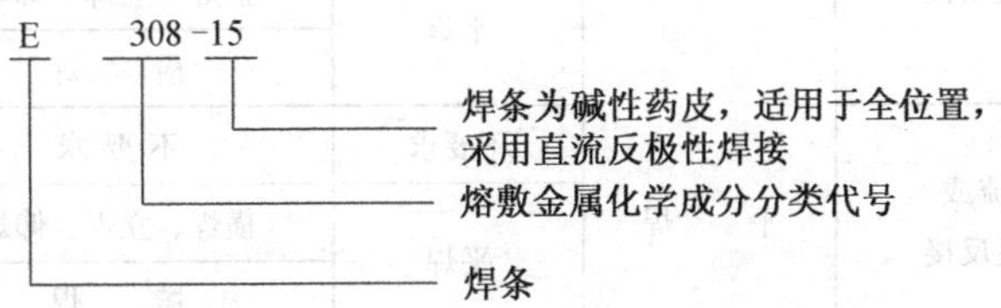

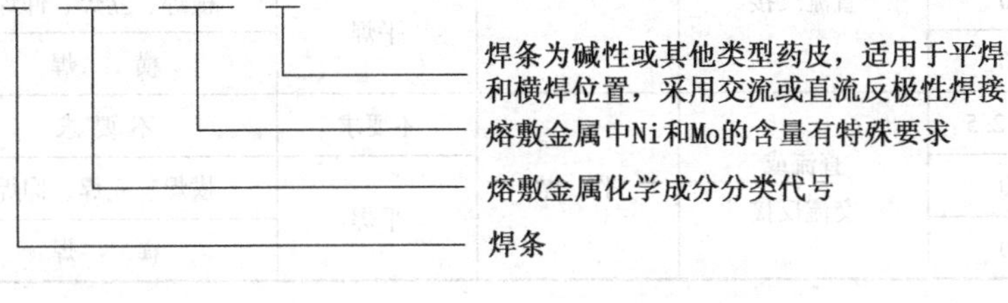

不锈钢焊条型号后面附加的后缀（15、16、17、25、26）表示焊条药皮类型及焊接电源种类，见表6-12。后缀15表示焊条为碱性药皮，直流反极性焊接；后缀16表示焊条可以是碱性药皮，也可以是钛型或钛钙型药皮，交、直流两用；后缀17是药皮类型16的变型，表示焊条为钛钙型药皮（用 SiO_2 代替药皮类型16中的一些 TiO_2），焊接熔化速度快，抗发红性能优良，可交、直流两用。后缀25和26焊条的药皮成分和操作特征与药皮类型15和16的焊条类似，药皮类型15和16焊条的说明也适合于药皮类型25和26。

焊接电源种类及焊接位置 **表6-12**

焊条型号	药皮类型	电源种类	焊接位置
E×××（×）-15	碱性低氢型	直　流	全位置
E×××（×）-25			平焊、横焊
E×××（×）-16	低氢型、钛型或钛钙型	交流或直流	全位置
E×××（×）-17			全位置
E×××（×）-26			平焊、横焊

熔敷金属的耐腐蚀性能和铁素体含量在国家标准中没有明确规定，由供需双方协议确定。对不锈钢焊条的试验要求应符合表6-13规定，试验前焊条应烘干，可用于交流或直流焊接的焊条试验。不锈钢焊条通常用于Cr含量大于4%，Ni含量小于5%的不锈钢或耐热钢的焊接。

不锈钢焊条的试验要求 **表6-13**

焊条药皮类型	焊条直径/mm	焊接电源种类	焊接位置：化学分析试验	焊接位置：熔敷金属拉伸试验	焊接位置：角焊缝试验
-15	1.6，2.0，2.5	直流反接	平　焊	不要求	不要求
	3.2，4.0			平焊	横焊、立焊、仰焊
	5.0，6.0				横　焊
-15 -16	1.6，2.0，2.5	直流或交流反接		不要求	不要求
	3.2，4.0			平焊	横焊、立焊、仰焊
	5.0，6.0				横　焊
-25	1.6，2.0，2.5	直流反接		不要求	不要求
	3.2，4.0			平焊	横焊、立焊、仰焊
	5.0，6.0				横　焊
-26	1.6，2.0，2.5	直流或交流反接	平　焊	不要求	不要求
	3.2，4.0			平焊	横焊、立焊、仰焊
	5.0，6.0				横　焊

(4) 堆焊焊条型号划分

根据《堆焊焊条》(GB/T 984-2001) 规定，堆焊焊条型号按熔敷金属化学成分及药皮类型划分。堆焊焊条型号的编制方法为：首字母“E”表示焊条；型号第二位“D”表示堆焊焊条，型号中第三位至倒数第三位表示焊条特点，用拼音字母或化学元素符号表示对焊焊条的型号分类。见表 6-14。

堆焊焊条第三位字母表示含义 **表 6-14**

型号分类	熔敷金属类型	型号分类	熔敷金属类型
EDP××-××	普通低中合金钢	EDD××-××	高速刀具钢
EDR××-××	强热合金钢	EDZ××-××	合金铸铁
EDCr××-××	高铬钢	EDZCr××-××	高铬锰铁
EDMn××-××	高锰钢	EDCoCr××-××	钴镍合金
EDCrMn××-××	高铬锰钢	EDW××-××	碳化钨
EDCrN××-××	高铬镍钢	EDT××-××	特殊型

堆焊焊条型号中最后两位数字表示焊条药皮类型及焊接电源种类，用短线“-”与前面符号分开，见表 6-15，如在同一基本型号内有几个分型号时，可用字母 A、B、C 等标志，如再细分可加注下脚标数字 1、2、3，…，如 A_1、A_2、A_3，…，此时再用短线“-”与前面符号分开。

堆焊焊条型号举例：

E D P CrMo-A1-03
- 03：药皮类型为钛钙型，可采用交流或直流
- A1：细分的型号
- CrMo：含铬钼合金元素
- P：型号分类（普通低中合金钢）
- D：堆焊焊条类别
- E：焊条

堆焊焊条型号中药皮类型的数字表示 **表 6-15**

焊条型号	药皮类型	焊接电源
ED××-00	特殊型	交流或直流
ED××-03	钛钙型	交流或直流
ED××-15	低氢钠型	直　流
ED××-16	低氢钾型	交流或直流
ED××-08	石墨型	交流或直流

堆焊焊条的试验母材采用《碳素结构钢》（GB/T 700—2006）规定的 B3、B4 或化学成分相当的其他牌号低碳钢。堆焊焊条的工艺性能试验可在堆焊硬度试验的过程中进行。观察焊条熔化及堆焊层形成情况，冷却后除去熔渣，检查堆焊表面质量，然后除去表层约 1 ~2mm，检查堆焊金属内部缺陷。

熔敷金属硬度试验应在厚度等于或大于 16mm 钢板上按平焊位置进行堆焊，堆焊至少 4 层，每道焊缝宽度不得大于焊条直径的 4 倍。堆焊过程中，每焊完一道，焊缝应冷却至 (100 ±10)℃再开始堆焊下一道焊缝。对于要求预热或需进行焊后热处理的焊条，按焊条说明书推荐的预热和焊后热处理规范进行。堆焊金属顶面尺寸不得小于 15mm ×70mm。

（5）铸铁焊条型号划分

根据《铸铁焊条及焊丝》（GB/T 10044—2006）标准规定，铸铁焊条型号根据熔敷金属的化学成分及用途划分。首字母“E”表示焊条，字母“Z”表示用于铸铁焊接；在“EZ”后面用熔敷金属主要化学元素符号或金属类型代号表示，见表 6-16。再细分时用数字表示。

铸铁焊条类别及型号 **表 6-16**

类　别	名　称	型　号	类　别	名　称	型　号
铁基焊条	灰铸铁焊条	EZC	镍基焊条	镍铜铸铁焊条	EZNiCu
	球墨铸铁焊条	EZCQ		镍铁铜铸铁焊条	EZNiFeCu
镍基焊条	纯镍铸铁焊条	EZNi	其他焊条	纯铁及碳钢焊条	EZFe
	镍铁铸铁焊条	EZNiFe		高钒焊条	EZV

（6）镍及镍合金焊条型号划分

根据（GB/T 13814 - 2008《镍及镍合金焊条》）标准规定，首字母“E”表示焊条，“E”后面的元素符号 Ni 表示镍及镍合金焊条，在 Ni 后面用熔敷金属主要化学元素符号表示，再细分时用数字表示。

镍及镍合金焊条型号举例：

E　NiCrFe　-1-　15

- 15 —— 焊条药皮为铁粉低氢型，采用直流焊接
- 1 —— 细分类序号为1
- NiCrFe —— 熔敷金属中主要元素为镍、铬及铁
- E —— 焊条

（7）铜及铜合金焊条型号划分

根据（GB/T 3670 - 1995《铜及铜合金焊条》）标准规定，铜及铜合金焊条型号根据熔敷金属的化学成分划分。首字母“E”表示焊条，“E”后面的字母直接用元素符号表示型号分类，同一分类中有不同化学成分要求时，用字母或数字表示，并以短线“-”与前面

的元素符号分开。

（8）铝及铝合金焊条型号划分

根据《铝及铝合金焊条》（GB/T 3669-2001）标准规定，铝及铝合金焊条型号根据熔敷金属的化学成分划分。首字母“E”表示焊条，“E”后面的字母直接用元素符号表示型号分类，同一分类中有不同化学成分要求时，用字母或数字表示，并以短线“-”与前面的元素符号分开。

2. 电焊条的牌号

焊条牌号是根据焊条的主要用途、性能特点对焊条产品的具体命名。1995 年，参照国际标准修订的新国标《碳钢焊条》GB/T 5117-1995、《低合金钢焊条》GB/T 5118-1995、《不锈钢焊条》GB/T 983-1995 等颁布。同时废止了相应的旧焊条国家标准。焊条型号编制本应按照新的焊条国家标准执行，由于目前国内焊条国家标准尚不全，而国内各行各业对原有的焊条牌号及编制方法使用已久，已成习惯，故新编制的《焊接材料产品样本》中仍保留了原焊条牌号，将新国家标准中的焊条型号与原牌号对照并加以标注。

焊条牌号及编制法如下：

电焊条的牌号共分为十大类，如结构钢焊条（包括低合金高强钢焊条）、耐热钢焊条、不锈钢焊条等。焊条牌号通常以一个汉语拼音字母（或汉字）与三位数字表示。拼音字母（或汉字）表示焊条各大类，后面的三位数字中，前面两位数字表示各大类中的若干小类，第三位数字表示各种焊条牌号的药皮类型及焊接电源。

焊条牌号中第三位数字的含意见表 6-17，其中盐基型主要用于有色金属焊条（如铝及铝合金焊条等），石墨型主要用于铸铁焊条及个别堆焊焊条。数字后面的字母符号表示焊条的特殊性能和用途（见表 6-18），对于任一给定的电焊条，只要从表中查出字母所表示的含义，就可以掌握这种焊条的主要特征。

焊条牌号中第三位数字的含意 **表 6-17**

焊条牌号	药皮类型	焊接电源种类	焊条牌号	药皮类型	焊接电源种类
□××0	未作规定	未作规定	□××5	纤维素型	直流或交流
□××1	氧化钛型	直流或交流	□××6	低氢钾型	直流或主流
□××2	钛钙型	直流或交流	□××7	低氢钠型	直　流
□××3	钛铁矿型	直流或交流	□××8	石墨型	直流或交流
□××4	氧化铁型	直流或交流	□××9	盐基型	直　流

（1）结构钢焊条（包括低合金高强钢焊条）

焊条牌号首字母“J”（或汉字“结”）表示结构钢焊条。牌号前两位数字表示熔敷金属抗拉强度的最低值（MPa），见表 6-19。牌号第三位数字表示药皮类型和焊接电源种类。药皮中铁粉含量约为 30% 或熔敷效率 105% 以上，在牌号末尾加注“Fe”字及两位数字（以效率的 1/10 表示）。有特殊性能和用途的结构钢焊条，在牌号后面加注起主要作用的元素或主要用途的拼音字母（一般不超过两个），如 J507MoV、J507CuP。

牌号后面加注各字母符号的含意 **表 6-18**

字母符号	表示含义	字母符号	表示含义
D	底层焊条	R	压力容器用焊条
DF	低尘	RH	高韧性超低氢焊条
Fe	铁粉焊条	SL	渗铝钢焊条
Fe13	铁粉焊条，焊条名义熔敷效率130%	X	向下立焊用焊条
Fe18	铁粉焊条，焊条名义熔敷效率180%	XG	管子用向下立焊焊条
G	高韧性焊条	Z	重力焊条
GM	盖面焊条	Z15	重力焊条，焊条名义熔敷效率150%
GR	高韧性压力容器用焊条	CuP	含 Cu 和 P 的抗大气腐蚀焊条
H	超低氢焊条	CrNi	含 Cr 和 Ni 的耐海水腐蚀焊条
LMA	低吸潮焊条		

钢焊条牌号前两位数字含义 **表 6-19**

焊条牌号	熔敷金属抗拉强度/MPa	熔敷金属屈服强度/MPa	焊条牌号	熔敷金属抗拉强度/MPa	熔敷金属屈服强度/MPa
J42 ×	≥412	≥430	J75 ×	≥740	≥640
J50 ×	≥490	≥410	J80 ×	≥780	–
J55 ×	≥540	≥440	J85 ×	≥780	≥740
J60 ×	≥590	≥530	J10 ×	≥980	–
J70 ×	≥690	≥590			

例如J507（结507）焊条，“J”（结）表示结构钢焊条，牌号中前两位数字表示熔敷金属抗拉强度的最低值为500MPa，第三位数字“7”表示药皮类型为低氢钠型，直流反接电源。按照《碳钢焊条》GB/T 5117-1995，它应符合 E5015 型焊条要求。

结构钢焊条牌号举例：

J 42 1 X

- X —— 立向下焊专用焊条
- 1 —— 氧化钛型药皮，交直流两用
- 42 —— 熔敷金属抗拉强度不低于412MPa(42kgf/mm^2)
- J —— 钢结构焊条

（2）钼和铬钼耐热钢焊条

焊条牌号首字母“R”（或汉字“热”）表示钼和铬钼耐热钢焊条。牌号第一位数字表示熔敷金属主要化学成分组成；牌号第二位数字表示熔敷金属主要化学成分组成等级中的不同牌号，对于同一组成等级的焊条，可有十个序号，按0，1，2，…，9顺序编排，以区别铬钼之外的其他成分；牌号第三位数字表示药皮类型和焊接电源种类。

耐热钢焊条熔敷金属主要化学成分组成等级 **表 6-20**

焊条牌号	熔敷金属主要化学成分	焊条牌号	熔敷金属主要化学成分
R1××	含Mo量约为0.5%	R5××	含Cr量约为5%含Mo量约为0.5%
R2××	含Cr量约为0.5%含Mo量约为0.5%	R6××	含Cr量约为7%含Mo量约为1%
R3××	含Cr量约为1%～2%含Mo量约为0.5%～1%	R7××	含Cr量约为9%含Mo量约为1%
R4××	含Cr量约为2.5%含Mo量约为1%	R8××	含Cr量约为11%含Mo量约为1%

耐热钢焊条举例：

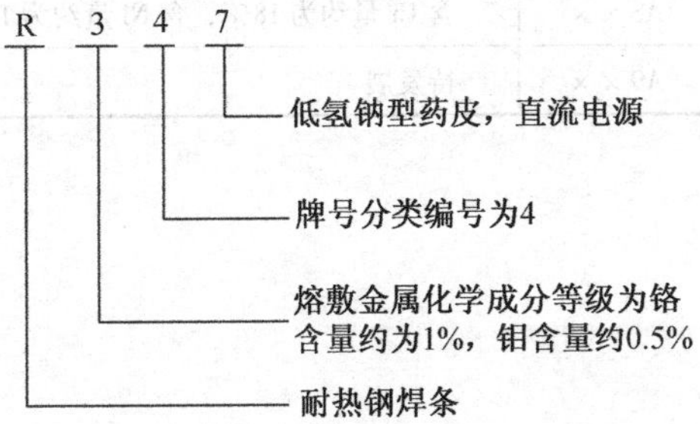

（3）低温钢焊条

焊条牌号首字母“W”（或汉字“温”）表示低温钢焊条。牌号前两位数字表示低温钢焊条工作温度等级（见表6-21）；牌号第三位数字表示药皮类型和焊接电源种类见表6-17。

低温钢焊条牌号举例：

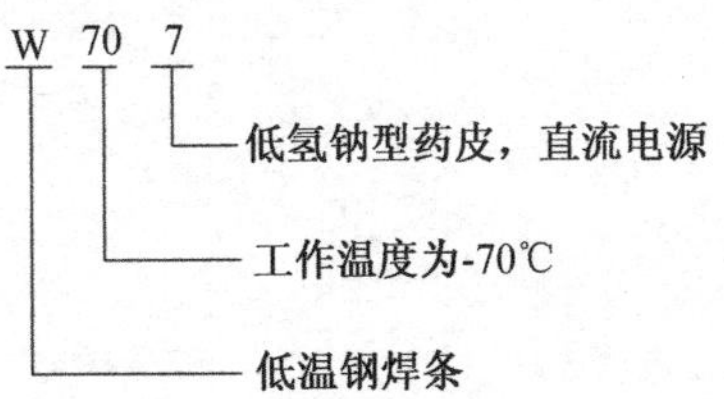

低温钢焊条牌号前两位数字表示含义 **表 6-21**

焊条牌号	工作温度/℃	焊条牌号	工作温度/℃
W70×	-70	W19×	-196
W90×	-90		
W10×	-100	W25×	-253

(4) 不锈钢焊条

焊条牌号首字母“G”（或汉字“铬”）或“A”（或汉字“奥”），分别表示铬不锈钢焊条或奥氏体铬镍不锈钢焊条。牌号第一位数字表示熔敷金属主要化学成分组成（表6-22）；牌号第二位数字表示同一熔敷金属主要化学成分组成等级中的不同牌号。对同一组成等级的焊条，可有十个序号，按0，1，2，…，9顺序编排，以区别铬、镍之外的其他成分；牌号第三位数字，表示药皮类型和焊接电源种类。

不锈钢焊条牌号第一位数字含义 **表6-22**

焊条牌号	熔敷金属主要化学成分组成	焊条牌号	熔敷金属主要化学成分组成
G2××	含Cr量约为13%	A4××	含Cr量约为26%，含Ni量约为21%
G3××	含Cr量约为17%	A5××	含Cr量约为16%，含Ni量约为25%
A0××	含C量≤0.04%（超低碳）	A6××	含Cr量约为16%，含Ni量约为35%
A1××	含Cr量约为19%，含Ni量约为10%	A7××	铬锰氮不锈钢
A2××	含Cr量约为18%，含Ni量约为12%	A8××	含Cr量约为18%，含Ni量约为18%
A3××	含Cr量约为23%，含Ni量约为13%	A9××	待发展

不锈钢焊条牌号举例：

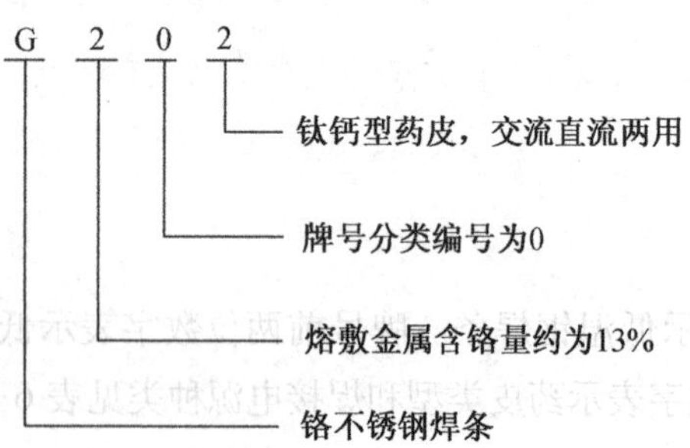

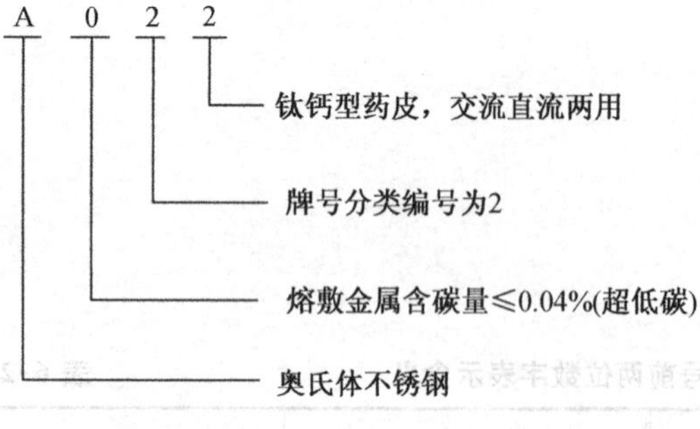

(5) 铸铁焊条

焊条牌号首字母“Z”（或汉字“铸”）表示铸铁焊条。牌号第一位数字表示熔敷金属主要化学成分组成类型（见表6-23）；牌号第二位数字表示同一熔敷金属主要化学成分组成类型中的不同序号，对于同一成分组成类型焊条，可有十个牌号，按0，1，2，…，9顺序排列；牌号第三位数字表示药皮类型和焊接电源种类。

铸铁焊条牌号举例：

Z 3 0 8
- 8 —— 石墨型药皮，交直流两用
- 0 —— 牌号分类编号为0
- 3 —— 熔敷金属主要化学组成类型为纯镍
- Z —— 铸铁焊条

铸铁焊条牌号第一位数字含义 **表 6-23**

焊条牌号	熔敷金属主要化学成分组成类型	焊条牌号	熔敷金属主要化学成分组成类型
Z1 × ×	碳钢或高钒钢	Z5 × ×	镍铜合金
Z2 × ×	铸铁包括球墨铸铁	Z6 × ×	铜铁合金
Z3 × ×	纯镍	Z7 × ×	待发展
Z4 × ×	镍铁合金		

（6）堆焊焊条

焊条牌号首字母“D”（或汉字“堆”）表示堆焊焊条。牌号第一位数字表示堆焊焊条的用途或熔敷金属的主要成分类型（见表 6-24）；第二位数字表示同一用途或熔敷金属主要成分中的不同牌号，对同一药皮类型的堆焊焊条按 0，1，2，…，9 顺序排列；牌号第三位数字表示药皮类型和焊接电源种类。

D 25 6
- 6 —— 低氢钾型药皮，交流直流两用
- 25 —— 常温高锰钢堆焊焊条
- D —— 堆焊焊条

堆焊焊条牌号的前两位数字含义 **表 6-24**

焊条牌号	主要用途或主要成分类型	焊条牌号	主要用途或主要成分类型
D00 × －09 ×	不规定	D60 × －69 ×	合金铸铁堆焊焊条
D10 × －24 ×	不同硬度的常温堆焊焊条	D70 × －79 ×	碳化钨堆焊焊条
D25 × －29 ×	常温高锰钢堆焊焊条	D80 × －89 ×	钴基合金堆焊焊条
D30 × －49 ×	刀具工具堆焊焊条	D90 × －99 ×	待发展的堆焊焊条
D50 × －59 ×	阀门堆焊焊条		

（7）有色金属焊条

牌号前加“Ni”（或汉字“镍”）、“T”（或汉字“铜”）、“L”（或汉字“铝”），分别表示镍及镍合金焊条、铜及铜合金焊条、铝及铝合金焊条。牌号第一位数字表示熔敷金属化学成分组成类型，其含义见表6-25；牌号第二位数字表示同一熔敷金属化学成分组成类型中的不同牌号，对于同一组成类型的焊条，可有十个牌号，按0，1，2，…，9顺序编排；牌号第三位数字表示药皮类型和焊接电源种类。

有色金属焊条牌号第一位数字含义 **表6-25**

镍及镍合金焊条		铜及铜合金焊条		铝及铝合金焊条	
焊条牌号	熔敷金属成分类型	焊条牌号	熔敷金属成分类型	焊条牌号	熔敷金属成分类型
Ni1××	纯镍	T1××	纯铜	L1××	纯铝
Ni2××	镍铜合金	T2××	青铜合金	L2××	铝硅合金
Ni3××	因康镍合金	T3××	白铜合金	L3××	铝锰合金
Ni4××	待发展	T4××	待发展	L4××	待发展

有色金属焊条牌号举例：

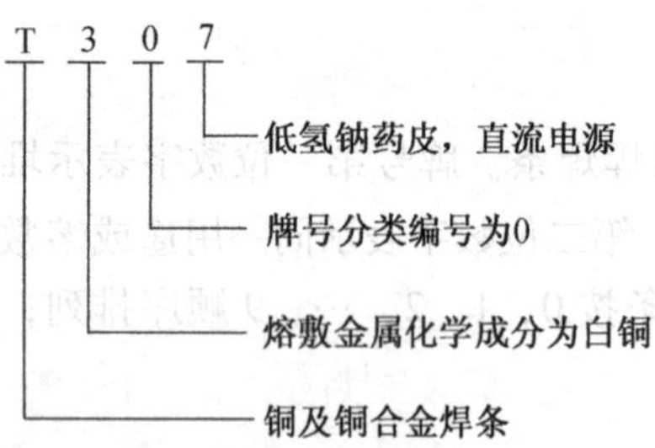

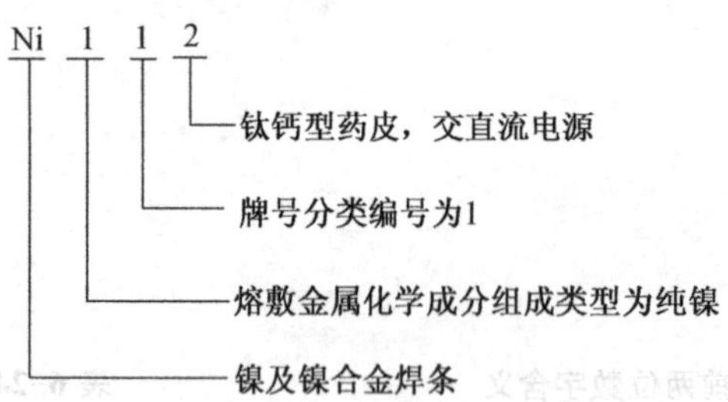

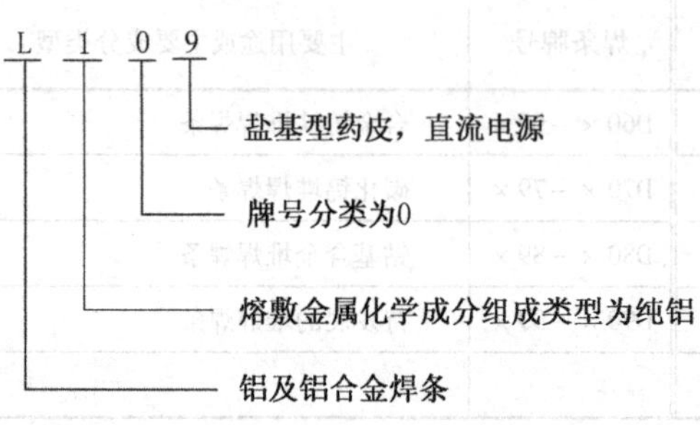

(8) 特殊用途焊条

牌号前加字母“TS”（或汉字“特”）表示特殊用途焊条。牌号第一位数字表示焊条的用途，其含义见表6-26；牌号第二位数字表示同一用途焊条的不同牌号，对于同一类型焊条，可有十个牌号，按0，1，2，3，…，9顺序排列；牌号第三位数字表示药皮类型和焊接电源种类。

特殊用途焊条牌号举例：

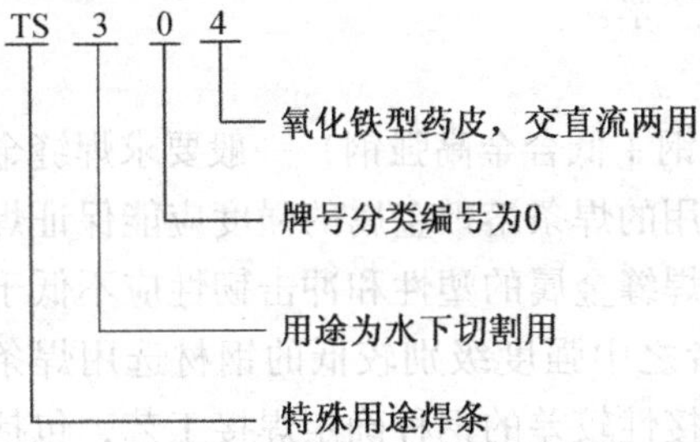

特殊用途焊条牌号第一位数字含义　　表 6-26

焊条牌号	熔敷金属主要成分组成及用途	焊条牌号	熔敷金属主要成分组成及用途
TS2 × ×	水下焊接用	TS5 × ×	电渣焊用管状焊条
TS3 × ×	水下切割用	TS6 × ×	铁锰铝焊条
TS4 × ×	铸铁件焊补前开坡口用	TS7 × ×	高硫堆焊条

6.2.4 电焊条的选用

1. 焊条选用原则

焊条的选用须在确保焊接结构安全、可靠使用的前提下，根据被焊材料的化学成分、力学性能、板厚及接头形式、焊接结构特点、受力状态、结构使用条件对焊缝性能的要求、焊接施工条件和技术经济效益等综合考查后，有针对性地选择焊条，必要时还需进行焊接性能试验。

(1) 同种钢材焊接时焊条选用要点

考虑焊缝金属力学性能和化学成分：对于普通结构钢，通常要求焊缝金属与母材等强度，应选用熔敷金属抗拉强度等于或稍高于母材的焊条。对于合金结构钢，有时还要求合金成分与母材相同或相近，在焊接结构刚性大，接头应力高，焊缝易产生裂纹的不利情况下，应考虑选用比母材强度低的焊条，当母材中碳、硫、磷等元素含量偏高时，焊缝中容易产生裂纹，应选用抗裂性能好的碱性低氢焊条。

考虑焊接构件使用性能和工作条件：对承受动荷载和冲击荷载的焊件，除满足强度要求外，主要应保证焊缝金属具有较高的冲击韧性和塑性，可选用塑、韧性指标较高的低氢型焊条。接触腐蚀介质的焊件，应根据介质的性质及腐蚀特征选用不锈钢类焊条或其他耐腐蚀性焊条。在高温、低温、耐磨或其他特殊介质条件下工作的焊接件，应选用相应的耐热钢、低温钢、堆焊或其他特殊用途的焊条。

考虑焊接结构特点及受力：对结构形状复杂刚性大的厚大焊接件，由于焊接过程中产生很大的内应力，易使焊缝产生裂纹，应选用抗裂性能好的碱性低氢型焊条。对受力不大、焊接部位难以清理干净的焊件，应选用对铁锈、氧化皮、油污不敏感的酸性焊条。对受条件限制不能翻转的焊件，应选用适于全位置焊接的焊条。

考虑施工条件和经济效益：在满足产品使用性能要求的情况下，应选用工艺性好的酸性焊条。在狭小或通风条件差的场合，应选用酸性焊条或低尘焊条。对焊接工作量大的结构，有条件时应尽量采用高效率焊条，如铁粉焊条、高效率重力焊条等，或选用底层焊条、立向下焊条之类的专用焊条，以提高焊接生产率。

（2）异种钢焊接时焊条选用要点

强度级别不同的碳钢＋低合金钢（或低合金钢＋低合金高强钢）一般要求焊缝金属或接头的强度不低于两种被焊金属的最低强度，选用的焊条熔敷金属的强度应能保证焊缝及接头的强度不低于强度较低侧母材的强度，同时焊缝金属的塑性和冲击韧性应不低于强度较高而塑性较差侧母材的性能。因此，可按两者之中强度级别较低的钢材选用焊条。但是，为了防止焊接裂纹，应按强度级别较高、焊接性较差的钢种确定焊接工艺，包括焊接规范、预热温度及焊后热处理等。

低合金钢＋奥氏体不锈钢应按照对熔敷金属化学成分限定的数值来选用焊条，一般选用铬和镍含量较高的、塑性和抗裂性较好的Cr25-Ni13型奥氏体钢焊条，以避免因产生脆性淬硬组织而导致的裂纹。但应按焊接性较差的不锈钢确定焊接工艺及规范。

不锈复合钢板应考虑对基层、复层、过渡层的焊接要求选用三种不同性能的焊条。对基层（碳钢或低合金钢）的焊接，选用相应强度等级的结构钢焊条；复层直接与腐蚀介质接触，应选用相应成分的奥氏体不锈钢焊条。关键是过渡层（即复层与基层交界面）的焊接，必须考虑基体材料的稀释作用，应选用铬和镍含量较高、塑性和抗裂性好的Cr25-Ni13型奥氏体钢焊条。

2. 碳钢和低合金钢焊条的选用

（1）碳钢焊条的选用

碳钢是碳素结构钢与碳素工具钢的总称。我国碳钢产量约占全部钢材总产量的80%以上，碳钢是被焊金属中用量最大、覆盖面最广的一种。用于焊接的碳钢，含碳量不超过0.9%。碳钢的焊接性与钢中含碳量多少密切相关，含碳量越高，钢的焊接性越差。几乎所有的焊接方法都可以用于碳钢结构的焊接，其中以手弧焊、埋弧焊和CO_2气体保护焊应用最为广泛。

碳钢焊条的焊缝强度通常小于540MPa（55kgf/mm^2），《碳钢焊条》（GB/T 5117-1995）中只有E43××系列及E50××系列两种型号，即抗拉强度只有420MPa（43kgf/mm^2）和490MPa（50kgf/mm^2）两个强度级别。目前焊接中大量使用的是490MPa级以下的焊条。焊接低碳钢（碳小于0.25%）时大多使用E43××（J42×）系列的焊条，这一系列焊条有多种型号，产品牌号更多，可根据具体母材及使用条件、工作状况、焊件结构形状、钢板厚度等加以选用。

常用低碳钢焊接时焊接材料的选择见表6-27。其中，一般焊接结构可选用酸性焊条，承受动载荷或复杂的厚壁结构及低温使用时选用碱性焊条。各类低碳钢焊条工艺性能的比较见表6-28。各类低碳钢焊条冶金性能的综合比较见表6-29。

焊接中碳钢（C＝0.25%～0.60%）和高碳钢（C＞0.60%）时，应选用杂质含量较低，且具有一定脱硫能力的碱性低氢型焊条。在个别情况下，也可采用钛铁矿型或钛钙型焊条，但要有严格的工艺措施配合。中碳钢焊接时焊条的选择见表 6-30。

常用低碳钢焊接材料选择　　表 6-27

钢　号	手工电弧焊		埋弧焊	CO_2 气体保护焊	电渣焊
	焊条牌号	焊条型号			
Q235	J421，J422，J423	E4313，E4303，E4301，	H08A	H08MnSi	H10MnSiA
Q255	J424，J426，J427	E4320，E4316，E4315	H08MnA	H08Mn2Si	H10Mn2A
Q275	J426，J427，J506，	E4316，E4315，E5016，	+	H08MnSiA	H10Mn2MoA
08，10	J422，J423，J424	E4303，E4301，E4320	HJ431	H08Mn2SiA	+ HJ350
15，20	J426，J427，J507	E4315，E5016，E4320	HJ430		
20g	J426，J427，J507	E4303，E4315，E5016			
22g	J506，J507	E5016，E5015			
25	J426，J427	E4315，E4316			
ZG230～450	J506，J507	E5016，E5015			

各类低碳钢焊条工艺性能比较　　表 6-28

牌　号	型　号	药皮类型	熔渣特性	焊条工艺性能							
				电弧稳定性	焊缝成形	脱渣性	焊接位置	熔敷系数	飞溅	熔深	发尘量 g/kg
J421	E4313	高钛钾型	酸性短渣	好	美观	好	全位置	一般	少	较浅	5～8
J422	E4303	钛钙型	酸性短渣	较好	美观	好	全位置	一般	少	较浅	5～8
J423	E4301	钛铁矿型	酸性	较好	整齐	一般	全位置	较高	一般	一般	6～9
J424	E4320	氧化铁型	酸性长渣	一般	整齐	一般	平焊	高	较多	较深	8～12
J425	E4310	纤维素型	酸性短渣	较差	波纹粗	好	全位置	高	较多	较深	—
J426	E4316	低氢钾型	酸性短渣	较差	波纹粗	较差	全位置	一般	一般	一般	14～12
J427	E4315	低氢钠型	酸性短渣	一般	波纹粗	较差	全位置	一般	一般	一般	11～17

各类低碳钢焊条冶金性能综合比较　　表 6-29

牌号	型号	药皮类型	熔敷金属力学性能			抗裂性	抗气孔性	氧化物-硫化物夹杂总量/%
			抗拉强度/MPa	伸长率/%	冲击功/J			
J421	E4313	高钛钾型	440～490	20～28	98～147	较差	大电流或焊接含Si、高的钢材时，气孔敏感性较强，对铁锈水分不敏感	0.109～0.131
J422	E4303	钛钙型	440～490	20～30	123～196	尚好		
J423	E4301	钛铁矿型	420～480	20～30	123～196	尚好		

续表

牌号	型号	药皮类型	熔敷金属力学性能			抗裂性	抗气孔性	氧化物-硫化物夹杂总量/%
			抗拉强度/MPa	伸长率/%	冲击功/J			
J424	E4320	氧化铁型	430~470	25~30	110~160	较好	较好，对铁锈水分不敏感	0.134~0.203
J425	E4310	纤维素型	430~490	20~28	98~147	较好	氢白点敏感性强，对铁锈、水分不大敏感	0.10
J426	E4316	低氢钾型	460~510	22~32	245~368	良好	对铁锈、水分敏感，引弧处及长弧焊时易出现气孔，直流正接焊也易出现气孔	0.028~0.090
J427	E4315	低氢钠型	460~510	24~35	270~390	良好		

中碳钢焊接时焊条选择 **表 6-30**

钢　　号	含碳量/%	焊接性	焊条牌号	
			不要求等强度	要求等强度
35	0.32~0.40	较好	E4303，E4301	E5016，E5015
ZG270~500	0.31~0.40	较好	E4316，E4315	
45	0.42~0.50	较差	E4303，E4301，E4316	E5515，E5516
ZG310~570	0.41~0.50	较差		
55	0.52~0.60	较差	E5016，E5015，E4315	E6015，E6016
ZG340~640	0.51~0.60	较差		

中碳钢焊接，由于钢材含碳量较高，焊接裂纹倾向增大，可选用低氢型焊条或焊缝金属具有较高塑、韧性的焊条，而且大多数情况需要预热和缓冷处理。高碳钢焊接则必须采取严格的预热、后热措施，以防止产生焊接裂纹。

高碳钢焊接时焊缝与母材性能完全相同比较困难，高碳钢的抗拉强度大多在675MPa（69kgf/mm^2）以上，焊接材料的选用应视产品设计要求而定。强度要求高时，可用E7015（J707）或E6015（J607）焊条；强度要求不高时，可用E5016（J506）或E5015（J507）焊条；或者分别选用与以上强度等级相当的低合金钢焊条。所有焊接材料都应当是低氢型的。

（2）低合金高强钢焊条的选用

低合金高强钢根据强度级别及热处理状态，又可分为热轧及正火钢、低碳调质钢、中碳调质钢等。低合金高强钢用的焊条对焊缝金属的性能有至关重要的影响。

在我国的焊条国家标准中，《低合金钢焊条》GB/T 5118-1995有从E50系列至E85系列等各种型号的焊条可供选择。低合金钢一般依钢材的强度等级来选用相应的焊条，同时还需根据母材焊接性、焊接结构尺寸、坡口形状和受力情况等的影响，进行综合考虑。在冷却速度较大、使焊缝强度增高、焊接接头容易产生裂纹的不利情况下，可选用比母材强度低一级的焊条。实际上在碳钢焊条标准中也有不少焊条可兼用于低合金钢焊接。

为了满足低合金钢产品焊接的要求，提高焊条的抗裂性、焊缝金属韧性和焊接工艺性能，还研制出许多各具特色的低合金钢专用焊条可供选用，如超低氢焊条（J×××H）、高韧性焊条（J×××GR）、高韧性超低氢焊条（J×××RH）以及耐吸潮焊条（J×××LMA）等。

焊接热轧及正火钢时，选择焊接材料的主要依据是保证焊缝金属的强度、塑性和冲击韧性等力学性能与母材相匹配，不必考虑焊缝金属的化学成分与母材的一致性。焊接厚大构件时，为了防止出现焊接冷裂纹，可采用“低强匹配”原则，即选用焊缝金属强度低于母材强度的焊接材料。焊缝强度过高，将导致焊缝金属塑、韧性及抗裂性能的降低。

低碳调质钢产生冷裂纹的倾向较大，因此严格控制焊接材料中的氢是十分重要的。用于低碳调质钢的焊条应是低氢型或超低氢型焊条。中碳调质钢焊接为确保焊缝金属的塑、韧性和强度，提高焊缝的抗裂性，应采用低碳合金系统，尽量降低焊缝金属的硫、磷杂质含量。对于需焊后热处理的构件，还应考虑焊缝金属合金成分应与母材相近。

(3) 耐热钢焊条的选用

低合金耐热钢要在高温下长期工作，为了保证耐热钢的高温性能，须向钢中加入较多的合金元素（如Cr、Mo、V、Nb等）。在选择焊接材料时，首先要保证焊缝性能与母材匹配，具有必要的热强性，因此要求焊缝金属的化学成分应尽量与母材一致。如果焊缝与母材化学成分相差太大，高温长期使用后，接头区域某些元素发生扩散现象（如碳元素在熔合线附近的扩散），使接头高温性能下降。

耐热钢焊条一般可按钢种和构件的工作温度来选用。选配耐热钢焊接材料的原则是焊缝金属的合金成分和性能与母材相应指标一致，或应达到产品技术条件提出的最低性能指标。为了提高焊缝金属的抗热裂能力，焊缝中的碳含量应略低于母材的碳含量，一般应控制在0.07%~0.15%之间。由于钢中碳和合金元素的共同作用，耐热钢焊接时极易形成淬硬组织，焊接性较差。为此耐热钢一般焊前预热，焊后进行回火处理。

近年来，在薄壁管焊接中普遍采用了氩弧焊打底，酸性焊条手弧焊盖面的工艺，大大提高了焊接质量。但这类焊条抗裂性次于低氢型焊条，在单独使用或用于厚壁管焊接时，应选择低氢型耐热钢焊条。

(4) 低温钢焊条的选用

低温钢是在-196~-40℃的低温范围工作的低合金专用钢材。按化学成分来划分，低温钢主要有含镍钢和无镍钢两类。国外一般使用含镍低温钢，如3.5Ni钢、5Ni钢和9Ni钢等；我国多使用无镍低温钢。

选择低温钢焊接材料首先应考虑接头使用温度、韧性要求以及是否要进行焊后热处理等，尽量使焊缝金属的化学成分和力学性能（尤其是冲击韧性）与母材一致。经焊后热处理后，焊缝仍应具有较高的低温韧性。由于对焊缝金属的低温韧性提出了严格的要求，低温钢焊条药皮均采用低氢型。焊接时要求尽量采用小的焊接线能量，避免焊缝金属及近缝区形成粗晶组织而降低低温韧性。含镍低温钢除手弧焊外，主要采用氩弧焊进行焊接，采用与母材相同成分的焊丝，保护气体为Ar或在Ar中加入2%的O_2或5%~10%的CO_2，以改善焊缝成形。

3. 不锈钢焊条的选用

根据室温组织，不锈钢可分类为：奥氏体不锈钢、马氏体不锈钢、铁素体不锈钢及奥氏体＋铁素体双相钢四大类。

奥氏体不锈钢含Cr14%～25%，含Ni8%～25%，以Cr18Ni8为代表的系列主要用于耐蚀条件，以Cr25Ni20为代表的系列则主要用做耐高温场合。选择奥氏体不锈钢焊接材料时，首先要保证焊缝金属具有与母材一致的耐蚀性能，即焊缝金属主要化学成分要尽量接近母材，其次还应保证焊缝具有良好的抗裂性和综合力学性能。

Cr13系列及以Cr12为基的多元合金化的钢属马氏体不锈钢，这类钢具有较大的淬硬倾向。马氏体不锈钢焊接时出现的问题主要是冷裂纹及近缝区淬硬脆化。马氏体不锈钢焊接材料的选择有两条途径：一是为了满足使用性能要求，保证焊缝金属与母材的化学成分一致，使焊后热处理后二者力学性能及使用性能（如耐蚀性）相接近，这时须采用同质填充材料；二是在无法采用预热或焊后热处理的情况下，为了防止裂纹，采用奥氏体型焊接材料，使焊缝成为奥氏体组织，这种情况下焊缝强度难以与母材匹配。

含Cr17%～28%的高铬钢属铁素体不锈钢，主要用作热稳定钢。铁素体不锈钢在焊接加热和冷却过程中不发生相变，焊后即使快速冷却也不会产生淬硬组织。铁素体不锈钢焊接时出现的问题主要是近缝区晶粒易于长大，形成粗大铁素体，热影响区韧性下降导致脆化。铁素体不锈钢焊接应选择杂质（C、N、S、P等）含量低的焊接材料，同时对焊缝进行合理的合金化，以便改善其焊接性和韧性。根据对焊接接头性能的要求，铁素体不锈钢焊接时采用的焊接材料可以是与母材成分相近的高铬铁素体焊条或焊丝，也可以是铬镍奥氏体焊条或焊丝。采用奥氏体焊接材料时焊前不预热，也不进行焊后热处理。

4. 铸铁及堆焊焊条的选用

(1) 铸铁焊条的选用

根据碳的存在形态，铸铁可分类为白口铸铁、灰口铸铁、可锻铸铁和球墨铸铁四种。铸铁的特点是碳与硫、磷杂质含量高，组织不均匀，塑性低，属于焊接性不良的材料。铸铁焊接时出现的主要问题，一是焊接接头区域易出现白口及淬硬组织，二是易出现裂纹。铸铁焊接（或焊补）大致分为冷焊、半热焊和热焊三种，焊接材料的选择分为同质焊缝和异质焊缝两类。目前国内可以提供数十种铸铁焊条，可根据铸铁焊条的特性、对焊补件的要求（如是否切削加工）、铸铁材料的性能以及焊补件的重要性等分别选用。

对焊后需要为灰口铸铁焊缝的，可选用Z208、Z248焊条；对焊缝表面需经加工的，可选用Z308、Z408、Z418、Z508焊条，其中Z308最易加工；对焊缝表面不需加工的，可选用Z100、Z116、Z117、Z607、Z612焊条；对球墨铸铁和高强度铸铁，可选用Z408、Z418、Z258焊条。应指出，铸铁焊补是“三分材料，七分工艺”，除了合理选用焊接材料外，还必须根据工件要求采取适当的工艺措施，如预热、分段焊、大（小）电流、瞬时点焊、锤击、后热等，才能取得满意的效果。

(2) 堆焊焊条的选用

堆焊是用焊接方法在零件表面堆敷一层具有一定性能材料的工艺过程，目的是使零件表面获得具有耐磨、耐热、耐蚀等特殊性能的熔敷金属。例如，在普通碳素钢工件的磨损面上堆焊一层耐磨合金，不但可以降低成本而且可以获得优异的综合性能。堆焊工艺在我国应用越来越广，堆焊合金达数十种。堆焊焊条已制定了较完整的产品系列，堆焊时必须根据堆焊工件及工作条件的不同要求选用合适的焊条。

堆焊金属类型很多，反映出堆焊金属化学成分、显微组织及性能的很大差异。堆焊工件及工作条件十分复杂，堆焊时必须根据不同要求选用合适的焊条。不同的堆焊工件和堆焊焊条要采用不同的堆焊工艺，才能获得满意的堆焊效果，堆焊中最常碰到的问题是裂纹，防止开裂的方法主要是焊前预热、焊后缓冷，焊接过程中还可采用锤击等消除焊接应力。堆焊金属的硬度和化学成分，一般是指堆焊三层以上的堆焊金属而言。

堆焊焊条的药皮类型一般有钛钙型、低氢型和石墨型三种。为了使堆焊金属具有良好的抗裂性及减少焊条中合金元素的烧损，大多数堆焊焊条采用低氢型药皮。

5. 有色金属焊条的选用

有色金属焊条主要指的是镍及镍合金焊条、钢及铜合金焊条和铝及铝合金焊条等。

镍及镍合金焊条主要用于焊接镍及高镍合金，也可用于异种金属的焊接及堆焊，焊接接头的坡口尺寸及焊接工艺接近铬镍奥氏体不锈钢焊接工艺。镍及镍合金的导热性差，焊接时容易过热引起晶粒长大和热裂纹，而且焊接时气孔敏感性强。因此焊条中应含有适量的 Al、Ti、Mn、Mg 等脱氧剂，焊接操作时应选用小电流、控制弧长、收弧时注意填满弧坑，保持较低的层间温度。

铜及铜合金焊条用途较广，除了用紫铜焊条焊接紫钢外，目前采用较多的是用青铜焊条焊接各种铜及铜合金、铜与钢等。同时，由于铜及铜合金具有良好的耐蚀性、耐磨性等，因此也常用于堆焊轴承等承受金属间摩擦磨损的零件和耐腐蚀（如耐海水腐蚀）的零件。此外，铜及铜合金焊条也可用来焊补铸铁。常用铜及铜合金焊条的特性及用途见表6-31。

常用铜及铜合金焊条的特性及用途 表 6-31

牌号	型 号	药皮类型	焊缝主要成分/%	特 性 与 用 途
T107	TCu	低氢型	纯铜 Cu≥99	主要用来焊接导电铜排、铜制交换器，船舶用海水导管等铜构件，也可用于耐海水腐蚀的碳钢零件的堆焊
T207	TCuSi－B	低氢型	硅青铜 Si3，Mn < 1.5，Sn < 1.5，Cu 余量	适用于铜、硅青铜及黄铜的焊接，以及化工机械管道等内衬垫堆焊
T227	TCuSn－B	低氢型	磷青铜 Si3，P ≤ 1.5，Cu 余量	除焊接紫铜、黄铜、磷铜等同种及异种金属外，还广泛用于堆焊磷青铜轴衬，船舶推进器叶片等，也可用于铸铁焊补堆焊
T237	TCuAl－C	低氢型	铝青铜 Al8，Mn < 2，Cu 余量	广泛用于铝青铜及其他铜合金铜合金与钢的焊接和铸铁的焊补，如各种化工机械，海水散热器，阀门的焊接，水泵、气缸等堆焊及船舶螺旋桨的修补

铝及铝合金焊条焊接时熔化速度快，必须采用短弧快速焊接，操作较困难。铝及铝合盒焊条主要用于纯铝、铸铝、铝锰合金和部分铝镁合金结构的焊接和焊补。纯铝焊条主要

用来焊接对接头性能要求不高的铝及铝合金。铝硅焊条的焊缝有较高的抗热裂性能；铝锰焊条有较好的耐蚀性。常用铝及铝合金焊条的特性及用途见表6-32。

常用铝及铝合金焊条的特性及用途　　表6-32

牌　号	型　号	药皮类型	焊缝主要成分/%	用　　途
L109	TAl	盐基型	纯铝：Al99	主要用来焊接铝板，纯铝容器
L209	TAlSi	盐基型	铝硅合金：Si5，Al余量	常用于铝板、铝硅铸件、一般铝合金及锻铝、硬铝的焊接，不宜焊接铝镁合金
L309	TAlMn	盐基型	铝锰合金：Mn1.3，Al余量	用于铝镁合金、纯铝及其他铝合金的焊接

6.3 焊　丝

[本节要点]

了解焊丝分类及特点；

掌握焊丝的型号和牌号表示含义；

掌握焊丝的选用要点。

[关键概念]

电焊条的型号与牌号；

焊丝的型号与牌号；

药芯焊丝；

实心焊丝。

随着焊接机械化和技术水平的不断提高，自动化的焊接方法得到迅速发展，促使焊接材料的产品结构和品种发生了很大变化。近年来，焊丝的数量和品种增长很快，尤其是药芯焊丝的发展速度最快，使用量也逐年扩大。在工业发达国家，焊丝占焊接材料的比重已达到60%以上，而我国目前焊丝和焊剂的产量约占焊接材料总量的25%，低于工业发达国家的比例。但是，随着社会需求和药芯焊丝制造技术的提高，估计不久我国焊丝生产将有一个较大的飞跃，逐步缩小与欧、美等工业发达国家的差距。

6.3.1 焊丝的分类及特点

1. 焊丝的分类

焊丝的分类方法很多，可分别按其适用的焊接方法、被焊材料、制造方法与焊丝的形状等从不同角度对焊丝进行分类。

（1）按其适用的焊接方法可分为埋弧自动焊焊丝、电渣焊焊丝、CO_2焊焊丝、堆焊焊丝、气焊焊丝等。埋弧焊使用的焊丝有实心焊丝和药芯焊丝两类，生产中普遍使用的是实心焊丝，药芯焊丝只在某些特殊场合应用。CO_2气体保护焊目前已较多地采用了药芯焊丝。

(2) 按被焊金属材料的不同可分为碳素结构钢焊丝、低合金钢焊丝、不锈钢焊丝、镍基合金焊丝、铸铁焊丝、有色金属焊丝和特殊合金焊丝等。

(3) 按制造方法与焊丝的形状可分为实心焊丝和药芯焊丝两大类。其中药芯焊丝又可分为气体保护焊丝和自保护焊丝两种。

2. 实心焊丝的分类及特点

实心焊丝是目前最常用的焊丝，用热轧线材经拉拔加工而成。为了防止焊丝生锈，须对焊丝（除不锈钢焊丝外）表面进行特殊处理。目前主要是镀铜处理，包括电镀、浸铜及化学镀铜处理等方法。

实心焊丝包括埋弧焊、电渣焊、CO_2 气体保护焊、氩弧焊、气焊及堆焊用的焊丝。实心焊丝的分类及应用特点见表 6-33。

(1) 埋弧焊和电渣焊用焊丝

埋弧焊和电渣焊时焊剂对焊缝金属起保护和冶金处理作用，焊丝主要作为填充金属，同时向焊缝添加合金元素，二者直接参与焊接过程中的冶金反应，焊缝成分和性能是由焊丝和焊剂共同决定的。

根据被焊材料的不同，埋弧焊焊丝又分为低碳钢焊丝、低合金高强钢焊丝、Cr－Mo耐热钢焊丝、低温钢焊丝、不锈钢焊丝、表面堆焊焊丝等。

实心焊丝的分类及应用特点　　表 6-33

分　类	第二层次分类	特　点
埋弧焊 电渣焊焊丝	低碳钢用焊丝	埋弧焊、电渣焊时电流大，要采用粗焊丝，焊丝直径为 3.2～6.4mm
	低合金高强钢用焊丝	
	Cr－Mo 耐热钢用焊丝	
	低温钢用焊丝	
	不锈钢用焊丝	
	表面堆焊用焊丝	焊丝因含碳或合金元素较多，难于加工制造，目前主要采用液态连铸拉丝方法进行小批量生产
气体保护焊焊丝	TIG 焊用焊丝	一般不加填充焊丝，有时加填充焊丝。手工填丝为切成一定长度的焊丝，自动填丝时采用盘式焊丝
	MIG、MAG 焊用焊丝	主要用于焊接低合金钢、不锈钢等
	CO_2 焊用焊丝	焊丝成分中应有足够数量的脱氧剂，如 Si、Mn、Ti 等。如果合金含量不足，脱氧不充分，将导致焊缝中产生气孔；焊缝力学性能（特别是韧性）将明显下降
	自保护焊用焊丝	除了提高焊丝中的 C、Si、Mn 的含量外，还要加入强脱氧元素 Ti、Zr、Al、Ce 等

(2) 气体保护焊用焊丝

气体保护焊分为惰性气体保护焊（TIG、MIG）和活性气体保护焊（MAG）。惰性气体主要采用Ar气，活性气体主要采用CO_2气体。MIG焊接时一般采用Ar + 2% O_2或Ar + 5% CO_2；MAG焊接时采用CO_2、Ar + CO_2或Ar + O_2。

根据焊接方法的不同，气体保护焊用焊丝分为TIG焊接用焊丝、MIG和MAG焊接用焊丝、CO_2焊接用焊丝等。

（3）自保护焊接用实心焊丝

利用焊丝中所含有的合金元素在焊接过程中进行脱氧、脱氮，以消除从空气中进入焊接熔池的氧和氮的不良影响。为此，除提高焊丝中的C、Si、Mn含量外，还要加入强脱氧元素Ti、Zr、Al、Ce等。

3. 药芯焊丝的分类及特点

药芯焊丝是将药粉包在薄钢带内卷成不同的截面形状经轧拔加工制成的焊丝。药芯焊丝也称为粉芯焊丝、管状焊丝或折叠焊丝，用于气体保护焊、埋弧焊和自保护焊，是一种很有发展前途的焊接材料。药芯焊丝粉剂的作用与焊条药皮相似，区别在于焊条的药皮涂敷在焊芯的外层，而药芯焊丝的粉剂被钢带包裹在芯部。药芯焊丝可以制成盘状供应，易于实现机械化焊接。

药芯焊丝的分类较复杂，根据焊丝结构，药芯焊丝可分为有缝焊丝和无缝焊丝两种。无缝焊丝可以镀铜，性能好、成本低，已成为今后发展的方向。

（1）按是否使用外加保护气体分类

根据是否有保护气体，药芯焊丝可分为气体保护焊丝（有外加保护气）和自保护焊丝（无外加保护气）。气保护药芯焊丝的工艺性能和熔敷金属冲击性能比自保护的好，但自保护药芯焊丝具有抗风性，更适合室外或高层结构现场使用。

药芯焊丝可作为熔化极（MIG、MAG）或非熔化极（TIG）气体保护焊的焊接材料。TIG焊接时，大部分使用实心焊丝作填充材料。焊丝内含有特殊性能的造渣剂，底层焊接时不需充氩保护，芯内粉剂会渗透到熔弛背面，形成一层致密的熔渣保护层，使焊道背面不受氧化，冷却后该焊渣很易脱落。

MAG焊接是CO_2焊和Ar加超过5%的CO_2或超过2%的O_2等混合气体保护焊的总称。由于加入了一定量的CO_2或O_2，氧化性较强。MIG焊接是纯Ar或在Ar中加入少量活性气体（≤2%的O_2或≤5%的CO_2）。

气电立焊用药芯焊丝是专用于气体保护强制成形焊接方法一种焊丝。为了向上立焊，熔渣不能太多，故该焊丝中造渣剂的比例约为5% ~10%，同时含有大量的铁粉和适量的脱氧剂、合金剂和稳弧剂，以提高熔敷效率和改善焊缝性能。

（2）按药芯焊丝的横截面结构分类

药芯焊丝的截面形状对焊接工艺性能与冶金性能有很大影响。根据药芯焊丝的截面形状可分为简单断面的“O”形和复杂断面的折叠形两类，折叠形又可分为梅花形、T形、E面和中间填丝形等。药芯焊丝的截面形状示意见图6-2。

一般地说，药芯焊丝的截面形状越复杂越对称，电弧越稳定，药芯的冶金反应和保护作用越充分。但是随着焊丝直径的减小，这种差别逐渐缩小，当焊丝直径小于2mm时，截面形状的影响已不明显了。目前，小直径（不大于2.0mm）药芯焊丝一般采用“O”形截面，大直径（≥2.4 mm）药芯焊丝多采用E、T形等折叠形复杂截面。

（3）按药芯中有无造渣剂分类

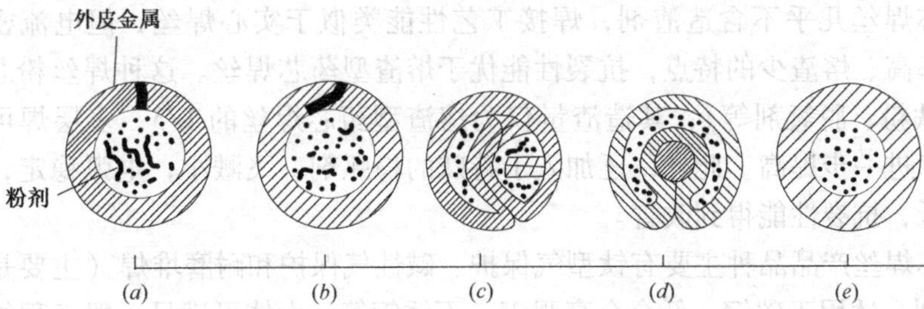

图 6-2 药芯焊丝的截面形状示意

药芯焊丝芯部粉剂的成分与焊条药皮相类似，根据药芯焊丝内层填料粉剂中有无造渣剂可分成熔渣型（有造渣剂）和金属粉型（无造渣剂）两类。在熔渣型药芯焊丝中加入粉剂，主要是为了改善焊缝金属的力学性能、抗裂性及焊接工艺性能。

这些粉剂有脱氧剂（硅铁、锰铁）、造渣剂（金红石、石英等）、稳弧剂（钾、钠等）、合金剂（Ni、Cr、Mo 等）及铁粉等。按照造渣剂的种类及渣的碱度可分为钛型（又称金红石型、酸性渣）、钛钙型（又称金红石碱型、中性或弱碱性渣）、钙型（碱性渣）。

钛型渣系药芯焊丝的焊道成形美观，全位置焊接工艺性能优良，电弧稳定，飞溅小，但焊缝金属的韧性和抗裂性稍差。钙型渣系药芯焊丝焊缝金属的韧性和抗裂性优越，但焊道成形和焊接工艺性稍差。钛钙型渣系介于上述二者之间叫几种典型药芯焊丝中的粉剂及熔渣成分见表 6-34。

几种典型药芯焊丝中的粉剂及熔渣成分% 表 6-34

成　分	钛型（酸性渣）		钛钙型（碱性或中性渣）		钙型（碱性渣）	
	粉剂	熔渣	粉剂	熔渣	粉剂	熔渣
SiO_2	21.0	16.8	17.8	16.1	7.5	14.8
Al_2O_3	2.1	4.2	4.3	4.8	0.5	—
TiO_2	40.5	50.0	9.8	10.8	—	—
ZrO_2	—	—	6.2	6.7	—	—
CaO	0.7	—	9.8	10.0	3.2	11.3
Na_2O	1.6	2.8	1.9	—	—	—
K_2O	1.4	—	1.5	2.7	0.5	—
CaF_2	—	—	18	24.0	20.5	43.5
MnO	—	21.3	—	22.8	—	20.4
Fe_2O_3	—	5.7	—	2.5	—	10.3
CO_2	0.5	—	—		2.5	—
C	0.6	—	0.3	—	1.1	—
Fe	21.1	—	24.7	—	55.0	—
Mn	15.8	—	13.0	—	7.2	—
AWS	E70-1 或 E70-2		E70-1		E70-1 或 E70-5	

金属粉型药芯焊丝几乎不含造渣剂，焊接工艺性能类似于实心焊丝，但电流密度更大。具有熔敷效率高、熔渣少的特点，抗裂性能优于熔渣型药芯焊丝。这种焊丝粉芯中大部分是金属粉（铁粉、脱氧剂等），其造渣量仅为熔渣型药芯焊丝的1/3，多层焊可不清渣，使焊接生产率进一步提高。此外，还加入了特殊的稳弧剂，飞溅小，电弧稳定，而且焊缝扩散氢含量低，抗裂性能得到改善。

目前我国药芯焊丝产品品种主要有钛型气保护、碱性气保护和耐磨堆焊（主要是埋弧堆焊类）三大系列，适用于碳钢、低合金高强钢、不锈钢等，大体可满足一般工程结构焊接需求。在产品质量方面，用于结构钢焊接的E71T－1钛型气保护药芯焊丝产品质量已经有了突破性的提高，而碱性药芯焊丝的产品质量有待进一步提高。

在气体保护电弧焊中，以药芯焊丝代替实心焊丝进行焊接，这在技术上是一大进步。药芯焊丝与实心焊丝的相同之处在于：

1）手工电弧焊焊条相比，可能实现高效焊接；

2）容易实现自动化、机械化焊接；

3）能直接观察到电弧，容易控制焊接状态；

4）抗风能力较弱，存在保护不良的危险。

与实心焊丝相比，药芯焊丝具有下列特点：

1）药芯焊丝具有比实心焊丝更高的熔敷速度，特别是在全位置焊接场合，可使用大电流，提高了焊接效率；

2）电弧柔软，飞溅很少；

3）焊道外观平坦、美观；

4）烟尘发生量较多；

5）当产生焊渣时，必须清除。

与实心焊丝相比，药芯焊丝由于具有工艺性好、飞溅小、焊缝成形美观、可采用大电流进行全位置焊接和熔敷效率高等优点而备受关注；近几年来全位置焊接用细直径药芯焊丝的用量急剧增加，这类焊丝多为钛型渣系，具有十分优异的焊接工艺性能。过去实心焊丝难以解决的诸多问题，如飞溅大、成形差、电弧硬等，采用细直径药芯焊丝焊接时这些问题都不复存在了。由于药芯焊丝具有高效率和良好的焊接工艺性能等特点，已得到各行业部门的高度评价，成为最具有发展前途的焊接材料。

6.3.2 焊丝的型号与牌号

型号和牌号用来反映焊丝的主要性能特征及类别。焊丝的型号是国家标准规定的，能反映焊丝的主要特征，不同类型焊丝的型号表示方法有所不同。牌号是对焊丝产品的具体命名，它可以由生产厂制定，也可由行业组织统一命名，制定全国焊接行业统一牌号，但必须按照国家标准要求，在产品样本或包装标签上注明该产品“符合国标”或不加标注（即与国标不符），以便用户结合产品性能要求，对照标准去选用。

1. 实心焊丝的型号与牌号

（1）实心焊丝型号

1）气体保护焊用碳钢、低合金钢焊丝

气体保护焊用碳钢、低合金钢焊丝按化学成分和采用熔化极气体保护时熔敷金属的力学性能分类。

焊丝型号的表示方法为ER××－×，字母“ER”表示焊丝，ER后面的两位数字表示熔敷金属的抗拉强度最低值，短划“－”后面的字母或数字表示焊丝化学成分分类代号。如还附加其他化学元素时，直接用元素符号表示，并以短划“－”与前面数字分开。

焊丝型号举例：

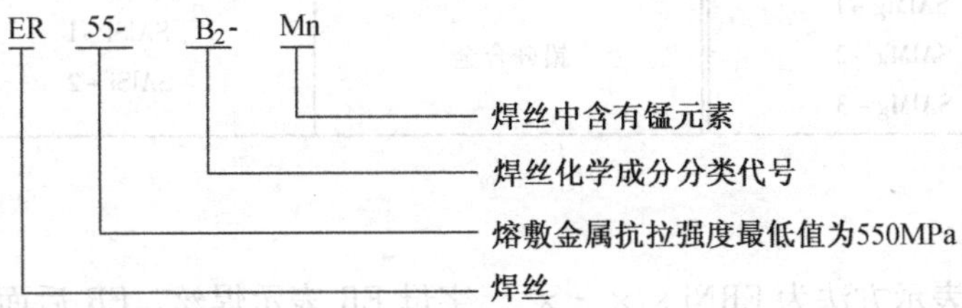

2）铸铁气焊焊丝

铸铁气焊焊丝型号中的字母“R”表示焊丝，字母“Z”表示焊丝用于铸铁焊接，在“RZ”字母后用焊丝主要化学元素符号或金属类型代号表示（见表6-35），再细分时用数字表示。

焊丝型号举例：

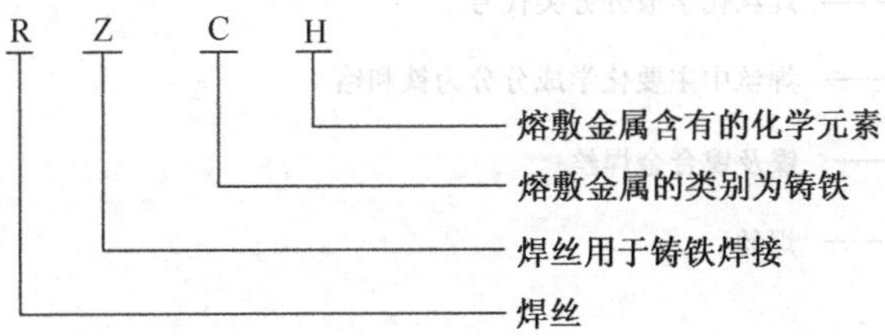

铸铁焊丝分类及型号 表6-35

类别	名称	型号
铁基焊丝	灰铸铁焊丝	RZC
	合金铸铁焊丝	RZCH
	球墨铸铁焊丝	RZCQ

3）铜及铜合金焊丝

铜及铜合金焊丝型号的表示方法为HSCu××-×，字母HS表示焊丝，其后以化学元素符号表示焊丝的主要组成元素，在短划“-”后的数字表示同一主要化学元素组成中的不同品种，如HSCuZn-1，HSCu2n-2等。

4）铝及铝合金焊丝

焊丝型号以“丝”字的汉语拼音第一个字母“S”表示，“S”后面用化学元素符号表示焊丝的主要合金组成，化学元素符号后的数字表示同类焊丝的不同品种。

铝及铝合金焊丝的分类及型号见表6-36。

铝及铝合金焊丝的分类及型号 **表 6-36**

类　别	焊丝型号	类　别	焊丝型号
纯　铝	SAl－1 SAl－2 SAl－3	铝镁合金 铝铜合金 铝锰合金	SAlMg－5 SAlCu SAlMn
铝镁合金	SAlMg－1 SAlMg－2 SAlMg－3	铝硅合金	SAlSi－1 SAlSi－2

5）镍及镍合金焊丝

镍及镍合金焊丝型号的表示方法为ERNi××－×，字母ER表示焊丝，ER后面的化学符号Ni表示为镍及镍合金焊丝，焊丝中的其他主要合金元素用化学符号表示，放在符号Ni的后面，短划“-”后面的数字表示焊丝化学成分分类代号。

焊丝型号举例：

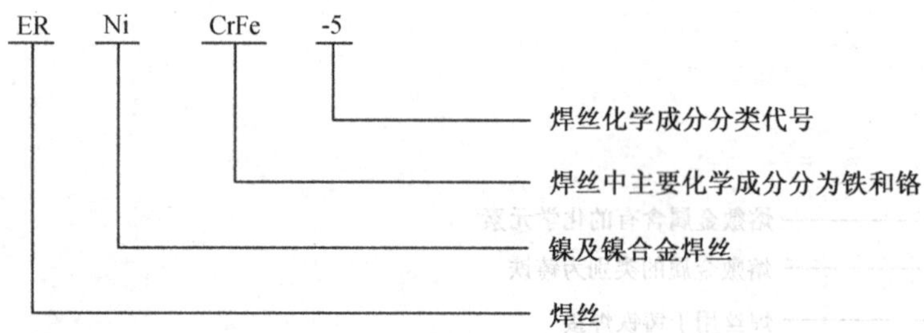

（2）实心焊丝牌号

除了气体保护焊用碳钢及低合金钢焊丝外，实心焊丝牌号的首位字母“H”表示焊接用实心焊丝，后面的一位或二位数字表示含碳量，其他合金元素含量的表示方法与钢材的表示方法大致相同。化学元素符号及其后的数字表示该元素的近似含量；牌号尾部标有“A”或“E”时，A表示硫、磷含量要求低的优质钢焊丝，“E”表示硫、磷含量要求特别低的特质钢焊丝。

焊丝牌号举例：

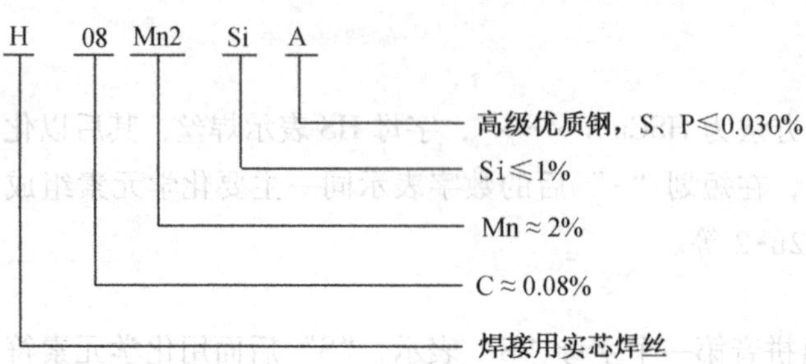

实心焊丝的型号和牌号对照见表6-37。

实心焊丝的型号和牌号对照表 **表 6-37**

焊接类型	牌 号	符合标准的焊丝型号		
		GB	AWS	JIS
CO_2 体保护焊丝	MG49-1	ER49-1	—	—
	MG49-Ni	—	—	—
	MG49-G	ER49-G	ER70S-G	YGW-11
	MG50-3	ER50-3	ER70S-3	—
	MG50-4	ER50-4	ER70S-4	—
	MG50-6	ER50-6	ER70S-6	—
	MG50-G	ER50-G	ER70S-G	YGW-16
	MG59-G	—	—	—
氩弧焊垃充焊丝	TGR50RE	ER55-4	ER70S-4	—
	TGR50	—	—	—
	TGR50M	—	—	—
	TGR50ML	—	—	—
	TGR55CM	ER55-B2	—	—
	TGR55CML	ER55-B2L	—	—
	TGR55V	ER55B2MnV	—	—
	TGR55VL	—	—	—
	TGR55WB	—	—	—
	TGR55WBL	—	—	—
	TGR59C2M	ER62-B3	—	—
	TGR59C2ML	ER62-B3L	—	—
埋弧焊丝	H08A、H08E	H08A、H08E	EL8	W11
	H08MnA	H08MnA	EM12	W21
	H10Mn2	H10Mn2	EH14	W41
	H10MnSi	H10MnSi	EM13K	—

2. 药芯焊丝的型号与牌号

(1) 药芯焊丝型号

药芯焊丝根据药芯类型、是否采用保护气体、焊接电流种类以及对单道焊和多道焊的适用性进行分类。

根据《碳钢药芯焊丝》(GB/T 10045-2001) 的规定，药芯焊丝型号由焊丝类型代号和焊缝金属的力学性能两部分组成。

药芯焊丝分类及类型代号见表 6-38。

第一部分以英文字母“EF”表示药芯焊丝代号。代号后面的第一位数字表示使用的焊接位置：“0”表示用于平焊和横焊，“1”表示用于全位置焊。代号后面的第二位数字或字母为类型代号，见表 6-39。

第二部分在短线“-”后用四位数表示焊缝的力学性能，前两位数字表示抗拉强度最低值，见表 6-40，后两位数表示冲击吸收功，其中第一位数字表示冲击吸收功不小于 27J

所对应的试验温度，第二位数字表示冲击吸收功不小于47J所对应的试验温度，见表6-40。

药芯焊丝分类及类型代号 **表6-38**

焊丝类型	药芯类型	保护气体	电源种类	适用性
EF×1	氧化钛型	二氧化碳	直流反接	单道焊和多道焊
EF×2	氧化钛型	二氧化碳	直流反接	单道焊
EF×3	氧化钙-氟化物型	二氧化碳	直流反接	单道焊和多道焊
EF×4	—	自保护	直流反接	单道焊和多道焊
EF×5	—	自保护	直流正接	单道焊和多道焊
EF×G	—	—	—	单道焊和多道焊
EF×GS	—	—	—	单道焊

焊缝金属强度系列 **表6-39**

强度系列	抗拉强度/MPa	屈服点/MPa	伸长率/%
43	430	340	22
50	500	410	22

焊缝金属冲击吸收功（V形缺口） **表6-40**

第一位数	冲击吸收功		第二位数	冲击吸收功	
	温度/℃	冲击功/J		温度/℃	冲击功/J
0	没有规定		0	没有规定	
1	+20	≥27	1	+20	≥47
2	0		2	0	
3	-20		3	-20	
4	-30		4	-30	
5	-40		5	-40	

（2）药芯焊丝牌号

牌号第一个字母“Y”表示药芯焊丝，第二个字母及第一、第二、第三位数字与焊条编制方法相同；牌号“-”后面的数字表示焊接时的保护方法，见表6-41，药芯焊丝有特殊性能和用途时，在牌号后面加注起主要作用的元素或主要用途的字母。

药芯焊丝牌号举例：

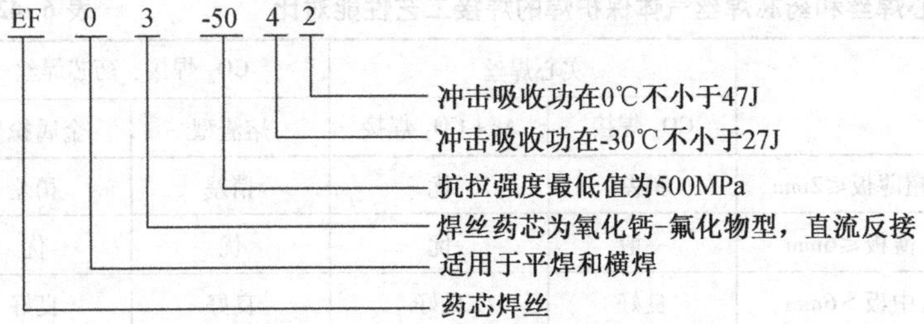

药芯焊丝牌号后面“－”含义　　表 6-41

牌　　号	焊接时保护方法	牌　　号	焊接时保护方法
YJ×××-1	气体保护	YJ×××-3	气体保护、自保护两用
YJ×××-2	自保护	YJ×××-4	其他保护形式

药芯焊丝牌号举例：

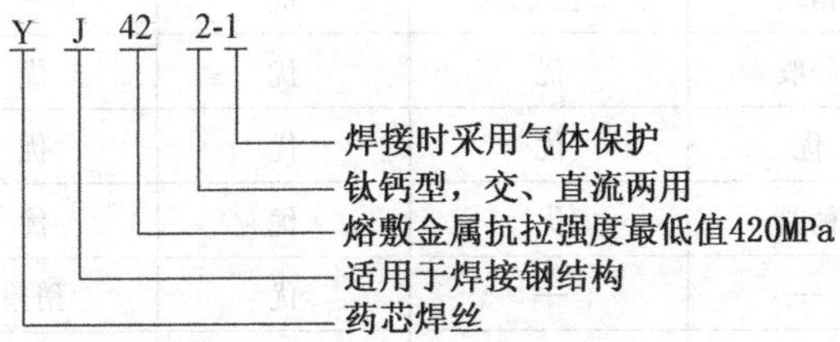

6.3.3 焊丝选用的要点

焊丝的选择要根据被焊钢材的种类、焊接部位、焊接部件质量要求，焊接施工条件(板厚、坡口形式、焊接位置、焊接条件、焊后热处理机焊接操作)、成本等综合考虑。

焊丝选用要考虑的顺序如下：

(1) 根据被焊钢结构的钢种选择焊丝：对于碳钢及低合金高强钢，主要是按“等强匹配”的原则，选择满足力学性能要求的焊丝。对于耐热钢和耐候钢，主要是侧重考虑焊缝金属与母材化学成分的一致或相似，以满足对耐热性和耐腐蚀性的要求。

(2) 根据被焊部件的质量要求，主要是冲击韧性选择焊丝：与焊接条件、坡口形式、保护气体混合比等工艺条件有关，要在确保焊接接头性能的前提下，选择达到最大焊接效率及降低焊接成本的焊接材料。

(3) 根据现场焊接位置：对应于被焊工件的板厚选择所使用的焊丝直径，确定所使用的电流值，参考各生产厂的产品介绍资料和使用经验，选择合适于焊接位置及使用电流的焊丝牌号。

焊接工艺性能包括电弧稳定性、飞溅颗粒大小及数量、脱渣性，焊缝外观与形状等。对于碳钢及低合金钢的焊接，主要是根据焊接工艺性能来选择焊接方法及焊接材料。实心焊丝和药芯焊丝气体保护焊的焊接工艺性能对比见表 6-42。

实心焊丝和药芯焊丝气体保护焊的焊接工艺性能对比 表 6-42

<table>
<tr><th colspan="3" rowspan="2">焊接工艺性能</th><th colspan="2">实心焊丝</th><th colspan="2">CO_2 焊接、药芯焊丝</th></tr>
<tr><th>CO_2 焊接</th><th>Ar + CO_2 焊接</th><th>熔渣型</th><th>金属粉型</th></tr>
<tr><td rowspan="8">操作难易</td><td rowspan="4">平焊</td><td>超薄板≤2mm</td><td>稍差</td><td>优</td><td>稍差</td><td>稍差</td></tr>
<tr><td>薄板≤6mm</td><td>一般</td><td>优</td><td>优</td><td>优</td></tr>
<tr><td>中板 >6mm</td><td>良好</td><td>良好</td><td>良好</td><td>良好</td></tr>
<tr><td>厚板 >25mm</td><td>良好</td><td>良好</td><td>良好</td><td>良好</td></tr>
<tr><td rowspan="2">横角焊</td><td>单层</td><td>一般</td><td>良好</td><td>优</td><td>良好</td></tr>
<tr><td>多层</td><td>一般</td><td>良好</td><td>优</td><td>良好</td></tr>
<tr><td rowspan="2">立焊</td><td>向下</td><td>良好</td><td>优</td><td>优</td><td>稍差</td></tr>
<tr><td>向上</td><td>良好</td><td>良好</td><td>优</td><td>稍差</td></tr>
<tr><td colspan="2" rowspan="4">焊缝外观</td><td>平焊</td><td>一般</td><td>优</td><td>优</td><td>良好</td></tr>
<tr><td>横角焊</td><td>稍差</td><td>优</td><td>优</td><td>良好</td></tr>
<tr><td>立焊</td><td>一般</td><td>优</td><td>优</td><td>一般</td></tr>
<tr><td>仰焊</td><td>稍差</td><td>良好</td><td>优</td><td>—</td></tr>
<tr><td colspan="2" rowspan="5">其　他</td><td>电弧稳定性</td><td>一般</td><td>优</td><td>优</td><td>优</td></tr>
<tr><td>熔深</td><td>优</td><td>优</td><td>优</td><td>优</td></tr>
<tr><td>飞溅</td><td>稍差</td><td>优</td><td>优</td><td>优</td></tr>
<tr><td>脱渣性</td><td>—</td><td>—</td><td>优</td><td>稍差</td></tr>
<tr><td>咬边</td><td>优</td><td>优</td><td>优</td><td>优</td></tr>
</table>

1. 实心焊丝的选用:

(1) 埋弧焊焊丝

焊丝和焊剂是埋弧焊的消耗材料，从碳素钢到高镍合金多种金属材料的焊接都可以考虑选用焊丝和焊剂配合进行埋弧焊接。埋弧焊焊丝的选用既要考虑焊剂成分的影响，又要考虑母材的影响。为了得到不同的焊缝成分和力学性能，可以采用一种焊剂，主要是熔炼焊剂，与焊丝配合，也可采用一种焊丝与几种焊剂配合。

对于给定的焊接结构，应根据钢种成分、对焊缝性能的要求及焊接工艺参数的变化等进行综合分析之后，再决定所采用的焊丝和焊剂。

1) 低碳钢和低合金钢用焊丝

① 低锰焊丝（如 H08A）常用配合高锰焊剂用于低碳钢及强度较低的低合金钢焊接。

② 中锰焊丝（如 H08MnA、H10MnSi）主要用于低合金钢焊接，也可配合低锰焊剂用于低碳钢焊接。

③ 高锰焊丝（如 H10Mn2、H08Mn2Si）用于低合金钢焊接。

2) 低合金高强钢用焊丝

低合金高强钢用焊丝含 Mn1% 以上，含 Mo0.3% ~ 0.8%，如 H08MnMoA、H08Mn2MoA，用于强度较高的低合金高强钢焊接。此外，根据低合金高强钢的成分及使用性能要求，还可以在焊丝中加入 Ni、Cr、V 和 RE 等元素，提高焊缝性能。

强度级别 590MPa 级的焊缝金属多采用 Mn－Mo 系焊丝，如 H08MnMoA、H08Mn2MoA、H10Mn2Mo 等，强度级别 690～780MPa 级的焊缝金属多采用 Mn－Cr－Mo 系焊丝，如 H08MnMoA、H08Mn2MoA、H10Mn2Mo 等。当对焊缝韧性要求较高时，可采用含 Ni 的焊丝，如 H08CrNi2MoA 等。焊接强度级别 690MPa 级以下的钢种时，可采用熔炼焊剂和烧结焊剂，焊接强度级别 780MPa 级高强度钢时，为了得到高韧性，除了选择适当的焊丝，最好采用烧结焊剂。

埋弧焊实心焊丝的力学性能、特点和用途见表 6-43。

埋弧焊实心焊丝的力学性能、特点和用途 **表 6-43**

焊丝牌号	直径/mm	特点和用途	熔敷金属力学性能			
			抗拉强度 σ_b/MPa	屈服强度 σ_s/MPa	伸长率 δ_5%	冲击功 /J
H08A	2.0～5.0	低碳结构钢丝，在埋弧焊中用量最大，配合焊剂 HJ430、HJ431、HJ433 等焊接。用于低碳钢某些低合金钢（如 16Mn）结构	410～550	≥330	≥22	≥27（℃）
H08MnA	2.0～5.8	碳素钢焊丝，配合焊剂进行埋弧焊，焊缝金属具有优良的力学性能，用于碳钢和相应强度等级别的低合金钢（如 16Mn）锅炉、压力容器的埋弧焊	410～550	≥330	≥22	≥27（℃）
H10Mn2	2.0～5.8	镀铜的埋弧焊丝，配合焊剂 HJ130、HJ330HJ350 焊接，金属焊缝具有优良的力学性能，用于碳钢及低合金钢（16 Mn、14 MnNb）等焊接结构的埋弧焊	410～550	≥330	≥22	—
H10MnSi	2.0～5.0	镀铜焊丝，配用相应的焊剂可获得力学性能优良的焊缝金属，焊接效率高，焊接质量稳定可靠，用于焊接重要的低碳钢和低合金钢结构	410～550	≥330	≥22	≥27（℃）
HYD047	3.0～5.0	配用焊剂 HJ107 的堆焊焊丝，熔敷金属具有良好的抗挤压磨粒磨损能力，抗裂性能优良，冷焊无裂纹，焊丝表面无缝，可镀铜处理，焊接操作简单，电弧稳定，工艺性能良好，常用于辊压机挤压辊表面的堆焊	—	—	—	—

3）不锈钢用焊丝

不锈钢焊接时，采用的焊丝成分与被焊接的不锈钢成分基本一致。焊接铬不锈钢时可采用 H0Cr14、H1Cr13、H1Cr17 等焊丝，焊接铬镍不锈钢时，可采用 H0Cr19Ni9、H0Cr19Ni9Ti 等焊丝，焊接超低碳不锈钢时，应采用相应的超低碳焊丝，如 H00Cr19Ni9 等。焊剂可采用熔炼型或烧结型，要求焊剂的氧化性要小，以减少合金元素的烧损。

（2）气体保护焊用焊丝

1）TIG 焊焊丝

TIG 焊接有时不加填焊丝，被焊母材加热熔化后直接连接起来，有时加填充焊丝，由于保护气体为 Ar，无氧化性，焊丝熔化后成分基本不发生变化，所以焊丝成分即为焊缝成分，有时采用母材成分作为焊丝成分，使焊缝与母材一致，TIG 焊时焊接线能量小，焊缝强度和塑性、韧性好。

2）MIG 和 MAG 焊焊丝

MIG 方法主要用于焊接不锈钢等高合金钢。为了改善电弧特性，在 Ar 中加入适量的 O_2 和 CO_2，即成为 MAG 焊接方法。焊接低合金钢时，采用 Ar + 5% CO_2 混合气体，也可采用 Ar + 2% O_2 混合气体，以防止焊缝增碳。目前低合金钢的 MIG 焊接正在逐步被 Ar + 20% CO_2 的 MAG 焊接所取代。

3）CO_2 焊焊丝

CO_2 是活性气体，具有较强的氧化性，因此 CO_2 焊所用的焊丝必须含有较高的 Mn、Si 等脱氧元素。CO_2 焊通常采用 C－Mn－Si 系焊丝，如 H08MnSiA、H08Mn2SiA、H04Mn2SiTiA 等，CO_2 焊焊丝直径一般为：0.8mm、1.0mm、1.2mm、1.6mm、2.0mm 等，直径小于 1.2mm 属于细丝 CO_2 焊丝，直径大于 1.6mm 属于粗丝 CO_2 焊丝。

H08Mn2SiA 焊丝是一种广泛应用的 CO_2 焊丝，具有较好的工艺性能，适合于焊接 500MPa 级以下的低合金钢，对于强度级别要求更高的钢种，应采用焊丝成分中含有 Mo 元素的 H10MnSiMo 等焊丝。

（3）电渣焊焊丝

电渣焊适用于中厚板和厚板焊接，电渣焊焊丝主要起填充金属和合金化作用，低碳钢和低合金钢电渣焊常用的焊丝牌号见表 6-44。

低碳钢和低合金钢电渣焊常用的焊丝牌号　　表 6-44

钢　　号	常用焊丝牌号
Q235、Q255	H08MnA
15，20，25	H08MnA，H10Mn2
16Mn，09Mn2	H08Mn2SiA，H10Mn2，H10MnSi，H08MnMoA，
15MnV，15MnVCu	H08Mn2MoA，H08Mn2MoVA
15MnVN，14MnMoV，18MnMoNb	H10Mn2MoVA，H10Mn2Mo

（4）有色金属及铸铁焊丝

与焊丝型号表示方法不同，焊丝牌号前两个字母“HS”表示有色金属及铸铁焊丝，牌号中第一位数字表示焊丝的化学组成类型，见表 6-45，牌号中第二位、第三位表示同一类型焊丝不同牌号。

2. 药芯焊丝的选用

药芯焊丝的焊接具有工艺性能好、焊缝质量好、对钢材的适应性强等优点，有着广阔的应用前景。药芯焊丝可用于焊接各种类型的钢结构，包括低碳钢、低合金高强钢、低温钢、耐热钢、不锈钢及耐磨堆焊等。所采用的保护气体有 CO_2 和 Ar + CO_2 两种，前者用于普通结构，后者用于重要结构。药芯焊丝适于自动或半自动焊接，直流或交流电源均可。

有色金属及铸铁焊丝牌号中第一位数字表示含义　表 6-45

牌　号	型　号	化学组成类型
HS1××	—	堆焊硬质合金焊丝
HS2××	HSCu××-×	铜及铜合金焊丝
HS3××	HSAl××-×	铝及铝合金焊丝
HS4××	RZC×-×	铸铁焊丝
—	ERNi××-×	镍及镍合金焊丝

（1）低碳钢及高强钢用药芯焊丝

低碳钢及高强钢用药芯焊丝的品种多、用量大，大多数为钛型渣系，焊接工艺性好，焊接生产率高，主要用于造船、桥梁、建筑、车辆制造等部门。低碳钢及低合金高强钢用药芯焊丝品种较多，从焊缝强度级别上看，490MPa 级和 590MPa 级的药芯焊丝已普遍使用；从性能上看，有的侧重于工艺性能，有的侧重于焊缝力学性能和抗裂性能，有的适用于包括向下立焊在内的全位置焊，也有的专用于角焊缝。

（2）不锈钢用药芯焊丝

不锈钢药芯焊丝具有工艺性能好、力学性能稳定、生产效率高等特点，国外近年来应用于压力容器、造船和工程机械等行业。目前不锈钢药芯焊丝的品种已有 20 余种，除铬镍系不锈钢药芯焊丝外，还有铬系不锈钢药芯焊丝。焊丝直径有 0.8mm、1.2mm、1.6mm 等，可满足不锈钢薄板、中板及厚板的焊接需要。所采用的保护气体多数为 CO_2，也可采用 Ar +（20% ~50%）CO_2 的混合气体。

（3）耐磨堆焊用药芯焊丝

为了增加耐磨性或使金属表面获得某些特殊性能，需要从焊丝中过渡一定量的合金元素，但是焊丝因含碳量和合金元素较多，难于加工制造。随着药芯焊丝的问世，这些合金元素可加入药芯中，且加工制造方便，故采用药芯焊丝进行埋弧堆焊耐磨表面是一种常用的方法，并已得到广泛应用。此外，在烧结焊剂中加入合金元素，堆焊后也能得到相应成分的难焊层，它与实心或药芯焊丝相配合，可满足不同的堆焊要求。

常用的药芯焊丝 CO_2 堆焊和药芯焊丝埋弧堆焊方法如下。

1）细丝 CO_2 药芯焊丝堆焊焊接效率高，生产效率为手弧焊的 3~4 倍；而且，焊接工艺性能优良，弧稳定，飞溅小，脱渣容易，焊道成形美观。这种方法只能通过药芯焊丝过渡合金元素，多用于合金成分不太高的堆焊层。

2）药芯焊丝埋弧堆焊采用大直径（ $d=3.2$、$d=4.0$）的药芯焊丝，焊接电流大，焊接生产率明显提高。当采用烧结焊剂时，还可通过焊剂过渡合金元素，使焊层得到更高的合金成分，其合金含量可在 14% ~20% 之间变化，以便得到不同的使用要求。该法主要用于堆焊轧制辊、送进辊、连铸辊等耐磨耐蚀部件。

（4）自保护药芯焊丝

自保护焊丝是指不需要外加保护气体或焊剂，就可进行电弧焊. 从而获得合格焊缝的焊丝。自保护药芯焊丝是把作为造渣、造气、脱氧作用的粉剂和金属粉置于钢皮之内，焊接时粉剂在电弧作用下变成熔渣和气体，起到造渣和造气保护作用，不用另加气体保护。

自保护药芯焊丝的熔敷效率明显比焊条高，野外施焊的灵活性和抗风能力优于其他气体保护焊，通常可在四级风力下施焊。因为不需要保护气体，适于野外或高空作业，故多用于安装现场和建筑工地。

自保护焊丝的焊缝金属塑、韧性，一般低于带辅助保护气体的药芯焊丝。自保护焊丝目前主要用于低碳钢焊接结构，不宜用于焊接重要结构。此外，自保护焊丝施焊时烟尘较大在狭窄空间作业时要注意加强通风换气。

6.4 焊 剂

[本节要点]

了解焊剂分类及特点；

了解焊剂的型号和牌号表示含义；

了解焊剂的选用要点；

了解焊剂与焊丝的选配。

[关键概念]

焊剂的型号与牌号；

焊剂选用；

焊剂与焊丝选配。

焊剂是具有一定粒度的颗粒状物质，焊接时能够熔化形成熔渣和气体，是埋弧焊和电渣焊不可缺少的焊接材料。在焊接过程中，焊剂的作用相当于焊条药皮，熔化形成熔渣，对焊接熔池起保护、冶金处理和改善焊接工艺性能的作用，烧结焊剂还具有渗合金作用。焊剂与焊丝相组合，即为埋弧焊和电渣焊所需的焊接材料。目前我国焊丝和焊剂的产量占焊接材料总量的15%左右。

6.4.1 焊剂的分类及特点

目前国产焊剂已有50余种。焊剂的分类方法有许多种。可分别按用途、制造方法、化学成分、焊接冶金性能等对焊剂进行分类；也可按焊剂的酸碱性、焊剂的颗粒结构来分类，但每一种分类方法都只是从某一方面反映了焊剂的特性，不能概括焊剂的所有特点。了解焊剂的分类是为了更好地掌握焊剂的特点，以便进行正确的选择和使用。

1. 按焊剂的制造方法分类

根据焊剂的制造方法，可以把焊剂分成熔炼焊剂和非熔炼焊剂（陶质焊剂、烧结焊剂）两大类。

(1) 熔炼焊剂

把各种矿物性原料按配方比例混合配成炉料，然后在电炉或火焰炉中加热到1300℃以上熔化，均匀后出炉经过水冷粒化、烘干、筛选得到的焊剂称为熔炼焊剂。熔炼焊剂采用的原料主要有锰矿、硅砂、铝矾土、镁砂、萤石、生石灰、钛铁矿等矿物性原料，另外还加入冰品石、硼砂等化工产品。熔炼前所用的原料应进行150~200℃烘干，以清除原料中的水分。由于熔炼焊剂制造中要熔化原料，所以焊剂中不能加碳酸盐、脱氧剂和合金剂，制造高碱度焊剂也很困难。而且，熔炼焊剂经熔炼后不可能保持原料的原组分不变，所以，熔炼焊剂实质上是各种化合物的组合体。

熔炼焊剂按其颗粒结构又可分为玻璃状焊剂、结晶状焊剂和浮石状焊剂三种。玻璃状焊剂呈透明状颗粒，结晶状焊剂的颗粒具有结晶体特点，浮石状焊剂是泡沫状颗粒。玻璃状焊剂和结晶状焊剂的结构都较致密，松装密度为1.1~1.8g/cm^3，浮石状焊剂的结构比较疏松，松装密度为0.7~1.0g/cm^3。

（2）非熔炼焊剂

把各种粉料按配方混合后加入粘结剂，制成一定粒度的小颗粒，经烘焙或烧结后得到，制造非熔炼焊剂所采用的原材料与制造焊条的原材料基本相同，对成分和颗粒大小有严格要求。按照给定配比配料，混合均匀后加入粘结剂（水玻璃）制成湿料，然后把湿料进行造粒，制成一定尺寸的颗粒（一般为0.5~2mm），造粒之后将颗粒状的焊剂送入干燥炉内固化、烘干、去除水分，加热温度为150~200℃，最后送入烧结炉内烧结。根据烘焙温度的不同，非熔炼焊剂又分类如下。

① 粘结焊剂（亦称陶质焊剂或低温烧结焊剂）通常以水玻璃作为粘结剂，经350~500℃低温烘焙或烧结得到的焊剂。由于烧结温度低，粘结焊剂具有吸潮倾向大、颗粒强度低等缺点。目前我国作为产品供应量还不多。

②烧结焊剂通常在较高的温度（700~1000℃）烧结，烧结后粉碎成一定尺寸的颗粒即可使用。经高温烧结后，焊剂的颗粒强度明显提高，吸潮性大大降低。

与熔炼焊剂相比，烧结焊剂熔点较高，松装密度较小，故这类焊剂适于大线能量焊接。烧结焊剂的碱度可以在较大范围内调节而仍能保持良好的工艺性能，可以根据施焊钢种的需要通过焊剂向焊缝过渡合金元素；而且，烧结焊剂适用性强、制造简便，故近年来发展很快。表6-46列出了熔炼焊剂与烧结焊剂的特点比较。

熔炼焊剂与烧结焊剂的特点比较　　表6-46

比较项目		熔炼焊剂	烧结焊剂
一般特点		熔点较低，松装密度较大，颗粒不规则，但强度较高。焊剂的生产中耗电量大，成本较高	焙点较高，松装密度较小，颗粒圆滑较规则，但强度低，可连续生产，成本较低
焊接工艺性能	高速焊接性能	焊道均匀，不易产生气孔和夹渣	焊道无光泽，易产生气孔、夹渣
	大规范焊接性能	焊道凸凹显著，易粘渣	焊道均匀，容易脱渣
	吸潮性能	比较小，可不必再烘干	比较大，必须烘干
	抗锈性能	比较敏感	不　敏　感
焊缝性能	韧性	受焊丝成分和焊剂碱度影响大	比较容易得到高韧性
	成分波动	焊接规范变化时成分波动较小	成分波动较大
	多层焊性能	焊缝金属的成分变动小	焊缝成分变动较大
	脱氧性能	较　　差	较　　好
	合金剂的添加	十分困难	可以添加

根据不同的使用要求，还可以把熔炼焊剂和烧结焊剂混合起来使用，称为混合焊剂。

焊剂的粒度越大，其松装密度（单位体积内焊剂的质量）越小，透气性越大，焊缝金属中含氮量越多，保护效果越差。但是不应当认为焊剂的松装密度越大越好，因为当熔池中有大量气体析出时，如果松装密度过大，则透气性过小，将阻碍气体外逸，促使焊缝中形成气孔，使焊缝表面出现压坑等缺陷。所以焊剂应具有适当的透气性。埋弧焊时焊缝中的含氮量一般为0.002%~0.007%，比手工电弧焊的保护效果好。

2. 按焊剂的化学成分或渣系分类

（1）按照焊剂的主要成分分类

1）按SiO_2含量分类可分为高硅焊剂（$SiO_2>30\%$）、中硅焊剂（$SiO_2=10\%\sim30\%$）、低硅焊剂（$SiO_2<10\%$）和无硅焊剂。

2）按MnO含量分类可分为高锰焊剂（$MnO>30\%$）、中锰焊剂（$MnO=15\%\sim30\%$）、低锰焊剂（$MnO=2\%\sim15\%$）、无锰焊剂（$MnO<2\%$）。

3）按CaF_2含量分类可分为高氟焊剂（$CaF_2>30\%$）、中氟焊剂（$CaF_2=10\%\sim30\%$）、低氟焊剂（$CaF_2<10\%$）。

4）按MnO、SiO_2、CaF_2含量进行组合分类：HJ431可称为高锰高硅低氟焊剂，HJ350可称为中锰中硅中氟焊剂，HJ250可称为低锰中硅中氟焊剂。高锰高硅低氟焊剂属于酸性焊剂，焊接工艺性能良好，适于交直流电源，主要用于焊接低碳钢及对韧性要求不高的低合金钢。中锰中硅中氟焊剂属中性焊剂，焊接工艺性能和焊缝韧性均可，多用于低合金钢焊接结构。无锰低硅高氟焊剂属碱性焊剂，焊接工艺性能较差，仅适用于直流电源，焊剂氧化性小。焊缝韧性高，可焊接不锈钢等高合金钢。

5）按焊剂的主要成分与特性分类分类方法直观性强，易于分辨焊剂的主要成分与特性。我国的烧结焊剂采用这种分类方法。

表6-47列出了主要成分与特点对焊剂的分类，是国际焊接学会推荐的焊剂分类方法。

按主要成分与特点对焊剂的分类 **表6-47**

焊剂类型代号	焊剂类型	主要成分	焊剂特点
MS	锰-硅型	$MnO+SiO_2>50\%$	与含锰量少的焊丝配合，可以向焊缝过渡适量的锰与硅
CS	钙-硅型	$CaO+MgO+SiO_2>60\%$	由于焊剂中含有较多的SiO_2，即使采用含硅量低的焊壁仍可得到含硅量较高的焊缝金属，适于大电流焊接
AR	铝-钛型	$Al_2O_3+TiO_2>45\%$	适于多丝焊接和高速焊接
FB	氟-碱型	$CaO+MgO+MnO+CaF_2>50\%$ $SiO_2\leq20\%$，$CaF_2\geq15\%$	SiO_2含量低，减少了硅的过渡，可得到高冲击韧性的焊缝金属
AB	铝-碱型	$Al_2O_3+CaO+MgO>45\%$（$Al_2O_3\approx20\%$）	性能介于铝-钛型和氟-碱型焊剂之间
ST	特殊型	不 规 定	

(2) 按焊剂的渣系分类

①硅酸盐型如氧化锰—二氧化硅型（$MnO + SiO_2 > 50\%$）、氧化钙—二氧化硅型（$CaO + MgO + SiO_2 > 60\%$）、氧化锆—二氧化硅型（$ZrO_2 + SiO_2 > 35\%$）。

②铝酸盐型如氧化铝—二氧化钛型（$Al_2O_3 + TiO_2 > 45\%$）、碱性氧化铝型（$Al_2O_3 + CaO + MgO > 45\%$，其中 $Al_2O_3 \geqslant 20\%$）。

③碱性氟化物型如含氟化物的焊剂（$CaO + MgO + MnO + CaF_2$）$> 50\%$，其中 $SiO_2 \leqslant 20\%$，$CaF_2 > 15\%$。

3. 按焊剂的化学性质分类

根据焊剂氧化性的强弱，可将焊剂分为以下三种类型。

(1) 氧化性焊剂焊剂对焊缝金属有较强的氧化作用。有两种类型的氧化性焊剂：一种是含有大量 SiO_2、MnO 的焊剂；另一种是含有 FeO 较多的焊剂。

(2) 弱氧化性焊剂焊含 SiO_2、MnO、FeO 等活性氧化物较少。焊剂对焊缝金属有较弱的氧化作用，焊缝金属含氧量较低。

(3) 惰性焊剂（或称中型焊剂）焊剂里基本不含 SiO_2、MnO、FeO 等氧化物。焊剂对焊缝金属基本没有氧化作用；焊剂是由 Al_2O_3、CaO、MgO 及 CaF_2 等组成。

4. 按熔渣的碱度分类

碱度是熔渣的最重要的冶金特征之一，对熔渣－金属相界面处冶金反应、焊接工艺性能和焊缝金属的力学性能有很大影响。目前，有关焊剂碱度的计算表达式不统一，应用较广泛的是国际焊接学会（IIW）推荐的公式，即：

$$B = \frac{CaO + MgO + BaO + Na_2O + K_2O + CaF_2 + 0.5(MnO + FeO)}{SiO_2 + 0.5(Al_2O_3 + TiO_2 + ZrO_2)} \tag{6-1}$$

式中各组分的含量按质量分数计算。根据计算结果作如下分类：

酸性焊剂（碱度 $B < 1.0$）具有良好的焊接工艺性能，焊缝成形美观，但可使焊缝金属增硅，焊缝金属含氧量高，低温冲击韧性较低。

中性焊剂（碱度 $B = 1.0 \sim 1.5$）熔敷金属的化学成分与焊丝的化学成分相近，焊缝含氧量有所减低。

碱性焊剂（碱度 $B > 1.5$）采用碱性焊剂得到的熔敷金属含量氧含量低，可以获得较高的焊缝冲击韧性，抗裂性能好，但焊接工艺性能差，$B > 2.0$ 的焊剂称为高碱度焊剂，有除硫及降硅作用，焊缝金属的含氧量低，低温冲击韧性高。但是随着碱度的提高，焊道的形状变得窄而高，并容易产生咬边、夹渣等缺陷。

按照国际焊接学会推荐公式计算出的部分国产焊剂碱度见表 6-48。

按照国际焊接学会推荐公式计算出的部分国产焊剂碱度　　表 6-48

焊剂牌号	130	131	150	172	230	250	251	260	330	350	360	430	431	433
碱度值	0.78	1.46	1.30	2.68	0.80	1.75	1.68	1.11	0.81	1.0	0.94	0.78	0.79	0.67

5. 按焊剂的用途分类

(1) 按使用用途分类：可分为埋弧焊焊剂、堆焊焊剂、电渣焊焊剂。

（2）按所焊材料的种类分：可分为低碳钢用焊剂、低合金钢用焊接、不锈钢用焊剂，镍及镍合金用焊剂、钛及钛合金用焊剂。

（3）按焊接工艺特点分：

1）单道焊或多道焊焊剂：仅适用于单面单道焊、双面单道焊。

2）高速焊焊剂：用于焊接速度大于60m/h的焊接场合。

3）超低氢焊剂：熔敷金属中扩散的氢含量小于或等于2mL/100g有利于消除焊接热裂纹。

4）抗锈焊剂：对铁锈不敏感，有良好的抗气孔性能。

5）高韧性焊剂：焊缝金属的韧性高，用于焊接低温下工作的压力容器。

6）单面焊双面成形焊剂：使焊缝背面根部成形满足需要，主要在造船业中使用。

6.4.2 焊剂的型号与牌号

焊剂的型号是依据国家标准的规定进行划分的，焊剂的牌号是由生产部门依据一定的规则来编排的，同一型号中也可能包括多种焊剂牌号。

1. 焊剂的型号

目前我国有关焊剂型号的国家标准主要有《埋弧焊用碳钢焊丝和焊剂》（GB/T 5293-1999）、《埋弧焊用低合金钢焊丝和焊剂》（GB/T 12470-2003）和《埋弧焊用不锈钢焊丝和焊剂》（GB/T 17854-1999）等。

（1）碳素钢埋弧焊用焊剂的牌号

《埋弧焊用碳钢焊丝和焊剂》（GB/T 5293-1999）第一次将焊剂与焊丝在同一个标准中编写，从而可以供使用单位更加全面地理解焊丝、焊剂与熔敷金属力学性能的关系。标准中的型号是根据焊丝-焊剂组合的熔敷金属力学性能、热处理状态进行划分。

完整的焊丝-焊剂型号举例：

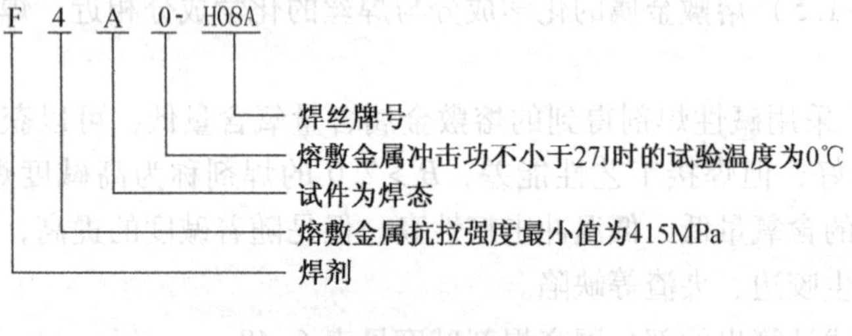

焊丝-焊剂组合型号编制方法规定如下：

1）字母“F”表示焊剂。

2）第一位数字表示焊丝－焊剂组合熔敷金属的抗拉强度最小值见表6-49。

焊丝-焊剂组合熔敷金属拉伸试验结果的规定 表6-49

焊剂型号	抗拉强度/MPa	屈服强度/MPa	伸长率/%
F4××-H×××	415~550	≥330	≥22
F5××-H×××	480~650	≥400	≥22

3）第二位字母表示试件的热处理状态，“A”表示焊态，“P”表示焊后热处理状态。

4）第三位数字表示熔敷金属冲击吸收功不大于27J时的最低试验处理规范见表6-50。

焊丝－焊剂组合的熔敷金属冲击试验结果的规定　　表6-50

焊剂型号	冲击功/J	试验温度/℃
F××0-H×××	≥27	0
F××2-H×××		20
F××3-H×××		30
F××4-H×××		40
F××5-H×××		50
F××6-H×××		60

5）“-”后面表示焊丝的牌号，焊丝的牌号按《熔化焊用钢丝》（GB/T14957-1994），其中“H”表示焊丝，字母后面的两位数表示焊丝中平均含碳量，如有其他化学成分，在字母后面用元素符号表示，牌号最后A、E、C分别表示S、P杂质的含量等级。

(2) 低合金钢埋弧焊用焊剂的型号

根据国际《埋弧焊用低合金钢焊丝和焊剂》（GB/T 12470-2003）的规定，低合金钢埋弧焊用焊剂型号是根据熔敷金属的理想性能和焊剂渣来划分的。

焊剂型号-焊丝牌号组合举例：

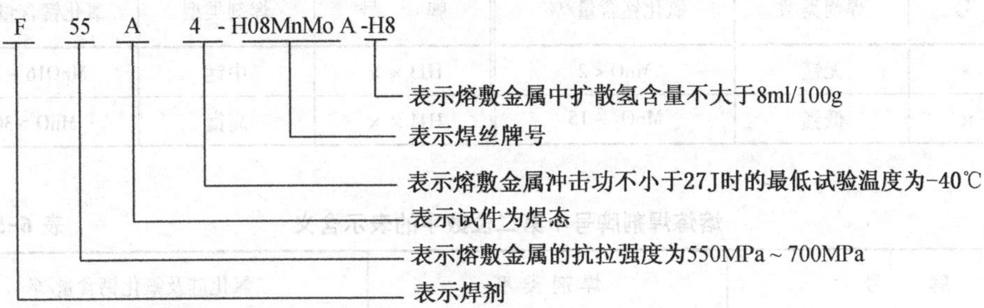

焊剂型号－焊丝牌号组合的编制方法如下：

字母“F”表示低合金钢埋弧焊用焊剂，第一位数字代号X分为5，6，…，10类，表示熔敷金属拉伸性能，每类规定其抗拉强度、屈服强度和伸长率。

(3) 埋弧焊用不锈钢焊剂的型号

根据《埋弧焊用不锈钢焊丝和焊剂》（GB/T 17854-1999）的规定，埋弧焊用不锈钢焊丝和焊剂的熔敷金属中铬含量应不大于11%，镍含量应小于38%；焊丝和焊剂的型号分类是根据焊丝—焊剂组合的熔敷金属化学成分、力学性能进行划分。

不锈钢埋弧焊焊剂-焊丝组合的举例：

焊丝-焊剂组合的型号编制方法如下：

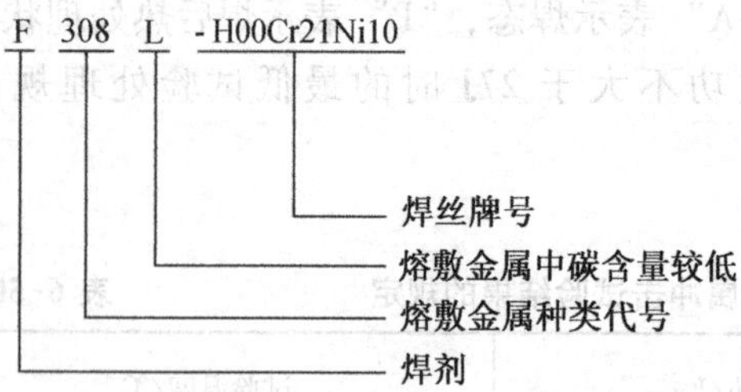

字母“F”表示焊剂。“F”后面的数字表示熔敷金属种类代号，如有特殊要求的化学成分，该化学成分用元素符号表示，放在数字的后面。“-”后面表示焊丝的牌号，焊丝的牌号按《焊接用不锈钢丝》（YB/T 5092-2005）标准。

2. 焊剂的牌号

根据原机械工业部《焊接材料产品样本》的划分，熔炼焊剂的牌号用“HJ×××”表示，烧结焊剂的牌号用“SJ×××”表示。

（1）熔炼焊剂牌号表示方法

焊剂牌号前“HJ”表示埋弧焊和电渣焊用熔炼焊剂。焊剂牌号第一位数字表示焊剂中 MnO 的含量，熔炼焊剂牌号中第一位数字的表示含义见表 6-51。牌号第二位数字表示焊剂中 SiO_2、CaF_2 的含量，熔炼焊剂牌号中第二位数字的含义见表 6-52。牌号第三位数字表示同一类型熔炼焊剂的不同牌号，按 0，1，2，…，9 顺序排列。对同一牌号熔炼焊剂生产两种颗粒度时，在细颗粒焊剂牌号后加“X”区分（焊剂的颗粒一般分为两种：普通颗粒度焊剂的粒度为 40～8 目，细颗粒度焊剂的粒度为 60～14 目）。

熔炼焊剂牌号中第一位数字的表示含义 **表 6-51**

牌号	焊剂类型	氧化锰含量/%	牌号	焊剂类型	氧化锰含量/%
HJ1××	无锰	MnO<2	HJ3××	中锰	MnO16～30
HJ2××	低锰	MnO_2～15	HJ4××	高锰	MnO>30

熔炼焊剂牌号中第二位数字的表示含义 **表 6-52**

牌号	焊剂类型	二氧化硅及氟化钙含量/%
HJ×1×	低硅低氟	$SiO_2<10$ $CaF_2<10$
HJ×2×	中硅低氟	SiO_2 10～30 $CaF_2<10$
HJ×3×	高硅低氟	$SiO_2>30$ $CaF_2<10$
HJ×4×	低硅中氪	$SiO_2<10$ CaF_2 10～30
HJ×5×	中硅中氟	SiO_2 10～30 CaF_2 10～30
HJ×6×	高硅中氟	$SiO_2>30$ CaF_2 10～30
HJ×7×	低硅高氟	$SiO_2<10$ $CaF_2>30$
HJ×8×	中硅高氟	SiO_2 10～30 $CaF_2>30$
HJ×9×	其他	

熔炼焊剂牌号举例：

HJ 4 3 1 X
- X——焊剂颗粒度为60~14目
- 1——牌号编号为1
- 3——焊剂为高硅低氟型
- 4——焊剂为高锰型
- HJ——埋弧焊及电渣焊用熔炼焊剂

（2）烧结焊剂牌号的编制方法

牌号前“SJ”表示埋弧焊用烧结焊剂。烧结焊剂牌号第一位数字表示焊剂熔渣的渣系类型，烧结焊剂牌号中第一位数字的表示含义见表6-53。牌号第二位、第三位数字表示同一渣系类型的烧结焊剂的不同牌号，按01，02，…，09顺序编排。

烧结焊剂牌号中第一位数字的表示含义 表6-53

焊剂牌号	熔渣渣系类型	主要组分范围/%
SJ1××	氟碱型	$CaO + MgO + MnO + CaF_2 > 50\%$，$SiO_2 \leqslant 20\%$，$CaF_2 \geqslant 15\%$
SJ2××	高铝型	$Al_2O_3 + CaO + MgO > 45\%$，$Al_2O_3 \geqslant 20\%$
SJ3××	硅钙型	$CaO + MgO + SiO_2 > 60\%$
SJ4××	硅锰型	$MnO + SiO_2 > 50\%$
SJ5××	铝钛型	$Al_2O_3 + TiO_2 > 45\%$
SJ6××	其他型	不规定

烧结焊剂牌号举例：

SJ 5 01
- 01——牌号编号为01
- 5——焊剂熔渣渣系为铝钛型
- SJ——埋弧焊用烧结焊剂

6.4.3 焊剂与焊丝的选配

焊剂的焊接工艺性能和化学冶金性能是决定焊缝金属化学成分和性能的主要因素之一，采用同样的焊丝和同样的焊接参数，而配用的焊剂不同，所得焊缝的性能将有很大的差别。一种焊丝可与多种焊剂合理的组合，无论是在低碳钢还是在低合金钢上都有这种合理的组合。

1. 对焊剂工艺性能及质量的要求

（1）对焊剂的一般要求

1）焊剂应具有良好的冶金性能，焊接时配以适当的焊丝和合理的焊接工艺，焊缝金属应能得到适宜的化学成分和良好的力学性能（与母材相适应的强度和较高的塑性、韧性），以及较强的抗冷裂纹和热裂纹的能力。

2）焊剂应具有良好的工艺性、电弧燃烧稳定、熔渣具有适宜的熔点、黏度和表面张力。焊道与焊道间及焊道与母材间充分熔合，过渡平滑没有明显咬边，脱渣容易，焊缝表面成形好，以及焊接过程中产生的有害气体少。

3）焊剂要有一定的颗粒度，并且应有一定的颗粒强度，以利于多次回收使用。焊剂的颗粒度分为两种：普通颗粒度焊剂的粒度为2.5～0.45mm（8～40目），用于普通埋弧焊和电渣焊；细颗粒度焊剂的粒度为1.25～0.28mm（14～60目），适用于半自动或细丝埋弧焊。其中小于规定粒度60目以下的细颗粒不大于5%，规定粒度14目以上的粗颗粒不大于2%。

4）焊剂应有较低的含水量和良好的抗潮性，出厂焊剂含水量的质量分数不得大于0.10%，焊剂在温度25℃、相对湿度70%的环境条件下，放置24h，其吸潮率不应大于0.15%。

5）焊剂中机械夹杂物（碳粒、生料、铁合金凝珠及其他杂质）的含量不得大于焊剂质量分数的0.30%。

6）焊剂应有较低的S、P含量，一般为S≤0.060%，P<0.08%。

（2）对电渣焊用焊剂的要求

对于电渣焊用焊剂，为了使电渣过程能稳定进行并能得到良好的焊接接头，还应有以下特殊要求。

1）熔渣的电导率应适宜。若电导率过低，焊接无法进行；若电导率过高，电阻热过低，影响电渣焊过程的顺利进行。

2）熔渣的黏度应适宜。黏度过小，流动性过大，易造成熔渣和金属流失，使焊接过程中断；黏度过大、熔点过高，易形成咬边和夹渣。

3）熔渣的开始蒸发温度应合适。熔渣开始蒸发的温度取决于熔渣中最易蒸发的成分，例如氟化物的沸点低，使熔渣的开始蒸发温度降低，易产生电弧，导致电渣焊过程的稳定性降低，并易产生飞溅。

通常情况下，焊剂中的SiO_2含量增多时，电导率降低，黏度增大；氟化物和TiO_2增多时，电导率增大，黏度降低。

要获得高质量的焊接接头，焊剂除符合以上要求外，还必须针对不同的钢种选用合适牌号的焊剂及配用焊丝。通常主要根据被焊钢材的类别及对焊接接头性能的要求来选择焊丝，并选择适当的焊剂相配合。一般情况下，对低碳钢、低合金高强钢的焊接，应选用与母材强度相匹配的焊丝；对耐热钢、不锈钢的焊接，应选用与母材成分相匹配的焊丝；堆焊时应根据对堆焊层的技术要求、使用性能等，选择合金系统及相近成分的焊丝并选用合适的焊剂。

还应根据所焊产品的技术要求（如坡口和接头形式、焊后加工工艺等）和生产条件，选择合适的焊剂与焊丝的组合，必要时应进行焊接工艺评定，检测焊缝金属的力学性能、耐腐蚀性、抗裂性以及焊剂的工艺性能，以考核所选焊接材料是否合适。

2. 低碳钢埋弧焊焊剂与焊丝的选配

选用高锰高硅低氟焊剂时，配合H08A或H08E，目前常用的为H08A＋HJ431（HJ430、HJ 433、HJ434）组合。焊剂中的MnO和SiO_2在高温下与Fe反应，Mn和S得以还原，过渡到焊接熔池中，冷却时起脱氧剂和合金剂的作用，保证焊缝金属的力学性能。其中HJ431与HJ430相比，电弧稳定性改善，但抗锈能力和抗气孔能力降低；HJ433含CaF_2较低、SiO_2较高，有较高的熔化温度及黏度，焊缝成形好，适宜薄板的快速焊接；HJ434由于加入了TiO_2，且CaO和CaF_2含量略高，其抗锈能力、脱渣性更好。

选用中锰、低锰或无锰的高硅低氟焊剂时，应选配含锰较高的焊丝，才能保证在焊接过程中有足够数量的锰、硅过渡到熔池，保证焊缝脱氧和力学性能。常用的焊丝与焊剂的组合有：（H08MnA、H08Mn2、H10Mn2Si、H10Mn2）+（HJ330、HJ230、HJ130）。

近几年由于烧结焊剂的快速发展以及独特的优越性，在焊接生产中的应用逐渐扩大。SJ301、SJ401等与焊丝H08A配合焊接低碳钢，焊缝质量优良，焊接效率高，可实现单面焊双面成形，焊缝美观，目前已在锅炉压力容器等产品上应用。常用烧结焊剂与焊丝的组合如下。

（1）（H08A、H08E）+（SJ401、SJ402）：SJ401抗气孔能力强，SJ402抗锈能力强，适于薄板和中厚板的焊接；其中SJ402更适于薄板的高速焊接。

（2）（H08A、H08E）+（SJ301、SJ302）焊接工艺性能良好，熔渣层“短渣”性质，焊接时不下淌，适于环缝的焊接，其中Si_3O_2的脱渣性、抗吸潮性和抗裂性更好，焊剂的消耗量低。

（3）（H08A、H08E、H08MnA）+（SJ501、SJ502、SJ503、SJ504）焊接工艺性能良好，易脱渣，焊缝成形美观。其中SJ 501抗气孔能力强，主要用于多丝快速焊，特别适合双面单道焊；SJ502、SJ504适于锅炉压力容器的快速焊；SJ503抗气孔能力更强，焊缝金属低温韧性好，适于中、厚板的焊接。

常用低碳钢的埋弧焊焊剂与配用焊丝见表6-54。

低碳钢的埋弧焊焊剂与配用焊丝 **表6-54**

钢　号	烧结焊剂与配用焊丝		熔炼焊剂与配用焊丝	
	烧结焊剂	配用焊丝	熔炼焊剂	配用焊丝
Q235（A3）	SJ401，SJ403，SJ402（薄板、中厚板）	H08A H08E	HJ431，HJ430	H08A、H08MnA
Q255（A4）				
Q275（A5）				
15，20	SJ301 SJ302	H08A H08E	HJ431 HJ430 HJ330	H08A、H08MnA
25，30				H08MnA、H10Mn2
20g，22g	SJ502 SJ501			H08MnA、H08MnSi H10Mn2
20R	SJ503（中厚度板）			H08MnA

3. 低合金钢埋弧焊焊剂与焊丝的选配

（1）低合金高强钢焊剂与焊丝的选配

埋弧焊焊接低合金钢时主要用于热轧正火钢。选用焊剂与焊丝时应保证焊缝金属的力学性能，应选用与母材强度相当的焊接材料，并综合考虑焊缝金属的冲击韧性、塑性及焊接接头的抗裂性。焊缝金属的强度不宜过高，通常控制在不低于或略高于母材强度，过高会导致焊缝金属的冲击韧性、塑性及焊接接头抗裂性降低。

对调质钢，为避免热影响区韧性和塑性的降低，一般不采用粗丝、大电流、多丝埋弧焊，采用陶质焊剂 572F－6＋HJ350 的混合焊剂（其中 HJ350 占 80%～82%），配合 H18CrMoA 焊丝可实现 30CrMnSiNi2A 的埋弧焊接。常用热轧、正火低合金钢埋弧焊焊剂与配用焊丝见表 6-55。

常用热轧、正火低合金钢埋弧焊焊剂与配用焊丝　　表 6-55

钢　号	屈服强度/MPa	焊　剂	配用焊丝	备　注
09Mn2 09Mn2Si、09Mn	294	HJ430，HJ431，SJ301	H08A，H08MnA	
16Mn 16Mn 16MnCu 14MnNb	343	SJ501，SJ502	H08Mn，H08MnA	用于薄板
		HJ430，HJ431，SJ301	H08A	用于不开坡口对接
		HJ430，HJ431，SJ301	H08MnA、H10Mn2	用于中板开坡口对接
		HJ350	H10Mn2	
15MnV 15MnVCu 15MnVNb 15MnVR	392	HJ430 HJ431	H08MnA	用于不开坡口对接
		HJ430 HJ431	H10Mn2，H10MnSi	用于中板开坡口对接
		HJ250 HJ350 SJ101	H08MnMoA	用于厚板深坡口
15MnVN 15MnVNCu 15MnVTiRE 15MnVNR	414	HJ431	H10Mn2	
		HJ350，HJ250 HJ252，SJ101	H08MnMoA H08Mn2MoA	
18MnMoR 14MnMoV 14MnMoVCu 14MnMoVg 18MnMoNbg 18MnMoNbR	490	SJ102	H08MnMoA	
		HJ250，HJ252 HJ350，SJ101	H08Mn2MoA H08Mn2MoVA H08Mn2NiMo	
X60 低合金管线钢	414	HJ431	H08Mn2MoA	
		SJ101	H08MnMoA	
		SJ102	H10Mn2NiMo	
X65 低合金管线钢	450	SJ102，SJ301	H08MnMoA	
		SJ101	H08Mn2MoA	

（2）耐热钢焊剂与焊丝的选配

耐热钢按其合金成分的含量可分为低合金、中合金、高合金耐热钢。

1）低合金耐热钢焊剂与焊丝的选配

低合金耐热钢埋弧焊在锅炉、压力容器、管道及汽轮机转子等耐高温工件的焊接生产上被广泛应用。焊剂与焊丝组合的基本原则是焊缝金属的合金成分、力学性能与母材基本一致或达到产品所要求的性能；为提高焊缝金属的抗热裂性能，应控制焊接材料的含碳量略低于母材。

Cr-Mo耐热钢焊缝金属如果含碳过低，长时间的焊后热处理会促使铁素体形成，使韧性下降。Cr-Mo耐热钢焊缝金属的碳含量一般应控制在0.08%~0.12%范围内，在Cr-Mo较低时碳含量最好控制在0.08%左右；Cr-Mo较高时碳含量最好控制在0.100h左右，这样焊缝金属具有较高的冲击韧性和与母材相当的蠕变强度。焊缝金属的含硅量也应合理控制，过高的硅含量会增大回火脆性。Cr-Mo较低时，硅含量宜在0.1%；Cr-Mo较高时，硅含量最好控制在0.15%~0.35%。磷含量应严格控制在0.012%以下。常用耐热钢埋弧焊焊剂与配用焊丝见表6-56。

常用耐热钢埋弧焊焊剂与配用焊丝　表6-56

钢　种	钢　号	焊　剂	配用焊丝
0.5Mo	—	HJ350	H08MnMoA
0.5Cr-0.5Mo	12CrMo	HJ350，SJ103	H08CrMoA，H10CrMoA
1Cr-0.5Mo 1.25Cr-0.5Mo	15CrMo	HJ350，SJ103	H08CrMoA H10CrMoA，H13CrMoA
1Cr-0.5MoV	12Cr MoV	HJ350，HJ250，SJ103	H08CrMoA
2.25Cr-1Mo	Cr2Mo	HJ350，SJ103，SJ104	H08Cr3MoMnA
2Cr-MoWVTiB	12Cr2MoWVTiB	HJ250	H08Cr2MoWVBNbA
Mn-Mo	14MnMoV，18MnMoNb	HJ350，SJ603，SJ101	H08Mn2MoA
Mn-Ni-Mo	13MnNiMoNb	HJ350，SJ603，SJ101	H08Mn2NiMo

2）中合金耐热钢焊剂与焊丝的选配

中合金耐热钢（如5Cr-0.5Mo、9Cr-iMo、9Cr-2Mo等）比低合金耐热钢具有更大的淬硬倾向，对焊接冷裂纹更为敏感，因此焊剂、焊丝的选用原则为：在保证焊接接头与母材具有相同的高温蠕变强度和抗氧化性的前提下，提高其抗冷裂性。厚壁工件的窄间隙焊接时应选用低氢型碱性焊剂，或采用高碱度的烧结焊剂，如SJ 601、SJ605、SJ103和SJ104等。焊丝的选用有两种方案，一种是选用高Cr-Ni奥氏体钢焊丝，能有效地防止焊接接头热影响区裂纹；另一种是选用与母材成分基本相同的焊丝，可得到同质焊缝金属的接头，容易满足使用要求。

（3）低温钢埋弧焊焊剂与焊丝的选用

低温钢要求在较低的使用温度下具有足够的韧性及抗脆性破坏的能力。为此，应选用碱性焊剂，焊丝应严格控制其含碳量，S、P含量应尽量低。目前常选用烧结焊剂配合Mn-Mo或含Ni焊丝；如采用C-Mn焊丝，应配合非熔炼焊剂，通过焊剂向焊缝过渡微量Ti、B合金元素，以保证焊缝金属的低温韧性。焊接时采用较小的线能量，一般在28~45kJ/cm，其目的在于控制焊缝及近缝区粗晶组织的形成，从而提高焊接接头的低温韧性。常用低温钢弧焊时焊剂与配用焊丝见表 6-57。

常用低温钢弧焊时焊剂与配用焊丝 表 6-57

钢号	工作温度/℃	焊剂	配用焊丝
16MnDR	-40	SJ101，SJ603	H10MnNiMoA H06MnNiMoAl
DG50	-46	SJ603	H10Mn2Ni2MoA
09MnTiCuREDR	-60	SJ102，SJ603	H08MnA，H08Mn2
09Mn2VDR，2.5Ni 钢	-70	SJ603	H08Mn2Ni2A
3.5Ni 钢	-90	SJ603	H05Ni3A

9Ni 钢是具有明显的脆性转变温度的低温钢，可在 -196℃温度使用，目前作为液氮用钢已被各国普遍采用。焊接时遇到的主要问题是焊接接头的低温韧性、焊接热裂纹和冷裂纹等问题。其中焊缝金属的低温韧性与采用的焊接材料有关；选用与 9Ni 钢成分相同的焊接材料时，焊缝金属的低温韧性很差，因为焊缝金属中的含氧量太高。埋弧焊时由于熔透小，必须增大焊接接头的坡口角度；为减少焊接缺陷，必须采用细焊丝（直径小于 3.2mm）、碱性焊剂，选用较小的焊接线能量，层温控制在 100℃以下。9Ni 钢焊剂与焊丝组合为：HJ131 +（Ni67Cr16Mn3Ti、Ni58Cr22Mo9W）。

15Mn26A14 是奥氏体型低温钢，主要用于超低温条件下。焊接时主要存在 Al 的过渡系数低、焊缝特别是熔合区产生气孔、焊接热裂纹以及焊接接头的低温韧性问题。应适当提高焊接材料中 Al 的含量，尽量减少焊剂中的氧化物（特别是 SiO_2）的含量。常用焊剂与焊丝组合为：HJ173 + 12Mn27A16。

（4）耐候钢、耐海水腐蚀用钢焊剂及焊丝的选配

Cu、P 是提高钢材耐候及耐海水腐蚀的有效元素，对焊接热循环不敏感，因钢中 Cu、C、P 含量控制在较低范围内，Cu 通常控制在 0.2%～0.4%，C、P 的含量均在 0.25% 以下，所以此类钢焊接时不宜产生热裂纹，钢的冷裂倾向也不大，焊接性良好。常用耐候钢及耐海水腐蚀用钢有 16CuCr、12MnCuCr、15MnCuCr、10MnPNbRE、09MnCuPTi、12MnPRE 等，在采用埋弧焊焊接时，焊丝与焊剂的选用一般为：HJ431 +（H08MnA、H10Mn2）。

4. 不锈钢埋弧焊焊剂与焊丝的选配

不锈钢按其金相组织通常分为马氏体不锈钢、铁素体不锈钢、奥氏体不锈钢、奥氏体-铁素体双相不锈钢、沉淀硬化型不锈钢五类，焊接性能差别很大。其中奥氏体—铁素体双相不锈钢和沉淀硬化型不锈钢很少采用埋弧焊进行焊接。

采用埋弧焊对不锈钢进行焊接时，焊剂与匹配焊丝的选配如下。

1）马氏体不锈钢焊剂与焊丝的选配

马氏体耐热钢淬硬倾向大，防止冷裂纹是焊接中的首要问题。应选用 Cr 含量与母材相同的同质焊丝，以保证高温使用性能，并选用高碱度低氢型焊剂。对于常用的马氏体耐

热钢（如1Cr13、2Cr13等），采用的焊丝与焊剂组合为：（H1Cr13、HOCr14）+（SJ601、SJ605、SJ608）。

马氏体不锈钢焊缝和热影响区焊后状态为硬而脆的马氏体组织，在焊接应力的作用下易产冷裂纹，因此常采用预热、后热和焊后立即高温回火等工艺措施；由于马氏体不锈钢的导热降低，易过热，在热影响区产生淬硬组织，降低焊接接头的性能，一般不采用埋弧焊。1Cr13埋弧焊，应选用HJ151焊剂以降低焊缝中的含氢量，降低产生冷裂纹的倾向。例如1Cr13不锈钢可采用（HJ151、SJ601）+（H1Cr13、H0Cr14、H0Cr21Ni10、H1Cr241Vi13、H0Cr26Ni21）等焊丝。

2）铁素体不锈钢焊剂与焊丝的选配

铁素体不锈钢（如0CrllTi、00CrL2. 0Cr13Al. lCr17等）由于对过热较敏感，一般采用低热量输入的焊接方法，不宜采用大焊接线能量的埋弧焊。

焊接高铬铁素体不锈钢应注意的主要问题是晶间裂纹和脆性问题。由于在焊接热循环的作用下引起的热影响区晶粒长大和碳、氮化物在晶界的聚集，焊接区的塑性和韧性都很低采用同成分的焊接材料，易产生裂纹，焊前需预热。采用奥氏体焊缝可达到与铁素体母材等强，且塑性较好，但焊前不预热和焊后不进行热处理。常用高铬铁素体不锈钢埋弧焊焊剂与配用焊丝见表6-58。

常用高铬铁素体不锈钢埋弧焊焊剂与配用焊丝　　表6-58

钢号	焊剂	焊丝
1Cr17，1Cr17Ti，1Cr17Mn	SJ601，SJ701，SJ608，HJ17l，HJ151	H1Cr17，H0Cr21Ni10，H1Cr24Ni13，HOCr26Ni21
1Cr25Ti，1Cr28		HOCr26Ni21，H1Cr26Ni21 H1Cr24Ni13

3）奥氏体不锈钢焊剂与焊丝的选配

奥氏体不锈钢较马氏体、铁素体不锈钢容易焊接，埋弧焊方法通常适用于中厚板的焊接，有时也用于薄板。在焊接过程中Cr、Ni元素的烧损可通过焊剂或焊丝中合金元素的过渡来补充。由于埋弧焊熔深大，应注意防止焊缝中心区热裂纹的产生和热影响区耐蚀性的降低。

奥氏休不锈钢热裂纹敏感性大，这就要求其焊缝成分大致与母材成分匹配。同时应控制焊缝金属中的铁素体含量，对长期在高温下工作的焊件，焊缝中的铁素体含量应不大于5%。大多数奥氏体耐热钢都可采用埋弧焊，焊丝应选用低硅、低硫、低磷、成分与母材相近的焊丝；对Cr、Ni含量大于20%的奥氏体钢，为提高抗裂性能，可选用高Mn(6%~8%)焊丝。焊剂应选用碱性或中性焊剂，以防止向焊缝增硅。奥氏体不锈钢专用焊剂增硅极少，还可过渡合金、补偿元素烧损，可以满足焊缝性能和化学成分的要求，如SJ601、SJ601Cr等。常用奥氏体不锈钢埋弧焊焊剂与配用焊丝见表6-59。焊接时应选择细焊丝和较小的焊接线能量。

弥散硬化耐热钢是通过热处理获得高强度的高合金钢，这类钢不仅具有耐热性和抗氧化性，而且具有较高的塑性和断裂韧性。埋弧焊可用来焊接厚度小于13mm的弥散硬化耐热钢。如不要求焊缝金属与母材等强，可使用Cr-Ni奥氏体钢焊丝，否则必须使用特种焊丝和焊剂。特别是含Al、Ti等元素的钢，焊接时应采用无氧化性的焊剂，以保证焊丝和母材中的铝大部分过渡到焊缝金属中。常用弥散硬化耐热钢埋弧焊时焊剂与配用焊丝见表6-60。

常用奥氏体不锈钢埋弧焊焊剂与配用焊丝 **表6-59**

钢号	焊剂	焊丝
0Cr18Ni10N	SJ601，SJ605，SJ608，SJ701，HJ107，HJ151，HJ172，HJ260	H0Cr21Ni10
0Cr18Ni9，1Cr18Ni9		H0Cr19Ni9，H0Cr21Ni10，H1Cr19Ni10Nb，
1Cr18Ni9Ti，0Cr18Ni9Ti		H1Cr19Ni10Nb，H0Cr21Ni10Ti，H0Cr21Ni10Nb
0Cr18Ni11Nb，		H0Cr19Ni10Nb
1Cr18Ni12Mo2Ti		H0Cr19Ni12Mo2
0Cr18Ni12Mo2Ti		H0Cr19Ni12Mo2
0Cr17Ni14Mo		H0Cr18Ni14Mo2
0Cr17Ni12Mo2		H0Cr19Ni11Mo3
0Cr18Ni14MoCu2		H0Cr19Ni12Mo2Cu2
0Cr18Ni13Si4		H0Cr19Ni11Mo3
0Cr19Ni13Mo3		H0Cr25Ni13Mo3
1Cr20Ni14Si2		H1Cr25Ni13
0Cr23Ni13		H1Cr25Ni13
0Cr25Ni20		H1Cr25Ni20

常用弥散硬化耐热钢埋弧焊时焊剂与配用焊丝 **表6-60**

钢号	焊剂	配用焊丝
S17400（17-4PH），S15500（15-5PH）	SJ601 SJ605 SJ608	H0Cr19Ni19
1Cr17Ni7Al，X17H5M3，S3500（AM350）		H1Cr25Ni20，ERNiCr-3，AWS5774B
0Cr15Ni25Ti2MoALVB，A-286		H1Cr25Ni13Mo3，H1Cr25Ni20
1Cr22Ni20Co20Mo3W3NbN		ERNiCrFe-6

5. 其他高合金钢埋弧焊焊剂与焊丝的选配

(1) 马氏体时效钢焊剂与焊丝的选配

马氏体时效钢指以铁、镍为基础，含碳≤0.03%、镍18%~25%，并含有能产生时效强化的合金元素，具有高屈服强度、高断裂韧性以及良好的工艺性能，主要用于航空、航天等构件，有 Ni18%、Ni20%、Ni25% 三种类型。焊接时应注意焊接热影响区的软化、焊缝金属的强度、韧性、热裂纹以及应力腐蚀等问题。采用与母材化学成分相同的填充金属，其焊缝金属为低碳马氏体，时效后可得到硬化；但是焊丝中应含有较高的 Ti。应采用不含硅酸盐的碱性焊剂，普通焊剂不宜用来焊接马氏体时效钢。常用碱性焊剂的化学组分举例如下：$Al_2O_3$37%，$CaCO_3$28%，$CaF_2$15%，Mn_2O_3 14%，Ti-Fe60%。

(2) 高锰钢焊剂与焊丝的选配

高锰钢是指含碳 0.9% ~1.3% 和含锰 11% ~14% 的奥氏体铸钢，焊接性差，焊接时会在热影响区析出碳化物引起脆化和在焊缝上产生热裂纹，特别是在热影响区产生液化裂纹。焊接时采用冷焊并使用小的焊接线能量，一般不用埋弧焊，但有时采用埋弧焊焊接道岔，常用焊丝与焊剂组合为：H0Cr16Mn16 + （HJ107、HJ151）。

6. 有色金属埋弧焊焊剂与焊丝的选配

(1) 镍基合金焊剂与焊丝的选配

镍及镍基耐蚀合金是化学、石油、有色合金冶炼、航空航天、核能工业中耐高温、高压、高浓度或混有不纯物等各种苛刻腐蚀环境的比较理想的金属结构材料。镍基耐蚀合金按合金中主要元素 Ni、Cu、Cr、Fe 及 Mo 含量进行划分。通常分为 Ni、Ni-Cu（蒙乃尔）、Ni-Mo-(Fe)（哈斯特洛依）、Ni-Cr-Fe（因康镍）、Ni-Cr-Mo、Ni-Cr-Mo-Cu 与 Ni-Fe-Cr（因康洛依）等合金系列。其中的固溶强化镍基耐蚀合金适于埋弧焊，特别是对于厚大板材，焊接稀释率较高、电弧稳定、焊缝表面光滑。普通焊剂不适于焊接镍基耐蚀合金，需采用专用焊剂。常用耐蚀合金埋弧焊焊剂与配用焊丝见表 6-61。

常用耐蚀合金埋弧焊焊剂与配用焊丝 表 6-61

焊 剂	焊 丝	应用特点
HJ131	镍基合金焊丝	焊接相应镍基合金的薄板
InconFlux4 号	因康镍 62	用于因康镍 600 合金焊接
	因康镍 82	因康镍 600、因康镍洛依 800 以及几种合金间的异种钢焊接，还适于这几种合金与不锈钢、碳钢间的异种钢焊接
	因康镍 625	适用于因康镍 601、625、因康洛依 825 的对接接头的焊接或在钢上堆焊，也可用于 9Ni 的对接埋弧焊。
InconFlux5 号	蒙乃尔 60	适于蒙乃尔 400、404 的堆焊与对接焊，也适于这两种合金间的焊接及其对钢的异种金属的焊接
	蒙乃尔 67	用于铜镍合金的对接接头
InconFlux6 号	镍 61	用于镍 200、镍 201 的对接接头的同质和异质埋弧焊及钢上的堆焊
	因康镍 82，625	可用于因康镍 600、601 和因康洛依 800 合金的焊接及其相互间的异种钢焊接及在钢上的堆焊，大于三层的堆焊需用 InconFlux4 号焊剂

(2) 铜及其合金焊剂与焊丝的选配

埋弧焊可用于纯铜、锡青铜、铝青铜、硅青铜的焊接，也可用于黄铜及铜—钢的焊接。采用直流反接，适于厚度6~30mm的中、厚板长焊缝的焊接，厚度20mm以下的工件可在不预热和不开坡口的工艺下获得优质的接头。针对焊接时易出现焊道成形差、焊缝和热影响区热裂倾向大、气孔倾向严重及接头性能下降的问题，无论是单面焊和双面焊，反面均须采用各种形式的垫板、铜引弧板和收弧板等。

焊剂常采用HJ430、HJ431、HJ260、HJ 150、SJ570、SJ671等，其中HJ431、HJ430焊接工艺性好，但氧化性较强，易向焊缝过渡Si、Mn等元素，造成焊接接头导电性、耐蚀性及塑性降低。HJ260、HJ150氧化性较弱，增Si、增Mn倾向小，与普通紫铜焊丝配合，焊缝金属的伸长率达38%~45%，适于接头性能要求高的焊件。SJ570适于厚度20mm以下铜板的焊接，SJ671适于厚度20~40mm无氧铜板的焊接。常用铜及铜合金的焊剂与配用焊丝见表6-62。

常用铜及铜合金的焊剂与配用焊丝表　　表6-62

母材类别	母材牌号	焊　剂	焊　丝
纯　铜	T2，T3，T4	HJ430，HJ431，HJ260，HJ150，SJ570，SJ671	HSCu
黄　铜	H68，H62，H59		HSCuZn-3 HSCuSi，HSCuSn
青　铜	QSn6.5-4，QAl9-2，QSi3-1		HSCuSn，HSCuAl，HSCuSi
铜-钢		HJ431，HJ260，HJ150，SJ570，SJ671	HSCu，HSCuSi

7. 电渣焊焊剂及焊丝的选配

电渣焊常用的焊剂有HJ431、HJ170、HJ252和HJ360等，HJ170具有良好的导电性，主要用于电渣焊建立初期渣池和手工电渣焊补铸钢件；HJ252用于电渣焊低碳钢和低合金钢，也可用于高合金钢的堆焊及电渣熔炼；HJ360用于电渣焊大型低碳钢和某些低合金钢。

（1）碳钢电渣焊焊剂与焊丝的选配

电渣焊熔池温度比埋弧焊低，焊接过程中焊剂更新量少，所以焊剂的Si、Mn还原作用弱。若仍按埋弧焊时选用H08A+HJ431，则焊缝金属得不到足够的Si、Mn，性能难以保证。根据试验结果还发现，Mn的过渡量与焊剂的碱度有关，随焊剂碱度增大，Mn的过渡量也增大，故常选用中锰高硅低氟的焊剂HJ360或低锰中硅中氟的焊剂HJ252，若选用HJ431时，则应选用锰、硅含量高的H10MnSi焊丝等。常用碳钢的电渣焊焊剂与配用焊丝见表6-63。

常用碳钢的电渣焊焊剂与配用焊丝　　表6-63

钢　号	焊　剂	配用焊丝
Q235，Q255	HJ360，HJ252，HJ431	H08MnA
10，15，20，25		H08MnA，H10Mn2
30，35，ZG25，ZG35		H08Mn2SiA，H10Mn2，H10MnSi

(2) 低合金高强钢电渣焊焊剂与焊丝的选配

采用热轧、正火低合金高强钢制造的厚壁压力容器等大型厚板结构，常采用电渣焊焊接。由于电渣焊焊缝和热影响区严重过热，焊后需要进行正火处理，细化晶粒，提高焊接区的塑性和韧性。焊接材料的选用原则与埋弧焊时基本一样，一般选用 FU360、HJ252、HJ170 等焊剂，配用含锰、硅或其他元素的焊丝可得到焊缝所需要的强度，也可采用 HJ431 焊剂。常用热轧、正火低合金高强钢电渣焊焊剂与配用焊丝见表 6-64。

常用热轧、正火低合金高强钢电渣焊焊剂与配用焊丝表　　表 6-64

钢　　号	焊　剂	配用焊丝
16Mn，16MnR，16MnCu	HJ431 HJ360 HJ252 HJ170	H08Mn2SiA，H10MnSi，H10Mn2，H08MnMoA，H10MnMo
15MnV，15MnTi，15MnVCu，16MnNb		H08Mn2MoVA，H10MnMo
15MnVN， 15MnVTiRE， 15MnVNCu， 15MnMoN		H08Mn2MoVA，H10Mn2NiMo，H10Mn2Mo
18MnMoNb， 14MnMoV， 14MnMoVCu		H10Mn2MoA，H10Mn2MoVA，H10Mn2NiMoA

在我国低合金耐热钢厚壁容器的生产中，多丝电渣焊可一次完成厚度 40～400mm 部件的焊接。焊接过程中产生的大量热能对焊接熔池周围的母材起到预热作用，适于空淬性较高的低合金耐热钢；由于焊接热循环平缓，焊接接头区域冷却缓慢，有利于焊缝金属中扩散氢的逸出。电渣焊的缺点是焊缝和热影响区晶粒粗大，对重要结构焊后应进行正火处理，以细化晶粒，提高缺口冲击韧性。

电渣焊可以焊接大厚度奥氏体型不锈钢，一般采用 HJ252、HJ360、SJ602 配合相应成分的焊丝进行焊接。但电渣焊接头和近缝区过热严重，造成组织粗化。为了保证电渣焊接头区域的耐蚀性，焊后应进行热处理（表 6-65）。

常用低合金耐热钢电渣焊焊剂与配用焊丝表　　表 6-65

钢　　号	焊　剂	配用焊丝
12CrMo	HJ360，HJ252	H08CrMoA
15CrMo，20CrMo		H10CrMoA，H13CrMo
12Cr1MoV		H08CrMoV
Cr2Mo		H08Cr3MnMoA
14MnMoV，18MnMoNb		H08Mn2MoA

电渣焊还可用来堆焊耐磨、耐蚀、耐热等特殊要求的表面层，如堆焊轧辊、锻模、冲模等，具有效率高的优点。在选用焊接材料时应根据所焊工件的工作条件、技术要求、性能要求等来确定焊接材料。一般常采用HJ360、HJ252、SJ602焊剂，配合相应成分的焊丝或焊带。

6.5 焊接用气体

[本节要点]

了解焊接用气体种类；

了解焊接用气体的特性及选用。

[关键概念]

气体保护焊；

惰性气体。

焊接用气体主要是指气体保护焊（二氧化碳气体保护焊、惰性气体保护焊）中所用的保护性气体和气焊、切割时用的气体，包括二氧化碳（CO_2）、氩气（Ar）、氦气（He）、氧气（O_2）、可燃气体、混合气体等。焊接时保护气体既是焊接区域的保护介质，也是产生电弧的气体介质；气焊和切割主要是依靠气体燃烧时产生的热量集中的高温火焰完成，因此气体的特性（如物理特性和化学特性等）不仅影响保护效果，也影响到电弧的引燃及焊接、切割过程的稳定性。

保护气体主要包括二氧化碳（CO_2）、氩气（Ar）、氦气（He）、氧气（O_2）和氢气（H_2）。国际焊接学会指出，保护气体统一按氧化势进行分类，并确定分类指标的简单计算公式为：分类指标$=O_2\% + 1/2CO_2\%$。在此公式的基础上，根据保护气体的氧化势可将保护气体分成五类。I类为惰性气体或还原性气体，M_1类为弱氧化性气体，M_2类为中等氧化性气体，M_3和C类为强氧化性气体。保护气体各类型的氧化势指标见表6-66。

保护气体各类型的氧化势指标　　表6-66

类　型	I	M_1	M_2	M_3	C
氧化势指标	<1	1~5	5~9	9~16	>16

6.5.1 焊接用气体的特性

不同焊接或切割对程中气体的作用也有所不同，并且气体的选择还与被焊材料有关，这就需要在不同场合选用具有某一特定物理或化学性能的气体甚至多种气体的混合。焊接和切割中常用气体的主要性质和用途见表6-67。

6.5.2 焊接用气体的选用

CO_2气体保护焊、惰性气体保护焊、混合气体保护焊、等离子弧焊、保护气氛中的钎焊以及氧—乙炔气焊、切割等都要使用相应的气体。焊接用气体的选择主要取决于焊接、切割方法，除此之外，还与被焊金属的性质、焊接接头质量要求、焊件厚度和焊接位置及工艺方法等因素有关。

1. 根据焊接方法选用气体

焊接和切割中常用气体的主要性质和用途 **表 6-67**

气体	符号	主要性质	在焊接中的应用
二氧化碳	CO_2	化学性质稳定，不燃烧、不助燃，在高温时能分解为 CO 和 O，对金属有一定氧化性。能液化，液态 CO_2 蒸发时吸收大量热能凝固成同态二氧化碳，俗称干冰	焊接时配用焊丝可作为保护气体，如 CO_2 气体保护焊和 $CO_2+O_2+CO_2+Ar$ 等混合气保护焊
氩气	Ar	情性气体，化学性质不活泼，常温和高温下不与其他元素起化学作用	在氩弧焊、等离子弧焊接及切割时作为保护气体，起机械保护作用
氧气	O_2	无色气体，助燃，在高温下根活泼，与多种元素直接化合。焊接时，氧进入熔池会氧化金属元素，起有害作用	与可燃气体混合燃烧，可获得极高的温度，用于焊接和切割，如氧，乙炔火焰、氢氧焰。与氩、二氧化碳等按比例混合，可进行混合气体保护焊
乙炔	C_2H_2	俗称电石气，少溶于水，能溶于酒精，大量溶于丙酮，与空气和氧混合形成爆炸性混合气体，在氧气中燃烧发出3500℃高温和强光	用于氧—乙炔火焰焊接和切割
氢气	H_2	能燃烧，常温时不活泼，高温时非常活泼，可作为金属矿和金属氧化物的还原剂。焊接时能大量熔于液态金属，冷却时析出，易形成气孔	焊接时作为还原性保护气体。与氧混合燃烧，可作为气焊的热源
氮气	N_2	化学性质不括菠，高温时能与氧直接化合。焊接时进入熔池起有害作用。与铜基本上不反应，可作保护气体	氮弧焊时，用氮作为保护气体，可焊接铜和不锈钢。氮也常用于等离子弧切割，作为外层保护气

根据在施焊过程所采用的焊接方法不同，焊接、切割或气体保护焊用的气体也不相同，焊接方法与焊接用气体的选用见表 6-68。

焊接方法与焊接用气体的选用 **表 6-68**

<table>
<tr><th colspan="2">焊接方法</th><th colspan="5">焊接气体</th></tr>
<tr><td colspan="2">气焊</td><td colspan="2">$C_2H_2+O_2$</td><td colspan="3">H_2</td></tr>
<tr><td colspan="2">气割</td><td>$C_2H_2+O_2$</td><td>液化石油气 $+O_2$</td><td>煤气 $+O_2$</td><td colspan="2">天特气 $+O_2$</td></tr>
<tr><td colspan="2">等离子弧切割</td><td>空气</td><td>N_2</td><td>$Ar+N_2$</td><td>$Ar+H_2$</td><td>N_2+H_2</td></tr>
<tr><td colspan="2">钨极惰性气体保护焊（TIG）</td><td>Ar</td><td>He</td><td colspan="3">Ar + He</td></tr>
<tr><td rowspan="3">实芯焊丝</td><td>熔化极惰性气体保护（MIG）</td><td>Ar</td><td>He</td><td colspan="3">Ar + He</td></tr>
<tr><td>熔化极活性气体保护焊（MAG）</td><td>$Ar+O_2$</td><td>$Ar+CO_2$</td><td colspan="3">$Ar+CO_2+O_2$</td></tr>
<tr><td>CO_2 气体保护焊</td><td>CO_2</td><td>CO_2+O_2</td><td colspan="3"></td></tr>
<tr><td colspan="2">药芯焊丝</td><td>CO_2</td><td>$Ar+O_2$</td><td colspan="3">$Ar+CO_2$</td></tr>
</table>

2. 根据被焊材料选用气体

在气体保护焊中，除了自保护焊丝外，无论是实心焊丝还是药芯焊丝，均有一个与保护气体（介质）适当组合的问题。这一组合带来的影响比较明确，没有焊丝—焊剂组合那样复杂，因为保护气体只有惰性气体与活性气体两类。

惰性气体（Ar）保护焊时，焊丝成分与熔敷金属成分相近，合金元素基本没有什么损失；而活性气体保护焊时，由于CO_2气体的强氧化作用，焊丝合金过渡系数降低，熔敷金属成分与焊丝成分产生较大差异。保护气氛中CO_2气体所占比例越大，氧化性越强，合金过渡系数越低。因此，采用CO_2作为保护气体时，焊丝中必须含有足够量的脱氧合金元素，满足Mn、Si联合脱氧的要求，以保证焊缝金属中合适的含氧量，改善焊缝的组织和性能。

保护气体须根据被焊金属性质、接头质量要求及焊接工艺方法等因素选用。对于低碳钢、低合金高强钢、不锈钢和耐热钢等，焊接时宜选用活性气体（如CO_2、$Ar+CO_2$或$Ar+O_2$）保护，以细化过渡熔滴，克服电弧阴极斑点飘移及焊道边缘咬边等缺陷。有时也可采用惰性气体保护。但对于氧化性强的保护气体，须匹配高锰高硅焊丝，而对于富Ar混合气体，则应匹配低硅焊丝。

保护气体必须与焊丝相匹配。含较高Mn、Si含量的CO_2焊焊丝用于富氩条件时，熔敷金属合金含量偏高，强度增高；反之，富氩条件所用的焊丝用CO_2气体保护时，由于合金元素的氧化烧损，合金过渡系数低，焊缝性能下降。

对于铝及铝合金、钛及钛合金、铜及铜合金、镍及镍合金、高温合金等容易氧化或难熔的金属，焊接时应选用惰性气体（如Ar或Ar+He混合气体）作为保护气体，以获得优质的焊缝金属。不同材料焊接时保护气体的适用范围见表6-69。

3. 混合气体的性质及选用

在单一气体的基础上加入一定比例的某些气体形成混合气体，在焊接及切割过程中具有一系列的优点，可以改变电弧形态、提高电弧能量、改善焊缝成形及力学性能、提高焊接生产率。

（1）混合气体的性质

焊接时，用纯CO_2，作保护气体，电弧稳定性较差，熔滴呈非轴向过渡，飞溅大，焊缝成形较差。用纯Ar焊接低合金钢时，阴极斑点飘移大，也易造成电弧不稳。向Ar中加入少量氧化性气体，如O_2和CO_2等，可显著提高电弧稳定性，使熔滴细化，增加过渡效率，有利于改善焊缝成形和提高抗气孔能力。

不同材料焊接时保护气体的适用范围　　　表6-69

被焊材料	保护气体	化学性质	焊接方法	主要特性
铝及铝合金	Ar	惰性	TIG	TIG焊采用交流。MIG焊采用直流反接，有阴极破碎作用，焊缝表面光洁
钛、锆及其合金	Ar	惰性	TIG	电弧稳定燃烧，保护效果好
铜及铜合金	Ar	惰性	TIG MIG	产生稳定的射流电弧，但板厚大于5～6mm时需预热

续表

被焊材料	保护气体	化学性质	焊接方法	主要特性
铜及铜合金	N_2	—	熔化极气保焊	输入热量大，可降低或取消预热，有飞溅或烟雾，一般仅在脱氧铜焊接时使用氮弧焊，氮气来源方便，价格便宜
不锈钢及高强度钢	Ar	惰性	TIG	适用于薄板焊接
碳钢及低合金钢	CO_2	氧化性	MAG	适于短路电弧，有一定飞溅
镍基合金	Ar	惰性	TIG MIG	对于射流、脉冲及短路电弧适用，是焊接镍基合金的气体

(2) 混合气体的选用

混合气体一般也是根据焊接方法、被焊材料以及混合比对焊接工艺的影响等进行选用。如焊接低合金高强钢时，从减少氧化物夹杂和焊缝含氧量出发，希望采用纯 Ar 作保护气体；从稳定电弧和焊缝成形出发，希望向 Ar 中加入氧化性气体。综合考虑，以采用弱氧化性气体为主。

从生产效率考虑，钨极氩弧焊时在 Ar 气中加入 He、N_2、H_2、CO_2 或 O_2 等气体可增加母材的热量输入，提高焊接速度。例如，焊接大厚度铝板，推荐选用 Ar + He 混合气体；焊接低碳钢或低合金钢时，在 CO_2 气体中加入一定量的 O_2，或者在 Ar 中加入一定量的 CO_2 或 O_2，可产生明显效果。此外，采用混合气体进行保护，还可增大熔深，消除未焊透、裂纹及气孔等缺陷。不同材料焊接用混合气体及适用范围见表 6-70。

不同材料焊接用混合气体及适用范围表　　表 6-70

被焊材料	保护气体	混合比/%	化学性质	焊接方法	主要特性
铝及铝合金	Ar + He	He10 (MIG) He10 ~ 90 (TIG 焊)	惰性	TIG MIG	He 的传热系数大，在相同电弧长度下，电弧电压比用 Ar 时高。电弧温度高，母材热输入大，熔化速度较高。适于焊接厚铝板，可增大熔深，减少气孔，提高生产效率。但如加入 He 的比例过大，则飞溅较多
钛、锆及其合金	Ar + He	75/25	惰性	TIG MI	可增加热量输入。适用于射流电弧、脉冲电弧及短路电弧，可改善熔深及焊缝金属的润湿性
铜及铜合金	Ar + He	50/50 或 30/70	惰性	TIG	可改善焊缝金属的润湿性，提高焊接质量。输入热量比纯 Ar 大，可降低预热温度
	Ar + N_2	80/20	—	熔化扱 气保焊	输入热量比纯 Ar 大，但有一定飞溅和烟雾，成形较差

续表

被焊材料	保护气体	混合比/%	化学性质	焊接方法	主要特性
不锈钢及高强度钢	$Ar+O_2$	$O_2$1~2	氧化性	熔化极气保焊（MAG）	细化熔滴，降低射流过渡的临界电流，减小液体金属的黏度和表面张力，从而防止产生气孔和咬边等缺陷。焊接不锈钢时加O_2，的体积分数不宜超过2%否则焊缝表面氧化严重，会降低焊接接头质量。用于射流电弧及脉冲电弧
	$Ar+N_2$	$N_2$1~4	惰性	TIG	可提高电弧刚度，改善焊缝成形
	$Ar+O_2+CO_2$	$O_2$2，$CO_2$5	氧化性	MAG	用于射流电弧、脉冲电弧皿短路电弧
	$Ar+CO_2$	$CO_2$2.5	氧化性	MAG	用于短路电弧。焊接不锈钢时加CO_2的体积分数最大带应小于5%，否则渗碳严重
	$Ar+O_2$	$O_2$1~5或20	氧化性	MAG	生产率较高，抗气孔性能优。用于射流电弧及对焊缝要求较高的场合
碳钢及低合金钢	$Ar+CO_2$	70（80）/30（20）	氧化性	MAG	有自好的熔深，可用于短路过渡及射流过渡电弧
	$Ar+O_2+CO_2$	80/15/5	氧化性	MAG	有较深的熔深，可用于射流、脉冲及短路电弧
镍基合金	$Ar+He$	He20~25	惰性	TIG，MAG	热输入量比纯Ar大
	$Ar+H_2$	$H_2<6$	还原性	非熔化极	抑制和消除焊缝中的CO气孔，提高电弧温度，增加热输入量

近年来还推广应用了粗Ar混合气体，其成分为Ar=96%、$O_2\leqslant4\%$、$H_2O\leqslant0.0057\%$、$N_2\leqslant0.1\%$。粗Ar混合气体不但能改善焊缝成形，减少飞溅，提高焊接效率，而且用于焊接抗拉强度500~800MPa的低合金高强钢时，焊缝金属力学性能与使用高纯Ar时相当。粗Ar混合气体价格便宜，经济效益好。

6.6 焊接材料的使用及保管

[本节要点]

了解焊接气体的使用与保管。

[关键概念]

焊接气体；

保管与使用。

焊接技术作为一种重要的加工工艺已经获得了飞速的发展，焊接材料（包括焊条、焊丝、焊剂、保护气体等）在船舶、车辆、桥梁、工程机械、压力容器、化工设备、海洋以及核工业等领域被广泛采用，在国民经济中发挥了重要的作用。为了保证焊接结构的质量要求，除了正确选用焊接材料外，还必须在焊接生产和管理中注意焊接材料的使用、保管及质量管理。

6.6.1 电焊条的使用与保管

1. 电焊条的烘干

出厂的焊条都已经过高温烘干，并用防潮材料（如塑料袋、纸盒等）加以包装，在一定程度上可防止药皮受潮，但实践证明焊条在保管过程中吸潮量较大。吸潮的程度与储存的环境温度、湿度、时间及有机物的含量及类型、粘结剂的含量与质量、焊条制造工艺过程和包装质量等因素有关。

焊条的受潮情况，除了可在实验室中测定药皮的含水量外，在现场可以从下列几个方面加以判断。

（1）包装防潮差、有破损时（如塑料袋未封口、破损等），焊条通常受潮严重。

（2）从制造日期看，储存期长的焊条，药皮表面易出现白霉状的斑点，焊芯有锈迹，表明焊条已受潮严重。如果用某种型号受潮焊条焊接时发现有裂纹和气孔，这时一定要考虑焊条是否需焊前烘干，然后再考虑其他问题。

（3）从不同的位置取出几根焊条，用两手的拇指和食指将焊条支撑起来轻轻摇动或敲击，如果焊条是干燥的就产生硬而脆的金属声音；如果焊条受潮，声音发钝。烘干过的焊条和受潮焊条之间声音是不同的，这样做可防止误用受潮焊条。

（4）用受潮焊条焊接时，如果焊条含水量非常高，甚至可能看到焊条表面有水蒸气蒸发出来；或者当焊条烧焊一多半时，发现焊缝尾部有裂纹和气孔现象存在。

（5）施焊时受潮的焊条通常会出现电弧吹力大、熔深增加、飞溅增大等情况。钛型、钛钙型焊条会出现熔渣覆盖不良，成形变差的情况；低氢型焊条熔渣的表面通常会出现许多小孔，严重时焊缝中易出现气孔。

当受潮严重的焊条施焊时，将影响焊接工艺性能（如产生气孔、增加飞溅等）和焊缝金属的力学性能。对碱性焊条影响将更大，其药皮受潮不但使焊缝容易产生气孔，而且使焊缝金属中的扩散氢含量也增加，从而降低了焊缝的抗裂性能。

2．电焊条的储存及保管

焊条在周转或储存（包括出厂前和出厂后）过程中，因保管不善或存放时间过长，都有可能发生焊条的吸潮、锈蚀、药皮脱落等缺陷。轻者影响焊条的使用性能，如飞溅增大、产生气孔、白点、焊接过程中药皮成块脱落等；重者使焊条报废，造成不应有的经济损失。保管不善还可能造成错发、错用，造成质量事故。焊条保管对焊接质量有直接影响，每个焊工和技术人员都应遵守焊条的储存及保管规则。正确保管焊条，是保证焊条使用性能、确保焊接质量的一个重要方面。

（1）焊条储存中常见的问题

1）损伤。虽然焊条在一般情况下具有抗外界损坏的能力，但不能忽视由于保管不好容易遭受损坏。焊条是一种陶质产品，抗冲击性差，因此在装货和卸货时不能撞击。用纸盒包装的焊条不能用挂钩运输。某些型号焊条（如特殊烘干要求的碱性焊条）比普通用的焊条更要小心轻放。

2）吸潮。在焊条药皮中含有太多的水分对焊接质量影响很大，用吸潮焊条焊成的焊缝表面用肉眼不一定看得见气孔，但是经过X射线检查就显示出气孔来。各种型号的焊条，出厂时都有某一个含水量要求，低于该含水量，对形成气孔和焊缝质量没有影响。所有的焊条在空气中都能吸收水分，在相对湿度为90%时，焊条药皮吸收水分很快，碱性焊条露在外面一天受潮就很严重，甚至相对湿度为70%时药皮水分增加也很快，只有在相对湿度为40%或更低时，焊条长期储存才不致受到影响。

（2）焊条的保管

1）焊条应在干燥与通风良好的室内仓库中存放。焊条储存库内，不允许放置有害气体和腐蚀性介质，并应保持整洁。库内的焊条应存放在架子上，架子离地面高度不小于300mm，离墙壁距离不小于300mm，架子应放置干燥剂，严防焊条受潮。

2）焊条入库前，应首先检查入库通知单（生产厂库房）或生产厂的质量证明书（用户库房），按种类、牌号、批次、规格、入库时间等分类堆放。每垛应有明确标注，避免混放。

3）焊条在供应给使用单位之后，至少6个月内可保证使用。入库的焊条应做到先入库的先使用。

4）特种焊条储存与保管应高于一般性焊条，特种焊条应堆放在专用仓库或指定区域，受潮或包装损坏的焊条未经处理不许入库。

5）对于受潮、药皮变色、焊芯有锈迹的焊条，必须烘干后进行质量评定。在各项性能指标满足要求后，方可入库，否则不准入库。

6）一般焊条一次出库量不得超过2天的用量，已经出库的焊条，焊工必须保管好。

7）焊条储存库内，应设置温度计和湿度计。对低氢型焊条室内温度不得低于5℃，相对湿度低于60%。

8）一般情况下，储存时间1年以上的焊条，应提请质检部门进行复验。复验合格后，方可发放。否则不准按合格品发放使用，应报请主管部门及时处理。

9）仓库管理人员应懂业务、会管理、工作认真负责，账、物、卡相符，防止焊条储存、错发、错用，造成质量事故。库管人员还应熟知焊条的一般性能和要求，定期查看所管理的焊条有无受潮、污染等情况，在储存中发现焊条质量问题应及时报告有关部门，妥善处理解决。

在一般情况下焊条由塑料袋和纸盒包装，为了防止吸潮，在焊条使用前，不能随意拆开，尽量做到现用现拆，必要时须对剩余的焊条进行烘干处理后再密封起来。

6.6.2 焊丝的使用及保管

焊丝是焊接过程中一种重要的焊接材料，其焊接工艺性能，化学、冶金性能是决定焊缝金属性能的主要因素之一。焊丝广泛应用于埋弧焊、气体保护焊、电渣焊、堆焊以及气焊等领域，因此焊丝的使用及保管是保证焊接质量的重要组成部分。

1. 焊丝的吸潮性

焊丝是一种金属制品，尽管大多数实心焊丝及无缝药芯焊丝表面经过镀铜处理，部分有缝药芯焊丝的表面也经过防锈处理（如化学发黑处理）。在焊丝的包装上，除了采用塑料袋外，有的在袋中加一小包防潮剂，外面有纸盒包装，但防潮仍然是在焊丝保管中必须要考虑的问题。吸潮焊丝，可使熔敷金属中的扩散氢含量增加，产生凹坑、气孔等缺陷，焊接工艺性能及焊缝金属力学性能变差，严重的可导致焊缝开裂。

由于药芯焊丝中的粉剂被非常紧密地包在钢带中，药粉与空气接触很少，同时也没有使用焊条中含有水玻璃那样易吸潮的物质，因此与焊条相比，吸潮量很小，但若长期在高温高湿环境中放置，除焊丝表面生锈外，也同样会受潮。随着吸潮时间的增长和吸潮量的增加，熔敷金属中的扩散氢含量逐渐增加，对焊缝的抗裂性能不利。

2. 焊丝的保管及质量管理

（1）焊丝的保管要求

1）要求在推荐的保管条件下，原始未打开包装的焊丝，至少有 12 个月可保持在“工厂新鲜”状态。最大的保管时间取决于周围的大气环境（温度、湿度等）。仓库推荐的保管条件为室温 10 ~ 15℃（最高 40℃）以上，最大相对湿度为 60%。

2）焊丝应存放在干燥、通风良好的库房中，不允许露天存放或放在有有害气体和腐蚀性介质（如 SO_2 等）的室内。室内应保持整洁。堆放时不宜直接放在地面上，最好放在离地面和墙壁不小于 250mm 的架子上或垫板上，以保持空气流通，防止受潮。

3）由于焊丝适用的焊接方法很多，适用的钢种也很多，故焊丝卷的形状及捆包状态也多种多样。根据送丝机的不同，卷的形状又可分为盘状、捆状及筒状，在搬运过程中，要避免乱扔乱放，防止包装破损。一旦包装破损，可能会引起焊丝吸潮、生锈。对于捆状焊丝，要防止钢丝架变形，而不能装入送丝机。

对于筒状焊丝，搬运时切勿滚动，容器也不能放倒或倾斜，以避免筒内焊丝缠绕，妨碍使用。

（2）焊丝使用中的管理

1）开包后的焊丝应在两天内用完。

2）开包后的焊丝要防止其表面被冷凝结露，或被锈、油脂及其他碳氢化合物所污染，保持焊丝表面干净、干燥。

3）焊丝清洗后应及时使用，如放置时间较长，应重新清洗。不锈钢焊丝或有色金属焊丝使用前最好用化学方法去除其表面的油锈，以防止造成焊缝缺陷。

4）当焊丝没用完，需放在送丝机内过夜时，要用帆布、塑料布或其他物品将送丝机（或焊丝盘）罩住。以减少与空气中的湿气接触。

5）对于 3 天以上时间不用的焊丝，要从送丝机内取下，放回原包装内，封口密封，然后再放入具有良好保管条件的仓库中。

（3）焊丝的质量管理

1）购进的焊丝，每批产品都应有生产厂的质量保证书。经检验合格的产品每包中必须带有产品说明书和检验产品合格证。每件焊丝内包装上应用标签或其他方法标明焊丝型号和相应国家标准号、批号、检验号、规格、净质量、制造厂名称及厂址。

2）要按焊丝的类别、规格分别堆放，防止错用。

3）按照“先进先出”的原则发放焊丝，尽量减少焊丝的存放期。

4）发现焊丝包装破损，要认真检查。对于有明显机械损伤或有过量锈迹的焊丝，不能用于焊接，应退回至检查员或技术负责人处检查及做使用认可。

(4) 焊丝的清理及烘干

焊丝在使用前应进行仔细清理（去油、去锈等），一般不需要进行烘干处理。但实际施工中，对于受潮较为严重的焊丝，也应进行焊前烘干处理。但焊丝的烘干温度不宜过高，一般为（120~150)℃×（1~2）h即可。焊丝烘干对消除焊缝中的气孔及降低扩散氢含量有利。

6.6.3 焊接用气体的使用及保管

焊接用气体主要是指气体保护焊（包括CO_2气体保护焊、惰性气体保护焊）中所用的保护性气体（如CO_2、Ar、He、O_2、$Ar+CO_2$、$Ar+O_2$等）和焊接、切割时用的气体（如$O_2-C_2H_2$、H_2、CH_4和液化石油气等）。

1. 气瓶的使用及保管

焊接用气瓶按其储存形式不同可分为压缩气瓶（如氧气、氩气和氢气等）、溶解气瓶（乙炔气瓶）及液化气瓶（如石油液化气和CO_2）。在一般情况下，气体保护焊均采用钢瓶供气，因此必须遵守气瓶安全规程的有关规定。

(1) 气瓶必须经过检验

气瓶颈部的检验钢印表明该气瓶在允许年限以内，并有气瓶制造厂的钢印标记。气瓶的漆色必须与克装的气体一致。

(2) 气瓶的储存和运输

1）在储存、运输时，避免气瓶直接受热（暴晒、靠近暖气、锅炉等），应储存在阴凉、通气性好的室内。存放时，应有支架固定，防止撞击倾倒。

2）运输时，气瓶应旋紧瓶帽，轻装、轻卸、严禁从高处抛、滑或碰撞；气瓶在车上要固定好，汽车装运气瓶时应横放，头部朝向一个方向，装车高度不允许超过车厢高度，最好采用集装框架立放。

3）夏季要有遮阳措施，防止暴晒；易燃品、油脂和带有油污的物品，不得与氧气瓶同车运输。运输和存放乙炔气瓶和液化气瓶时，应保持直立，严禁卧倒放置。

(3) 气瓶工作前安全检验

1）瓶阀及接管螺纹是否完好，气瓶试压日期是否过期。

2）检查气瓶瓶阀和减压器有无漏气、表针不灵等现象。检查时，可涂少量的肥皂水，切忌使用明火照明。

3）冬季使用时，必须检查瓶阀和减压器有无冻结现象。若冻结，应用热水和水蒸气解冻。严禁用明火或红铁烘烤或铁器敲打。

4）气焊、气割和电焊设备在同一工作点使用时，应检查瓶体是否和电焊设备导体接触，应采取适当措施，防止气瓶带电。

5）气瓶在临时工作现场时，应检查气瓶是否牢固直立，应用适当的依托物将气瓶固定。

6）气瓶的存放处周围环境，应使气瓶远离明火、锅炉、砂轮以及有熔融金属飞溅物等热源10m以上。必要时，可设置防护隔板将气瓶和热源隔离开。

7）工作场地附近应设有消火栓和干粉、二氧化碳灭火器等消防器材。严禁用四氯化碳灭火器扑救乙炔着火处。

（4）气瓶的使用和管理

1）气瓶应配装专用减压器及回火防止器，开启时，操作者应站在瓶阀口的侧后方，动作要轻缓。开启顺序应是先开高压阀，再开低压阀。关闭时顺序相同。

2）禁止敲击和碰撞，气瓶不准靠近热源，氢气和氧气与明火距离一般不小于10m，瓶阀冻结时，不得用火烘烤。

3）不准用电磁起重机搬运气瓶，夏季要防止日光暴晒；瓶内气体不能用尽，剩余气压应在0.5~1MPa，以防止空气及其他气体倒流入瓶内。

4）气瓶应按类别存放，切忌不同气瓶混放，存放乙炔瓶的库房内，严禁混放其他气瓶及易燃物。气瓶应按要求进行定期技术检验，对过期未检的气瓶应停止使用。

5）使用新气瓶应按气瓶安全检查规程及溶解气瓶安全检查规程项目仔细检查标牌和钢印，不符合规定的，应停止使用。对于无防护帽、防护圈的气瓶，严禁用车辆运输。

2. 氧气的使用及保管

（1）氧气的安全使用

气焊与气割用氧气的纯度很高，一级纯度不低于99.2%，二级纯度不低于99.5%。用压缩机将氧气压进管道或钢瓶，瓶装的氧气压力约为15MPa，气瓶管道内的压力为0.5~1.5MPa。

由于工业用氧气的纯度高、压力大，在使用中应特别注意氧气的使用安全。除了储装容器及工具要禁止油脂污染外，还要禁止将压缩氧气代替新鲜空气进行通风换气或者代替压缩空气作为气动工具的动力源、或吹工作服上的尘土；不能用氧气去吹乙炔胶管中的堵塞物。

（2）氧气瓶使用及保管

氧气瓶是用于储存和运输氧气的高压容器，瓶内氧气充装压力约为15MPa，可储存6m^3的氧气。氧气瓶涂成天蓝色，并写有黑色“氧气”字样。由于氧气瓶内压力很高，而且氧是活泼的助燃气体，使用不当，可能引起爆炸。因此，对氧气瓶的使用应注意以下几项。

1）氧气瓶（包括瓶冒）外表应涂成天蓝色，并在气瓶上用黑漆标注“氧气”两字，以区别其他气瓶。不准与其他气瓶放在一起。

2）使用氧气时，不得将瓶内氧气全部用完，最少需留0.1~0.2MPa大气压的氧气，以便在装氧气时做吹除尘试验和避免混进其他气体。

3）氧气瓶夏季应防止曝晒；氧气瓶离开焊炬、割炬、炉子和其他火源的距离一般应不小于10m。氧气瓶在搬运和使用中应严格避免撞击。氧气瓶上必须装有防震橡胶圈，搬运气瓶时要用手推车，轻装轻卸。

4）氧气瓶上不得沾染油脂，尤其是氧气瓶阀门处，不使用时应将氧气瓶阀关紧。

5）按照气瓶检查规程，氧气瓶要定期检验，规定每三年不得少于一次检验，经检验合格后才能使用，如果发现氧气瓶有严重腐蚀现象，则应降压使用或报废。

（3）氧气瓶减压器的使用

氧气减压器（又称氧气表）的作用是将储存在气瓶中的高压氧气减压至工作压力，并能灵活调节和保持稳定的工作压力。

氧气减压器在装卸时，应严格按照以下规定进行，以保证安全。

1）装减压器前，要稍微打开氧气瓶阀，放出一些氧气，吹净瓶口杂质，操作时氧气瓶嘴不能朝向人体。

2）检查减压器及瓶阀丝扣良好无损后，用清洁无油污工具将减压器准确、缓慢地旋紧在瓶阀上。

3）松开减压器调节螺钉，缓慢打开气瓶阀门。检查是否漏气，高压表指针是否灵活、准确。待正常后，接通输气胶管，逐渐旋紧调节螺钉，并观察低压到达所需压力时即停止，再次检查是否漏气。

4）工作完毕后，应首先关闭气瓶阀门，臬内和管道内剩余气体放完后，再放松调节螺母，并卸下减压器。切忌带减压器搬运气瓶。

氧气减压器在安全管理方面，应严格按照以下规定进行，以保证安全。

1）严禁将氧气减压器用于其他气体指示，例如乙炔气、液化石油气及氢气等。不得任意拆卸、调换减压器内部零件。

2）减压器冻结时，要用清洁温水和蒸汽加热解冻，切忌用火或红铁烘烤。不得与带有油脂零件一同存放，长期不用时，切忌用油脂类涂料封存。

3）使用新氧气减压器时，应按说明书的使用要求正确操作。减压器上的压力表必须定期检验，以保证压力表的精确性。

3. 乙炔的使用及保管

(1) 乙炔的爆炸性能

乙炔是气焊、气割常用的可燃性气体，具有危险爆炸性能，使用时必须注意安全。没有接触明火的纯乙炔气，当压力达到0.15～2.0MPa时，乙炔会自行发热，当温度达到550℃就可能发生爆炸。乙炔与其他气体进行混合使用时也极易发生爆炸。

1）乙炔与空气的混合气体也具有很大的爆炸性。当混合气体中乙炔的含量2.3%～8%时，接触火星就会爆炸；当乙炔的含量7%～13%时，爆炸的敏感性更强。在使用时，乙炔瓶上装有专门将混合气体排放入空气的“放空阀”。点燃前打开空阀，将管内的混合气体排到空气中，可避免混合气体爆炸。

2）氧气和乙炔的混合气体遇到火种时也会爆炸，爆炸力比乙炔—汽混合气体大。由于氧气的压力一般在0.5MPa左右，乙炔的压力只有0.15MPa以下，因此在使用时不能将氧气开得过大，避免混合气体中氧气的压力过大，来不及排出的氧气会倒流入乙炔管道，发生爆炸。

(2) 乙炔瓶的使用及保管

乙炔瓶是储存和运输焊接用乙炔的钢瓶。其外表面涂白色，并涂以红色的“乙炔”和“火不可近”字样，瓶口安装专门的乙炔气阀。乙炔瓶的工作压力为1.55MPa，由于乙炔是易燃、易爆的危险气体，所以在使用时必须谨慎，除了必须遵守氧气瓶的使用要求外，还应该严格遵守下列几点要求。

1）乙炔瓶不应遭受剧烈的振荡和撞击，以免瓶内的多孔性填料下沉而形成空洞，影响乙炔的储存。

2）乙炔瓶在工作时应直立放置，卧放时会使丙酮流出，甚至会通过减压器流入乙炔橡皮气管和焊割、焊炬内，引起燃烧和爆炸。

3）乙炔瓶内的表面温度不应超过30～40℃，乙炔温度过高会降低丙酮对乙炔的溶解度，使瓶内的乙炔压力急剧增高发生爆炸。

4）乙炔减压器与乙炔气瓶瓶阀的连接必须可靠，严禁在漏气的情况下使用，否则会形成乙炔与空气的混合气体，一旦触及明火就会造成爆炸事故。

5）使用乙炔时，瓶内的乙炔气严禁全部使用完，根据气温必须保持一定的剩余压力，并将气瓶阀关紧防止漏气。

除了上述气体的使用和保管，常用的还有氩气、二氧化碳等气体的使用和保管。氢气瓶在使用时严禁敲击、碰撞；瓶阀冻结时，不得用火烘烤；不得用电磁起重机搬运氢气瓶；夏季要防日光暴晒；瓶内气体不能用尽；氩气瓶一般应直立放置。

本章小结

焊条、焊丝、焊剂的成分对焊缝金属的化学成分、组织与性能有重要的影响。为了使焊缝金属具有所要求的成分与性能，必须保证焊接材料中有益的合金元素含量和严格控制有害杂质的含量。本章针对焊接结构中的焊条、焊丝、焊剂等主要焊接材料的分类、牌号、型号编制、性能特点、选用原则进行了介绍，突出了各种焊接材料在工程中的选择和应用。焊接材料种类繁多，在学习时应重点掌握焊条的型号和牌号及常用焊条选用。

第7章 钢结构无损检测

◆ 引言

无损检测是指在不损伤被测材料的情况下，检查材料的内在或表面缺陷，或测定材料的某些物理量、性能、组织状态等的检测技术。广泛用于金属材料、非金属材料、复合材料及其制品。本单元对钢结构无损检测技术进行简单介绍，对焊缝的无损检测方法做了详细的说明。

◆ 本章要点

通过本章的学习你将能够：

了解无损检测的基本概念

了解超声波检测方法

了解渗透检测方法

了解磁粉检测方法

7.1 无损检测

[本节要点]

无损检测定义、特点；

常用无损检测方法。

[关键概念]

无损检测；

特点及应用。

无损检测(Non-destructive testing，NDT）可以广义地定义为：为了确定是否存在影响物体使用性能的条件或结构不连续，在不改变物体状态和性质的条件下所进行的各种检查、测试、评价方法。一个普遍的误解是，采用NDT后在一定程度上可以确保每个部件都不会失效或出现故障，这种观点是不对的。每种无损检测方法都有它的局限性，任何一种无损检测方法本身都不是万能的，多数情况下，一个彻底的检查至少需要两种方法，一种方法检测部件的内部，另一种方法检查部件的表面状态，使用者必须知晓各种方法的局限性。

在我国，无损检测一词最早被称之为探伤或无损探伤，其不同的方法也同样被称之为探伤，如射线探伤、超声波探伤、磁粉探伤、渗透探伤等。这一叫法或写法广为流传，并一直沿用至今，其使用率不亚于无损检测一词。

在国外，无损检测一词相对应的英文词，除了该词的前半部分——即 non-destructive 的写法大多相同外，其后半部分的写法就各异了。如日本习惯写作 inspection，欧洲不少国家过去曾写作 flaw detection，现在则统一使用 testing，美国除了也使用 testing 外，似乎更喜欢写作 examination 和 evaluation。这些词与前半部分结合后，形成的缩略语则分别是 NDI、NDT 和 NDE，翻译成中文就出现了无损探伤、无损检查（非破坏检查）、无损检验、无损检测、无损评价等不同术语形式和写法。实际上，这些不同的英文及其相应的中文术语，它们具有的意义相同，都是同义词。为此，国际标准化组织无损检测技术委员会（ISO/TC 135）制定并发布了一项新的国际标准（ISO/TS 18173：2005），旨在将这些不同形式和写法的术语统一起来，明确它们是有一个相同定义的术语，都是同义词，即都等同于无损检测（non-destructive testing）。

无损检测的应用特点：

（1）无损检测的最大特点就是能在不损坏试件材质、结构的前提下进行检测，所以实施无损检测后，产品的检查率可以达到100%。但是，并不是所有需要测试的项目和指标都能进行无损检测，无损检测技术也有自身的局限性。某些试验只能采用破坏性试验，因此，在目前无损检测还不能代替破坏性检测。也就是说，对一个工件、材料、机器设备的评价，必须把无损检测的结果与破坏性试验的结果互相对比和配合，才能作出准确的评定。

（2）正确选用实施无损检测的时机：在无损检测时，必须根据无损检测的目的，正确选择无损检测实施的时机。

（3）正确选用最适当的无损检测方法：由于各种检测方法都具有一定的特点，为提高检测结果可靠性，应根据设备材质、制造方法、工作介质、使用条件和失效模式，预计可能产生的缺陷种类、形状、部位和取向，选择合适的无损检测方法。

（4）综合应用各种无损检测方法：任何一种无损检测方法都不是万能的，每种方法都有自己的优点和缺点。应尽可能多用几种检测方法，互相取长补短，以保障承压设备安全运行。此外在无损检测的应用中，还应充分认识到，检测的目的不是片面追求过高要求的“高质量”，而是应在充分保证安全性和合适风险率的前提下，着重考虑其经济性。只有这样，无损检测在承压设备的应用才能达到预期目的（表7-1）。

主要的无损检测方法综述 **表7-1**

方法	原理	应用范围	优点	不足
目视检测（VT）	由人眼或光敏设备对被检测物体的反射光或发射光成像	许多工业领域和导场合都可以用。从原材料到成品到在用检查	廉价、简单、培训很少。范围广，优点多	只能评价表面状态，需要光源，必须能接近
渗透检测（PT）	将可视或荧光物质的液体涂到表面，由毛细作用进入不连续处	可用于任何无覆盖层、未污染的无吸附性固体	操作相对简单、材料廉价。特别敏感、通用、培训少	只能检测到开口至表面的不连续。表面必须相对光滑且没有污染物
磁粉检测（MT）	磁化被检测部件后将细磁粉涂于表面，不连续处会呈现磁痕	适用于检测所用铁磁性材料的表面和近表面的不连续。大小部件均可	使用相对简单，设备或材料通常廉价，比PT灵敏、快捷	只有表面和较少的近表面的不连续可以检测到，只适用于铁磁性材料

续表

方法	原理	应用范围	优点	不足
射线检测（RT）	放射线穿透试件时胶片曝光，不连续对曝光有影响	适用于大部分材料、形状和结构。例如新制造或在用的焊接件、铸造件、组合件等	可提供永久性记录，高灵敏度。最广泛地被应用和认可的体积型缺陷检查方法	检测的极限厚度与材料密度有关。平面不连续检测有局限，漏检可能性大（射线方向与不连续方向的夹角对检测结果影响大）。射线有害
超声波检测（UT）	来自传感器的高频声脉冲在试件材料中的传播，遇交界面反射	只要声音传播性和表面粗糙度较好、形状不复杂，可适用于大多数材料的检查	提供快速、精确、高灵敏的检验结果。厚度信息、深度及缺陷种类等都可在构件的一个表面得到	通常没有永久记录。材料衰减、表面粗糙度和外形影响检测。需耦合剂
涡流检测（ET）	导电试样在电磁感应的作用下产生局电场	几乎可以对所用导体的缺陷、冶金状态、减薄及导电性进行检验	快速、通用、灵敏、非接触式，适于自动化和现场检验	必须理解和控制变量。只穿透浅层，影响因素多
红外热外像法（TIR）	用温度传感器/探测仪/照相仪测量被检测表面的温度变化	适用于温度的变化与部件状态和热导性有关的大多数材料和部件	对小部件或大区域的温度微量变量化非常敏感。可提供永久的记录	不能有效探测厚部件中的缺陷。只能评价表面状态。评价需要较高的技术水平
声发射检测（AE）	在不还续扩展时，能量被释放并以应力波的形式在材料中传播。由传感器进行探测	受应力或荷载作用的焊接件、压力容器、回转设备、某些复合件及其他结构	可对大区域监测其损伤状态。可以有效预测失效	传感器必须接触检测表面。需要多个传感器来缺陷定位。需要对信号解释

对于建筑钢结构来说，无损检测是一个非常重要的环节，根据《钢结构工程施工质量验收规范》（GB 50205—2001）的要求，无损检测应用非常广泛，见表7-2。

钢结构无损检测 **表7-2**

序号	产品名称	检测方法	检测比例	合格级别	备注
1	钢材抽样复检*	UT	商定	商定	通常指40mm以上
2	T形/十字/角接接头焊前母材检测	UT	按设计要求	母材中不得有裂纹、夹层、有分层等	指30mm以上冀缘板
3	钢材切割面或剪切面	UT MT PT	商定	无裂纹、夹渣、分层和的≥1mm的缺棱	有疑义时用

续表

序号	产品名称	检测方法	检测比例	合格级别	备　注
4	铸钢件	UT	100%	2级	
		MT	100%	2级	
5	铸压件	UT	100%	B级	
		MT	100%	Ⅱ级	
6	螺栓球网架高强螺栓	MT	每种规格抽查8只	不得有裂纹或损伤	
7	螺栓球	MT	每种规格抽查5%，且最少为5只	不得有过烧；裂纹有褶皱	
8		PT			
9	封板、锥头和套筒	MT	每种规格抽查5%，且最少为10只	不得有过烧；裂纹有氧化皮	铁磁性材料
		PT			
10	焊接球拼缝	UT	20%	Ⅲ级	指设计无要求时
11	普通钢结构焊接接头	UT	一级100% 二级≥20%	一级焊缝：BⅡ合格 二级焊缝：BⅢ合格	主要方法板厚≤8mm
12	普通钢结构焊接接头	RT			辅助手段
13	焊接球节点网架焊接接头	UT			
14	螺栓球节点网架焊接接头	UT			
15	桁架钢结构圆管T、K、Y相贯线焊接接头	UT			
16	箱形构件隔板电渣焊缝	UT			
17	所有类型的钢结构焊接接头	VT	100%	一级焊缝：5.2.6 二级焊缝：5.2.6	主要的方法
		MT	商定		铁磁性材料
		PT	商定		铁磁性材料

注*：1. 国外进口钢材；
2. 钢材混批；
3. 板厚等于或大于40mm，且设计有Z向性能要求的厚板；
4. 建筑结构安全等级为一级，大跨度钢结构中主要受力构件所采用的钢材；
5. 设计有复验要求的钢材；
6. 对质量有疑义的钢材。

7.2 钢结构焊缝无损检测

[本节要点]

超声波检测；

渗透检测；

磁粉检测。

[关键概念]

概念；

特点及应用。

目前，钢结构焊缝无损检测方法主要有四种：射线探伤、超声波探伤、渗透探伤及磁粉探伤。①射线探伤。利用X射线或γ射线在穿透被检物各部分时强度衰减的不同，检测被检物的缺陷。若将受到不同程度吸收的射线投射到X射线胶片上，经显影后可得到显示物体厚度变化和内部缺陷情况的照片。如用荧光屏代替胶片，可直接观察被检物体的内部情况。②超声探伤。利用物体自身或缺陷的声学特性对超声波传播的影响，来检测物体的缺陷或某些物理特性。在超声检测中常用的超声频率为0.5~5MHz。最常用的超声检测是脉冲探伤。③渗透探伤。利用某些液体对狭窄缝隙的渗透性来探测表面缺陷。常用的渗透液为含有有色染料或荧光的液体。④磁粉探伤。通过磁粉在物体缺陷附近漏磁场中的堆积来检测物体表面或近表面处的缺陷，被检测物体必须具有铁磁性。此外，中子射线照相法、激光全息照相法、超声全息照相法、红外检测、微波检测等无损检测新技术也得到了发展和应用。

7.2.1 超声波探伤检测（UT）

声波是指人耳能感受到的一种纵波，其频率范围为16Hz~2kHz。当声波的频率低于16Hz时就叫做次声波，高于2kHz则称为超声波。一般把频率在2kHz~25MHz范围的声波叫做超声波。它是由机械振动源在弹性介质中激发的一种机械振动波，其实质是以应力波的形式传递振动能量，其必要条件是要有振动源和能传递机械振动的弹性介质（实际上包括了几乎所有的气体、液体和固体），它能透入物体内部并可以在物体中传播。利用超声波在物体中的多种传播特性，例如反射与折射、衍射与散射、衰减、谐振以及声速等的变化，可以测知许多物体的尺寸、表面与内部缺陷、组织变化等，因此是应用最广泛的一种重要的无损检测技术-超声检测技术。例如用于医疗上的超声诊断（如B超）、海洋学中的声纳、鱼群探测、海底形貌探测、海洋测深、地质构造探测、工业材料及制品上的缺陷探测、硬度测量、测厚、显微组织评价、混凝土构件检测、陶瓷土坯的湿度测定、气体介质特性分析、密度测定等。

1. 超声波检测的定义

通过超声波与试件相互作用，就反射、透射和散射的波进行研究，对试件进行宏观缺陷检测、几何特性测量、组织结构和力学性能变化的检测和表征，并进而对其特定应用性进行评价的技术。超声检测通常能确定缺陷的位置和相对尺寸。

2. 超声波工作的原理

主要是基于超声波在试件中的传播特性。（1）声源产生超声波，采用一定的方式使超声波进入试件；（2）超声波在试件中传播并与试件材料以及其中的缺陷相互作用，使其传播方向或特征被改变；（3）改变后的超声波通过检测设备被接收，并可对其进行处理和分析；（4）根据接收的超声波的特征，评估试件本身及其内部是否存在缺陷及缺陷的特性。如果钢材和焊缝的内部存在缺陷，缺陷的质量密度往往小于钢材的质量密度使缺陷与钢材间存在着界面，当超声波到达该界面时，一部分入射的超声波在缺陷界面处被反射，另一部分超声波经折射入射缺陷中。也就是，原来单方向传播的超声波能量由于一部分被反射，通过缺陷界面的能量相应减少。如果在缺陷界面反射方向接收反射波的能量，或在传播方向接收穿过缺陷的透射超声波的能量，都要小于超声检测仪发射超声波能量的正常值，这两种情况说明在钢材中存在缺陷。利用超声反射波检测钢材和焊缝缺陷位置和尺寸大小的方法称为超声脉冲反射法。采用超声穿透波检测钢材和焊缝缺陷的方法称为超声脉冲穿透法。

3. 超声波检测方法分类

超声波是频率大于 20 kHz 的一种机械波（相对于频率范围在 20 Hz ~20 kHz 的声波而言）。超声检测用的超声波，其频率范围一般在 0.25 ~15 MHz 之间。用于金属材料超声检测的超声波，其频率范围通常在 0.5 ~10 MHz 之间；而用于普通钢铁材料超声检测的超声波，其频率范围通常为 1 ~5 MHz。

超声波具有众多与众不同的特性，如：声束指向性好（能量集中）；声压声强大（能量高），传播距离远；穿透能力强；在界面处会产生反射、透射（或折射）和波型转换，以及产生衍射等。

通常，超声检测采用了不同的技术：

——按波源不同可分为：连续波、脉冲波；

——按波型不同可分为：纵波、横波、表面波、板波、爬波；

——按接收方式不同可分为：回波（反射）、穿透；

——按耦合方式不同可分为：接触式、液浸式；

——按探头数不同可分为：单探头、双探头、多探头。

脉冲回波（脉冲反射）技术是超声检测中最常用的一种技术，其所用的超声波是一种脉冲波，即波源振动持续时间很短（通常是微秒数量级）、仅在很短一段时间内有振幅（间歇发射）的一种机械波动。

通常，脉冲回波超声检测的过程是：由超声检测仪（亦称超声波探伤仪）产生脉冲电信号，输入到换能器（或探头）上，激励换能器的压电晶片发射脉冲超声波；超声波透射（或折射）进入被检材料或工件中，经过反射或衍射等传播变化，最终又被换能器的压电晶片所接收，再转换成电信号，输送回超声检测仪显示出来；最后，通过对显示屏进行观察，来分析和评价被检材料或工件的内部或表面质量。

4. 超声波检测的优点

（1）适用于金属、非金属和复合材料等多种制件的无损检测；（2）穿透能力强，可对较大厚度范围内的试件内部缺陷进行检测。如对金属材料，可检测厚度为 1 ~2mm 的薄壁管材和板材，也可检测几米长的钢锻件；（3）缺陷定位较准确；（4）对面积型缺陷的检出率较高；（5）灵敏度高，可检测试件内部尺寸很小的缺陷；（6）检测成本低、速度快，设备轻便，对人体及环境无害，现场使用较方便。

5. 超声波检测的局限性

（1）对试件中的缺陷进行精确的定性、定量仍须作深入研究；（2）对具有复杂形状或不规则外形的试件进行超声检测有困难；（3）缺陷的位置、取向和形状对检测结果有一定影响；（4）材质、晶粒度等对检测有较大影响；（5）以常用的手工 A 型脉冲反射法检测时结果显示不直观，且检测结果无直接见证记录。

6. 超声检测的适用范围

检测锻件的裂纹、分层、夹杂、焊缝中的裂纹、气孔、夹渣、未熔合、未焊透、型材的裂纹、分层、夹杂、折叠，铸件中的缩孔、气泡、热裂、冷裂、疏松、夹渣等缺陷及厚度测定。（1）从检测对象的材料来说，可用于金属、非金属和复合材料；（2）从检测对象的制造工艺来说，可用于锻件、铸件、焊接件、胶结件等；（3）从检测对象的形状来说，可用于板材、棒材、管材等；（4）从检测对象的尺寸来说，厚度可小至1mm，也可大至几米；（5）从缺陷部位来说，既可以是表面缺陷，也可以是内部缺陷（表7-3）。

不同检测对象相应的超声厚度检测范围 表7-3

超声检测对象	适用于厚度范围/mm
碳素钢、低合金钢、镍及镍基合金板材	母材6～250
铝及铝合金和钛及钛合金板材	厚度大于或等于6
碳钢、低合金钢钢锻件	厚度小于等于1000
不锈钢、钛及钛合金、铝及铝合金、镍及镍基合金复合板	基板厚度大于或等于6
碳钢、低合金钢无缝钢管	外径为12～660、壁厚≥2
奥氏体不锈无缝钢管	外径为12～400、壁厚为2～35
碳钢、低合金钢螺栓件	直径>M36
全焊透熔化焊钢对接焊缝	母材厚度为6～400
铝及铝合金制压力容器对接焊缝	母材厚度大于或等于8
钛及钛合金制压力容器对接焊缝	母材厚度大于或等于8
碳钢、低合金钢压力管道环焊缝	壁厚大于或等于4.0，外径为32～159，或壁厚为4.0～6，外径大于或等于159
铝及铝合金接管环焊缝	壁厚大于或等于5，外径为80～159，或壁厚为5.0～8，外径大于或等于159
奥氏体不锈钢对接焊缝	母材厚度10～50

7.2.2 渗透检测（PT）

渗透探伤是一种以毛细管作用原理为基础的检查表面开口缺陷的无损探伤方法，与磁粉探伤统称为表面探伤。渗透探伤适应于焊接件、奥氏体不锈钢焊缝、铸锻件、有色金属制品、玻璃钢、陶瓷塑料制品的探伤，不适用于多孔型材料的表面探伤。

渗透探伤的优点是：不受被检物的形状、大小、组织结构、化学成分和缺陷方向的限制，一次探伤可能查出被检物表面各方向的开口缺陷；操作简单，探伤人员经短期培训即可独立工作；基本不需要特殊的复杂设备；缺陷显示直观，探伤灵敏度高，目前检验出工件表面微米级开口尺寸的缺陷并不困难。渗透探伤的局限性是：渗透探伤只能查出工件表面开口型缺陷，对表面过于粗糙或多孔型材料无法探伤；不能判断缺陷的深度和缺陷在工件内部的走向；操作方法虽简单，但难以定量控制，操作者的熟练程度对探伤结果影响很大。

1. 渗透探伤剂

渗透探伤剂包括渗透剂、清洗剂和显像剂。表 7-4、表 7-5 为渗透探伤剂的基本组成、特点、应用及质量要求。

2. 取样及制备要求

(1) 取样

每批同类构件抽查 10%，且不应少于 3 件；被抽查构件中，每一类型焊缝按条数抽查 5%，且不应少于 1 条；每条检查 1 处，总抽查数不应少于 10 处。

(2) 制备要求

彻底清除妨碍渗透剂渗入缺陷的铁锈、氧化皮、飞溅物、焊渣及涂料等表面附着物。

3. 操作步骤

(1) 预处理

预处理包括表面清理和预清洗，表面清理的目的是彻底清除妨碍渗透剂渗入缺陷的铁锈、氧化皮、飞溅物、焊渣及涂料等表面附着物；预清洗是为了去除残存在缺陷内的油污和水分。

表面附着物不允许采用喷砂、喷丸等可能堵塞缺陷开口的方法进行前处理。预清洗后，应注意让残留的溶剂清洗剂和水分充分干燥，特别应予指出的是大部分渗透剂与水是不相溶的，缺陷处和缺陷中残留有水分将严重阻碍渗透剂的渗入，降低渗透探伤的灵敏度。

渗透探伤剂及质量要求（一） **表 7-4**

探伤剂	分类			基本组成	特点及应用	质量要求
渗透剂	着色渗透剂	水洗型	水基型	水、红色染料	不可燃、使用安全，不污染环境，价格低廉，但灵敏度欠佳 渗透性较好，容易吸收水分产生浑浊、沉淀等污染现象	1. 渗透力强，渗透速度快 2. 着色液应有鲜艳的色泽 3. 清洗性好 4. 润湿显像剂的性能好，即容易从缺陷中吸附到时显像剂表面 5. 无腐蚀性 6. 稳定性好，在光和热的作用下，材料成分和色泽能维持较长时间 7. 毒性小 8. 其密度、浓度及外观检验应符合《无损检测 渗透检测第 5 部分：验证方法》（GB/T 18851.5—2005）中的规定
			乳化型	油液、红色染料乳化剂、溶剂		
		后乳化型		油料、溶剂、红色染料	渗透力强，探伤灵敏度高，适合于检查浅而细致的表面缺陷，但不适用于表面粗糙及不利于乳化的焊缝	
		溶剂去除型		油液、低黏度易挥发的溶剂、红色染料	具有很快的渗透速度，与快干式显像剂配合使用，可得到与荧光渗透探伤相类似的灵敏度	

续表

探伤剂	分类		基本组成	特点及应用	质量要求
渗透剂	荧光渗透剂	水洗型	油基渗透剂、互溶剂、荧光染料、乳化剂	乳化剂含量较高，则越易清洗，但灵敏度越低荧光染料浓度越高，则亮度越大，但价格越贵有高、中、低三种不同的灵敏度	1. 荧光性能应符合《无损检测 渗透检测》(GB/T 9218—2007)中的规定 2. 渗透液的密度浓度及外观检验应符合《无损检测 渗透检测第5部分:验证方法》(GB/T 18851.5—2005)中的规定 3. 渗透力强,渗透速度快 4. 荧光液应有鲜明的荧光 5. 清洗性能好 6. 润湿显像剂的性能要好 7. 无腐蚀性 8. 稳定性要好 9. 毒性小
		后乳化型	油基渗透剂、互溶剂、荧光染料、润湿剂	缺陷中的荧光液不易于被洗去（比水洗型荧光液强），抗水污染能力强，不易受酸或铬盐的影响 荧光液灵敏度按其在紫外光下发光的强弱可分为三种，即标准灵敏度，高灵敏度和超高灵敏度	
		溶剂去除型		不需要水，具有很高的灵敏度，但对于批量工件的探伤效率较低，适合于受限制的区域性探伤	
乳化剂	亲水性乳化剂		烷基苯酚聚氧乙烯醚脂肪醇聚氧乙烯醚	乳化剂浓度决定了它的乳化能力乳化速度和乳化时间，推荐使用浓度为5%~20%	1. 乳化剂应容易清除渗透剂，同时应具有良好的洗涤作用； 2. 具有高闪点和低蒸发率； 3. 耐水和渗透剂污染的能力强； 4. 对工件和容器无腐蚀； 5. 无毒、无刺激性臭味； 6. 性能稳定、不受温度影响
	亲油性乳化剂		脂肪醇聚氧乙烯醚	不加水使用,其黏度大时扩散速度慢,则乳化过程容易控制,但乳化剂损耗大;反之亦然	

渗透探伤剂及质量要求(二) **表7-5**

探伤剂	分类		基本组成	特点及应用
清洗剂	水		清除水洗型渗透液	有机溶剂去除剂应与渗透剂有良好的互溶性，不与荧光渗透剂起化学反应
	有机溶剂去除剂	煤油或者酒精、丙酮、三氯乙烯	清除溶剂去除型渗透液	
	乳化剂和水		清除后乳化型渗透液	

续表

<table>
<tr><th>探伤剂</th><th colspan="3">分　类</th><th>基本组成</th><th>特点及应用</th></tr>
<tr><td rowspan="5">显像剂</td><td colspan="2">干粉显像剂</td><td>氧化镁或者碳酸镁、氧化钛、氧化锌等粉末</td><td>适用于粗糙表面的荧光渗透探伤
显像粉末使用后很容易清除</td><td>1. 粒度不超过1~3μm；
2. 松散状态下应小于0.075g/cm^3；
3. 吸水、吸油性能好；
4. 在黑光下不发荧光；
5. 无毒、无腐蚀。</td></tr>
<tr><td rowspan="2">湿式显像剂</td><td>水悬浮型湿式显像剂</td><td>干粉显像剂加水按比例配制而成</td><td>要求焊缝表面有较高的光洁度，不适应于水洗型渗透液呈弱碱性</td><td>1. 每升水中应加进30~100g的显像粉末，不宜太多也不宜太少；
2. 显像剂中应加有润湿剂、分散剂和防锈剂；
3. 颗粒应细致。</td></tr>
<tr><td>水溶性湿式显像剂</td><td>将显像剂结晶粉溶解于水中制成，结晶粉多为无机盐类</td><td>不可燃、使用安全，清洗方便，不易沉淀和结块；白色背景不如水悬浮式；要求工件有较好的表面粗糙度不适于水洗型渗透液</td><td>1. 应加适当的防锈剂、润湿剂、分散剂和防腐剂；
2. 应对工作和容器无腐蚀，对操作无害</td></tr>
<tr><td colspan="2">快干显像剂</td><td>将显像剂粉末加入挥发性的有机溶剂中配制而成。有机溶剂多为丙酮、苯、二甲苯等</td><td>显像灵敏度高，挥发快，形成的显示扩散小，显示轮廓清晰，常与着色渗透液配合使用</td><td>为调整显像剂黏度，使显像剂不太浓，应加一定量的稀释剂（如丙酮、酒精等）</td></tr>
<tr><td colspan="3">不使用显像剂</td><td colspan="2">省掉了显像剂，简化了工艺，只适用于灵敏度要求不高的荧光渗透液</td></tr>
</table>

(2) 渗透

渗透是指在规定的时间内，用浸喷或刷涂方法将渗透剂覆盖在被检工件表面上，并使其全部润湿。从施加渗透剂到开始乳化或清洗操作之间的时间称为渗透时间。渗透时间取决于渗透剂的种类、被检物形态、预测的缺陷种类与大小、被检物和渗透剂的温度。实际应用时参考渗透剂生产厂家推荐的渗透时间。

(3) 清洗

清洗是从被检工件表面上去除掉所有的渗透剂，但又不能将已渗入缺陷的渗透剂清洗掉。

(4) 干燥

用干式或快干式显像剂显像前，溶剂去除后的被检工件表面可自然干燥或用布、纸擦干；水清洗的被检表面应作温度不超过52℃的干燥处理。

用湿式显像剂显像时，可不经干燥处理，在水清洗或溶剂去除后的被检工件表面上直接覆盖显像剂，并使其迅速干燥形成显像剂薄膜。

（5）显像

显像是从缺陷中吸出渗透剂的过程。用快干式显像剂显像时，一般用压力喷罐或刷涂法在经干燥处理后的被检工件表面上覆盖显像剂。显像剂要喷涂得薄而均匀，以略能看出被检工件表面为宜。

（6）观察与后处理

施加显像剂后一般在7～30min内观察显示痕迹。观察荧光渗透剂的显示痕迹，被检工件表面上的标准荧光照度应大于50lx。观察着色渗透剂的显示痕迹时，可见光照度应在350lx以上。

4. 结果判定

焊缝渗透探伤的质量评定参考缺陷磁痕的分级。

7.2.3 磁粉检测（MT）

1. 磁粉检测的原理

铁磁性材料在磁场中被磁化时，材料表面和近表面的缺陷或组织状态变化会使局部磁导率发生变化，亦即磁阻增大，从而使磁路中的磁通相应发生畸变：一部分磁通直接穿越缺陷，一部分磁通在材料内部绕过缺陷，还有一部分磁通会离开材料表面，通过空气绕过缺陷再重新进入材料，因此在材料表面形成了漏磁场。一般来说，表面裂纹越深，漏磁通越出材料表面的幅度越高，它们之间基本上呈线性关系。

在漏磁场处，由于磁力线出入材料表面而在缺陷两侧形成两极（S、N极），若在此表面上喷洒细小的铁磁性粉末时，表面漏磁场处能吸附磁粉形成磁痕，显示出缺陷形状，此即磁粉检测的基本原理（图7-1）。

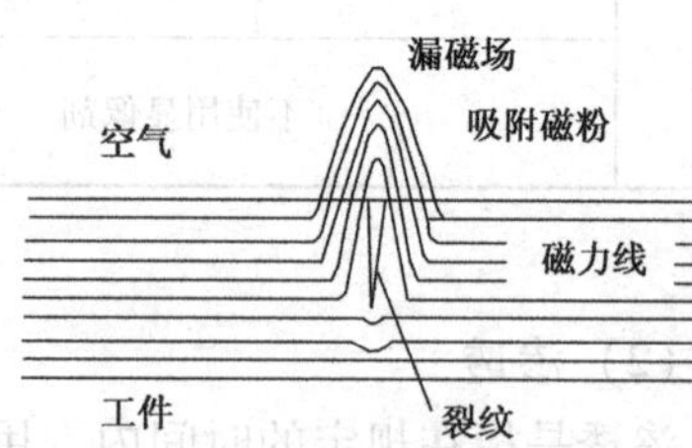

图7-1 磁粉检测示意图

应当明确的是：由于有趋肤效应的存在，铁磁性材料中的磁通基本上集中在材料表面和近表面，因此磁粉检测技术只适用于检查铁磁性材料的表面和近表面缺陷。就一般情况而言，用交变磁场磁化的磁通有效透入深度（即检验深度）为1～2mm左右，而直流磁化时则约为3～4mm。

2. 磁粉检测的适用性和局限性

（1）磁粉探伤适用于检测铁磁性材料表面和近表面尺寸很小、间隙极窄（如可检测出长0.1mm、宽为微米级的裂纹），目视难以看出的不连续性。（2）磁粉检测可对原材料、半成品、成品工件和在役的零部件检测，还可对板材、型材、管材、棒材、焊接件、铸钢件及锻钢件进行检测。（3）可发现裂纹、夹杂、发纹、白点、折叠、冷隔和疏松等缺陷。（4）磁粉检测不能检测奥氏体不锈钢材料和用奥氏体不锈钢焊条焊接的焊缝，也不能检测铜、铝、镁、钛等非磁性材料。对于表面浅的划伤、埋藏较深的孔洞和与工件表面夹角小于20°的分层和折叠难以发现。

磁粉探伤是利用缺陷处漏磁场与磁粉相互作用而产生磁痕的原理，检测铁磁性材料表面及近表面缺陷的一种无损探伤方法。铁磁材料的构件被磁化后，其表面和近表面的缺陷处磁力线发生变形，逸出工件表面形成漏磁场。通过漏磁场吸引磁粉堆积显示缺陷，进而确定缺陷的位置（甚至形状、大小和深度），这就是磁粉探伤的基本原理。

磁粉探伤的优点主要是：可以直观的显示出缺陷的形状、位置与大小，并能大致确定缺陷的性质；探伤灵敏度高，可检出高度仅为0.1μm的表面裂纹；应用范围广，几乎不受被检构件大小及几何形状的限制；工艺简单，探伤速度快，费用低廉。它的局限性是不能检查非磁性材料及内部埋藏较深的缺陷。裂纹特别是表面及近表面的裂纹，在焊接结构中的危害最大。磁粉探伤是钢制焊接件表面及近表面裂纹等缺陷探伤的最有效手段之一。

3. 磁粉探伤检测

（1）仪器设备及环境

1）磁粉探伤机

磁粉探伤机的形式多样，有磁化装置、夹持装置、磁粉喷洒装置和退磁装置等。磁化装置是磁粉探伤机的主体部分，其余为附属装置。磁粉探伤机的主体部分按携带方式分类有：手提式、移动式和固定式。

2）磁粉

磁粉是用以显示缺陷的，可分为：非荧光磁粉和荧光磁粉两大类。非荧光磁粉的磁性称量在7g以上即可用于湿法磁粉探伤，达15g以上则满足干法磁粉探伤要求，荧光磁粉可略低于此值。

磁粉的粒度是指它的颗粒大小。磁粉的颗粒大小对它的悬浮性以及漏磁场对磁粉的吸附均有影响。用于粉法时磁粉颗粒度范围应为10～60μm，用湿粉法磁粉粒度范围应为1～10μm。荧光粉粒度约为5～25μm。

磁粉颜色的选择要求得到最大的衬度。

3）磁悬液

磁粉与油或水按一定比例混合而成的悬浮液体称为磁悬液。用油配置时一般采用轻质、低黏度、闪点在60℃以上的无味煤油；用水配置时，要在水中加入润湿剂、防锈剂和消泡剂，以保证磁悬液有良好的使用性能。

磁悬液的浓度（即每升液体中所含有的磁粉克数）一般为：非荧光磁粉10～15g/L，荧光磁粉1～2g/L。

（2）取样及制备要求

1）取样

每批同类构件抽查10%，且不应少于3件；被抽查构件中，每一类型焊缝按条数抽查5%，且不应少于1条；每条检查1处，总抽查数不应少于10处。

2）制备要求

①被探表面应充分干燥。

②用化学或机械方法彻底清除被检表面上可能存在的油污铁锈氧化皮毛刺焊渣及焊接飞溅等表面附着物。根据探伤精度的需要，可以考虑先用砂轮修整被检焊缝的表面，然后再进行探伤。

③必须采用直接通电法检测带有非导电涂层的构件时，应预先彻底清除导电部位的局部涂料，以避免因接触不良而产生电弧，烧伤被检面。

（3）操作步骤

1）表面预处理

被探构件的表面状态对磁粉探伤的灵敏度有很大的影响。例如，光滑的表面有助于磁粉的迁移，而锈蚀或油污的表面则会妨碍磁粉移动。为保证等得到满意的探伤灵敏度，探伤前应对被检表面作预处理。

2）确定探伤方法，磁化

磁粉施放方法包括干法和湿法两种。

①干法

用干燥磁粉进行磁粉探伤的方法称为干法。用干法探伤时，磁粉与被检工件表面先要充分干燥，然后用喷粉器或其他工具将呈雾状的干燥磁粉施于被检工件表面，形成薄而均匀的磁粉覆盖层，同时用干燥的压缩空气吹去局部堆积的多余磁粉，观察磁痕应在喷粉和去除多余磁粉的同时进行，观察完磁痕后再撤除外磁场。

② 湿法

磁粉悬浮在油水或其他载液中的磁粉探伤方法称为湿法。与干法比较，湿法具有更高的探伤灵敏度，特别适合于检测表面上如疲劳裂纹一类的细微缺陷，探伤时，用浇浸或喷法将磁悬液施加到被检表面上。使用浇法时的液流要微弱，使用浸法时要适当掌握浸没时间，相对而言，浸法的探伤灵敏度较高。

磁化方法常用的有两种：

a. 连续法

在外加磁场的作用下向被检表面施加磁粉或磁悬液的探伤方法称为连续法。采用连续法探伤时，既可在外加磁场的作用下观察磁痕，也可在撤去外加磁场后观察磁痕。

连续法探伤的操作程序是：

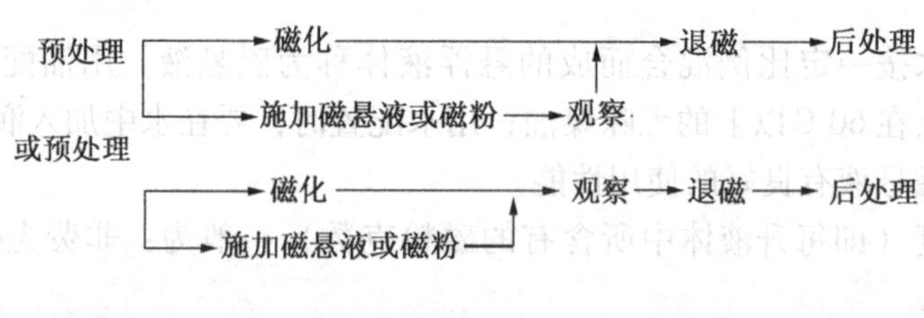

连续法探伤的灵敏度高，但探伤效率较低，而且易出现干扰缺陷评定的杂乱显示。

b. 剩磁法

利用磁化过后被检构件上的剩磁进行磁粉探伤的方法称为剩磁法。剩磁法的探伤程序是：

预处理——→磁化 ——→施加磁悬液——→观察——→退磁——→后处理

剩磁法探伤的效率高，其磁痕易于辨别，并有足够的探伤灵敏度。一般情况下，剩磁法不与干粉配合使用。

3）观察磁痕

所谓磁痕就是由缺陷或其他因素造成的漏磁场积聚磁粉所形成的迹象。

有磁痕显示并不一定是缺陷显示，如构件截面突变，两种磁导率不同的材料焊接在一起，划伤与刀痕，也可出现磁痕，除了非缺陷磁痕外，还有不是漏磁场引起的假磁痕，脏物粘附磁粉是磁粉探伤中常见的假磁痕。因而，对磁痕显示应观察与分析。分析与判断真假缺陷磁痕需要积累经验，或采用不同规范多次磁化的办法进行判断。另外，磁痕的形成与磁粉施加方法也有一定联系。

焊件磁粉探伤大多数使用非荧光磁粉，为了能充分识别磁痕，检验区域的照度应在1500lx 以上。如选用荧光磁粉时，应在环境区照度不大于 10lx 的条件下，使用黑光辐照，使被检表面黑光强度不低于 970lx。

4）退磁

应按规定将构件中的剩磁减小到一定限值以下。

5）后处理

后处理是指某些表面要求较高的构件探伤完毕后，应清除残留在被探表面的磁悬液，干燥被探构件，必要时抹上防护油等。

6）标记

对确认为缺陷部位，要用打钢印、油漆或涂色等方法明显标记，并做好记录。

（4）结果判定

根据缺陷磁痕的形态，缺陷磁痕大致上分为圆形和线形两种。凡长轴与短轴之比小于 3 的磁痕称为圆形磁痕，长轴与短轴之比大于等于 3 的磁痕称为线形磁痕。